dtv

*Für meine Familie,
alle zukünftigen Generationen
und eine enkeltaugliche Erde*

Dr. Eckart von Hirschhausen (Jahrgang 1967) studierte Medizin und Wissenschaftsjournalismus in Berlin, London und Heidelberg. Seine Spezialität: medizinische Inhalte auf humorvolle Art und Weise zu vermitteln und mit nachhaltigen Botschaften zu verbinden. Seit über fünfundzwanzig Jahren ist er als Moderator, Redner und Impulsgeber auf Bühnen, Podien und im Fernsehen unterwegs, seine Bücher (u. a. ›Die Leber wächst mit ihren Aufgaben‹, ›Glück kommt selten allein …‹, ›Wunder wirken Wunder‹) wurden mehr als fünf Millionen Mal verkauft. So wurde er einer der erfolgreichsten Sachbuchautoren und der wohl bekannteste Arzt Deutschlands. Zudem ist er Chefreporter der Zeitschrift ›Hirschhausen STERN Gesund leben‹ und moderiert in der ARD die Wissensshows ›Frag doch mal die Maus‹ und ›Hirschhausens Quiz des Menschen‹ sowie die Doku-Reihe ›Hirschhausens Check-up‹.

Als Botschafter und Beirat ist er unter anderem für die »Deutsche Krebshilfe«, die »DFL Stiftung«, und die »Fit-for-Future-Foundation« tätig. Mit seiner ersten Stiftung HUMOR HILFT HEILEN fördert er das Humane in der Humanmedizin, etwa mit Workshops für Pflegefachkräfte. Er setzt sich für das Ziel »Globale Gesundheit« der Agenda 2030 (BMZ) und für die biologische Artenvielfalt (BMU) ein.

Eckart von Hirschhausen ist Ehrenmitglied der Fakultät der Charité. Seit 2018 engagiert er sich für eine medizinisch und wissenschaftlich fundierte Klimapolitik. So ist er Mitbegründer von »Scientists for Future« und Unterstützer der »Deutschen Allianz Klimawandel und Gesundheit« (KLUG). 2020 gründete er seine zweite Stiftung »Gesunde Erde – Gesunde Menschen«.

Mehr über Eckart von Hirschhausen erfahren Sie unter: www.hirschhausen.com und www.humorhilftheilen.de sowie www.stiftung-gegm.de.

Dr. ECKART von HIRSCHHAUSEN

Wir könnten es so schön haben.

dtv

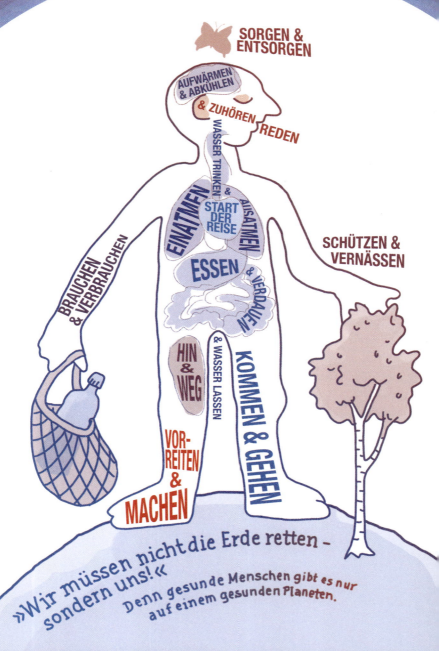

INHALT

Aufwachen kann dauern 11

KAPITEL 1
START DER REISE   **23**

Wie affig sind Menschen? 27
Unsere Jetzt-Besoffenheit 33
Wer kackt regelmäßig in sein Wohnzimmer? 40
Drei Krisen zum Preis von zweien! 44
Grenzen ohne Wiederkehr 49
Scherbensuche im Erdzeitalter 56
Kann man als Arzt unpolitisch sein? 63
Himmelschreiende Ungerechtigkeit 78
What a wonderful world 84

KAPITEL 2
KOMMEN & GEHEN   **87**

Dann geh doch 91
Was erwarte ich von meiner Lebenserwartung? 94
Jünger älter werden 99
Wo ist beim Kreis eigentlich vorne? 102
Volles Postfach – volles Leben? 109
Ehrliche Haut 115
Ein Haus der Würde 118
Einpflanzen, einäschern oder einfrieren? 124

KAPITEL 3

ESSEN & VERDAUEN **131**

Der Weltenburger 135
»Macht Kochen mehr Spaß als Politik?« 144
Eine Packung Heilsversprechen 150
Was macht Bio besser? 152
Gut für mich, gut für die Erde – Die Planetary Health Diet 162
An Apple a Day 170

KAPITEL 4

WASSER TRINKEN & WASSER LASSEN **173**

Mensch, Meer! 177
Der Sturm im Wasserglas 186
Vielen Dank für die Blumen 189
Eine Kreditkarte zum Frühstück 194

KAPITEL 5

EINATMEN & AUSATMEN **201**

Zwischen Baum und Borke 205
Warum reagieren so viele allergisch auf den Klimawandel? 217
Nichts ist fein mit Feinstaub 223
Keine Luft mehr nach oben 233
Frischluftfreund:innen und die Filterblase 238

KAPITEL 6
AUFWÄRMEN & ABKÜHLEN — 249

»Bei 42 °C ist Schluss« 254
Heißer Scheiß 260
Liegt London am Mittelmeer? 271
Rückenwind für Erneuerbare 275

KAPITEL 7
BRAUCHEN & VERBRAUCHEN — 289

Zu viel Zeug 293
Der nachhaltigste Turnschuh 302
Das Dilemma der aufgeklärten Verschmutzer 304
»Un-tragbar!« 306
Der Kühlschrank in der Hosentasche 313
Aus Sand gebaut 316
Coffee to stay 321

KAPITEL 8
HIN & WEG — 325

Bewegt euch! 329
»Mach dich mal locker!« 340
Im Suff 344
Flugmodus 348

KAPITEL 9
SCHÜTZEN & VERNÄSSEN 351

Der Wert eines Vogels 355
Frühstück ohne Bienen 357
Die Artenvielfalt in uns 366
Wildtiere suchen ein Zuhause 371
Sollen wir Hunde hüten oder häuten? 378
Der alte Mann und das Moor 382

KAPITEL 10
SORGEN & ENTSORGEN 389

Solastalgie – Die Trauer über das, was für immer weg ist 393
Der blinde Fleck der seelischen Gesundheit 399
Wie kann man für etwas brennen, ohne auszubrennen? 408
»Hilft uns konstruktive Paranoia?« 414
Ist das Kunst oder kann das weg? 419

KAPITEL 11
REDEN & ZUHÖREN 423

Wo tut es denn weh? 427
Die Große Beschleunigung geht steil 430
Wer wandelt sich eigentlich im Klimawandel? 436
Die dunkle Seite des Farbfernsehens 444
Mund auf – nicht nur beim Zahnarzt 448

KAPITEL 12

VORREITEN & MACHEN — **459**

Eine Welt voller Lösungen **463**
Wir sehen uns vor Gericht **469**
Wohin mit dem Geld? **472**
Retten Frauen die Welt? **477**
Global ist hier. Und Gesundheit ist ansteckend. **482**
Gesunde Erde – Gesunde Menschen **488**
Ist Klima eine Glaubensfrage? **496**

EPILOG

WAS JETZT? — **499**

Pinguin reloaded **502**
Die Challenge: Wen bewegst du! **507**
Good News – was sich schon alles tut … **512**
Mein Traum 2050 .... **516**

ANHANG

Dank **524**
Bild- und Zitatnachweis **525**

Je größer die Insel unserer Erkenntnis, desto größer ist unvermeidlich das Ufer zum Ozean unserer Ignoranz.

AUFWACHEN KANN DAUERN

Seit Kindertagen liebe ich Sommerurlaub in Österreich, die Berge, die Natur, die Seen und den Kaiserschmarrn. Alles sehr erholsam. Eigentlich. Aber diese Idylle bekommt zunehmend einen Knacks. Letztes Jahr erzählte mir ein befreundeter Bergführer, dass sein Kumpel abgestürzt sei: »Er war einer der erfahrensten Bergsteiger überhaupt. Aber der Fels, über den er schon viele Male sicher gegangen war, brach einfach so unter ihm weg. Das hat mit dem Klimawandel zu tun.« Wie bitte? Kein Einzelschicksal? Warum bröckelt es in den Alpen? Was ich nicht wusste: Hoch oben werden Berge im Inneren oft durch Kälte zusammengehalten. In den vielen kleinen Spalten und Rissen im Stein wirkt das Wasser wie ein Kitt. Wenn es wärmer wird, schmilzt es, dehnt sich aus, und der Verbund, der Jahrmillionen gehalten hat, geht verloren. Die Einschläge kommen näher.

Was gerade auch massiv verloren geht, ist der Wald. Das fiel mir schon in Deutschland beim Wandern auf, aber noch krasser in unserem Feriendomizil auf Zeit. Dort ist der Wald an einzelnen Hängen nicht mehr grün, sondern braun vor Hitze und Trockenheit. Wo man hinschaut: kahle Bäume, die mitten im Sommer ihren Geist aufgegeben haben. Es ist gespenstisch zu spüren, wie sie, die dreimal höher gewachsen sind als ich, von mir Hänfling einfach mit der Hand umgeworfen werden können, weil sie nichts mehr richtig im Boden hält.

Auch das Wetter ändert sich. Statt dem einen regelmäßigen Sommergewitter, das am Nachmittag abregnet, staut und sammelt sich die Energie in den Wolken jetzt über mehrere Tage und entlädt sich dann in geballten Extremwettern. Ein Stück hinter unserem Hotel waren ein komplettes Tal nicht mehr passierbar, Dämme gebrochen, Häuser überflutet. Schlamm- und Gerölllawinen zerstörten ganze Dörfer. Jetzt werden die Mauern erhöht, es soll wieder schön werden. Aber der Knacks ist da.

Einen Sommer vorher in Italien. Weil ich das Salzwasser nicht so gerne in den Augen habe, schwamm ich im Mittelmeer mit Schwimmbrille. Ich hatte den Eindruck, dass sie beschlagen war, daher nahm ich sie im Wasser ab, spülte sie von innen, spuckte im Vertrauen auf den selbstproduzierten Anti-Fog-Special-Speichel einmal rein und setzte sie wieder auf. Wieder trübe Sicht unter Wasser. Ich verstand die Welt nicht mehr. Waren die Plastikgläser stumpf geworden, weil ich die Schwimmbrille nie vorschriftsmäßig im Etui verstaue? Bekomme ich grauen Star? Da fiel es mir wie Schuppen von den Augen: Nicht die Brille war das Trübe – das Wasser selbst war es. Und das, was ich für ein lokales Sichthindernis im Inneren der Plastikbrille gehalten hatte, war außen, rund um mich herum. Das Meer war voller kleiner Plastikschwebeteile, die das Licht brachen. Hier und da erkannte man auch noch eine von Sand, Gesteinen und Gezeiten zermahlene Plastiktüte, die gerade von ihrer Makro- in die Mikroexistenz überging und uns noch Jahrzehnte nicht den Gefallen tun wird zu verrotten.

Mir wurde schlecht. Ich ekelte mich und hätte heulen können über diese trüben Aussichten. Über den Grad an Verschmutzung, über die Erkenntnis, Teil dieser Missachtung der Natur zu sein und gleichzeitig »Opfer«, weil mir die Freude am Schwimmen, am Meer, an der Weite über und unter Wasser genommen war. Und weil mir in dem Moment auch klar wurde, wie viel leichter es ist, Wasser zu verdrecken als diese ganze diffuse Menge an Zeug, was da nicht hingehört, wieder zu entfernen.

Es war Sommer, der Hitzesommer 2018, wir besuchten Freunde in Frankreich. In ihrer Dachgeschosswohnung war es einfach unerträglich heiß. Am schlimmsten waren die Nächte, ich konnte nicht schlafen. Die Sonne war zwar weg, aber es kühlte schlichtweg nicht mehr ab. Wir hängten feuchte Handtücher auf, verhängten tagsüber auch die Fenster, duschten dauernd, um uns herunterzukühlen. Aber die Hitze blieb unerbittlich. Mit viel Glück ergatterte ich eins der rar gewordenen Klimageräte, doch die Kiste war laut. Sie bewegte die Luft und sorgte so scheinbar für Kühlung, aber der Strom für den Motor, den sie schluckte, wärmte auf der Rückseite den Raum wieder auf. Auch keine Lösung. Warm war es in der Region schon immer gewesen, aber diesen Sommer waren es einfach die entscheidenden Grade zu viel. An Erholung war nicht zu denken, alles, was eigentlich Spaß machte, wurde anstrengend. Fahrradfahren war zu schweißtreibend, der Pool heizte sich so auf, dass er keine Erfrischung mehr bot, die Felder waren braun und trocken, die Aprikosen verdorrten an den Bäumen, die wir im Jahr zuvor noch so freudig abgeerntet hatten. Und am Meer war der Sand so heiß, dass man nicht barfuß gehen konnte. Von »Sommerfrische« keine Spur.

Zugegeben: Ich kann Hitze einfach schlecht ab. Als Medizinstudent hatte ich verschiedene Klimazonen kennengelernt, hatte in Südafrika einen Teil meines praktischen Jahrs verbracht, war in Brasilien im tropischen Regenwald unterwegs gewesen, und meine Berliner Wohnung hatte große Fenster, auf die die Sonne direkt draufbrutzelte. Aber anders als zu Studentenzeiten war ich mittlerweile über fünfzig. War meine Klage über die Hitze etwa ein Zeichen des Älterwerdens? Oder ein Zeichen dafür, dass der Klimawandel jetzt auch uns in Europa ereilt?

Von Eilen kann eigentlich keine Rede sein, die Klimakrise ist eine Katastrophe mit Ansage. Vom menschengemachten Treibhauseffekt hatte ich schon in der Schule gehört. Theoretisch war mir das alles klar. Aber bei den drei Aha-Momenten, dem bröckelnden Fels, dem sterbenden Wald und dem verschmutzten Wasser, ging es nicht mehr um eine fiktive Zukunft oder um ferne Länder, es ging ums Hier und Jetzt, mitten in Europa, mitten in Österreich, Italien, Frankreich. Auch in Deutschland hatten wir schon 42 Grad. Die Hitze war keine »Welle«, sie war ein Brett, das einem überall entgegenschlug. Wie Sauna ohne Tauchbecken. Man steht im Freien und will ein Fenster aufmachen, so sehr steht man neben sich. Die Hitze ging mir 2018 das erste Mal so wirklich unter die Haut, schlug mir aufs Gemüt, raubte mir Lebensfreude und Substanz. Ich merkte, wie mein Körper und mein Geist überfordert waren, wie ich träge und mürrisch wurde und nur noch wegwollte. Aber wohin?

Ich las den Wetterbericht, der immer neue Rekorde meldete, ich las von Hitzetoten, von Waldbränden, von indischen Städten mit über 50 Grad, in denen die Wasserversorgung zusammengebrochen war. Und ich stellte mir die Frage: Was, wenn das jetzt nicht mehr die Ausnahme ist – sondern die Regel? Was, wenn alles noch trockener, noch heißer, noch lebensfeindlicher wird? Und was können wir alle, was kann ich tun, oder ist der Zug schon abgefahren? Es gibt Momente, in denen man bestimmten Fragen nicht mehr ausweichen kann.

Im selben Hitzesommer 2018, am 20. August, saß eine schwedische Schülerin, deren Namen damals noch keiner kannte, zum ersten Mal statt in der Schule vor dem Parlamentsgebäude in Stockholm. Sie hatte sich ein Pappschild gebastelt: »Schulstreik für das Klima«, *Skolstrejk för Klimatet*. Greta Thunberg war da erst fünfzehn, ihre Eltern hatten noch versucht, ihr die Idee auszureden, aber Gretas Entschlossenheit war da – und ungemein ansteckend. Am ersten Streiktag war sie noch allein, dann schlossen sich ihr mehr und mehr junge Menschen an. Die Bilder wurden in den sozialen Medien geteilt und gingen um die Welt, im Dezember beteiligten sich weltweit schon zwanzigtausend Schülerinnen und Schüler. Eine globale Bewegung entstand, »Fridays for Future«. Im selben Monat wurde Greta zum UNO-Klimagipfel nach Kattowitz eingeladen. Ihre Rede dort traf einen Nerv: »Mir geht es nicht darum, bekannt zu sein. Mir geht es um Klimagerechtigkeit und um einen lebenswerten Planeten. Unsere Biosphäre wird geopfert, damit reiche Menschen in Ländern wie meinem in Luxus leben können.«

Meinte die etwa auch mich? Eigentlich hielt ich mich insgeheim immer für einen von den »Guten«, so wie das wahrscheinlich jeder tut. Aber während jene Greta von Schweden nach Davos mit dem Zug fuhr, um klimaschädliches Fliegen zu vermeiden, überlegte ich noch, welche Prämien ich mir von meinen gesammelten Flugmeilen aussuchen könnte.

Keine vier Wochen später bekam ich eine E-Mail: »Hallo Eckart, wir waren zusammen auf dem Schadow-Gymnasium. Am letzten Freitag haben Tausende Schüler aus dem ganzen Bundesgebiet gegen den Klimawandel demonstriert. Ich würde mich wirklich sehr freuen, wenn du dich am 15.03. auf einer der Demos von ›Fridays for Future‹ mit ein paar Worten an die Schüler wenden könntest. Bully Herbig hat das neulich auch schon gemacht.« Darunter waren die Kontaktdaten von einer Luisa Neubauer. Nie gehört. Aber ich war neugierig geworden.

Luisa hatte Greta in Kattowitz kennengelernt und angefangen, die Idee der öffentlichen Klimastreiks in Deutschland umzusetzen. Wir telefonierten und trafen uns zusammen mit einem ihrer Mitstreiter in Berlin – bei meinem Bruder Christian und seiner Familie. Mein Bruder ist Forschungsdirektor am Deutschen Institut für Wirtschaftsforschung und beschäftigt sich mit der Energiewirtschaft, dem desaströs verzögerten Kohleausstieg und den versteckten Kosten der Kernenergie. Ich dachte, das kann nicht schaden, wenn die jungen Leute Zugang zu Fachwissen bekommen. Weit gefehlt. Die beiden brauchten keinen Nachhilfeunterricht, sie kannten sich bestens aus und wussten, wie zentral die erneuerbaren Energien für das Erreichen des 1,5-Grad-Ziels sind, das Deutschland im Paris-Abkommen ja zugesagt hatte. Da war ich still und dachte: Was für eine Menge an ungelösten Fragen und Verantwortung halsen wir da der nächsten Generation auf?

An dem Abend entstand der Plan, dass ich auf der Demo etwas aus ärztlicher Sicht sagen würde, aber nicht alleine, sondern wenn schon, dann zusammen mit Christian und seiner Tochter, um zu zeigen, dass dieses Thema Generationen und Fachgebiete verbindet. Durch den Impuls von außen kam familienintern plötzlich eine ganz eigene Dynamik in Gang, und wie wahrscheinlich in vielen Familien waren auch wir nicht immer einer Meinung. Aber wir fingen an, andere Gespräche zu führen, neue Gemeinsamkeiten zu entdecken und über das zu sprechen, was jeden von uns bewegte.

Schleichend verschob sich bei mir auch meine Rolle in der Öffentlichkeit. Durch die Gruppe »Scientists for Future« nahm ich zum ersten Mal an der Bundespressekonferenz teil, nicht als Journalist, sondern auf der anderen Seite, auf dem Podium. Siebenundzwanzigtausend Wissenschaftler:innen hatten eine Petition unterschrieben, um gegenüber der Politik zu bestätigen: Das Anliegen der Jugendlichen ist völlig berechtigt. Plötzlich wurde ich so etwas wie ein Klimaaktivist, wozu ich mich eigentlich nie berufen gefühlt hatte. Ich war ja kein Alt-68er, wie auch, mit Jahrgang 1967. Aber ist jeder, der nicht mehr länger passiv bleibt, gleich ein Aktivist?

Die Jugendlichen stießen mich mit ihrem Elan und ihrer Konsequenz aus der Selbstzufriedenheit in eine mittlere Midlife-Crisis. War es jetzt Zeit, sich zurückzulehnen oder aufzulehnen? Mir klang der Ruf in den Ohren: »Wir sind hier, wir sind laut, weil ihr uns die Zukunft klaut!« Was hinterlassen wir, die Kinder von Wirtschaftswunder, Wachstumsglaube, Freiheit und Frieden, den nächsten Generationen? Wie viele Ressourcen darf jeder von uns verbrauchen? Stimmt es, dass wir in den letzten fünfzig Jahren so viele fossile Brennstoffe in die Luft gejagt haben wie noch nie zuvor in der Menschheitsgeschichte, dass so viele Arten ausgerottet wurden wie seit den Dinosauriern nicht mehr und wir vor einem Kollaps unserer Zivilisation stehen, den wir uns selber eingebrockt haben? Und wenn das so ist: Warum regt das nur so wenige wirklich auf? Haben wir das Thema gezielt ausgeblendet oder falsch kommuniziert?

Seit dem Hitzesommer war mir klar, dass es schon lange nicht mehr nur um Eisbären und den Regenwald geht, sondern auch um die Gesundheit hier bei uns in Deutschland. Da war es, das Verbindungsstück, nach dem ich gesucht hatte. Obwohl Themen wie die globale Gesundheit in meiner Ausbildung mit keinem Wörtchen vorgekommen waren, interessierte ich mich schon lange für Querschnittsfragen, für Vermittlung, für Zusammenhänge. Und scheiterte selber regelmäßig dabei, in der globalisierten Welt die richtigen Entscheidungen zu treffen. Allein sich gesund zu ernähren war ja eine Wissenschaft für sich geworden: Soll ich den Bioapfel aus Neuseeland kaufen oder den regionalen, der mit großem Aufwand frisch gehalten wird? Sind die Fette in der Avocado so gut, dass die fetten Nebenwirkungen für die Klimabilanz gerechtfertigt sind? Und was hat Palmöl eigentlich in jedem Keks und sogar in meinem Tank verloren, wenn dafür das Beatmungsgerät der Erde, der tropische Regenwald, abgeholzt wird?

Mir wurde schnell klar, dass es nicht reicht, wenn ich als Privatperson den Strohhalm aus Plastik weglasse und den Jutebeutel heraushole, wenn ich mit dem Auto zum Großeinkauf fahre – so wenig ich es mir als öffentlicher Mensch erlauben kann, weiter keine Haltung zu all diesen Fragen zu haben. Vielmehr muss ich die Möglichkeit nutzen, Menschen darauf hinzuweisen, welche Risiken die Klimakrise für unsere Gesundheit in sich birgt. Und dass unsere Gesundheit nicht nur an Arztpraxen, Kliniken und Tabletten hängt, sondern auch an einem gesunden Planeten.

Ich beschloss, Experten und Expertinnen aufzusuchen, die mir Antworten auf meine vielen Fragen geben konnten. Meine Reise führte mich ins Potsdam-Institut für Klimafolgenforschung, in die Ministerien für Gesundheit, Umwelt, wirtschaftliche Zusammenarbeit und ins Auswärtige Amt, auf Podien beim Evangelischen Kirchentag und Deutschen Pflegetag. Ich sprach mit NGOs (Nicht-Regierungsorganisationen) wie Greenpeace genauso wie mit der katholischen Landjugend. Ich lernte Vordenker:innen wie Jane Goodall und Ernst Ulrich von Weizsäcker kennen und sprach mit Harald Lesch darüber, warum Naturgesetze nicht verhandelbar sind. Auf dem Hof von Sarah Wiener aß ich mit gutem Gewissen mal wieder Fleisch, und Dirk Steffens erklärte mir, warum uns der Verlust von Artenvielfalt und Insekten mehr raubt als nur den Honig. Ständig stieß ich auf Probleme, von deren Existenz ich vorher noch nicht einmal wusste, geschweige denn, wie sehr wir gerade auf dem Holzweg sind. Da konnte auch einem Berufskomiker das Lachen vergehen. Aber vielleicht fehlte ja gerade auch der Humor, der Perspektivwechsel, das Um-die-Ecke-Denken, um zu verstehen, wie tief wir in der Tinte sitzen?

Dieses Buch ist ein Reisebericht, kein Endergebnis. Denn noch während ich am Schreiben war, brach die nächste Krise über uns herein: Corona. Etwas völlig Neues. Stimmt. Aber nicht völlig unerwartet. Hat das nicht auch etwas damit zu tun, wie wir mit den Lebensräumen von Tieren umgehen und mit Tieren handeln, wenn Viren von einer Art auf die andere, sprich auf den Menschen überspringen? Corona präsentierte uns ungebeten weitere Themen: Wo sind die Grenzen der Medizin, was ist uns jedes Leben wert und wie sehr hängt meine Gesundheit von der Gesundheit derer ab, die in meiner Umgebung leben – oder sogar am anderen Ende der Welt? Haben wir vergessen, dass wir verletzlich sind, sterblich und endlich? Luftverschmutzung durch fossile Brennstoffe war schon vor 2020 weltweit der Killer Nummer eins. Und wie Studien bald nach Ausbruch der Pandemie zeigen konnten, waren vorgeschädigte Lungen besonders anfällig für die Viren. Dort, wo die Luft am dreckigsten ist, sterben mehr Menschen an schweren Verläufen von Covid-19.

Klimaschutz, Artenschutz, Gesundheitsschutz – ohne zu Verschwörungstheorien zu neigen: Da gibt es einen Zusammenhang! Daher ist dieses »subjektive Sachbuch« der Versuch, einen Teil der Grenzen, in denen Themen oft verhandelt werden, aufzuheben. Wissenschaft lebt davon, nach Wahrheiten jenseits der subjektiven Wahrnehmung zu suchen. Genau aus diesem Grund testen wir Medikamente doppelblind gegen Scheinmedikamente: um unsere Erwartung und den Placeboeffekt beim Patienten auszuschließen. Aber wenn es für die heilsame Wirkung so wichtig ist, was Arzt und Patient wechselseitig denken, fühlen und erwarten, folgt doch daraus, dass es sowohl rational erforschte Medikamente als auch empathische Information braucht. Deshalb finden Sie hier eine wilde Mischung aus Sachinformation und Geschichten, Privates, Politisches und Poetisches. So kann ein Teil meiner Entdeckungen hoffentlich an Ihre Bedürfnisse, Vorerfahrungen und Hoffnungen andocken. Damit Sie für sich alles in Ruhe einsortieren können.

Im Nachhinein müssen wir wohl den Hitzewellen 2018 und 2019 dankbar sein. Durch diesen Vorgeschmack auf die Hölle waren viele – wie auch ich – »weichgekocht« und bereit, das, was die Wissenschaftler:innen schon seit Jahrzehnten angekündigt hatten, ernst zu nehmen: Der Klimawandel ist die größte Gesundheitsgefahr der Gegenwart. Und deshalb auch die größte Chance.

Selten war mir beim Schreiben eines Buches die Endlichkeit der eigenen Erkenntnis so bewusst wie jetzt. Ich gebe Ihnen mein Bestes. Mein Wissen zum Zeitpunkt der Manuskriptabgabe, mein Herzblut, meine Zweifel und die Gedanken der Menschen, die ich traf. Dennoch: Was ich heute schreibe, kann morgen schon überholt sein. Unvollständig ist es allemal. Das zu akzeptieren fällt mir schwer, ist aber »das neue Normal«.

Trotz aller Dramatik, die in den Themen steckt, um die es hier geht, gibt es Hoffnung. Es braucht mehr Mut zum Spinnen und Träumen, zum Staunen und Lachen, zu Ideen, die nicht aus einem alleine kommen, sondern aus der Kraft der Gemeinschaft, denn das gehört auch zu dem, was Menschen eigentlich gut können: kooperieren, erfinden und durch aktives Handeln Krisen überwinden. Es gibt viele gute Konzepte, die inspirieren. Wir wissen, was zu tun ist, wir müssen es nur ernsthaft wollen, politisch und privat. Anders zu leben bedeutet nicht zwangsläufig, auf etwas zu verzichten, sondern oft einen Zugewinn an Lebensqualität. Dafür brauchen wir aber ein inneres Bild davon, wie es

anders gehen kann. Und schöner. So ist der Titel auch gemeint:
Mensch, Erde – wir könnten es so schön haben!

Sind Sie bereit, sich auf diese Reise zu begeben?
Na dann los,
viel Freude,

Ihr

Eckart v. Hirschhausen

Zu Risiken und Nebenwirkungen

Ob Sie das Buch am Stück oder in Scheiben zu sich nehmen, durchblättern oder sich »verbeißen«, achten Sie darauf, dass Sie Überdosierungen vermeiden. Irgendwann raucht einem der Kopf. Überforderung gehört im 21. Jahrhundert einfach dazu. Wir sind in diesen seltsamen Jahren alle mehr oder minder im Krisenmodus, leben »auf Sicht« und haben schon mit den eigenen Problemen genug zu tun. Wann soll man denn dann noch die Welt retten?

Zum Aufbau des Buches beziehungsweise zur Reihenfolge der Kapitel: Ich orientiere mich an den Grundbedürfnissen von uns Menschen und versuche bei allem, eine Beziehung zur Gesundheit herzustellen. Das Männeken, das Sie auf Seite 4 bereits gesehen haben, veranschaulicht den Aufbau des Buches entlang der körperlichen Funktionen: Es beginnt mit der Endlichkeit, dann geht es ums Essen, ums Trinken, um das Atmen, entsprechend um Fleisch, Wasserhaushalt und Feinstaub. Nach den Kapiteln, bei denen der Körper im Vordergrund steht, befasse ich mich mit der Seele und der Kommunikation, und in den letzten Kapiteln werfe ich einen Blick auf die gesellschaftlichen Dimensionen und schaue nach vorn, denn gegen Hitze wird uns keine Tablette helfen, nur eine bessere Klima- und Gesundheitspolitik. Und bessere Ideen.

Für alle, die einen bestimmten Bereich in der Tiefe verstehen wollen, gibt es auf der Webseite meiner Stiftung »Gesunde Erde – Gesunde Menschen« eine Liste von empfehlenswerten Büchern und Webseiten. Ich möchte weniger Grundlagen vermitteln als Zusammenhänge, die mir vielleicht deshalb auffallen, weil ich in verschiedenen Welten unterwegs bin: in der Medizin, im Wissenschaftsjournalismus, im Kabarett, in der Fernsehwelt und manchmal nur als Mensch. Nehmen Sie sich, was Sie brauchen können. Manches wird für Sie unbrauchbar sein, dann nützt es jemand anderem. Es ist genug von allem da.

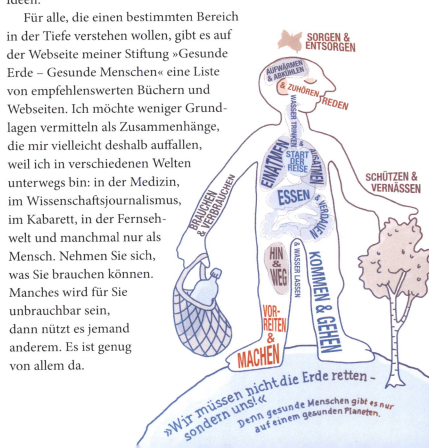

Ich bin in erster Linie kein »Schreiberling«, sondern ein Live-Künstler. Daher spreche ich die Leser:innen so direkt an wie die Zuschauer:innen im Saal. Darf ich das auch bei Ihnen tun? Es macht es lebendiger. Ein Wort noch zur gendergerechten Sprache. Im Gespräch mit Vertreter:innen der nächsten Generation geht sie mir deutlich leichter über die Lippen als beim Schreiben. Und beim Schreiben heute schon leichter als noch vor drei Jahren in meinem letzten Buch über das Älterwerden. Die Themen dieses Buches sind jetziger, gehen alle an, die Folgen insbesondere die jungen Menschen. Deshalb hoffe ich, dass alle, die so wie ich über den Doppelpunkt anfangs stolpern, sich mit ihm anfreunden werden. Mal ehrlich: Es ist doch viel lohnender, sich über die Probleme aufzuregen, die auf uns zukommen, und auch bei denen kann nichts bleiben, wie es immer war. Sprache ist dynamisch. Klimaveränderungen sind es auch. Die Welt ist diverser geworden, fairer und weiblicher. Zum Glück. Deshalb draußen wie innen also mit :innen. Punkt. Oder Doppelpunkt? Ich wäre auch lieber eine Frau. Langfristig. Für dieses Leben hat es nicht sollen sein.

Die zentralen Gespräche aus diesem Buch stelle ich zum Hören als Podcast zur Verfügung, einen Teil finden Sie auch auf meinem YouTube-Kanal. Vielleicht sehen wir uns ja mal »im richtigen Leben«, in einem Theater in Ihrer Nähe oder auf einer Veranstaltung, sobald der Kulturbetrieb wieder weitergehen darf. Eine Nebenwirkung des Buches könnte auch sein, dass Sie selber Lust bekommen, auf die eine oder andere Art aktiver zu werden. Vielleicht bleiben Sie ja dran, vielleicht reden Sie auch mit Ihrer Familie darüber oder gründen eine Initiative, gehen in einen Verein, auf die Straße, in die Politik oder einfach bewusster wählen. Auch das gehört zu den Risiken, dass man sich irgendwann nicht mehr ahnungsloser stellen kann, als man ist. Geht mir ja auch so. Das wäre dann aber keine Nebenwirkung, sondern Teil der erwünschten Wirkung. Ich habe Sie gewarnt. ;-)

START DER REISE

unser Zuhause
Schimpansen
Jetzt-Besoffenheit
Scientists for Future
Jane Goodall
Ernst Ulrich von Weizsäcker
Luisa Neubauer
Corona
planetare Grenzen
Scherbensucher
What a Wonderful World
Familienzusammenführung

KAPITEL 1

START
DER REISE

Diese Reise habe ich mir nicht ausgesucht, sie hat sich ergeben. Sie begann 2017 bei einer Veranstaltung des Deutschen Nachhaltigkeitspreises, als mir die Schimpansenforscherin Jane Goodall eine Frage stellte, die mich seitdem nicht mehr loslässt. Und die werde ich Ihnen auch stellen, denn sie treibt mich um und an.

Ich lade Sie ein mitzureisen – zu den Vordenker:innen einer gesünderen und besseren Welt. Ich treffe einen »Silberrücken« wie Ernst Ulrich von Weizsäcker und Aktivist:innen wie Luisa Neubauer aus der Generation von »Fridays for Future«.
Ich frage mich, was meine Zwischengeneration der »Boomer« jetzt eigentlich tun und lassen sollte. Und ob man als Arzt überhaupt unpolitisch sein kann. Falls Sie sich wundern, dass einige Texte einen ganz anderen »Sound« haben: Sie sind aus meinem Bühnenprogramm, in dem ich künstlerische und assoziative Zugänge zu dem suche, was gerade passiert.

Mensch, Erde!
Wir könnten es so schön haben,
… wenn wir all das bündeln würden, was wir schon wissen.

WIE AFFIG SIND MENSCHEN?

*»Wahrlich ist der Mensch der König der Tiere,
denn seine Grausamkeit übertrifft die ihrige.«*
Leonardo da Vinci

Das klingt vielleicht pathetisch – aber selten habe ich eine so charismatische und gleichzeitig bescheidene Frau getroffen wie Jane Goodall. Mit 26 Jahren wurde sie für ihren kühnen Plan, Schimpansen in freier Wildbahn aus der Nähe zu erleben, weltberühmt und gleichzeitig angefeindet. Mit inzwischen 85 Jahren ist sie immer noch unermüdlich unterwegs in ihrer Herzensangelegenheit: das Überleben von Menschen und Tieren zu sichern.

Seit vielen Jahren schon hatte ich den Wunsch, Jane Goodall live zu erleben. Und dann ergab sich ziemlich spontan die Gelegenheit, sie während eines kurzen Aufenthalts in Deutschland zu interviewen. Ich sagte sofort zu, ließ alles andere stehen und liegen und fuhr nach Düsseldorf, wo ihr der Ehrenpreis des Deutschen Nachhaltigkeitspreises verliehen werden sollte. Auf dem Weg las ich in ihrer Biografie und war mehr und mehr beeindruckt, wie sie von einer jungen Frau ohne akademischen Hintergrund, aber mit einem klaren Ziel vor Augen zu einer der bekanntesten Wissenschaftlerinnen der Welt wurde; dass sie als Mädchen in England von deutschen Bomben bedroht worden war, aber heute in Deutschland einen Verbündeten sieht, um Nachhaltigkeit und Artenschutz auf die internationale Agenda zu bringen. Und wie sie mit ihrem Charme dem männlichen Territorialverhalten der Akademiker etwas entgegensetzte, die einer jungen Frau ohne Studium nicht glauben wollten, dass der Abstand zwischen der »Krone der Schöpfung« und den Affen so groß gar nicht ist. Denn positiv formuliert sind wir Menschen viel stärker Teil der Natur, als uns bewusst und manchmal auch lieb ist. Unglaublich, was diese Frau für ein Pensum auf sich nimmt, in einem Alter, in dem andere schon seit zwanzig Jahren im Ruhestand sind.

Weil sie an dem Tag erst aus Belgien anreisen musste, verspätete sich alles. Mit klopfendem Herzen wartete ich in der Hotellobby und dann stand sie plötzlich vor mir: eine zarte, mädchenhafte Frau, die mit ihrer Stimme kämpfte. Ich bot ihr Lutschpastillen an. Sie lachte und sagte: »Oh nein, ich mache das wie die Opernsänger. Ich habe ein Geheimmittel, wissen Sie, was es ist? Whisky. Falls ich mal meine Stimme zu verlieren drohe, habe ich immer eine kleine Flasche dabei. ›Apfelsaft‹ steht drauf. Hat genau die Farbe. Aber es ist Whisky. Nur ein winziger Schluck, aber es hilft.«

Da trifft man sein Idol, und sie bricht das Eis mit Hochprozentigem und Humor. Jane sprach leise, konzentriert, und in ihrem weisen, warmen Blick lag auch eine gewisse Melancholie. Wir führten ein Gespräch, das mein Verständnis für die Verbindung von Erde, Tieren und Menschen grundsätzlich verändern sollte.

Jane hatte über all die Jahre die Sprache der Affen gelernt und führte mir ein paar eindrückliche Rufe vor. Aus der zierlichen Dame kamen markerschütternde Laute, die ich ihr nie zugetraut hätte. Sie klärte mich auf, dass dies die Schreie eines dominanten Männchens seien. Aber das hatte ich schon gespürt, auch ohne Erklärung. Dann zeigte sie mir, wie Aggressionen im Tierreich auch wieder gemindert werden: durch Demutsgesten und Körperkontakt. Jetzt durfte ich das dominante Männchen sein und sie nach ihren Regieanweisungen begrüßen:

»Wir treffen uns zum ersten Mal nach langer Zeit. Ich bin nervös, weil Sie in der Rangordnung weit über mir stehen. Sie sitzen da mit gesträubtem Fell und sind auch ein bisschen aufgeregt. (Sie senkte den Kopf und rückte noch näher.) Ich komme also an, leicht geduckt, und hauche ein leises ›Achachach‹.« Tatsächlich wisperte sie mir etwas nettes Unverständliches ins Ohr, legte meine Hand auf ihren Kopf und umarmte mich. Ich fragte erst mich im Stillen und dann sie, was in so einer Situation eine angemessene Reaktion sei.

»Das Männchen umarmt zurück, wenn es das Weibchen mag.

Und wenn nicht, macht es ›Ughughugh‹.« Dabei wedelte sie abwehrend mit der Hand. Ich kam mir vor wie ein Schuljunge im Aufklärungsunterricht und fragte, ob ich sie umarmen dürfe.

»Sie dürfen.« Und wir beide lachten.

Nach diesem Intro wollte ich wissen, was sie aus der intensiven Beschäftigung mit unseren nächsten Verwandten über uns Menschen gelernt habe, denn mir scheint, dass viel von den destruktiven Seiten unseres Egos mit Macht, mit Status und Revierverhalten zu tun hat, ziemlich affig eigentlich. Und fragte sie, ob die Welt besser dran sei, wenn sie nur von Frauen regiert würde. Sie schmunzelte: »Ich liebe eine Geschichte aus Afrika: Der Stamm ist wie ein Adler; die Männer sind der eine Flügel und die Frauen

Jane Goodall begrüßt mich wie einen Affen.
Verabschiedungsrituale haben nur wir Menschen.

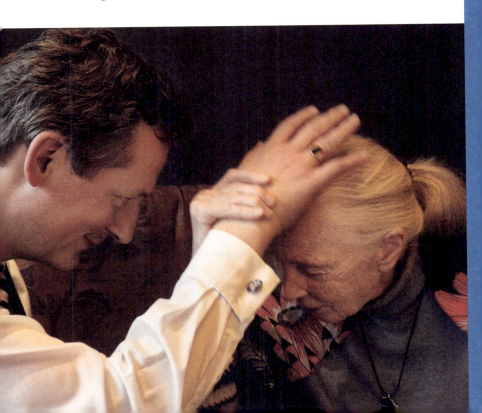

der andere. Wenn das nicht ausbalanciert ist, kann der Adler auch nicht fliegen.«

Aber wenn wir so schlau sind, uns durch Sprache, Verstand und das Zubereiten warmer Mahlzeiten vom Tierreich abzuheben, warum nutzen wir dann unsere Fähigkeiten häufiger zum Beherrschen und Zerstören, als um Bindungen aufzubauen?

»Wir haben offensichtlich die Weisheit unserer Vorfahren verloren, die sich bei ihren Entscheidungen immer auch fragten: Wie werden sie die nächste Generation betreffen? Wir fragen uns heute nur noch: Wie betreffen sie mich? Theoretisch können wir aus der Vergangenheit lernen und für die Zukunft planen. Wir sind die einzigen Lebewesen, die das können.«

Dann drehte sie wieder die Rollen um, schaute mich länger an und fragte mich sehr direkt: »Wie kann es sein, dass die intellektuellste Kreatur, die jemals auf diesem Planeten gewandelt ist, dabei ist, ihr eigenes Zuhause zu zerstören?«

Ich musste dreimal schlucken bei dieser großen und zentralen Frage und wusste keine gute Antwort. Ich schwieg und kramte in meinem Hirn nach einer schlauen Erklärung, aber da fand ich nichts, was irgendwie adäquat gewesen wäre. So fragte ich Jane nach ihrer Meinung. »Wir sind regelrecht gefangen in unserer materialistischen Gesellschaft, in der es hauptsächlich um Geld oder Macht geht«, sagte sie. »Es ist, als sei die Verbindung zwischen unserem cleveren Hirn und dem menschlichen Herzen, der Liebe und Leidenschaft irgendwie abgerissen. Aber ich glaube auch daran, dass wir dieses Potenzial wieder nutzen können.«

Wissenschaftler und Wissenschaftlerinnen bemühen sich oft, alles Subjektive aus ihren Studien herauszurechnen. Jane wurde immer wieder vorgeworfen, dass sie mit zu viel Gefühl an die Dinge herangehe, statt aus nüchterner Distanz heraus zu berichten. Aber vielleicht braucht es ja erst eine emotionale Verbindung zu einem Thema, bevor man sich wirklich dafür interessiert und sich davon auch berühren lässt. Auch mir wurde lange vorgehalten, dass man etwas so Ernstes wie die Gesundheit nicht mit Humor vermitteln könne. Nun hatte ich die einzigartige Gelegenheit, die Megaexpertin zu fragen, und so rutschte es aus mir heraus: »Haben Schimpansen eigentlich auch einen Sinn für Humor?«

Jane lachte: »Na klar, ich habe draußen in der Wildnis jede Menge Beispiele dafür gesehen. Einen älteren Bruder etwa, der sich kaputtlachte, während sein kleiner Bruder ihn um einen Baum jagte und versuchte, ihm ein Stöckchen zu entreißen. Der große Bruder wartete jedes Mal, bis der kleine fast herangekommen war, zog das Stöckchen dann blitzschnell weg und lachte. Und der kleine heulte vor Wut. Schimpansen kitzeln sich und haben dabei einen typischen Ausdruck – das ›Spielgesicht‹.«

Nun wurde es wieder ernster. Ich fragte sie, wie sie, die die Zerstörung vieler Orte ihres Lebenswerkes in Tansania und die Auslöschung vieler Arten erleben musste, in die Zukunft blickt. »Als ich in den 60er Jahren mit meinen Beobachtungen begann, kam ich in einen fast unberührten Wald. In den 90ern waren die Bäume verschwunden. Aber sie sind jetzt nachgewachsen. Wir arbeiten mit zweiundfünfzig Dörfern zusammen, sorgen für sauberes Trinkwasser und medizinische Versorgung. Spezialisten erklären den Leuten, wie man Waldgärten anlegt, statt den Regenwald abzuholzen. Wir vergeben Schulstipendien an Mädchen. Viele Bewohner sind heute stolz auf ihren Wald und helfen, ihn zu schützen. Der wichtigste Grund zur Hoffnung ist für mich die Jugend. Sobald junge Menschen wissen, wo die Probleme liegen, sobald du ihnen zuhörst und ihnen hilfst, aktiv zu werden, krempeln sie die Ärmel hoch und machen. Überall auf der Welt.«

Janes Augen leuchteten, als sie von ihrem Programm »Roots and Shoots« berichtete, in dem Jugendliche seit Jahrzehnten eigene Projekte starten und etwas für ihr Leben mitnehmen können. Und weil wir seit der Initialzündung mit den Affenlauten keine Scheu vor dicken Brettern hatten, traute ich mich, sie zu fragen, wie sie ihrer eigenen Endlichkeit, ihrem Tod, entgegensieht.

»Irgendwie freue ich mich darauf. Denn entweder ist der Tod schlicht das Ende von allem – was völlig in Ordnung wäre. Oder er ist irgendetwas jenseits von unserem Dasein. Das wäre doch eine wahnsinnig spannende Entdeckung. Ich weiß nicht, wann mein Körper kollabiert oder mein Gehirn nicht mehr mitmacht. Je näher ich diesem Punkt komme, desto drängender wird in mir der Wunsch, noch das Bewusstsein der Menschen zu schärfen und ihnen zu zeigen, dass es einen Unterschied macht, wie sie handeln. Vielleicht erscheint es als ein kaum spürbarer Unterschied bei jedem Einzelnen, aber es ist ein großer, wenn eine Milliarde Menschen ethisch bessere Entscheidungen treffen.«

Dann musste Jane weiter, sie erhielt am selben Abend noch einen Preis für ihr Lebenswerk. Zu Recht. Und ihr Lebenswerk ist ja noch nicht abgeschlossen.

Jane hat mich tief beeindruckt mit ihrer radikalen Naturverbundenheit und ihrem unermüdlichen Engagement, die Bedrohung unseres Lebensraumes ernst zu nehmen und zu handeln. Als Arzt und Wissenschaftsjournalist bin ich es nicht gewohnt, selber eine zutiefst persönliche Frage gestellt zu bekommen, die gleichzeitig uns alle betrifft: Wie kann es sein, dass wir immer betonen, wie schlau wir sind, und dennoch unser eigenes Zuhause zerstören? Seit dieser Begegnung lässt mich diese Frage nicht mehr los. Sie treibt mich an, nach Antworten zu suchen. Ich gebe sie weiter, bei jedem Auftritt, in jedem Vortrag, in jeder Vorlesung vor Studierenden, und es ist eigentlich auch die Kernfrage dieses Buches. Es muss doch bessere Ideen geben, als unsere einzige Heimat zu zerstören, so doof können wir doch nicht wirklich sein, oder?

UNSERE JETZT-BESOFFENHEIT

*»Wir müssen in einem Zeitraum
von einem Jahrhundert denken –
ein Wimpernschlag in kosmischer Hinsicht,
aber für Politiker eine Ewigkeit.«*
Sir Martin Rees

»Silberrücken« gibt es auch unter Menschen. Nach der Begegnung mit Jane interessierte mich, wer die Pioniere in Deutschland sind, die Vordenker:innen, von denen ich etwas lernen könnte. Da kommt man sehr schnell auf Prof. Dr. Ernst Ulrich von Weizsäcker. Ernst stellte seine Kenntnisse als Physiker viele Jahre in den Dienst der Politik, wurde Präsident des Wuppertal Instituts für Klima, Umwelt, Energie, leitete Enquete-Kommissionen, Evangelische Kirchentage und gehört unter anderem dem World Future Council an. Bis heute prägt er auch den Club of Rome, ein Netzwerk aus Wissenschaft und Zivilgesellschaft, das 1972 mit dem Bericht ›Die Grenzen des Wachstums‹ schlagartig weltweit bekannt wurde. Dieses Ursprungsdokument der Umweltbewegung sorgte damals für große Aufbruchstimmung und wurde dreißig Millionen Mal verkauft. Seitdem ist die Welt insgesamt ökonomisch immer reicher, ökologisch aber dramatisch ärmer geworden. Wie hält man es als Vordenker aus, dass allen Warnungen zum Trotz in vielen Bereichen Wachstum nach wie vor wichtiger zu sein scheint als Wachheit?

Ich besuchte ihn dort, wo er ab und zu anzutreffen ist: zu Hause. Das Haus in einer Straße in der Nähe von Freiburg fällt schon aus der Reihe, denn es ist kein klassisches Einfamilienhaus, sondern als Mehrfamilienhaus mit wenig Energieverbrauch konzipiert. »Wir üben uns in Vernunft. Wir haben ein Auto für fünf Führerscheine und ernähren uns vorwiegend von ökologisch angebauten Lebensmitteln, zu einem Teil aus unserem eigenen Garten – das ist ganz das Verdienst meiner Frau Christine. Wir

Ernst Ulrich v. Weizsäcker ist ein Pionier der Nachhaltigkeitsbewegung und ehemaliger Vize-Präsident des Club of Rome.
Wie hält man es aus, sein Leben lang seiner Zeit voraus zu sein?

fahren viel Bahn, aber wir fliegen auch – nach Kalifornien etwa oder nach China. Und auch solch ein Haus, in dem wir umweltfreundlich leben können, hat natürlich Geld und Natur gekostet. So oder so spielen wir mit im System.«

Was mich sehr freute: In seinem Arbeitszimmer hängt ein Foto von ihm zusammen mit John Cleese von Monty Python – für mich einer der größten Komiker der Welt –, das Ernst bei einer zufälligen Begegnung mit Cleese gemacht hat. Zwei Idole auf einem Foto. Hilft ein Sinn für Humor, bei aller Dringlichkeit der Sachlage und den unausweichlichen eigenen Widersprüchlichkeiten nicht verrückt zu werden?

Mit einer Tasse Tee setzten wir uns in den Garten und ich lernte den Unterschied kennen zwischen einer leeren und einer vollen Welt. »Unsere Kinder und Enkel leben in einer ganz anderen Zeit als die Menschen aller vorherigen Epochen der menschlichen Geschichte. Herman Daly, lange Jahre führender Ökonom bei der Weltbank, sagt: Alle Religionen und auch wirtschaftlichen Leitgedanken sind in einer leeren Welt entstanden. Die Menschen lebten verstreut, die Ozeane und die Urwälder blieben stets intakt. Der Anspruch ›macht euch die Erde untertan‹ war gar nicht anstößig, denn die Natur war unermesslich groß und die Menschheit sehr klein. So eine leere Welt existierte bis etwa 1950. Ab dann gingen die menschengemachten Veränderungen durch Nahrung, Konsum und Mobilität raketenartig nach oben, die Kurve des CO_2-Ausstoßes wächst stetig. Damals lebten erst etwas über zwei Milliarden Menschen auf der Erde. Heute sind es siebeneinhalb Milliarden. Wir bewohnen nun eine volle Erde. In einer solchen Welt aber muss man anders leben und denken als in einer leeren Welt.«

Ein konkretes Beispiel für dieses nötige Umdenken blieb mir besonders in Erinnerung: die desaströse Lage der Weltmeere und ihrer Bewohner. In einer leeren Welt kann ein Fischer seinen Fang verdoppeln, wenn er die Anzahl seiner Boote verdoppelt. Und genau das wurde lange gemacht: größere Netze, größere schwimmende Fabriken, größere Erträge. Aber in einer vollen Welt ist dieser Wachstumsgedanke tödlich für alle Beteiligten. Um heute und morgen überhaupt noch Fische fangen zu können, müsste man sich weltweit darauf einigen, eben nicht alles herauszuholen, was geht, sondern Netze mit Schlupflöchern verwenden, damit immer genug Fische im Wasser bleiben. Damit sie weiter Schwärme bilden können, brauchen sie Rückzugsgebiete, in denen überhaupt nicht gefischt wird. Es muss ein Bewusstsein dafür geben, zwischen den Nationen zu kooperieren, statt sich nur als Konkurrenz zu sehen. Diesen nötigen Umdenkprozess nennt Ernst Ulrich von Weizsäcker »die neue Aufklärung«, die den Kern unserer Weltsicht betrifft.»Der Rationalismus und der bis in den extremen Egoismus reichende Individualismus entstanden doch in der leeren Welt. Wenn wir über den Klimawandel sprechen, dann führt unsere Rechthaberei und Jetzt-Besoffenheit in die Katastrophe.«

Jetzt-Besoffenheit. Auch dieser Begriff ist mir aus unserem Gespräch bis heute sehr präsent geblieben. Er drückt aus, was uns fehlt: eine Balance zwischen Langfrist und Kurzfrist. Zwischen Staat und Markt. Ein Staat, der alles bestimmt, zerstört die Freiheit. Ein Markt, der dem Staat befiehlt, was er zu tun und zu lassen hat, zerstört die Demokratie und die Bereitschaft der Menschen, sich gesellschaftlich zu engagieren.

Im Kopf war Ernst oft der Schnellste, aber nicht im Körper, und zwar aufgrund einer Erkrankung, die heute kaum mehr jemand kennt. Er hatte Kinderlähmung, Polio, und stützt sich wegen der Spätfolgen beim Gehen auf einen Stock. Meine Ehrfurcht vor der Lebensleistung dieses Mannes wächst. Er ist im wahrsten Sinne ein Stück wandelndes Zeitgeschehen. Polio ist heute so gut wie ausgerottet, einer der größten medizinischen Erfolge der Menschheit, nur möglich durch internationale Kooperation und den entschiedenen politischen Willen, alles vorhandene Wissen auch zu mobilisieren. Genau das, was wir heute wieder brauchen. Gegen Infektionskrankheiten können wir Impfungen entwickeln, aber was hilft gegen die Zerstörung unserer Lebensgrundlagen? Ist dieses Jahrhundert unser letztes? »Ich bin optimistischer, aber das wird kein Selbstläufer. Wir können nicht warten, bis siebeneinhalb Milliarden Menschen den Weg der Einsicht gegangen sind, sondern müssen bereits jetzt handeln. Hoffnung macht mir eine neue junge Generation, die merkt, dass sie angeschwindelt worden ist. Und für uns alle gilt: Wir sind dran!«

Auf der Rückfahrt im Zug denke ich, dass ich das große Glück hatte, mit Jane und Ernst zwei Menschen kennenzulernen, die für zwei Wege stehen, ihr Leben der einen Sache zu widmen. Jane mit ihrem großen Talent, Bilder, Begeisterung und Geschichten in die Welt zu bringen. Ernst mit seinem durchdringenden und rastlosen Geist, auf politische Entscheidungen zu drängen, Institutionen zu gründen und Wissen verständlich zu machen. In den beiden habe ich so etwas wie die spirituellen Paten für meine Reise gefunden. Beide sind keine Heiligen, beide nicht perfekt, aber für mich »Schutzpatrone«, weil sie mir und ganz vielen anderen vorleben, dass man nicht zerbrechen muss, wenn man sich den ganz dicken Brettern widmet. Den Brettern, die wir alle vor dem Kopf haben, und den Mauern um unsere Herzen, wenn es um unser Verhältnis zur Natur, zur Erde, zur Schöpfung geht.

Jane und Ernst setzen auf die Jugend, und ich frage mich, welche Rolle eigentlich dann meiner Generation zukommt, den »Boomern«, denen, die aufwachsen durften ohne Krieg und tödliche Infektionskrankheiten, dafür mit dem Wirtschaftswunder und dem Diktat zur maximalen »Selbstverwirklichung«. Sollte ich mal über achtzig werden, möchte ich nicht, dass meine Generation dann immer noch nur dafür steht, in Rekordzeit alle Ressourcen verballert zu haben. Ein mulmiges Gefühl beschleicht mich, ob wir das noch gedreht bekommen. Aber immerhin sind wir viele, wir Babyboomer. Vielleicht werden wir doch noch erwachsen. Wir sind dran, wohl wahr. Jeder von uns. Sonst sind wir wirklich dran.

Natur aus Sicht des Menschen

Natur aus Sicht der Natur

WER KACKT REGELMÄSSIG IN SEIN WOHNZIMMER?

»Ich dachte, der Weltraum sei ein besonderer Ort. Was ich da oben gelernt habe: Der wirklich, wirklich besondere Ort darin, das ist unser einzigartiger blauer Heimatplanet.«
Alexander Gerst

Die Betonung liegt auf *regelmäßig*. Nicht aus Versehen. Nicht aus einem Affekt oder Infekt heraus. Keiner? Warum eigentlich nicht? Wir wüssten, wie es geht. Wir könnten es uns sogar leisten.

Wir tun es nicht, weil uns unser Wohnzimmer »heilig« ist. Nach dem Motto »my home is my castle« wollen wir diesen geschlossenen Raum nur für uns sauber halten. Da soll alles schön und gemütlich sein. Da dulden wir keinen Scheiß, nicht den von uns und erst recht nicht den von anderen.

Vielleicht lesen Sie dies gerade in Ihrem Wohnzimmer. Wenn nicht, bitte ich Sie, sich in Gedanken einmal dorthin zu begeben. Dort gibt es sicher eine Tür und wahrscheinlich auch ein Fenster. Wenn Sie einmal von diesem Ort nach draußen schauen, wenn Sie Fenster, Tür und Ihr Herz öffnen, ist Ihnen wie uns allen doch schlagartig klar: Die ganze Erde ist unser Wohnzimmer. Sie ist der einzige Ort im ganzen bekannten Universum mit Lebensraum – mit »living room«! Nur hier gibt es Wasser zum Trinken, Luft zum Atmen und bislang für Säugetiere erträgliche Temperaturen. Und wem das zu esoterisch wird: Die Erde ist der einzige Ort mit Kaffee, Sex und Schokolade.

Als 1969 Menschen das erste Mal auf dem Mond landeten, war ihre größte Errungenschaft nicht die Teflonpfanne, es waren auch nicht die Gesteinsbrocken. Die größte Erkenntnis war der Blick zurück auf die Erde, auf den blauen Planeten, auf dieses einzigartige Geschenk inmitten eines kalten, weiten Weltraums. Diese Reflexion hat unser Bewusstsein für immer verändert. Wir konnten über unseren Horizont schauen. Über unser aller Horizont. Seit diesem Moment können wir uns als Schicksalsgemeinschaft begreifen, auf Gedeih und Verderb miteinander auf einem einzigartigen Stern unterwegs.

Der Astronaut Alexander Gerst hat im Dezember 2018 während seiner Horizons-Mission diesen Blick aus der Raumstation auf die Erde in seiner »Nachricht an meine Enkelkinder« sehr berührend formuliert: »Ihr seid noch nicht auf der Welt und ich weiß nicht, ob ich euch jemals treffen werde. Wenn ich so auf den Planeten runterschau, dann denke ich, dass ich mich bei euch wohl leider entschuldigen muss. Im Moment sieht es so aus, als ob wir, meine Generation, euch den Planeten nicht im besten

Der einzige Planet weit und breit mit Kaffee, Schokolade und Sex. Und erträglichen Temperaturen. Bisher.

Zustand hinterlassen werden. […] Im Nachhinein sagen natürlich immer viele Leute, sie hätten davon nichts gewusst. Aber in Wirklichkeit ist es uns Menschen schon sehr klar, dass wir im Moment den Planeten mit Kohlendioxid verpesten, dass wir das Klima zum Kippen bringen, dass wir Wälder roden, dass wir die Meere mit Müll verschmutzen, dass wir die limitierten Ressourcen viel zu schnell verbrauchen und dass wir zum Großteil sinnlose Kriege führen […]. Das Einzige, was mir bleibt: zu versuchen, eure Zukunft möglich zu machen. Und zwar die beste, die ich mir vorstellen kann.«

In meiner Schulzeit hieß es immer, die Chinesische Mauer sei das einzige menschliche Werk, das man vom Mond aus sehen könne – was noch nie gestimmt hat. Richtig dagegen ist, dass der menschengemachte Klimawandel vom All aus deutlich zu erkennen ist. Gerst twitterte im Hitzesommer 2018 aus seiner Raumkapsel Fotos von ausgetrockneten Landstrichen in Europa.

Unsere menschlichen Sinne sind evolutionär für die Dinge um uns herum optimiert: Tasten, Riechen, Schmecken. Aber um globale Zusammenhänge verstehen zu können, brauchen wir eine andere Perspektive. Schauen wir in den Himmel, denken wir automatisch: Da ist unendlich viel Platz in der Atmosphäre, alles, was wir da hineinpusten, wird sich verdünnen, so wie wir ja auch den Rauch aus einem Schornstein »verschwinden« sehen. Oder wie sich Kondensstreifen scheinbar in nichts auflösen.

Aus dem Weltraum betrachtet ist die Atmosphäre eine hauchdünne Schicht, die uns schützt und die wir schützen müssen. Sie ist überraschend endlich. Der Saum um den Erdball atmet, lebt, ist in ständigem Austausch. Er ist hauchdünn, der Bereich, in dem menschliches Leben entspannt möglich ist, endet ja bereits, wenn wir auf hohe Berge klettern. Nach zehn Kilometern spätestens ist Schluss mit lustig. Das ist so viel, wie ein Auto mit 120 Stundenkilometern in fünf Minuten fährt. Für ein globales Bewusstsein muss unser Verstand unseren Augen widersprechen und sagen: Nein, du Hanns Guck-in-die-Luft, was du siehst, ist nicht endlos.

Die Atmosphäre, die uns am Leben hält, ist dünner als die Haut des Apfels, den du gerade in der Hand hältst, und sie ist mindestens so verletzlich.

Wenn wir von »globalen Entwicklungen« sprechen, meinen wir immer: irgendwo anders, Hauptsache nicht hier bei uns. Es ist ein großer Sprung für uns, aus unserem Wohnzimmer, aus unserer Höhle, über unseren Stamm, unsere »hood«, unser »Veedel«, unsern »Kiez« hinauszudenken. Aber genau das ist notwendig, wenn wir die Not wenden wollen. Global ist nicht irgendwo, sondern überall und damit eben auch hier. Globale Gesundheit ist »ansteckend«, sie ist übertragbar.

Viren brauchen kein Visum, um Grenzen zwischen Arten, Ländern und Kontinenten zu überwinden. Viren sind Vielflieger, genau wie das CO_2. Einem CO_2-Molekül in der Atmosphäre ist es völlig egal, aus welchem Land es ausgestoßen wurde, ob es schon vor hundert Jahren aus einem englischen Stahlfabrikschlot geflogen kam oder ob es gestern aus einer chinesischen Plastikproduktion losgeschickt wurde, die knallgelbe Sandschaufeln für den Export nach Deutschland fertigt.

Wenn sich Kinder am Strand um diese Schaufeln streiten, lachen wir und nennen das albern. Aus dem Weltall lacht man über uns, wie kleinlich wir meinen, die Welt unterteilen zu können: in drinnen und draußen, in oben und unten, in meins und deins, in richtig oder falsch. Global ist hier. Deine Gesundheit ist meine Gesundheit. Und deine Krankheit, dein Leiden, dein Hunger auch. Wenn wir mitfühlen mit dem Nächsten, gelingt uns das auch mit dem Übernächsten?

Wir haben einen Himmel und eine Erde. Wir können es uns zur Hölle machen, im Himmel und auf Erden. Wir können weiter ungehemmt in unser Wohnzimmer kacken. Oder wir können anfangen, es uns schön zu machen. Weil uns noch etwas »heilig« ist. Und heil bleiben soll.

DREI KRISEN ZUM PREIS VON ZWEIEN!

Das Klima schweißt die Menschen zusammen.

Die Überschrift klingt nach einem Sonderangebot. Welche Krisen meine ich? Die Auswahl ist ja groß. Klar, an Corona kommt keiner vorbei. Am Klima auch nicht. Und dann bin ich noch im besten Alter für eine Midlife-Crisis. Okay, das ist keine globale, eher eine persönliche Krise, aber meine kühne These lautet: Bei allen dreien geht es um unser Verhältnis zur Endlichkeit von Zeit und Ressourcen, um jeden Einzelnen und das große Ganze, um die Sterblichkeit von uns und allem, was da kreucht und fleucht – womit wir das Artensterben als dritte globale Krise eingemeindet hätten.

Alles, was ich zu Corona sagen könnte, wäre, wenn Sie dieses Buch lesen, schon wieder überholt. Ich habe unmittelbar erfahren, wie herausfordernd die Krise für die Pflegekräfte war und ist. Und welche Hürden es beim Impfen gibt, nicht nur psychologische und kommunikative. Eine alte Medizinerweisheit sagt: Nicht der Impfstoff schützt, sondern die Impfung. Das heißt, auch die schiere Logistik kann eine Herausforderung sein. Corona stellt vieles in Frage, vor allem unsere Annahme, es könnte immer so weitergehen wie bisher. Während ein Großteil der Diskussionen um das »Zurück zur Normalität« kreist, erhärtet sich bei nicht wenigen Wissenschaftler:innen, mit denen ich spreche, und bei mir selbst der Verdacht, dass es nie mehr wird »wie früher«, sondern dass wir einen Vorgeschmack auf »neue Zeiten« bekommen, die ungemütlicher und weniger vorhersagbar sind, als uns lieb ist. Woran werden wir uns gewöhnen müssen?

An den Anblick von Maskierten im Alltag haben wir uns ja bereits gewöhnt. Jetzt warte ich nur noch darauf, dass die Gesichtserkennung meines Handys mich auch mit Maske akzeptiert. Dabei erkenne ich mich selbst gerade kaum wieder. Für alle, die mich nur mit dem Fernsehen in Verbindung bringen, mag es viel-

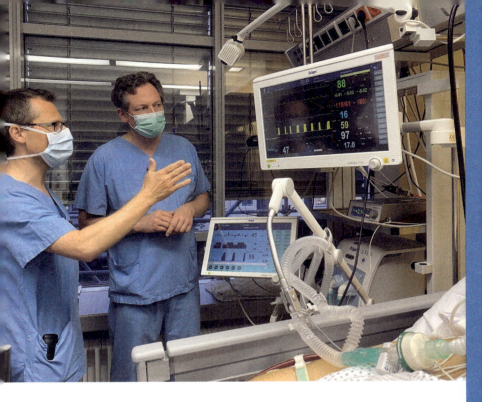

Corona – harmloser als eine Grippe? Auf der Intensivstation glaubt das keiner.

leicht neu sein, aber seit dreißig Jahren ist meine Haupttätigkeit, mit medizinisch-kabarettistischen Programmen live vor Publikum aufzutreten. Bühnenkünstler waren jedoch die Ersten, die in der Coronakrise ihren Job verloren haben. Denn ähnlich lobbylos wie die Pflegekräfte sind die Freiberufler:innen des Kulturbetriebs. Von einem auf den anderen Tag wurden Tourneen abgesagt, Aerosole haben eben einen längeren Atem als Agenturen, Veranstalter:innen, Techniker:innen und Künstler:innen – obwohl die Veranstaltungsbranche einer der größten Wirtschaftszweige in Deutschland ist, mit etwa 1,7 Millionen Beschäftigten und Umsätzen von einhundertdreißig Milliarden Euro. Fußballer können vor leeren Rängen spielen. Aber Kabarett funktioniert nun einmal nicht ohne Publikum. So wenig wie wir uns selbst

Witze erzählen können: Was ist grau und egal? Ein Irrelefant! Hm. So kommt einfach keine Stimmung auf. Erst recht nicht, wenn alle Kulturschaffenden als mehr oder minder irrelevant angesehen werden. Zu ihnen zählt auch die große Gruppe derer, die für Licht, Ton, Bühnenbau und die Abläufe hinter den Kulissen sorgen. Dabei brauchen wir die Kunst als seelischen Spiegel, um Ideen zu entwickeln, gerade jetzt fehlen uns positive Utopien. Was für eine traurige Gesellschaft, in der jeder für sich alleine zu Hause hockt und auf Bildschirme starrt.

Corona führt uns vor Augen, wie viel wir nicht im Griff haben, was alles wir nicht von Monitoren »wegwischen« können. Plötzlich wird der Wert eines öffentlichen Gesundheitswesens, der Wert von »public health«, wiederentdeckt, nachdem Gesundheitsämter jahrzehntelang flächendeckend kaputtgespart wurden. Klar ist, dass nicht nur Beatmungsgeräte zählen, sondern viel wichtiger die Menschen sind, die wissen, wie man sie bedient und wie es dem Patienten wirklich geht. Leben und Tod sind mehr Gemeinschaftswerk als Einzelleistung. Corona zeigt uns, welche Schieflagen es schon zuvor in unserer Gesellschaft gab. Wie fest verankert ist die Demokratie in den Köpfen der Bürgerinnen und Bürger? Welchen Stellenwert hat die Wissenschaft? Was passiert, wenn sich viele in den gar nicht besonders sozialen Medien genau diejenigen Informationen heraussuchen, die zu ihrer Weltsicht passen? Der Wert von guter Kommunikation in Pandemien wurde und wird unterschätzt. Also: lieber informiert und desinfiziert als desinformiert und infiziert.

Haben Sie mitgezählt? Das waren schon mehr als drei Krisen: Pflege und Älterwerden, Corona, Klima und Umweltzerstörung, Kulturverlust und Desinformation – hinter allem steckt die eine große Frage: Wie wollen wir leben? Was ist uns eigentlich wichtig? Wer trägt die Last, wer das Risiko, wer die Kosten? Müssen sich junge Menschen beim Feiern einschränken, damit sie mit ihren Großeltern noch viele Geburtstage feiern können? Müssen sich im Gegenzug die Älteren mit ihrem Konsum einschränken, damit die jungen Menschen noch was zum Feiern haben, wenn sie selber Rentner sind? Und bedeutet Einschränkung nur Verzicht oder gewinnen wir vielleicht sogar an Lebensqualität, wenn wir plötzlich nicht mehr so viel durch die Gegend düsen? Ich mag Perspektivwechsel: Vom Weltraum aus betrachtet waren wir immer schon im »Homeoffice«, weil wir gar kein anderes Zuhause haben als diese eine Erde. Und die wird nun einmal nicht von Menschen beherrscht, sondern von einer Überzahl von Viren und Mikroben. Worüber beschweren wir uns eigentlich? Haben wir ernsthaft geglaubt, dass alles immer nach unseren Vorstellungen weitergehen würde, so wie uns Menschen das am besten passt? Uns brechen gerade ein paar Zacken aus der Krone unserer Selbstüberschätzung, die Krone der Schöpfung zu sein.

Welche Krise wird die entscheidende für unser Überleben sein? Meine Midlife-Crisis werde ich spätestens bis zur Mitte des Jahrhunderts überwunden haben. Dann freue ich mich, wenn es mich noch gibt und jemanden, der mich pflegt. Bis dahin hatte ich hoffentlich auch schon mein »Impfangebot« gegen Covid-19 und gegen die Varianten Covid-20 bis -30. Wogegen es aber nie einen Impfstoff geben wird, ist die Überhitzung der Erde. In diesem Fall erleben wir auch keine erste und zweite Welle, sondern nur Hitzewellen und Anstiege. Bei globalen Krankheiten helfen keine Globuli, gegen planetares Fieber helfen noch nicht einmal Wadenwickel um den Äquator herum. Es helfen nur intakte Regenwälder, Eis an den Polen und Permafrostböden, damit die Erde und wir einen kühlen Kopf bewahren können. Deshalb ist das die Krise, mit der ich mich im Folgenden vorrangig beschäftigen werde. Wir sind die erste Generation, die erlebt, wie die Bedrohung auch in Deutschland ankommt. Und wir sind die letzte, die noch Einfluss darauf nehmen kann, wie es weitergeht. Die Wissenschaft sagt das sehr deutlich. Es ist das dickste Brett vor unserer Nase. Also hilft nur bohren. Am Brett, nicht in der Nase. Das kann auch etwas Befreiendes haben – also, wenn schon Krise, dann richtig. Willkommen!

Was ich in der nächsten Krise nicht vergessen darf !!!

Merkzettel Corona & Klima

1) Wir sind verletzlicher, als wir denken. Die Gruppen, die es am heftigsten trifft, sind immer dieselben, ob bei Corona oder Klima: die Armen, die Alten, die Schwächsten.

2) Machen wir die Erde krank, schaden wir uns selber. Wenn wir die Lebensräume von Wildtieren zerstören, kommt irgendwann dafür die Quittung, z. B. in Form von Viren. Wenn wir den Regenwald zerstören, leiden wir unter Überhitzung und Trockenheit.

3) Die Schäden und das Leid sind immens. Die Gegenmaßnahmen sind viel teurer als die Prävention.

4) Auf die Wissenschaft zu hören lohnt sich, beide, Corona und Klima, sind Katastrophen mit Ansage.

5) Fakten alleine überzeugen nicht. Der Wert von kluger Kommunikation wird unterschätzt von Politik und Wissenschaft. Dabei muss man Unsicherheit aushalten und dazulernen dürfen.

6) Erst wenn die Diagnose klar ist, folgt man auch den Therapievorschlägen.

7) Von Stress und Unsicherheit profitieren die Feinde der Demokratie.

8) Internationale Kooperation bringt mehr als nationale Einzelgänge.

9) Dinge können schneller geändert werden als gedacht.

10) Wir wissen immer erst hinterher, wie gut wir es hatten. Und was Gesundheit wert ist.

**Der zentrale Unterschied:
Gegen Viren können wir immun werden, gegen Hitze, Hunger und Durst nicht!**

GRENZEN OHNE WIEDERKEHR

Heute geschlossen wegen gestern.

Mit wie viel »p« schreibt man eigentlich Kipppunkt? Mit drei. Okay. Aber was sind Kipppunkte des Erdsystems und warum sollen die so wichtig sein für unser Wohlergehen? Wenn es stimmt, dass es gesunde Menschen nur auf einer gesunden Erde gibt, sollten wir wissen, in welchen Bereichen Mutter Erde ihre Beschwerden hat, was sie verkraften kann und wann es ihr wirklich zu viel wird.

Als der YouTuber Rezo für sein virales Video vor der Europawahl Ministatements aus der Bundespressekonferenz der »Scientists for Future« verwendete, stach ein Wort hervor: »irreversibel«. Nicht umkehrbar. Die Klimawissenschaftler:innen sagen sehr klar: Wenn wir unsere Lebensgrundlagen überstrapazieren, gibt es irgendwann kein Zurück. Aber wie soll man sich das vorstellen? Was passiert, wenn man sogenannte planetare Grenzen und Kipppunkte erreicht oder überschreitet? Und warum sind die nächsten zehn Jahre hierfür so entscheidend?

Ein Mann, der mir das beantworten kann, ist Johan Rockström. Johan ist Schwede und einer der beiden Direktoren des Potsdam-Instituts für Klimafolgenforschung. Das Konzept des »sicheren Korridors für menschliche Zivilisation« und der planetaren Grenzen erschien 2009 in ›Nature‹, einer der wichtigsten Wissenschaftszeitschriften. Kippelemente und »Nichtlineare Dynamik« bedeutet sehr simpel ausgedrückt: Es geht nicht immer so weiter, wie man annimmt. In einem Witz fällt jemand aus dem dreißigsten Stock eines Hochhauses und denkt bei Stockwerk 10: »Also bis jetzt ging es doch gut.« Dabei steht ein nichtlineares Ereignis, eine Kettenreaktion, die dann auch nicht mehr zurückzudrehen ist, kurz bevor.

Hätte man mich vor zwei Jahren gefragt, was planetare Grenzen sind, hätte ich mit Udo Lindenberg etwas gemurmelt von:

»hinterm Horizont geht's weiter.« Johan nimmt sich Zeit, zeigt mir sein Institut – auf historischem Terrain. Hier in Potsdam hat schon Einstein geforscht. Auf dem großen alten Globus in dem musealen Gebäude steht: *Handle with care* – bitte vorsichtig behandeln. An dem Ausstellungsstück versteht man leichter als in der Realität: Die Erde hat ihre Grenzen. Ihre Ressourcen und ihre Belastbarkeit sind endlich. Und diese Grenzen haben wir Menschen in weiten Teilen überstrapaziert, ohne uns klarzumachen, dass damit ein ganzes System außer Kontrolle gerät, unaufhaltsam. Ging der Weltklimarat IPCC im Jahr 2001 noch davon aus, dass das Erreichen von Kipppunkten erst bei einer Erwärmung von mehr als 5 Grad wahrscheinlich ist, kam er in den Sonderberichten aus den Jahren 2018 und 2019 zu dem Ergebnis, dass dies bereits bei 1 bis 2 Grad der Fall sein könnte. Wir sind also schon mittendrin in einer Entwicklung, die immer schneller voranschreitet.

Dabei haben wir doch schon in der Schule gehört: »Nicht kippeln!« Obwohl es so viel Spaß machte, immer wieder auszutesten, wie weit man den Stuhl nach hinten kippen konnte, ohne auf die Schnauze zu fallen. Anatomisch korrekter auf den Hinterkopf. Kipppunkte hat auch ein Wasserglas, wenn man es immer weiter an die Tischkante schiebt. Irgendwann kommt der Moment, an dem es kippt, hinunterfällt und zerbricht. Bis kurz vor diesem Punkt denkt man: »Ach, ein bisschen geht noch.« In der Schule kam man mit einem Eintrag ins Klassenbuch davon. Was wir lernen müssen: Wir zerstören gerade lauter Dinge, die wir nicht einfach wiederherstellen können. Es reicht nicht, naiv zu sagen: »Entschuldigung, das wollten wir nicht.«

Ein sehr konkretes Beispiel ist der Verlust der Biodiversität. Ist eine Art erst einmal ausgestorben, kommt sie nie mehr zurück. Millionen Jahre feinsinnigster Evolution – vorbei. So stolz wir auf die Ausrottung des Pockenvirus durch systematische Impfungen sein können – die Ausrottung von fünfundsiebzig Prozent der Arten ist alles andere als ein Grund, stolz zu sein.

WIE WEIT KÖNNEN WIR NOCH GEHEN?

Das Konzept der planetaren Grenzen ist so etwas wie die Krankenakte der Erde. Wie geht's uns denn heute?
In den Bereichen »Klimawandel«, »Verlust der biologischen Vielfalt« und »Stickstoffkreislauf« haben wir die Belastbarkeit des Erdsystems jetzt schon so strapaziert, dass es kein Zurück mehr gibt. Zum Beispiel: Eine Art, die ausgestorben ist, kommt nicht wieder.

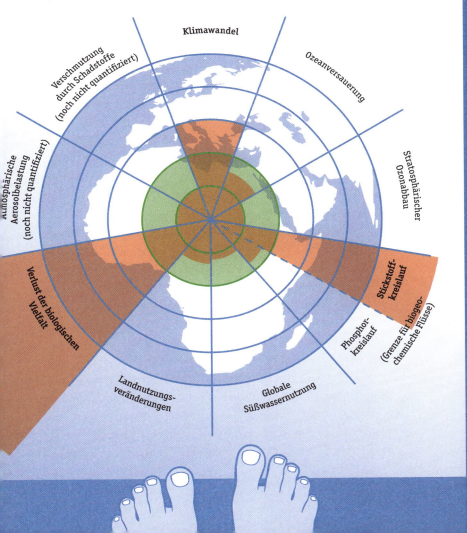

Die neun wichtigsten planetaren Grenzen werden oft wie eine Zielscheibe dargestellt, mit einem sicheren grünen Bereich in der Mitte. Artenvielfalt ist tiefrot, sprengt alle Grenzen der Wiedergutmachung. Von den anderen acht Kippelementen stellen derzeit das Abschmelzen des arktischen Meereises und des grönländischen Eisschilds die größten Bedrohungen dar, beides ist in vollem Gange. Die Weltgemeinschaft hat 2015 im Paris-Abkommen beschlossen, dass die Erderwärmung bei 2 Grad gestoppt werden soll, besser aber bei 1,5 Grad. 2020 lag die durchschnittliche Temperatur an der Erdoberfläche laut den Daten des von der EU betriebenen Copernicus-Klimawandeldienstes um 1,25 Grad Celsius über der im vorindustriellen Zeitalter. Deutschland hat die 1,5 Grad schon überschritten.

»Diese Kippelemente können sich wie eine Reihe von Dominosteinen verhalten. Wird eines von ihnen gekippt, schiebt es die Erde auf einen weiteren Kipppunkt zu«, erklärt Rockström. Solche Kettenreaktionen im Klima- und Erdsystem verstärken sich unkontrollierbar, aus der Erde könnte eine »Hothouse Earth« werden, ein Treibhaus mit einer »Heißzeit«, die das Ende der menschlichen Zivilisation mit sich brächte, wie wir sie kennen. Die Kippelemente sind also die Achillesfersen unseres Planeten. Selbst wenn wir mit einem Mal komplett »klimaneutral« würden, kehrten gekippte Systeme nicht mehr in den alten Zustand zurück, so wenig wie die Scherben wieder zum Wasserglas werden oder die Dominosteine sich wieder aufrichten oder der Mann aus dem 30. Stock. Egal, wie lange man wartet und bangt.

Ein greifbares Beispiel für Rückkopplungen und Teufelskreise ist der Albedo-Effekt. Damit ist das Rückstrahlvermögen einer Oberfläche gemeint. Vielleicht kennen Sie die »Schneeblindheit«, die entsteht, wenn die UV-Strahlen der Sonne nicht nur direkt ins Auge treffen, sondern über die weiße Oberfläche von Schnee und Eis noch eine Extraportion ins Auge geworfen wird. So ähnlich wirkt sich der Albedo-Effekt auch auf die Wärmestrahlen aus. Helle Flächen spiegeln mehr Wärmestrahlung zurück ins All als dunkle. Eisflächen kühlen den Planeten also nicht nur durch ihr Eis, sondern auch durch ihren Spiegeleffekt. Wenn der Spiegel kleiner wird und die abgetauten Flächen statt des weißen den braunen Boden freilegen, beschleunigt sich schlagartig die Geschwindigkeit, mit der das noch verbliebene Eis abtaut.

Wenn Sie das nicht glauben, machen Sie das umgekehrte Experiment mit Ihrem Toaster. Ein weißer Toast speichert anfangs wenig Hitze. Aber sobald er braun ist, wird er auch ganz schnell schwarz. Ein anderes Beispiel aus dem Alltag: Was passiert, wenn man eine Flasche mit Sprudel offen in der Sonne stehen lässt? Die ganze Kohlensäure, sprich das gelöste CO_2, geht aus dem Wasser in die Luft und die Limo schmeckt nur noch warm, schlapp und süß, weil die Säure und der Bitzel weg sind. Genau das Gleiche passiert in der globalen Dimension. Die Sprudelflasche sind die Weltmeere, die momentan noch als enormer Puffer unser Klima stabilisieren. Zum einen schlucken sie einen großen Teil des CO_2, der sonst direkt in die Atmosphäre ginge. Der Preis ist allerdings hoch, denn auf diese Weise wird aus dem Wasser saurer Sprudel, worunter die Korallen und alle Lebewesen mit einem Kalkskelett leiden. Zum andern schlucken sie die Wärme. Unglaubliche neunzig Prozent der Erderwärmung werden momentan noch abgefedert, weil sie erst mal nicht die Luft und Atmosphäre aufheizen, sondern sich mit dieser Energie das kalte Wasser langsam erwärmt. Damit ist aber auch klar, was für ein Kipppunkt da lauert: Wenn die Meere sich weiter erwärmen, werden Unmengen von CO_2 frei, das bislang im Wasser gespeichert ist. Und warmes Wasser kann auch weniger zusätzliche Wärme aufnehmen als kaltes.

Kohlendioxid ist nicht das einzige Treibhausgas, ein sehr viel wirkmächtigeres ist Methan. Beide Gase sind über Jahrmillionen sicher unter der Frostschicht der sibirischen Permafrostböden eingeschlossen gewesen. Wenn diese Tiefkühltruhe aber abtaut, können wir das Gas mit keinem Geld und Gerät der Welt daran hindern, aus dem Boden in die Atmosphäre zu strömen. Der gefrorene Boden in Sibirien und Nordamerika hat Milliarden Tonnen Kohlenstoff eingelagert, etwa fünfzig Prozent des gesamten im Boden gespeicherten Kohlenstoffs weltweit. Er stammt aus Tier- und Pflanzenresten, die sich während und seit der letzten Eiszeit dort angesammelt haben. Klimakiller on the rocks. Schwirrt Ihnen schon der Kopf? Nein? Dann hätte ich da noch eine weitere planetare Grenze für Sie, über die Sie und ich wahrscheinlich nie spontan nachgedacht hätten – den Kreislauf von Stickstoff und Phosphat. Was zum Teufel haben die beiden mit den planetaren Grenzen zu tun? Die Luft besteht doch zu achtundsiebzig Prozent aus Stickstoff, also wo ist das Problem?

Stickstoff in der Luft tut nicht viel, reagiert nicht wesentlich und stört niemanden. Allerdings haben Menschen Wege gefunden, den Stickstoff zu nutzen und als Dünger in die Erde zu bringen, und dadurch kommt der Kreislauf massiv durcheinander. Der Einsatz von Stickstoff als Dünger ist gigantisch – genauso wie die Erntemengen, die dadurch ermöglicht werden. Einhundertzwanzig Millionen Tonnen Stickstoff, die vorher in der Atmosphäre träge vor sich hinflogen, werden jedes Jahr zu einem Turbo der Landwirtschaft. Wie viel Energie in diesen Mineraldüngern steckt, wurde klar, als in Beirut im August 2020 ein Lager am Hafen explodierte. Mehrere Tausend Tonnen Stickstoffdünger verursachten eine der größten nicht-nuklearen Explosionen der Weltgeschichte. Stickstoff sprengt unsere Vorstellungskraft und die Grenzen des Erdsystems. Er steckt in jedem Maiskolben, der in Südamerika, dort, wo eigentlich Regenwald hingehört, gepflanzt und gedüngt wird, dann in einem Rindermagen in Ostwestfalen landet und schließlich auf zugeschissenen Feldern als Gülle zum Himmel stinkt. Ein Teil des Stickstoffs strömt in Form von »Lachgas« in die Atmosphäre – für den Treibhauseffekt fatal, denn Lachgas heizt 298-mal heftiger auf als CO_2.

Stickstoff kann noch über einen anderen Weg ersticken. Da viel zu viel Stickstoffdünger auf die Felder dieser Welt gekippt wird, landet ein Teil mit dem nächsten Regen über Grundwasser,

Bäche und Flüsse schließlich im Meer, »düngt« dort weiter und bewirkt ein krankhaftes Algenwachstum. Sinkt das pflanzliche Material zu Boden, verbraucht sein Abbau jeglichen Sauerstoff im Wasser. Alles stirbt. *Sacrifice zones* nennen Forscher:innen solche Regionen, »geopferte Zonen«, Kollateralschäden des Zuviel.

Für physikalische Systeme wie Eisschilde und die Ozeanzirkulation sind die Grundgleichungen gut bekannt. Schwieriger vorherzusagen sind die Wechselwirkungen für ökologische Systeme wie den Amazonasregenwald oder die borealen Nadelwälder. Johan Rockström erklärt, wie vor gut zwölf Jahren die *Tipping Points* als Prognosen für eine Zukunft verstanden wurden, die in weiter Ferne lag. Heute ist klar, dass wir schon jetzt voll in Richtung »Hothouse Earth«, einer überhitzten Erde, unterwegs sind. Während ich dies schreibe, hier und jetzt, brennen Wälder, schmelzen Pole, Gletscher und Permafrostböden. Indem wir die planetaren Grenzen ignorieren, bereiten wir uns die Hölle auf Erden. Einer der bekanntesten Klimawissenschaftler, Hans Joachim Schellnhuber, nennt dies die »Selbstverbrennung«. Das »Hothouse« hat keinen Wellnessbereich. Sauna macht nur Spaß, wenn man auch wieder abkühlen kann.

SCHERBENSUCHE IM ERDZEITALTER

»Der Mensch ist gut, aber die Leut' sind schlecht.«
Karl Valentin

Es war 1992 in Brasilien. Ich werde nie vergessen, wie ich das erste Mal in meinem Leben einen Wasserhahn aufdrehte und nichts herauskam. Das ist lange Jahre her, aber dieser Kulturschock hat sich bei mir eingebrannt. Ich war noch Medizinstudent, konnte ein wenig brasilianisches Portugiesisch und erlebte mit, wie eine Stadt notdürftig mit Tankwagen aus der Ferne versorgt wurde, weil die Wasservorräte aus Grundwasser und Staubecken trockengelaufen waren. Was es noch an Wasser gab, wurde sorgfältig aufgefangen und, wo es ging, mehrfach genutzt. Ich sollte bei diesem Trip noch mehr über Wasser und seine begrenzte Verfügbarkeit lernen. Und über das Anthropozän – auch wenn es das Wort damals noch nicht gab.

Ich besuchte einen Freund, den ich auf seiner Reise durch Italien in Assisi im Zug kennengelernt hatte. Adriano, Soziologe, lebte in einer franziskanischen Glaubensgemeinschaft und plante gemeinsam mit seinem Bischof Luiz Cappio eine sehr ungewöhnliche Pilgertour. Sie wollten einmal den Rio São Francisco entlangwandern, von der Quelle bis zur Mündung, ein ziemlich mutiges Unterfangen. Der São Francisco ist über dreitausend Kilometer lang, eine der wichtigsten Wasseradern in Brasilien, und nicht überall gibt es ausgewiesene Wanderwege. Aber wie heißt es in einem berühmten Lied: *Caminante, no hay camino / Se hace camino al andar.* »Wanderer, es gibt keinen Weg. Der Weg entsteht beim Gehen.« Die Gruppe, der ich mich dann für eine Etappe anschließen konnte, bestand aus drei Männern und einer Frau, die nicht nur im Dienste des Herrn unterwegs waren, sondern auch im Dienste des Flusses. Der stand nämlich kurz vor dem ökologischen Kollaps und das wollten die Pilger:innen zusammen mit den Einheimischen verhindern. Dafür füllten sie an der Quelle eine Flasche von dem frischen, klaren Wasser ab und trugen sie zusammen mit einer Statue des heiligen Franziskus ein Jahr lang in jedes Dorf am Ufer, in jede Stadt, in jede Gemeinde und verbanden die Gottesdienste mit Umweltbildung. Auf diese Weise warben sie an dreihundertfünfzig Stätten für Begegnungen entlang des Flusses, von den Menschen liebevoll *Velho Chico*, »Alter Chico«, genannt. An der Mündung gab es dann die feierliche Abschlusszeremonie, bei der das Quellwasser aus der Flasche dem Meer übergeben wurde: als Zeichen, wie sauber das Wasser ursprünglich mal gewesen war.

Warum ich das erzähle: Mir wurde bei dieser Reise erst so richtig klar, aus was für einem extrem reichen und privilegierten Land ich kam. Ich lernte zum ersten Mal Menschen kennen, die keinen Stromanschluss hatten, keine Schulbildung, dafür viele Kinder und ein großes Herz. Überall wurde ich willkommen geheißen, durfte mitessen, mitfeiern und im Rahmen meiner Möglichkeiten auch mittanzen. Ich lernte das Land und die Menschen lieben und beneide sie bis heute um ihre Tiefe an Spiritualität und Lebensfreude, zu der viele Europäer nicht mehr gelangen. Ich mochte den Ansatz, die Menschen mit Liedern, mit Ritualen und Zeichen wie einer Pilgerwanderung für den Zustand des Flusses oberhalb ihres eigenen Gebietes zu sensibilisieren und wachzurütteln, in einer Zeit vor Internet und Social Media. Und vor allem durch das persönliche Zeugnis, die Hingabe der Pilger:innen, die nicht als Besserwisser auftraten, sondern als Dienende.

Auch wenn ich den Kontakt zu der Gruppe verloren habe, bleibt mir das Bild derjenigen, die über Tausende von Kilometern nichts als Flipflops an den Füßen hatten. Ich hörte kürzlich von Projektverantwortlichen von Misereor, dass sich nach dieser Tour zwar viele regionale Umweltprojekte bildeten und Teilerfolge erzielt werden konnten, dass aber der Kampf um eingeleitete Industriegifte, Staudämme, Atomkraftwerke und das Überleben der lokalen Fischer mit einem Präsidenten wie dem jetzigen Klima- und Coronaleugner Bolsonaro immer schwieriger werden.

In den Predigten des Bischofs während der Pilgertour kam die Idee von »Gesunde Erde – Gesunde Menschen« schon direkt vor: »Der Fluss und die Menschen sind zwei Seiten einer Wirklichkeit, denn das Blut, das in den Adern der Menschen fließt, ist das Wasser des São Francisco: Wenn der Fluss gesund ist, werden die Menschen gesund sein. Wenn der Fluss krank ist, werden die Menschen krank sein. Und wenn der Fluss zum Sterben kommt, werden die Menschen mit dem Fluss sterben.«

Im Rückblick verstehe ich besser, dass ich durch die Erfahrung am Rio São Francisco eine Vorstellung dessen bekam, was heute »Anthropozän« genannt wird, das Zeitalter des Menschen, der die Dimension seines Tuns und die Auswirkung auf andere und die Zukunft schwer begreift. Praktisch alle Menschen, die ich damals dort kennenlernte, lebten direkt oder indirekt vom Fluss, als Fischer oder in der Landwirtschaft, die auf die Bewässerung angewiesen war; der »Chico« war ihnen auf eine gewisse Art heilig. Aber durch den Bau von Staudämmen und durch die Anschaffung vieler elektrischer Pumpen für den wasserintensiven Anbau von Gemüse für den Export sank die Wassermenge bedrohlich. Zudem wurde der Fluss in Ermangelung einer Kanalisation oder Müllabfuhr zur Entsorgung aller Arten von Abfällen missbraucht. So mischte sich immer mehr Dreck in immer weniger Wasser, je weiter man sich von der Quelle entfernte.

Jeder Einzelne entlang dieses Flusses hatte gar kein schlechtes Gewissen, er tat das, was die anderen auch taten. Man hatte keinen Vergleich, wie lebendig der Fluss noch vor zwei Generationen gewesen war. Ein Phänomen, das in der Umweltpsychologie *Shifting baseline* heißt – ein unmerkliches, aber stetiges Verschieben der Messlatte. Jeder wurschtelt vor sich hin und meint, sein eigener Beitrag der Entnahme von Wasser und der Einleitung von Abwässern sei minimal angesichts des großen und ewigen Flusses, der schon von den Vorfahren verehrt und besungen wurde. Und doch kann so ein System kippen, wenn sich die Beiträge von Einzelnen millionenfach summieren.

Willkommen im Erdzeitalter, auf dem Planeten der Menschen, willkommen im Anthropozän. Geolog:innen nennen die Phasen der Erdentwicklung »Zäne« und finden dafür jeweils charakteristische Spuren im Gestein. So wie wir uns aus Einschlüssen im Bernstein oder den Abdrücken von Flugsaurierskeletten den Alltag vor Millionen Jahren herleiten, werden in einer Million Jahren immer noch bestimmte Dinge aus den letzten achtzig Jahren unserer Zeit überdauert haben. Ab der Mitte des letzten Jahrhunderts tauchen zum Beispiel Reste von strahlendem Atommüll auf, die es in keiner Steinschicht vor uns gab. Wenn ich wissen will, wie ich früher so drauf war, suche ich im Keller in alten Kisten und finde zum Beispiel Postkarten aus Brasilien. In welcher Zeit wir heute leben, versteht man am besten durch einen gedanklichen Zeitsprung. Was werden künftige Geolog:innen an Überresten aus unserer Epoche in Museen ausstellen? Nespresso-Kaffeekapseln? Autokarosserien anstelle von Saurierskeletten? Jede Menge Knochen von immer derselben Sorte Nutztieren wird die Forscherinnen und Forscher rätseln lassen, welchem Fleischkult wir unsere Zukunft geopfert haben. Auch Beton als eine der »Gesteinsformationen«, die vom Menschen geschaffen wurden, wird auf ewig auffallen. Und Plastik ohne Ende. Ja, wir haben schon jetzt auf dieser Erde einen im wahrsten Sinne des Wortes bleibenden Eindruck hinterlassen.

Christian Schwägerl hat die Geschichte des Anthropozäns tief inhaliert, den geistigen Übervater und Nobelpreisträger Paul Crutzen noch erlebt und mir mit seinen Texten auf der Plattform »RiffReporter« geholfen zu verstehen: »Bisher verschanzten Menschen sich hinter der Formel, ihre Handlungen durch die Milliardenzahl der Menschen zu teilen und daraus abzuleiten, dass man selbst doch nur einen minimalen Teil Verantwortung trägt. Die Zukunftsformel lautet dagegen, seine eigene Lebensweise mal acht, neun, zehn Milliarden zu nehmen und zu sehen, was die Folgen wären.«

Könnte von Kant sein.

Das Wort »Anthropozän« wurde 2014 in das ›Oxford Dictionary‹ aufgenommen. Im selben Jahr wie »Selfie«. Wie stark hängt unsere Selbstbezogenheit damit zusammen, dass wir die Erde – und damit unsere Lebensgrundlage – zerstören? Der Begriff der Zeitenwende bedeutet ein Umdenken unserer Rolle. Wir haben »die Natur« über Jahrtausende unserer menschlichen Entwicklung als »feindliches Gegenüber« betrachtet. Wir mussten uns verteidigen gegen ihre Willkür, gegen ihre Übermacht, ihre schiere Größe und Gewalt. Wir gaben den Gewittern Götternamen, um sie gnädig zu stimmen. Aber eigentlich war uns klar, dass die Umwelt sich wenig Gedanken über uns machte, und so sorgten wir vor. Wenn es kalt wurde, warfen wir uns Felle über, machten Feuer und erzählten uns Geschichten. Im Kampf ums Überleben war jedes Mittel recht, wir hatten das Recht des Schwächeren auf unserer Seite. In vielen indigenen Kulturen war das sicher anders, mehr ein Wechselspiel, ein Miteinander, da bat man ein Tier um Entschuldigung, wenn man es tötete und verspeiste. Aber es war klar, dass es im Wald immer noch genug Tiere gab. Und während wir immer mehr Menschen wurden und immer aufwendigere Dinge erfanden, bauten und raubten, verpassten wir den Moment, ab dem nicht mehr die Natur die Bedrohung für uns darstellte, sondern wir die Bedrohung für die Natur.

Der Mensch ist heute die wichtigste Spezies für die Gestaltung des Lebens auf der Erde geworden. Die Mikrobiologin Lynn Margulis und der Chemiker, Biophysiker und Mediziner James Lovelock haben Mitte der 1970er Jahre die Gaia-Hypothese entwickelt. Der Name leitet sich von Gaia, der Großen Mutter in der griechischen Mythologie, ab. Demnach können die Erde und ihre Biosphäre wie EIN Lebewesen betrachtet werden, da die Gesamtheit aller Organismen erst Bedingungen schafft, die nicht nur Leben, sondern auch eine Evolution komplexerer Organismen ermöglichen. Im Studium der Mikrobiologie mussten wir »Abstriche« machen, so wie heute beim Coronaschnelltest zum Beispiel aus dem Rachen. Und dann schmierte man diesen Wattebausch auf einen Nährboden in einer Petrischale und schaute, ob etwas anwuchs. Aus einem Bakterium wurden so zwei, aus zwei wurden vier, und so weiter. Und ehe man sich's versah, war die Schale voll. Aber die Bakterien wachsen nur so lange, bis sie ein Feedback-Signal bekommen. Entweder ist die Schale voll oder die Nährstoffe im Boden sind alle. Oder es ist zu heiß oder zu kalt für die Vermehrung. Irgendwann ist Schluss mit Wachstum.

Unsere Petrischale ist die Erde. Sie ist limitiert, die Nährböden geben nicht endlos mehr her. Aber wer soll uns Menschen im Wachstum stoppen? Der Mensch hat keine »natürlichen« Feinde mehr – außer sich selber. Keiner hat uns seit dem letzten Weltkrieg nennenswert reduziert, und so steuern wir ungebremst auf die Situation zu, dass die knapper werdenden Ressourcen wie Nahrung, Wasser und Lebensraum uns dazu bringen, uns die Köpfe einzuhauen und uns selber zu reduzieren. Wir verstehen nicht, dass die Zeit des ewigen Wachstums längst vorbei ist. Im Anthropozän ist jeder von uns ein »Global Player«, ob wir es wissen, ob wir es wollen, spielt dabei keine Rolle. In einer zunehmend komplexeren Welt macht es zunehmend keinen Sinn, auf andere zu zeigen und DEN Schuldigen zu suchen. Klar ist die Ölindustrie »böse«, aber wer kauft ihr denn das ganze Zeug ab?

Die große Frage ist also: Können wir uns ein bisschen schlauer verhalten als die Bakterien oder wachsen wir einfach blind weiter, überhören alle Signale der Begrenzung, bis wir uns selber in die Knie zwingen und das Erdzeitalter des Menschen vom Menschen befreien? Wer weiß, ob jemand übrigbleibt, um dem nächsten Erdzeitalter einen passenden Namen zu verpassen.

KANN MAN ALS ARZT UNPOLITISCH SEIN?

»Mein Interesse gilt der Zukunft, weil ich den Rest meines Lebens darin verbringen werde.«
Charles Kettering

Hitzefrei! Das gab es zu meiner Schulzeit, wenn es um 10 Uhr morgens 25 Grad hatte. Es blieb aber immer eine Entscheidung der Schulleitung vor Ort. An meiner Berliner Grundschule hing am Eingang ein großes Thermometer in einem Gitterkäfig, der verhindern sollte, dass es geklaut wurde. Die Schutzvorrichtung verhinderte aber nicht, dass wir an den entscheidenden Tagen versuchten, die Werte kurz vor dem Ablesen mit einem Feuerzeug zu manipulieren, um in den Genuss eines freien Vormittags zu kommen, denn Hitzefrei war eine absolute Seltenheit. Aber Erinnerungen trügen, und deshalb fragte ich über meinen Freund Sven Plöger beim Deutschen Wetterdienst nach, wie viele Tage es in Berlin während meiner Schulzeit mit über 25 Grad um 10 Uhr gegeben hatte. Das Ergebnis: In den fünfzehn Jahren von 1980 bis 1995 gab es nur vier Tage mit diesen Temperaturen. Im ersten Hitze-Rekordjahr 2003 gab es allein dreizehn solcher Hitzetage. Und in den letzten fünfzehn Jahren, also von 2005 bis 2020, waren es in der Summe bereits einhundertfünfundvierzig Tage, an denen es nach »meiner« alten Definition Hitzefrei hätte geben müssen, 2018 allein schon vierundzwanzigmal.

Luisa Neubauer, eine der Begründer:innen von »Fridays for Future«, sagt: »Ein Kind, das im Erdkundeunterricht den Klassenraum verlässt, weil es so dagegen protestieren will, dass nicht genug über die Klimakrise gesprochen wird, bleibt ein Kind mit Fehlstunden. Aber dreißig, dreihundert oder dreitausend Kinder, die sich organisieren und ihre Erdkundestunden verlassen, haben die Macht, die Lehrpläne zu ändern.«

An den freitäglichen Schulstreiks entzündeten sich 2019 die Gemüter. Damals wurde argumentiert, dass einzelne verpasste Schulstunden nicht nachgeholt werden könnten und die Streikenden unbedingt bestraft werden müssten. Der FDP-Politiker Christian Lindner meinte, die Schüler sollten doch nach Schulschluss streiken. What? Piloten oder Lokführer streiken doch auch nicht nach Feierabend! Da wurde der jungen Generation jahrelang vorgeworfen, unpolitisch und desinteressiert zu sein, und plötzlich verhält sie sich politischer und erwachsener als viele Erwachsene. Die nächste Generation denkt globaler und internationaler als meine, fordert Gerechtigkeit, fühlt sich zu Recht betrogen um ihre Zukunft auf diesem Planeten. Gleichzeitig beweisen ihre Plakate Witz: »Kurzstreckenflüge nur für Insekten«, »Wir gehen wieder zur Schule, wenn ihr eure Hausaufgaben macht« oder »Wozu Bildung, wenn später keiner auf die Gebildeten hört?« Dann kam Corona, und viel mehr Unterricht fiel aus als jemals zuvor durch die Demonstrationen.

Der Deutsche Wetterdienst sagt voraus, dass die Anzahl der heißen Tage noch zunehmen wird. Selbst wenn man die Hitzefrei-Voraussetzung auf 30 Grad anhöbe, würde es aller Voraussicht nach in siebzig Jahren mehr »Hitzefrei-Tage« geben, als es überhaupt Freitage gibt, also über fünfzig pro Jahr. Sollte man also die Freitage heute nicht dafür nutzen, diesen verrückten Zustand nach allen Kräften zu verhindern?

Als es hieß, die Jugend solle solch komplexen Dinge doch bitte den Profis überlassen, ließen diese nicht lange auf sich warten. In Windeseile gründete sich die Gruppierung »Scientists for Future«, um den Jugendlichen den Rücken zu stärken. Einen solchen Schulterschluss von Forscherinnen und Forschern aus Deutschland, Österreich und der Schweiz hatte es zuvor noch nie gegeben. Viele Wissenschaftler:innen schüttelten seit Jahren den Kopf darüber, wie die deutsche Politik in Sachen Klima agierte. »Das Pariser Klimaabkommen wird ratifiziert, und dann tun die Politiker nichts dafür, die beschlossenen Ziele auch umzusetzen«, kritisierte Volker Quaschning von der Hochschule für Technik und Wirtschaft, HTW Berlin. Er war neben Gregor Hagedorn einer der Treiber der wissenschaftlichen Community.

Von mehreren Seiten bekam ich die Einladung, eine Petition mitzuunterschreiben, die dazu aufrief, die Anliegen der Jugendlichen zu unterstützen. Ich teilte sie weiter in meinem Netzwerk, weil ich das Zeichen wichtig fand. Auch die anderen suchten Mitstreiter:innen und so waren sehr schnell über 26.000 Unterschriften beisammen, darunter auch die von zwei Nobelpreisträgern. Auf diese Weise gelang es innerhalb weniger Tage, im ehrwürdigen Rahmen der Bundespressekonferenz mit Vertreter:innen von »Scientists for Future« und »Fridays for Future« gemeinsam zu sagen: Die Proteste und Positionen der Jugendlichen sind aus wissenschaftlicher Sicht gerechtfertigt. Weder die deutschen Pläne zum Kohleausstieg noch die Ausbaupläne für erneuerbare Energien oder die Reduktionsbemühungen im Verkehrs- oder Wärmebereich genügen auch nur ansatzweise, um das 1,5-Grad-Ziel bei der Begrenzung der Erderwärmung zu erreichen. Durch die Decke ging die Wahrnehmung, als der YouTuber Rezo vor der Europawahl 2019 in seinem Video, das sich über zwanzig Millionen Menschen ansahen, aus der Pressekonferenz zitierte. Auch sein Video »Rezo wissenschaftlich geprüft«, in dem ich zu der Verbindung von Klimawandel und Gesundheit Stellung nahm, wurde von mehreren Millionen Menschen aufgerufen. Neue Kanäle, neue Aufgaben, eine neue Rolle?

Mir wurde klar: Jetzt bin ich nicht mehr nur der lustige Doktor, Wissenschaftsjournalist oder Vermittler. Die Zeiten ändern sich, und ich ändere mich mit. Ein paar Wochen vorher hätte ich mir nicht träumen lassen, überhaupt einmal im Leben vor der blauen Wand zu sitzen, die man sonst nur aus der Tagesschau kennt. Und ich weiß auch noch, dass ich an dem Tag frühmorgens von meiner Bühnentour kam, nach Berlin reiste und von dort direkt nach Hannover fuhr, um zugunsten von HUMOR HILFT HEILEN eine CD mit Kinderwitzen aufzunehmen. Mir schwirrte der Kopf von dem Hin- und Herspringen zwischen so völlig unterschiedlichen Welten innerhalb weniger Stunden. Dieser Spagat ist anstrengend, auch für mein ganzes Umfeld, das Schritt halten soll und mit meiner neuen Rolle – ebenso wie ich – manchmal fremdelt. Was ist eigentlich das Gegenteil eines Aktivisten? Ein Passivist? Waren wir das nicht alle schon lange genug?

Die Streiks der »Fridays« haben mich daran erinnert, wie ich in dem Alter drauf war, ihre Aktivist:innen haben mich re-aktiviert, in mir etwas wiederbelebt und nicht nur in mir, sondern in ganz vielen. Ich glaube, dass jede Generation ihr Aha-Erlebnis hat. Für mich war das 1986 Tschernobyl. Am Tag des Reaktorunglücks war ich achtzehn und unterwegs nach München. Ich stand an der Autobahn, trampte und dachte: Du weißt überhaupt nicht, wo du hinfahren sollst. Überall schwebt diese radioaktive Wolke über uns. An diese Hilflosigkeit fühlte ich mich erinnert, als es im Sommer 2018 in Deutschland über 40 Grad gab und ich merkte, ich kann der Hitze nirgends entkommen. Als Jugendlicher demonstrierte ich im Wendland und in Wackersdorf und zack! – nur ein Atomunglück und fünfundzwanzig Jahre später – folgte der Ausstieg aus der Kernenergie. Aus der Meinung von ein paar »Spinnern« wurde ein mehrheitsfähiger politischer Entschluss. Aber wir haben keine fünfundzwanzig Jahre mehr, um auf die Klimakrise angemessen zu reagieren. Wir müssen schneller handeln, das wurde mir klar, und da sind auch und gerade die Gesundheitsberufe gefragt.

Wenn es eine ärztliche Pflicht ist, Leben zu schützen, auf Gesundheitsgefahren hinzuweisen und gegebenenfalls auch schlechte Nachrichten zu überbringen, dann sollten Vertreter:innen der Gesundheitsberufe die Ersten sein, die die Bedrohung des Menschen durch den Klimawandel thematisieren. Und die schlechte Nachricht lautet: Die Klimakrise hat massive Auswirkungen auf unsere Gesundheit. Wir müssen nicht das Klima retten, sondern uns! Die Erde braucht uns nicht, wir aber brauchen die Erde.

Mehr über den Zusammenhang von Klimawandel und Gesundheit zu verstehen und zu kommunizieren ist für mich seitdem ein echtes Herzensanliegen geworden. Dieses Buch ist ein Zwischenbericht mit allem, was ich verstanden und zusammengetragen habe, immer verbunden mit der Frage: Was hat das konkret für Auswirkungen auf unseren Körper, unsere Lebensqualität und auch auf unsere seelische Gesundheit? Aber auch: Wie kommen wir vom Wissen ins Tun, von der lähmenden Hoffnungslosigkeit ins strategische Handeln?

Viele Ärztinnen, Ärzte und Institutionen fangen gerade an, sich aufzustellen, Position zu beziehen und ihre Rolle in der Öffentlichkeit neu zu finden. Die Zusammenarbeit mit der Deut-

Vor der Charité in Berlin engagieren sich Ärzt:innen, Pflegefachkräfte und andere aus Gesundheitsberufen für gesunde Menschen auf einer gesunden Erde.

schen Allianz Klimawandel und Gesundheit (KLUG), mit den Studierenden von #healthforfuture und auch der globale Klimastreik am 20. September 2019 vor der Charité in Berlin waren für mich neue und aufregende Schritte, mich aus der »Entertainer«-Ecke weiterzuentwickeln auf eine politische Bühne. So stand ich also zwischen meinem ehemaligen Chef der Charité, Detlev Ganten, und der nächsten Generation von Ärzt:innen vor dem Brandenburger Tor und durfte zu der vollen »Fanmeile« sprechen, die nicht für die Nationalmannschaft, sondern wegen der globalen Krise zusammengekommen war.

Der Deutsche Ärztetag öffnete sich mit seinem neuen Präsidenten dem Thema, die Deutsche Gesellschaft für Innere Medizin, der Deutsche Pflegetag. Der World Health Summit, Gruppen im Europaparlament und Tagungen des Auswärtigen Amtes zu »One Health« luden mich als Impulsgeber und Referenten ein. Plötzlich war ich Botschafter für die Agenda 2030, für globale Gesundheit und für Artenvielfalt. Um all diese Aktivitäten zu bündeln und mit neuen Mitarbeiter:innen effektiver zu sein, gründete ich die gemeinnützige Stiftung »Gesunde Erde – Gesunde Menschen«. Was unsere aktuellen Projekte sind, verrate ich ausführlicher am Ende des Buches. »Klima« ist jedenfalls kein Modethema, es ist DAS Thema dieses Jahrhunderts.

Traditionell hält sich die Mehrheit der Ärztinnen und Ärzte aus der Politik heraus, wenn sie sich überhaupt einmischt, geht es um Vergütungsfragen oder um Debatten zu Themen der Ethik, wie etwa Sterbehilfe. Dass die fossile Energiepolitik massive Gesundheitsfolgen hat, stand bislang eher nicht auf ihrer Agenda. In meiner Ausbildung spielten diese Zusammenhänge auch kaum eine Rolle, Umweltmedizin wurde belächelt als »Orchideenfach«. Aber natürlich gab es auch Ausnahmen, die »Ärzte gegen den Atomkrieg« zum Beispiel. Sie betonten auf einem ihrer Plakate: »Eine Atombombe kann dir den ganzen Tag versauen.« Gleiches gilt heute für die Klimakrise. Die kann einem das ganze Leben versauen.

Klimaschutz als Gesundheitsschutz zu begreifen, eröffnet eine Perspektive, die sich nicht auf eine Partei, Ideologie oder Altersgruppe bezieht, sondern für jeden von uns wichtig ist. Politischer zu werden heißt anzuerkennen, dass die Lösung der Probleme nicht in einer medizinischen Innovation zu finden sein wird. Wir können eine überhöhte Körpertemperatur, sprich Fieber, medikamentös senken. Aber gegen eine überhöhte Außentemperatur gibt es keine Tablette, da hilft nur wirksame Politik.

Kann das so einen Riesenunterschied machen, ob es ein paar Grad wärmer wird? Ja. Als Arzt weiß ich: Von 41 auf 43 Grad Körpertemperatur ist es ein großer Sprung. Der über die Klinge. Wir hatten schon 42 Grad in Deutschland. Natürlich ist mir auch der Unterschied von Außentemperatur und Körperkerntemperatur bewusst. Aber wenn allein in Berlin bei den Hitzewellen 2018 und 2019 viele Hundert Menschen starben, ist die Klimakrise ein medizinischer Notfall. Und positiv formuliert auch die größte Chance, etwas für die Gesundheit der Menschen im 21. Jahrhundert zu tun. Vielen im Land ist offenbar noch nicht bewusst: Die nächsten zehn Jahre entscheiden darüber, wie die nächsten zehntausend Jahre laufen, auf gut Deutsch: ob die menschliche Zivilisation überlebt. Wir haben in der Medizin weltweit gigantische Fortschritte gemacht. Wir leben so satt, so sicher wie nie zuvor – und sind doch so bedroht wie noch nie. All diese Fortschritte der letzten fünfzig Jahre stehen heute auf dem Spiel.

Ich lebe gern im 21. Jahrhundert mit all seinen Möglichkeiten, es sollte nicht unser letztes gutes Jahrhundert sein. Wir brauchen einen stärkeren Fokus auf den Zugewinn an Lebensqualität statt Diskussionen über angebliche Verluste und Verbote. Was antworten wir unseren Kindern und Enkeln, wenn sie uns fragen: »Was habt ihr 2021 gemacht? Ihr wusstet doch genug, hattet das Geld, die technischen Lösungen – was war euch wichtiger?« Wir sind eines der reichsten Länder der Welt, wir haben eine offene, demokratische Gesellschaft, das Recht auf freie Meinungsäußerung, Presse- und Versammlungsfreiheit. Deshalb tragen wir auch eine hohe Verantwortung, nicht nur, weil wir in der Vergangenheit schon jede Menge Treibhausgase freigesetzt haben, sondern auch, weil sich viele Länder fragen: Wie machen es denn die Deutschen?

Die amerikanische Politikwissenschaftlerin Erica Chenoweth hat untersucht, wann soziale Bewegungen Erfolg hatten. Das Ergebnis: Strikt gewaltfreie waren doppelt so erfolgreich wie die gewalttätigen. Keine einzige gewaltfreie Bewegung ist gescheitert, sobald mehr als 3,5 Prozent der Bevölkerung mobilisiert werden konnten. Um etwas zu verändern, braucht es also gar keine absoluten Mehrheiten, Relevanz beginnt unterhalb der Fünfprozenthürde. In Deutschland wären das 2,87 Millionen Menschen. Wenn jede und jeder Einzelne der 1,4 Millionen Demonstrierenden vom 20. September 2019 noch jemanden motiviert, ist das keine Utopie mehr.

Und: Wir brauchen bei aller Ernsthaftigkeit und der Einsicht in die Beschränktheit der eigenen Mittel auch die Zuversicht, dass wir an dieser größten Gefahr der Menschheit immer noch wachsen und etwas ändern können. Ganz im Sinne von Karl Valentin: »Wenn es regnet, freue ich mich. Denn wenn ich mich nicht freue, regnet es auch!« Oder, um mit den »Fridays« zu sprechen: »Klima ist wie Bier – warm ist scheiße.«

MUTTER ERDE AUF DER INTENSIVSTATION

KEINE PANIK, ABER PRIORITÄT

Stellen Sie sich vor,
Sie erfahren, dass Ihre Mutter auf der Intensivstation liegt. Wenn das zu Ihrer familiären Konstellation besser passt, denken Sie an einen anderen Menschen, den Sie lieben.
Was würden Sie in dem Moment tun, in dem Sie von dem kritischen Zustand erfahren? Sie würden alles stehen und liegen lassen und sich sofort um ihr Wohlergehen kümmern. Klare Priorität.
Unser aller Mutter liegt auf der Intensivstation. Mutter Erde hat Fieber. Das Fieber steigt weiter. Sie hat Multiorganversagen, das Schlimmste, was man auf Intensiv haben kann. Mehrere Systeme funktionieren nicht mehr richtig, Atmung, Kreislauf, Entgiftung, Stoffwechsel. Bei Mutter Erde ist das der Jetstream, der nicht mehr weht, der Wasserkreislauf, der durchdreht mit Starkregen, Wirbelstürmen und Dürre. Die Entgiftung ist blockiert durch Feinstaub und Mikroplastik in Luft und Wasser. Und der Stoffwechsel von Stickstoff und Phosphat ist gestört, weit über die planetaren Grenzwerte hinaus. Eins ist klar: Es geht ums Überleben. Und viel Zeit bleibt uns nicht mehr, um an diesem kritischen Zustand etwas zu ändern.
Ja, jeder Vergleich hinkt. Aber sind wir nicht Kinder dieser Erde? Nicht esoterisch gemeint, sondern ganz praktisch. Woraus bestehen wir? Aus lauter Substanzen, die wir von der Erde geliehen haben. Was atmen wir? Was die Erde in ihrer hauchdünnen Atmosphärenschicht für uns bereithält. Was ernährt uns? Alles, was auf der Erde wächst. Von unseren leiblichen Eltern können wir uns emanzipieren. Aber auf das Wohlergehen von Mutter Erde sind wir unser Leben lang angewiesen. Wenn sie Fieber hat, fiebern wir mit. Wenn ihr die frische Luft ausgeht, husten wir mit. Wenn wir sie vergiften, vergiften wir uns mit.
Früher wusste man das nicht besser. Heute wissen wir, was wir anrichten, wir wissen, dass es anders geht und dass es sogar ge-

sünder wäre. Wir benehmen uns wie Junkies, die in ihrer Abhängigkeit von fossilen Brennstoffen jede Verantwortung weit von sich weisen. Unsere Drogen sind Energie, Konsum, Wachstum. Was uns gestern noch gekickt hat, reicht heute nicht mehr. Ja, die Weltbevölkerung wächst. Aber noch schneller wächst unser Ressourcenverbrauch. Einem Kohlendioxid-Molekül ist es völlig egal, aus welchem Land, aus welcher Epoche, aus welchem Grund es in die Atmosphäre gelangt ist. Es besteht aus einem Kohlenstoffatom und zwei Sauerstoffatomen. Da darf man nicht viel Selbstreflexion erwarten. Dummerweise reflektiert das Ding aber Wärmestrahlung, das ist seine Natur. Das ist Gesetz. Daran werden wir nichts ändern. Ändern können wir nur die Menge der Gase, die uns mit ihren Tonnen von Dreck erdrücken und überhitzen. Jeder Tag, den wir weiter Mutter Erdes Fieber anheizen und uns selber in den Schwitzkasten nehmen, wird uns bitterlich leidtun. Und unvorstellbares Leid erzeugen.

Mutter Erde (Zweite v. l.) am heißesten Tag des Jahres 2020 in Aachen: auf der Demo der Initiative #healthforfuture Aachen gemeinsam mit der Stiftung »Gesunde Erde – Gesunde Menschen«.

ES IST NICHT SO KOMPLIZIERT, ES REICHEN FÜNF SÄTZE:

1. **Die Klimakrise ist real und gefährlich.**
2. **Wir Menschen sind die Ursache.**
3. **Wir Menschen können etwas ändern.**
4. **Die Fachleute sind sich einig.**
5. **Es gibt noch Hoffnung.**

Erst die Diagnose – dann die Therapie. Ohne Einsicht in die Krankheit macht keine Maßnahme Sinn. Die Diagnose ist eindeutig. Mutter Erde und wir sind in einer bedrohlichen Schieflage, die keiner mehr ignorieren kann. Wir müssen nicht das Klima retten, sondern uns. Wir sind dran, im wahrsten Sinne, denn wir sind dabei, die Lebensgrundlagen für uns und für alle zukünftigen Generationen zu ruinieren. Wenn wir so weitermachen, überschreiten wir Kipppunkte – unumkehrbar. Für immer. Auch das gibt es in der Medizin, dass man mit keinem Geld, keiner Maschine, keinem Spezialisten von sonst wo auf der Welt mehr helfen kann. Gehören wir wirklich schon auf die Palliativstation?
Den Ernst der Lage habe ich selber erst vor Kurzem begriffen. Deshalb schreibe ich dieses Buch. Weil ich gerne lebe. Und gerne Wissen teile und verständlich mache. Weil ich das, was ich an Unbeschwertheit genießen durfte, allen gönne, die nach mir kommen mögen. Und weil ich gerne auch noch dreißig gute Jahre dabei sein will – so mir das vergönnt ist.
Wenn ich 2050 gefragt werden sollte, was hast du 2020 eigentlich gemacht, will ich sagen: Ich habe mein Bestes gegeben und Sprachbilder gesucht, die den Menschen etwas bedeuten und Mut machen zu Veränderung. Die keine Panik verbreiten, aber Prioritäten aufzeigen.

Denn: Wir könnten es hier auf Erden echt schön haben. Schöner als jetzt. Zeig das deiner Mutter!

ERDERWÄRMUNG IST FAKT

Wie lässt sich etwas so Abstraktes wie die Erderwärmung visualisieren? Diese »Erwärmungsstreifen« leuchten unmittelbar ein, jedes Jahr eine Farbe, je nach Abweichung vom Durchschnitt. Klare Botschaft: Es wird global seit 1888 bis heute immer röter, sprich heißer, mehr dazu in Kapitel 6. Dieser Farbverlauf ist zum Symbol geworden, bei »Scientists for Future«, im Logo meiner Stiftung »Gesunde Erde – Gesunde Menschen« und auch in diesem Buch, bei dem jedes Kapitel seine eigene Nuance hat. Wenn Sie die Schnittkante anschauen und das Buch etwas durchbiegen, finden Sie die Farben wieder.

An wissenschaftlichen Beweisen mangelt es nicht! Es gibt enorm umfangreiche Berichte des Weltklimarates (IPCC). Dazu hervorragende Bücher, Webseiten und Videos. Wer es anschaulich mag: Das Buch ›Kleine Gase – Große Wirkung‹ gibt einen super Überblick. Da ich nicht wissen kann, was Sie schon alles wissen, folgt eine kurze Liste zentraler Fakten, auf deren Konsequenzen für die Gesundheit ich immer wieder zu sprechen komme. Hinter der Zusammenstellung stehen große Institutionen wie der Deutsche Wetterdienst oder die Helmholtz-Klima-Initiative.

Der Treibhauseffekt
Warum wächst in einem Treibhaus Gemüse auch im Winter? Weil die Sonne mit ihren Wärmestrahlen zwar durch die Glasscheiben

Ein natürlicher Treibhauseffekt ist wichtig, damit wir nicht erfrieren.

hineinkommt, aber nicht so leicht wieder heraus. Treibhäuser sind Hitzefallen, so wie auch Autos im Hochsommer. Gedankensprung in die Atmosphäre: Gase sind zwar unsichtbar für unsere Augen, aber nicht für die Wärmestrahlen, die an den Molekülen in der Luft abprallen. So kann eine durchsichtige Gasschicht wirken wie die Glasscheiben eines Treibhauses. Und so wird die ganze Erde zur Tomate.

Der größte Teil der Sonnenstrahlen durchdringt auf dem Hinweg diese Schicht, trifft auf die Erdoberfläche und ein Teil wird als Wärmestrahlung wieder in Richtung Weltall zurückgeschickt. Aber die Treibhausgase wie Kohlenstoffdioxid, Lachgas oder Methan halten die Wärme unter ihrer »Gas-Glasscheibe« fest wie unter einer Decke. Wir können froh sein, dass es in kleinem Ausmaß den natürlichen Treibhauseffekt gibt, denn sonst wäre die Erde viel zu kalt, um darauf zu leben. Aber wenn die Decke durch viel zu viele Emissionen immer dicker wird, bleibt mehr und mehr Hitze darunter gefangen. Das ist der neue, der menschengemachte Treibhauseffekt, ein selbst eingebrockter Schwitzkasten. Deshalb ist es so entscheidend, ganz schnell weniger Treibhausgase in die Atmosphäre zu pusten und gleichzeitig Wälder, Moore und Pflanzenwachstum zu fördern, damit Kohlenstoff auf der Erde gebunden bleibt. Theoretisch ist das alles klar. Jetzt müssen wir nur noch handeln.

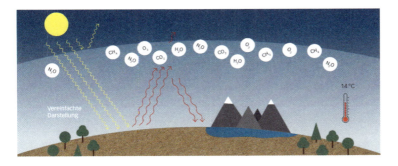

Je mehr Treibhausgase wir produzieren, desto heißer wird es für uns.

Was wir schon sicher über den globalen Klimawandel wissen:

1. Weltweit ist die Durchschnittstemperatur bereits um über 1 Grad gestiegen.
2. Die letzten sechs Jahre waren weltweit die wärmsten seit Beginn der Wetteraufzeichnungen.
3. Wir Menschen sind der Hauptgrund für den Temperaturanstieg.
4. Schon jetzt verursacht die Erwärmung Hitze, Dürre, Brände und Überschwemmungen.
5. Die globale Erwärmung bedroht Gesundheit und Ernährung, führt zu Hungersnöten und zur Ausbreitung von Malaria, West-Nil-Virus, Zika, Stechmücken, Zecken und Borrelien. Auch Lebensmittelvergiftungen und gefährliche Durchfallerkrankungen nehmen zu.
6. Oberhalb von 1,5 Grad Erwärmung werden die Folgen global erheblich schlimmer. Kipppunkte des Erdsystems wie das Abschmelzen von Gletschern und Eisflächen, die Vernichtung des Regenwaldes und das weitere Auftauen der Permafrostböden werden immer wahrscheinlicher.
7. Die Netto-Emissionen von Treibhausgasen müssen in zwanzig bis dreißig Jahren weltweit auf null sinken. Die derzeitigen Maßnahmen reichen nicht aus, und die Emissionen steigen weiter. Wenn wir nicht handeln, reicht das verbleibende globale Emissionsbudget noch für weniger als zehn Jahre.
8. Unsere Lebensgrundlagen sind jetzt schon gefährdet. Beim Stickstoff- und Phosphorkreislauf sowie bei der Biodiversität haben wir unsere planetaren Grenzen weit überschritten.
9. Klimawandel führt zu Artensterben, auch durch die gemeinsamen Antreiber wie Entwaldung, Flächenverbrauch und Übernutzung. Dadurch verursachen wir Menschen das größte Massenaussterben seit der Zeit der Dinosaurier.

10. Die Zerstörung von natürlichen Ressourcen und Lebensräumen verschärft Konflikte und erhöht den Migrationsdruck.
11. Unsere Nutztierhaltung schadet massiv den Ökosystemen. Eine pflanzenbasierte Ernährung aus nachhaltigem Anbau nutzt Klima, Artenvielfalt und der eigenen Gesundheit.
12. Klimaschutz, Mobilitäts-, Agrar- und Energiewende sind ökonomisch machbar, schaffen Chancen, sichern und verbessern die Lebensqualität für uns und die kommenden Generationen.

Klar gibt es noch viel mehr als zwölf wichtige Fakten. Deshalb empfehle ich meine Quellen **klimafakten.de** und **scientists4future.org** .

Fakt ist auch, dass die Menschen, die heute bereits am meisten unter den Folgen der Erderwärmung leiden, diejenigen sind, die am wenigsten dafürkönnen. Deshalb unterstützen NGOs wie UNICEF inzwischen auch vehement die Einhaltung der Klimaziele.

HIMMELSCHREIENDE UNGERECHTIGKEIT

»Wenn die reichsten zehn Prozent der Welt dem Verbrauchsmuster des durchschnittlichen Europäers entsprechen werden, werden die globalen Emissionen um ein Drittel sinken.«
Oxfam

Wenn wir etwas in Unordnung gebracht haben, müssen wir dafür geradestehen und das Ganze wieder aufräumen, das lernen wir bereits im Kindergarten. Wir machen allerdings auch die Erfahrung, dass in der Regel jemand kommt und unseren Dreck wegmacht, wenn wir ihn nur lange genug liegen lassen. Nun ist die Welt in Unordnung – und wer räumt auf? Mir kommt es so vor, als warte die nationale wie internationale Klimapolitik auf die Erzieher:innen und ducke sich mit der Begründung weg, man habe das Chaos ja nicht alleine verursacht.

Dabei kann man die prozentualen Anteile der Verursachung sehr klar benennen: Aktuell sind die reichsten zehn Prozent der Weltbevölkerung für fünfzig Prozent des Drecks verantwortlich. Und wenn Sie sich jetzt fragen, ob Sie jemanden von diesen fiesen zehn Prozent kennen: sehr wahrscheinlich. Denn zu diesem exklusiven Club gehört bereits jeder mit einem Jahreseinkommen von rund zwölftausend Euro, also tausend Euro im Monat. Somit sind der Lebensstil und Ressourcenverbrauch selbst eines »armen Studenten oder Auszubildenden« nicht so selbstverständlich, wie die meisten von uns meinen. Global gesehen sind sie sogar ein absoluter Luxus.

Die Ungerechtigkeit geht aber noch einen entscheidenden Schritt weiter: Fünfzig Prozent der ärmeren Menschen, die im sogenannten Globalen Süden leben, verursachen nur zehn Prozent des Drecks, spüren aber die Auswirkungen als Erste. Sie leiden heute schon an den brutalen Folgen der Überhitzung. Auch wenn wir die Erde immer noch in verschiedene Länder und Kontinente unterteilen – der Himmel ist nicht teilbar.

Die Welthungerhilfe beschreibt es so: »Wir stecken in einer Klimakrise, die wir nicht mehr beenden, sondern nur noch eindämmen können. Der Klimawandel trifft vor allem die Ärmsten und ist weltweit eine der zentralen Ursachen für Hunger und Armut. Es besteht akuter Handlungsbedarf – ohne schnelle und effektive Lösungen kann unser Ziel, den Hunger bis 2030 zu beenden, nur schwer erreicht werden.«

In der Agenda 2030 legten die Vereinten Nationen unter der englischen Abkürzung SDGs (*Sustainable Development Goals*) siebzehn globale Entwicklungsziele fest, die wir als Weltgemeinschaft erreichen wollen. Dazu gehören zum Beispiel: kein Hunger, Frieden, globale Gesundheit und Bildung für alle. Oft vergessen wir, welch große Fortschritte wir in den letzten zwanzig Jahren im Bereich der globalen Gesundheit gemacht haben. Doch durch den Klimawandel und nochmals verschärft durch die jetzige Pandemie gefährden wir diese Errungenschaften. Forscher:innen haben ermittelt, dass die Kluft zwischen armen und reichen Ländern heute um ungefähr fünfundzwanzig Prozent größer ist, als sie es ohne die Erderwärmung wäre. Das Bruttoinlandsprodukt in den ärmsten Ländern der Welt wird voraussichtlich nach vielen Jahren der positiven Entwicklung durch klimabedingte Katastrophen ab 2020 jährlich um etwa drei Prozent zurückgehen. Und der aktuelle Welthunger-Index, der die Ausprägung von Unterernährung und Hunger in hundertsieben Ländern erfasst, zeigt: Vierzehn Länder weisen heute höhere Werte auf als noch 2012, darunter Kenia, Madagaskar, Venezuela und Mosambik. Insgesamt ist die Zahl der Hungernden weltweit auf derzeit sechshundertneunzig Millionen Menschen gestiegen. Das bedeutet, jeder neunte Mensch auf der Welt leidet Hunger, achtundneunzig Prozent der Betroffenen leben in Ländern des »Globalen Südens«. Die meisten betreiben Landwirtschaft, häufig nur für ihre eigene Versorgung. Die Ernährungssituation dieser Menschen ist hochgradig labil und äußerst gefährdet. Es fehlt vielerorts an Geld, Wissen und Vorräten, um im Notfall handeln und Engpässe ausgleichen zu können. Die geschätzte Zahl von Menschen, die zur Migration gezwungen sein werden, weil sie an ihrem jetzigen Wohnort nicht bleiben können, reicht von hundertvierzig bis vierhundert Millionen bis zum Jahr 2050. Das ist »der Elefant im Raum«, über den zu wenig gesprochen wird. Deshalb müssen Klimaschutz, Gesundheit und Gerechtigkeit zusammen betrachtet werden.

Die Debatte über die Maßnahmen zur Eindämmung des Klimawandels dreht sich zentral um das Verursacherprinzip: Wer hat den größten Anteil an der Verschmutzung? Wer den größten Profit hat, der soll auch für den Schaden aufkommen. Da Treibhausgase Jahrzehnte bis Jahrhunderte in der Atmosphäre bleiben können, gibt es auch eine historische Schuld an den hohen CO_2-Werten. Der mit Abstand größte Teil der Treibhausgase, die die Menschheit in den letzten zweihundertfünfzig Jahren in die Atmosphäre gebracht hat, stammt von den reichen Industriestaaten.

So beschreibt es auch die Journalistin Verena Kern auf klima reporter.de. Die USA haben seit 1751 rund vierhundert Milliarden Tonnen CO_2 freigesetzt, das sind fünfundzwanzig Prozent der Gesamtmenge. Die europäischen Länder, einschließlich Großbritannien als Mutterland der Industrialisierung, sind für rund dreihundertfünfzig Milliarden Tonnen oder zweiundzwanzig Prozent verantwortlich. China kommt mittlerweile auf rund zweihundert Milliarden Tonnen oder dreizehn Prozent. Indien, dessen Bevölkerung fast so groß ist wie die chinesische, hat bislang fünfzig Milliarden Tonnen CO_2 ausgestoßen, das sind zwar nur drei Prozent aller Emissionen, ist aber immer noch mehr, als der ganze afrikanische Kontinent mit seinen bislang gut vierzig Milliarden Tonnen zu verzeichnen hat.

Ein Gerechtigkeitsproblem gibt es aber nicht nur im globalen Maßstab. Auch innerhalb der reichen Länder geht es alles andere als fair zu. Mehr Geld bedeutet fast automatisch mehr Emissionen:

durch Flugreisen, Zweit- und Drittautos, große Wohnungen und den ressourcenintensiveren Lebensstil. In der EU verursachen die einkommensstärksten zehn Prozent der Haushalte über ein Viertel der gesamten CO_2-Last. Das ist mehr als der Beitrag der gesamten unteren Hälfte. Noch krasser wird die Diskrepanz, wenn man das oberste Prozent anschaut: Die Haushalte mit dem größten Wohlstand haben einen jährlichen Pro-Kopf-Ausstoß von fünfundfünfzig Tonnen CO_2. Der Durchschnittswert in Europa liegt mit rund acht Tonnen etwa siebenmal niedriger. Dauerhaft verkraften kann die Erde pro Mensch etwa 1 bis 1,5 Tonnen.

Ich verstehe jetzt besser, warum auf den »Fridays for Future«-Demos immer Klimagerechtigkeit gefordert wird. Jetzt. »What do we want? Climate Justice! When do we want it? Now!«

Diese Kinder in Uganda erinnern uns: Sauberes Wasser ist ein Menschenrecht.

DIE ZIELE FÜR NACHHALTIGE ENTWICKLUNG

In der Agenda 2030, den siebzehn globalen Entwicklungszielen der Vereinten Nationen, wurde 2015 gemeinsam festgelegt, wohin wir als Weltgemeinschaft eigentlich wollen. Die SDGs (*Sustainable Development Goals*) bezeichnen Ziele wie »Kein Hunger«, »Globale Gesundheit«, »Frieden« und »Bildung für alle«. Und jedes Ziel hat noch viele Unterziele. Die Ziele richten sich an alle Regierungen weltweit, aber auch an die Zivilgesellschaft, die Wirtschaft und die Wissenschaft. Für das Ziel Nummer 3, »Gesundheit und Wohlergehen«, hat mich das Bundesministerium für wirtschaftliche Zusammenarbeit 2020 zum Botschafter ernannt.

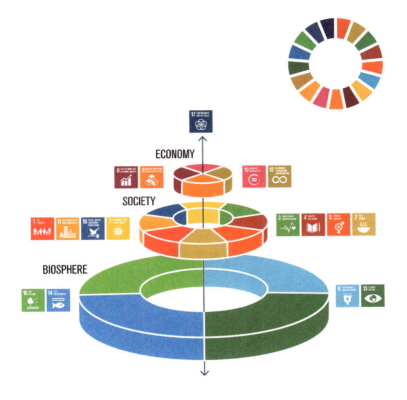

Die Agenda 2030 lässt sich auch als Torte darstellen, denn manche der Ziele bauen auf anderen auf. Die vier Ziele an der großen runden Basis sind die »Biosphäre«, also die Lebensgrundlagen, von denen unser Wohlergehen fundamental abhängt. Diese Bereiche gilt es zu schützen, namentlich sind das »Leben an Land«, »Leben im Wasser«, »Klimaschutz« und »Sauberes Trinkwasser und Sanitäreinrichtungen«. Die Anordnung als Pyramide erinnert uns daran, dass der mittlere Ring »Gesellschaft« mit genügend »Essen«, »Bildung« und »Gesundheit« nur auf einer gesunden Erde funktioniert. Erst recht gilt das für die noch höheren Ziele wie »Arbeit«, »Gerechtigkeit« und »Nachhaltiger Konsum«. Wenn unten ein Element wackelt, gerät der ganze Turm in Schieflage.

WHAT A WONDERFUL WORLD

»Die Musik drückt das aus, was nicht gesagt werden kann und worüber zu schweigen unmöglich ist.«
Victor Hugo

Louis Armstrong hat einen Song in die Welt gebracht, in dem die Schönheit der Natur, die verbindenden Momente der Humanität, die Sehnsucht nach einer heilen Welt unmittelbar spürbar sind. Ich muss jedes Mal fast heulen, wenn ich ihn höre. Und es ist zum Heulen, wenn ich bei der Recherche für dieses Buch täglich auf Nachrichten und Befunde zum Zustand der Welt stoße, die das Gegenteil belegen. Unsere Welt ist nicht heil. Und von vielen der Herausforderungen und Missstände hatte ich noch vor wenigen Monaten nicht einmal gehört. Dennoch habe ich für den Buchtitel die Aussage gewählt: *Mensch, Erde! Wir könnten es so schön haben.* Denn ein großer Teil der Zerstörung der Lebensgrundlagen fand in den letzten fünfzig Jahren statt, und ich hoffe, dass sich noch genug Menschen daran erinnern, dass es schon mal anders war.

›Wonderful world‹ wurde speziell für Armstrong geschrieben. Er kam in ärmlichsten Verhältnissen zur Welt, wuchs nur zeitweilig bei seiner Mutter auf und landete in einer Anstalt für obdachlose afroamerikanische Jugendliche. Alles andere als »wonderful«. Aber dort lernte er Musikinstrumente zu spielen, schlug sich später als Musiker durch und beseelt bis heute mit seiner Mischung aus Melancholie und Begeisterung die Welt.

Der Song entstand ebenfalls nicht in einer heilen Welt, sondern in der Zeit von Vietnamkrieg, Apartheid und Repression von vielen, die sich für Menschenrechte und Freiheit einsetzten. Er erschien am 16. August 1967, neun Tage vor meiner Geburt, vier Jahre vor Armstrongs Tod. Es wurde ein Nummer-1-Hit, ein Ohrwurm, den eine globale Generation mitsummen kann. Und hier der Text im Original:

I see trees of green
Red roses too
I see them bloom
For me and for you
And I think to myself
What a wonderful world

I see skies of blue
And clouds of white
The bright blessed day
The dark sacred night
And I think to myself
What a wonderful world

The colors of the rainbow
So pretty in the sky
Are also on the faces
Of people going by

I see friends shaking hands
Saying, »How do you do?«
They're really saying
 »I love you«

I hear babies cry
I watch them grow
They'll learn much more
Than I'll ever know
And I think to myself
What a wonderful world

Yes, I think to myself
What a wonderful world
Ooh yeah

Was in diesem Lied sorgt dafür, dass es nicht naiv und kitschig wirkt, sondern zu Herzen geht? Es sind die einfachen Bilder von einer gesunden Erde und gesunden Menschen. Vom klaren Himmel, von der Blume, die in ihrer Schönheit für sich und für uns blüht, vom Regenbogen am Himmel, der sich in den Gesichtern der Menschen wiederfindet. Von Kindern, die aufwachsen und mehr lernen dürfen, als wir uns vorstellen können. Von Menschen, die es gut miteinander meinen. Und einem Segen, der Tag und Nacht umspannt, etwas Heiliges, was auch immer man darunter versteht.

›What a Wonderful World‹ sucht nicht Zuflucht in der Verleugnung der Realität, in der rosaroten Brille, vielmehr spürt man hinter den einfachen Zeilen den Wunsch, eine Gegenströmung zu dem sich verschlechternden politischen Klima in den USA zu schaffen. Hochaktuell, wenn man so will. Das wäre doch zu schade, wenn wir kampflos aufgeben würden, wofür so viele Generationen vor uns gekämpft und gebetet haben: ein historisches Maximum an Freiheit, Demokratie, Lebenserwartung, Gesundheit und friedlichem Miteinander. Dieser Song hat eine Kraft, die kein geschriebener Text allein je haben wird. Auf YouTube hat er immer noch mehr Aufrufe als jeder Rapper von heute. Meine liebste Coverversion ist die von Eva Cassidy, aber Louis ist und bleibt einmalig. Und weil ein Buch nicht singen kann, aber neben allen Fakten diese Herzensverbindung zu einer besseren Welt wesentlich ist, mein Tipp: sich unbeobachtet auf eine Parkbank setzen, unter »trees of green« am besten, dann Kopfhörer auf und sich trauen zu träumen: Ja, wir könnten es so schön haben.

That´s what I think to myself – what do you think?
Oder, um mit Armstrong zu sprechen: *Ooh yeah*!

KOMMEN & GEHEN

Zeit oder Geld
Tschüssikowski
Cradle-2-Cradle
Dan Ariely
Einfrieren lassen
YOLO
bereuen
Granatapfel oder Nachtkerze
Bucketlist
Hospiz

KAPITEL 2

KOMMEN & GEHEN

Ein Kapitel über das Älterwerden und Sterben hätten Sie wahrscheinlich als Letztes erwartet. Hier kommt es ganz vorne, weil wir Menschen wahrscheinlich die einzigen Lebewesen mit einem Bewusstsein von Zeit, Zukunft und Endlichkeit sind. Dieses Wissen ist ein enormer Antrieb, uns mit unendlichem Aufwand zu »verewigen«. Wir streben nach Unsterblichkeit in eigenen Werken, Kindern, Konten und Eigenheimen. Wozu eigentlich, wenn wir nichts davon mitnehmen können?

Kämen wir mit einem Denken in Kreisläufen weiter als mit einem in Karriereleitern? Denn dummerweise schaffen wir mit unserem Drang nach unbegrenztem Wachstum auf einem begrenzten Planeten genau das Gegenteil: Wir schaffen uns ab. Deshalb stelle ich mich zu Beginn meiner Reise gleich mal dem Ende. Ich gehe in ein Hospiz und treffe überraschend viele Menschen, die wenig Angst vor dem Tod haben. Dan Ariely verrät mir, warum Zeit viel kostbarer ist als Zeug. Und ich überlege, was ich mal hinterlassen will: Fußabdruck oder Handabdruck, Asche oder Ideen?

Mensch, Erde!
Wir könnten es so schön haben,
… wenn wir mehr Zeit für die Zeit hätten, die wir haben.

DANN GEH DOCH

*Das Einzige, was mich hier noch hält,
ist die Erdanziehung.*

Was unterscheidet den Menschen vom Tier? Was haben wir uns den Kopf zerbrochen, um diese Frage möglichst vorteilhaft für unsere eigene Spezies zu beantworten. Sprache! Fehlanzeige. Kooperation! Fehlanzeige. Sogar das Aufrechtstehen sieht beim Erdmännchen viel niedlicher aus. Jetzt endlich gibt es wieder etwas, worauf wir uns etwas einbilden können: das Verabschieden. Denn nirgendwo sonst im Tierreich sagt man sich gescheit »Bis dann!«. Wer hätte gedacht, dass uns gerade das »Hallo« und »Tschüss« zum Menschen macht!?

Jane Goodall beschrieb schon 1968 die vielen Spielarten der Begrüßung unter Affen: Umarmen, Küssen, Händchenhalten, Verbeugen bis hin zum Inspizieren der Genitalien. Vieles davon kommt einem bekannt vor, wenn auch vielleicht nicht gleich am ersten Abend und in dieser Reihenfolge. Aber was Primaten eindeutig fehlt, ist ein Tschüssikowski-Gen beim Gehen. Haben Menschenaffen nicht genug Sinn für die Zukunft, um zu kapieren, dass man sich immer zweimal sieht? Ein Schimpanse im Kopenhagener Zoo bewies Weitblick. Er versteckte Steine vor den Wärtern, um am nächsten Morgen die Zoobesucher damit zu bewerfen. Aber viel weiter darüber hinaus geht es offenbar nicht. Dazu fehlt unseren nächsten Verwandten das Bewusstsein für die Zukunft und ihre eigene Endlichkeit. Wenn wir Menschen also die Einzigen sind, die weiter vorausdenken können, folgt daraus: 1. Niemand wird uns abnehmen, dass wir uns keine Gedanken über das Überleben machen. Und 2. Wollen wir als menschliche Zivilisation nicht den ganz großen Abschied von der Erde, dann dürfen wir, verdammt nochmal, den Gedanken an die Zukunft nicht ständig verdrängen, sondern müssen so handeln, dass es eine Zukunft geben kann. Die Party soll schließlich weitergehen.

Was uns von den Tieren auch unterscheidet, ist unsere Lebensdauer. Eine Eintagsfliege hat ihre Oma nie kennengelernt, die meisten von uns schon. Großeltern speichern das kulturelle Gedächtnis, die Erzählungen, die Lieder und Geschichten. Und können sie den Enkeln erzählen, während die Zwischengeneration am Ackern ist oder im Homeoffice. Wie in dem Buch ›Die bessere Hälfte‹ von Tobias Esch und mir beschrieben, macht es viel Sinn, vor großen Entscheidungen diejenigen in der Gruppe zu fragen, die schon lange dabei sind. Dann wird man belohnt mit großen Weisheiten: »Zieh dir was an die Füße!« zum Beispiel. Gehen Sie mal in den Zoo: Sie finden kein Tier, das Socken trägt. Weil denen die Großmütter fehlen, die ihnen diesen wesentlichen Beitrag zum Wohlergehen vermitteln – und die auch noch stricken können.

Aber kommen wir zurück zum eingangs erwähnten Verabschieden als Zeichen unserer Intelligenz. Gerade weil das Sichverabschieden so ein zentraler Teil unseres Menschseins ist, nehmen wir es übel, wenn sich jemand auf einer Party mir nichts, dir nichts aus dem Staub macht. Also dreht man besser die große Abschiedsrunde, bei der man die Leute, denen man gerade Tschüss gesagt hat, garantiert noch dreimal trifft. Heimlich abzuhauen, ohne sich fürs Essen und die Einladung zu bedanken, gilt als unhöflich. Wenn nicht gar als un-menschlich, wie die Redensart »davonlaufen wie die Sau vom Trog« beweist. Jede Nation liebt es, negative Eigenschaften nicht nur Tieren, sondern auch den Nachbarvölkern anzudichten. So heißt die besagte Unart in England »french leave«, sich aus dem Staub machen wie die Franzosen. Die Franzosen rächen sich für diese pauschale Unterstellung, indem sie das Phänomen direktemang »s'excuser à l'anglaise« nennen – sich auf die englische Art verabschieden. Ein »polnischer Abgang« hinterlässt ebenfalls keinen guten letzten Eindruck.

Kurz: Das Leben ist ein Kommen und Gehen. Goethe und Howard Carpendale, die beiden großen deutschen Dichter, wären undenkbar ohne den Hang zum dramatischen Adieu, von ›Willkommen und Abschied‹ bis zu ›Dann geh doch!‹. Hätte Hape Kerkeling auch einen Bestseller mit dem Titel ›Ich bin dann mal da‹ gelandet? Ich achte jedenfalls seit dieser Studie viel mehr auf die Nuancen unseres Menschseins. Deshalb möchte ich mich, bevor dieser Text endet, ganz herzlich bei Ihnen bedanken, dass Sie sich dafür interessierten und bis hier gelesen haben. Und sag leise:

Servus!

WAS ERWARTE ICH VON MEINER LEBENSERWARTUNG?

*»Seltsam, wie leicht man vergisst /
Dass alles, was man tut, für immer ist.«*
Wiglaf Droste

Ein tolles Wort. Lebenserwartung. Was erwarte ich vom Leben? Was soll noch kommen? Und erwartet das Leben auch was von mir? Erfülle ich meine eigenen Erwartungen oder die von anderen? Und kann ein Leben auch erfüllt sein, wenn nicht alle Wünsche, die ich einmal hatte, in Erfüllung gingen?

Viktor Frankl hat das Wort »Verantwortung« immer an die Fragen geknüpft, die uns das Leben stellt. Und wir geben mit unserem Tun die Antwort darauf, auch mit unserem Lassen. Wenn wir in diesem Buch so viel darüber reden, wie endlich Ressourcen sind, wie ist es dann mit der knappsten Ressource von allen – unserer Zeit? Und kann ein Blick auf unser Zeitkonto uns für andere Prioritäten öffnen?

Die Grundidee findet sich bereits in der Bibel und in allen möglichen anderen spirituellen Traditionen der Welt: »Geboren werden hat seine Zeit, sterben hat seine Zeit«, schreibt der Prediger. Oder Psalm 90: »Lehre uns bedenken, dass wir sterben müssen, auf dass wir klug werden.«

Und ganz praktisch? Im Netz kann man sehen, an welcher Stelle der derzeitigen Bevölkerung man aktuell steht (dsw.org), womit man so die Zeit verbringt (waitbutwhy.com) und wie lange man statistisch gesehen noch zu leben hat (population.io). Ich fand das sehr erhellend, als ich mal mein Geburtsdatum eingab. Sie machen das natürlich mit Ihrem eigenen. Mein erstes Aha: Neunundsiebzig Prozent der Weltbevölkerung sind jünger als ich! Dann mal schnell auf Deutschland geklickt, da kann ich mich mit etwas Wohlwollen selber noch zu den »Jugendlichen« zählen. Ich mag das Wort »Überbevölkerung« so wenig wie »Überalterung«.

Denn wer genau ist »über«? Wer soll denn bitte schön früher sterben? Oder erst gar nicht geboren worden sein? Es ist eigentlich ein gutes Zeichen, dass sich hierzulande dank Bildung, materieller Sicherheit und Selbstbestimmung der Frauen mehr Menschen freiwillig für weniger Kinder entscheiden können als noch ihre eigenen Großeltern mit ihren Großfamilien. In Deutschland wie auch in Japan oder anderen Industrienationen ist also genau das bereits passiert, was wir uns von der Weltbevölkerung wünschen: ein humanes gewaltfreies Schrumpfen auf ein nachhaltiges Niveau. Und das braucht eine Übergangszeit mit einem Überhang an Älteren, da müssen wir durch und das Ganze solidarisch organisieren, damit nicht einer drei Rollis gleichzeitig schieben muss.

Kein Wunder, dass ich ständig ungefragt im Internet Werbung für Treppenlifte angezeigt bekomme. Denn auch meine biologische Uhr tickt: Laut population.io sterbe ich am 23.3.2052. Dann halte ich mir den Tag wohl mal besser frei und nehme mir für den Nachmittag nichts anderes vor.

Aber kein Mitleid. Allein die Tatsache, dass ich in Deutschland geboren bin, beschert mir gegenüber dem globalen Durchschnitt eine zusätzliche Lebenserwartung von beinahe fünf Jahren. Und was machen wir mit diesen geschenkten Jahren? Wir meckern fünf Jahre länger darüber, dass wir keine Zeit haben! Dabei haben wir so viel Zeit wie noch keine Generation vor uns. Die meisten von uns werden deutlich länger leben als ihre Großeltern, im groben Schnitt zehn Jahre, manche sogar fünfzehn Jahre. Und wir meinen immer, im Vergleich zu früher sei heute alles so hektisch!

Man kann bei der Statistik auch ein bisschen mogeln. Wenn ich so tue, als wäre ich als Frau geboren, hätte ich 3,5 Jahre mehr. Aber das werde ich in diesem Leben nicht mehr hinbekommen. Und deshalb das nächste Netzfundstück: Womit möchte ich meine Zeit eigentlich verbringen – und mit wem?

Wie oft werde ich voraussichtlich noch Pizza essen, im Schnee toben oder meine Eltern sehen? Die Ägypter haben mit den Pyramiden wenigstens etwas für die Ewigkeit hinterlassen. Wobei ich wegen der lustigen Visualisierung auf der Seite staunte, dass es zu Cleopatras Lebzeiten die Pyramiden schon länger gab, als die Zeitspanne von Cleopatra bis zum Jahr 2021 reicht – okay, jetzt vielleicht nicht megarelevant, aber was zum Weitererzählen.

Emotionaler wird es, wenn man sich klarmacht, dass über neunzig Prozent der Zeit, die man mit seinen Eltern verbracht hat, beim Schulabschluss bereits hinter einem liegen. Gut, wenn man seine Eltern nicht mag, kann das eine Erleichterung sein. Aber ich denke nach diesem Aha mehr darüber nach, wie oft ich sie noch sehen möchte und worüber wir dann sprechen. Ähnliches gilt für Geschwister oder alte Schulfreunde, Menschen, mit denen man sehr intensiv zusammen war, sich aber jetzt rein statistisch in der Phase des langsamen Ausschleichens befindet. Daraus ergeben sich sehr einfache, aber zentrale Dinge:

1. Nähe: Es macht viel aus, ob man am selben Ort lebt wie die Menschen, die man liebt. Wahrscheinlich verbringe ich mit den Menschen, die in meiner Stadt leben, zehnmal mehr Zeit als mit den Menschen, die woanders wohnen.

2. Prio: Wie viel Zeit ich mit jemandem verbringe, hängt maßgeblich davon ab, an welcher Stelle meiner Prioritätenliste dieser Mensch steht. Wenn mir jemand wirklich wichtig ist, dann zeige ich das, indem ich Raum und Zeit mit ihm teile und nicht aus lauter Unachtsamkeit und Planlosigkeit lauter anderen Quatsch dazwischenkommen lasse – im wahrsten Sinn des Wortes: zwischen uns kommen lasse. Also: Wo meine Aufmerksamkeit ist, ist auch meine Zeit.

3. Die Qualität der Zeit zählt. Wenn ich jemanden, der mir wichtig ist, nur selten sehen kann, behandle ich die Zeit als das, was sie tatsächlich ist: kostbar.

Von 0 auf 100.

JÜNGER ÄLTER WERDEN

Du tanzt noch genauso wie mit zwanzig.
Nur die anderen nicht.

Jeder Mensch hat zwei Leben. Das zweite beginnt, wenn man kapiert, man hat nur eins. Bei mir war dieser Moment mein 50. Geburtstag. Schlagartig war mir klar, dass jetzt mehr Lebenszeit hinter mir liegt als vor mir. Und dass ich nicht mehr der Jüngste bin. Dabei war ich lange der Jüngste: der Jüngste von drei Brüdern. Ich hatte durch mildernde biografische Umstände und viel Glück schon mit siebzehn einen Studienplatz in meinem Traumfach Medizin und lebte grundsätzlich immer mit dem Gefühl, dass das eigentliche Leben ja noch irgendwann kommt. Ein verbreiteter Irrtum. Von einem amerikanischen Komiker stammt der Satz: Alt bist du, wenn du dich beim Schuhebinden fragst: Was könntest du noch erledigen, wo du schon mal hier unten bist? Im Ernst: Warum haben wir alle so viel mehr Angst davor, sichtbar älter zu werden, als dumm zu sterben? Älterwerden ist Leben für Fortgeschrittene. Nichts dazuzulernen – das wäre schlimm.

Gleichzeitig weiß ich aus der Forschung, dass zwei Menschen, die laut Ausweis genau gleich alt sind, sich in ihrer Biologie um über zehn Jahre unterscheiden können. Es gibt also einen sehr viel objektiveren Maßstab als das Geburtsdatum. Aber das ist halt so bequem und ein beliebtes Gesellschaftsspiel: Alter schätzen und dann überrascht sein. Entweder darüber, wie sehr man danebenlag, wie sich jemand gehalten hat, oder darüber, wie treffsicher man war. Aber auch zum subjektiven Alter gibt es objektive Zahlen. Europaweit wurden Menschen gefragt, wie alt sie sich fühlen, und siehe da: Im Schnitt fühlen sie sich zwölf Jahre jünger, als sie de facto sind. Dazu sollte man keine Zwölfjährigen befragen, ist ja klar. Da will man immer älter sein, als man ist. Aber das ändert sich überraschend schnell. Die Jugend wäre eine so schöne Zeit – wenn sie später im Leben käme.

Ich halte mich auch für jünger, aber manchmal bin ich auch der Einzige, der darauf reinfällt. Neulich gehe ich in Berlin in den Supermarkt und sehe eine Frau und denke: Woher kennst du die? Ich zermartere mir mein Hirn, spreche sie schließlich an und sage: »Entschuldigen Sie, aber ich habe das Gefühl, wir kennen uns aus der Schulzeit!« Und sie guckt mich an und sagt: »Ja, Sie kommen mir auch irgendwie bekannt vor! Helfen Sie mir: Was haben Sie denn damals unterrichtet?« Das hat wehgetan.

Das Schlimmste, was man der Jugend vorwerfen kann, ist, dass man selber nicht dazugehört. Aber eigentlich werde ich gerne älter. Die Alternative ist nicht besser. Ein Problem hat man doch nur, wenn man keine fünfzig wird. Schlimm ist es auch, wenn man von einem deutlich jüngeren Arzt untersucht wird und sich dabei ertappt zu denken: Was will der denn schon vom Leben begriffen haben? Man ist alt, wenn man weiß, dass »Bachelor« mal ein akademischer Abschluss war. Oder wenn man sich nicht mehr traut, sich in eine Hängematte zu legen, weil man weiß: Da kommt man nie mehr mit einem Rest von Würde heraus.

Gleichzeitig ist einem klar: Man kann nicht alle glücklich machen, man ist ja kein Nutella-Glas. Man lernt, sich in bestimmten Situationen dumm zu stellen. Das Gegenteil ist schwieriger. Man sieht Menschen im Fernsehen und weiß, dass die berühmt sind, aber nicht mehr, wofür. Überhaupt: Das Gedächtnis lässt nach. Wobei einem das bei anderen immer eher auffällt als bei einem selbst. Neulich fragte mich mein Zahnarzt, ein paar Jahre älter als ich, mit so einem latent vorwurfsvollen Ton in der Stimme: »Wann haben Sie zuletzt Zahnseide benutzt?« Und ich dachte nur: »Mensch, du warst doch dabei!«

Können wir nicht mit all diesen Phänomenen mehr Spaß verbinden? Sie kennen das sicher: Jemand grüßt Sie auf der Straße und Sie fragen sich den ganzen Tag: Wer war das? Drehen Sie den Spieß um! Grüßen Sie ab sofort wildfremde Leute auf der Straße, damit die sich bis zum Abend fragen: Wer war das?

WIR HABEN ES IN DER HAND

MEINE LEBENSFORMEL:
Tu dir und der Erde was Gutes!

1 **NICHT RAUCHEN!** Wir tun uns nichts Gutes, wenn wir rauchen. Kohlekraftwerke sollten auch endlich aufhören zu rauchen.

2 **SICH SELBST BEWEGEN!** Wenn wir auf dem Fahrrad körpereigenes Fett verbrennen, statt im Auto fossiles Öl zu verheizen, sind wir selber gesünder und die Umgebung.

3 **GEMÜSE ESSEN!** Wenn wir mehr Pflanzen als Tierisches essen, verhindert das viele Millionen Herzinfarkte und Schlaganfälle. Und es gibt weniger Gülle, Treibhausgase und Abholzung von Regenwald.

4 **ERWACHSEN WERDEN!** Verantwortung für seine Gesundheit und die Zukunft zu übernehmen, gibt einem Selbstwirksamkeit und politische Hebel.

5 **KIND BLEIBEN!** Neugier und Humor behalten. Und sich nicht immer an die Regeln 1 bis 4 halten.

FAZIT:

Ein echtes Win-win für Mensch und Erde! Die Gesundheitsvorteile kann man an fünf Fingern abzählen. Kein Medikament und keine Operation hat einen größeren Hebel als der Lebensstil. Diese einfachen Faktoren in einer guten Mischung entscheiden über sensationelle zehn Jahre Lebenserwartung. Und wie viel Spaß wir am Leben haben!

WO IST BEIM KREIS EIGENTLICH VORNE?

Männer verfahren sich nicht. Sie kreisen ihr Ziel ein.

Wussten Sie, dass eine analoge Uhr, die stehen geblieben ist, zwei Mal am Tag genau richtig geht? Eine Uhr, die fünf Minuten vorgeht, dagegen nie. Wie kann etwas, das gradlinig vor sich hinläuft wie die Zeit, eigentlich durch etwas abgebildet werden, das im Kreis läuft? Und könnte es sein, dass wir ein falsches Bild von Zeit im Kopf haben und uns deshalb so schwertun, in Kreislaufwirtschaft zu denken?

Das große Vorbild für Zirkularität ist die Natur. Solange der Mensch nicht eingreift, entsteht im Wald kein Müll, nichts bleibt liegen, alles wird wieder Teil von allem. Das Wort der Stunde: *Cradle to Cradle*, von der Wiege zur Wiege, up- und re-cycling, Hauptsache cycling! Und elektrobetriebene Lastenräder nicht vergessen, die braucht es auch für den Transport all der im Kreislauf erwirtschafteten Waren und für die Verkehrswende – wobei ich aus eigener Erfahrung sagen kann: Der Wendekreis eines Lastenrads ist nicht gerade »agil«. Wenn es eigentlich so logisch ist, sich mehr mit Kreisläufen zu beschäftigen, frag ich mich, warum sich unser Hirn damit so schwertut.

Der Kreis hat ein Imageproblem. Wenn jemand im Kreis gelaufen ist, hat er sich verlaufen. Wenn jemand im Denken einen Zirkelschluss macht, kommt er unzulässigerweise auf seine Position zurück. Ganz tief im Hinterkopf unserer westlichen Kultur steckt ein Stock. Ein Lineal. Eine Zeitachse. Etwas mit Anfang, Mitte und Ende. Aber stimmt das, entspricht das der Welt oder unserer Vorstellung von der Welt? Und was richtet diese lineare Vorstellung in der Welt an? Die alten Griechen waren ja schon ziemlich schlau, aber den Blutkreislauf haben Sie nicht durchschaut. Dabei gibt es doch so viele rhythmische und zyklische Dinge im Körper, dass man hätte draufkommen können.

Wenn Sie die Augen schließen: Wie stellen Sie sich Zeit vor? Ist das ein »immer geradeaus« oder eine Form, die sich schließt, die eigentlich keinen Anfang und kein Ende kennt? Ich denke sofort an einen Zeitstrahl. Und klar, da wo ich bin, ist vorne. Ich kann aber auch schwer danebenliegen.

Laut dem Philosophen Immanuel Kant sind Raum und Zeit nur Anschauungskategorien unseres Verstandes. Die Uhr sagt, dass Zeit gleichmäßig verläuft. Und das ist subjektiv ja schon mal Quatsch. Wie lange einem eine Minute vorkommt, hängt sehr davon ab, auf welcher Seite der Toilettentür man sich gerade befindet. Auch wenn man die Hand eine Minute auf einer Herdplatte hat oder jemanden eine Minute küsst, sind das sehr unterschiedlich lange Momente. Für diese Erkenntnis muss man kein Einstein sein.

Tatsächlich stellen sich viele Kulturen der Welt die Zeit wie einen Kreislauf vor, wie einen ständigen Wechsel von Ebbe und Flut, von Einpflanzen und Ernten, Geburt und Wiedergeburt, oder, wem das zu fernöstlich ist, wie einen steten Wechsel von Sommerschlussverkauf und Winterschlussverkauf. Ich finde die Idee, dass unser Leben zyklisch ist, sehr plausibel. Mit drei Jahren ist es ein Erfolg, nicht in die Hose zu machen. Mit dreiundneunzig Jahren ist es wieder ein Erfolg! Mit fünf bist du stolz, Fahrrad fahren zu können – mit fünfundachtzig Jahren auch! Mit zehn Jahren ist es ein Erfolg, drei gute Freunde zu haben – mit achtzig erst recht! Und ich wette, rumknutschen kann mit fünfundsiebzig so aufregend sein wie mit fünfzehn!

Aber wir sträuben uns gegen diese Vorstellung, Teil eines großen Kreislaufs zu sein, in der westlichen Kultur wollen wir lieber klare Verhältnisse und die dazu passende Krise. Als man in der Urzeit nur dreißig Jahre alt wurde, kamen Pubertät und Midlife-Crisis gleichzeitig. Heute zieht sich zwischen dem Schülerausweis und dem Seniorenpass eine lange Strecke, bei der man nicht recht weiß, wofür man jetzt gerade eine Ermäßigung bekommt.

Der amerikanische Psychologe Philip Zimbardo hat sich intensiv damit beschäftigt, in welchen »Zeitzonen« wir uns gedanklich häufig aufhalten. Viele schauen ständig zurück in ihre Vergangenheit, einige mit Dankbarkeit, mehr mit Reue und Hadern, nach dem Motto: »Hätte, hätte, Fahrradkette.« Im Extremfall führt das in die Depression. Eine andere Gruppe ist in Gedanken mit der Zukunft beschäftigt, einige in Vorfreude, viele mit Ängsten. Einige machen sich Sorgen für zweihundert Jahre, obwohl sie nicht annähernd so alt werden. Am glücklichsten sind die Menschen, die sich im Kopf genau da aufhalten, wo sie gerade auch mit ihrem Körper sind: in der Gegenwart. Gegenwartsorientierte sagen nämlich: Ich habe gerade die Zeit meines Lebens! Während die anderen sagen: Ich habe gerade gar keine Zeit. Zusammengefasst: Alle haben denselben Himmel über sich – aber nicht den gleichen Zeithorizont!

In einigen afrikanischen Kulturen liegt die Vergangenheit VOR den Menschen. Wie kommen die darauf? Die Logik ist bestechend: Die Zeichen der Vergangenheit kann man ja vor sich sehen. Diese Idee steckt auch in unserem Wort »Vor-Fahren«. Unsere Vorfahren sind uns vorgefahren und haben uns sichtbare Spuren hinterlassen, denen wir folgen können oder eben nicht. In dieser Vorstellungswelt liegt dann die Zukunft hinter uns – dort, wo wir nicht hinschauen können –, so wie bei einer Zugfahrt, während der wir entgegen der Fahrtrichtung sitzen und nicht sehen können, was noch auf uns wartet. Dabei kennen diese afrikanischen Kulturen gar nicht die Durchsagen der Deutschen Bahn, bei denen man auch nie weiß, was noch auf einen wartet.

Auf der anderen Seite ist ein Prinzip der Evolution auch die Rastlosigkeit, der Wettlauf ums Überleben. Das Wort »Konkurrenz« heißt nichts anderes als »gegeneinanderrennen«. Das tun wir im Kampf mit den Parasiten und Erregern, die uns umbringen können. Und im Kampf um die attraktivsten Sexualpartner:innen. Auch wenn man das nicht gerne hört, verdanken wir ja die Erfindung des Sex den Parasiten. Um im Kampf gegen die Erreger immer wieder die Nase vorn zu haben dank neuer Kombinationen im Immunsystem, durchmischen wir die Gene besser als die, die sich nur in sich teilen können. Aber es bleibt immer ein Wettlauf. Nicht nur die Revolution frisst ihre Kinder, auch die Evolution untergräbt mit der Zeit jeden Erfolg. Brutal gesagt sind Kinder dafür da, uns vom Thron zu stoßen, uns zu überleben. Das geht ja schon los, wenn du mit denen Fußball spielst. Sobald sie in der dritten Klasse sind, rennen sie schneller als du selber. Und dann bekommst du zu runden Geburtstagen ermutigende Postkarten: »Die Jungen rennen schneller, aber wir Alten kennen die Abkürzungen.« Es gibt aber zwischen zwei Toren keine Abkürzung! Gut, du kannst den Ball laufen lassen. Aber wenn der Ball dich laufen lässt – siehst du einfach alt aus. Deshalb werden viele ja Schiedsrichter, Torwart oder machen eine Kneipe auf.

Die Biologie bringt uns mit zwei Imperativen ins Spiel des Lebens: Vermehr dich und verzieh dich. Der Verzieh-dich-Mechanismus ist von den Zellbiolog:innen erst in den letzten Jahrzehnten besser verstanden worden. Lange Zeit hielt man das Älterwerden schlichtweg für ein Anhäufen von Fehlern, eine Art Verschleißerscheinung. Heute weiß man: Altern ist ein aktiver Prozess, den die Gene steuern. Wir können ihn beschleunigen durch Stress, Rauchen, Entzündungen und so weiter. Aber die Zündschnur des Lebens an den Enden unserer Chromosomen, an den Telomeren, wird mit jeder Zellteilung kürzer. Leben findet immer im begrenzten Halteverbot statt, Dauerparken ist nicht, eher geht die Zelle in die Apoptose, den programmierten Zelltod. Klingt lebensfeindlich, sorgt aber für Abwechslung. Jeder Einzelne ist der Evolution herzlich egal, die Art soll weiterexistieren. Deshalb: Steh deinen Nachkommen nicht ewig im Weg rum, auch die kulturelle Evolution lebt von der Kraft der nächsten Generation. Und die denkt heute weniger in linearer Karriere als in Prozessen: zirkulärer, partizipativer, globaler. In modernen »agilen« Unternehmen ist der *circle way* voll angesagt. Management im Stuhlkreis. Der Führungsstil »von oben« stirbt aus, weil er nicht flexibel genug reagiert in einer volatilen Welt. Nicht die Hier-

Auch wenn ich seit vierzig Jahren Zauberkunststücke auf der Bühne zeige, staune ich jedes Mal mit dem Publikum mit, wie leicht wir uns alle etwas vormachen lassen.

archie bestimmt, wo oben und vorne ist, das Wissen liegt im System. Und Sinn schlägt Seniorität. Der Philosoph Manuel Scheidegger schreibt: »Wir müssen lernen, uns im Kreis zu drehen. Der Mensch ist linear gepolt, durch seine Sprache, durch sein ganzes Unterwegssein von der Geburt bis zum Tod. Kann so ein Wesen den Klimawandel überhaupt aufhalten?«

Die Klimakrise ist komplex. Und so muss auch ihre Lösung sein. Weder wird es DIE eine Idee geben noch DEN Erfinder, der uns rettet. Dabei spielt es dann auch keine Rolle, von wem genau die Idee kam, wenn sie gut ist. In der Wissenschaft gilt schon lange, dass die großen Durchbrüche nicht mehr einem einzigen »Selbst« zugeschrieben werden können, sondern einer Gruppe, einem Team, einem Resonanzboden. Statt wie in den 80er Jahren die »Selbstfindung« als das wichtigste Projekt seines Lebens anzusehen, könnte es heute genau um das Gegenteil gehen: die Selbstaufgabe – mit Hingabe und der Bereitschaft zu teilen. Damit ließen sich zwei Dinge verbinden: die Rettung der eigenen seelischen Gesundheit und die dringend notwendige Reduktion unseres Ressourcenverbrauchs. »Wer bin ich, und wenn ja wie viele?« ist damit beantwortet. Ich bin sowieso viele. Laut Scheidegger stammt die wohl originellste Antwort auf die Frage nach dem Selbst von Derek Parfit, einem britischen Philosophen, der 2017 verstarb: »Bevor wir die Welt um einen ominösen Gegenstand wie ein Selbst vermehren, könnten wir auch einfach anfangen, es weniger wichtig zu nehmen, uns mehr darüber zu freuen, wenn geistige Inhalte geteilt und weitergegeben, gemeinsame Projekte realisiert werden, kurzum: Wir könnten weniger Egotheater veranstalten.« Ich hätte auch so tun können, als wäre der letzte Satz von mir. Aber dann hätte ich ihn nicht verstanden.

Der Schweizer Autor Rolf Dobelli hat mich in einem Gespräch sehr überrascht. Er erzählte mir von seiner Uhr, die rückwärts zählt: Tage, Stunden, Minuten, Sekunden, basierend auf einer statistischen Wahrscheinlichkeit für die männliche Lebenserwartung. Die Uhr hängt in seinem Büro. »Und ich kann dir sagen, ich habe jetzt noch 9837 Tage. Die will ich nicht vermiest haben durch Neid. Das ist die dümmste Emotion, die du haben kannst. Trauer hat einen Nutzen. Bei Neid finde ich keinen.«

Im Zen-Buddhismus malt man Kreise zur Übung des Geistes, selten gerade Striche. Und man ist sich darüber im Klaren, dass das Rad des Lebens, das Wesentliche, nicht im Etappensieg liegt, sondern im Ankommen bei sich. *Carpe diem* – »Pflücke den Tag«. Heute heißt das »achtsamkeitsbasierte Psychotherapie«, aber im Kern ist das der gleiche Gedanke seit zweitausend Jahren. Vielleicht ist Zeit eine Illusion. Die Qual von heute ist das goldene Gestern von morgen? Es gibt vielleicht weder die Vergangenheit noch die Zukunft, sondern nur diesen einen Moment, dieses Jetzt.

Das Englische hat ein wunderbar doppeldeutiges Wort: *present*. Es bedeutet gleichzeitig »Gegenwart« und »Geschenk«. Vermehr dich, verzieh dich und »be present«. Sei präsent, sei ganz da und ganz da für andere, sei ein Geschenk. Ein gegenwärtiger Moment in Liebe – das ist das eigentliche Geschenk.

Wir leben, als würden wir ewig leben. Und wir sterben, ohne gelebt zu haben. Dieses Präsent des Augenblicks entzieht sich der Konsumlogik. Der Moment ist gratis und kostbar zugleich – und vor allem: vom Umtausch ausgeschlossen.

VOLLES POSTFACH – VOLLES LEBEN?

*Nichtstun macht nur Spaß,
wenn man was zu tun hätte.*

Können Sie gut Nein sagen? Nein? Dann haben wir etwas gemeinsam. Ich habe immer mehr Neugier als Zeit, mehr Termine, Kontakte und Projekte, als in einen Tag passen. Mich interessieren andere Menschen, andere Ideen, ich bekomme gerne viel mit. Und es ist ja in den digitalisierten Zeiten nicht etwa einfacher oder besser geworden, den Überblick zu behalten, weil ständig neue Kanäle entstehen, die um Aufmerksamkeit batteln. Oder betteln, wie wir früher gesagt hätten. Vielleicht bin ich auch zu doof dazu. Belanglose E-Mails beantworte ich sofort, aber ausgerechnet die wichtigen hebe ich mir auf, um sie mal in Ruhe zu beantworten, wozu es dann nie kommt, weil sie in einer Flut neuer belangloser E-Mails begraben werden, obwohl sie doch ihr rotes Fähnchen der »Wichtig-Markierung« in den Wind halten. Ich hisse innerlich oft nur noch die weiße Fahne. Wie machen das andere?

Die beste automatisierte E-Mail bekam ich von Dan Ariely, einem amerikanischen Sozialpsychologen und Bestsellerautor. Ihn beschäftigt die Frage, warum vernunftbegabte Menschen so häufig unvernünftige Entscheidungen fällen – warum etwa gewinnen wir durch den Einsatz von Computern scheinbar immer mehr Zeit, leiden jedoch unter extremem Zeitmangel? Dan ist einer der besten Kenner der Irrationalität menschlichen Verhaltens, von Selbstbetrug über die absurden Wege, mit Geld umzugehen, bis hin zur Wahrheit über das Lügen. Er wuchs in Israel auf, lehrt und forscht seit 2008 als Professor für Psychologie und Verhaltensökonomik an der Duke University, hält witzige Vorträge, kurzum: Ich wollte ihn unbedingt einmal kennenlernen und interviewen. Also schrieb ich eine wortreiche Erklärung und bekam prompt eine Antwort – eine automatisch generierte:

[Dies ist eine automatische Antwort.]

Lieber Freund,

danke, dass Sie mir geschrieben haben.

Aufgrund meiner Arbeitsüberlastung, meines Interesses an zu vielen Dingen, meiner Unfähigkeit, die Opportunitätskosten meiner Zeit zu berücksichtigen, und meiner generellen Unfähigkeit, Nein zu sagen – in Verbindung mit meinen besonderen körperlichen Einschränkungen –, bin ich einfach nicht in der Lage, allen Bitten gerecht zu werden.

Meiner Gesundheit und meinem Verstand zuliebe muss ich mich auf die Projekte konzentrieren, für die ich mich bereits verpflichtet habe, und die Zeit, die ich mit der Beantwortung von E-Mails verbringe, auf etwa eine Stunde pro Tag verkürzen.

In diesem Sinne bitte ich Sie, Folgendes zu bedenken:

Dann folgte eine lange Liste von Dingen, zu denen er schon etwas gesagt hatte, mit Links zu Filmen, Interviews und Fachartikeln, und als Letztes gab es ein kleines Eingabefeld. Für den unwahrscheinlichen Fall, dass man am Ende der Mail immer noch das Gefühl haben sollte, ihn kontaktieren zu müssen, standen maximal fünfhundert Zeichen zur Verfügung, verbunden mit der Aufforderung, das bitte als Multiple-Choice-Frage zu formulieren, damit er die Antwort mit einem Klick erledigen könne.

Meine erste Reaktion: was für ein arroganter Sack. Gleichzeitig war ich auch ein bisschen neidisch darauf, wie er sich Zeitdiebe vom Leib hält, online und offline. Ich erschrecke regelmäßig, wenn ich abends auf meinem Handy sehe, wie viel Zeit am Tag ich wieder »smart« verbracht habe. Im Schnitt sind das viele Stunden Lebenszeit, in Schnipseln über den Tag verteilt. Immerhin habe ich mir angewöhnt, längere Telefonate im Gehen zu führen, damit ich auch auf ein paar Tausend Schritte komme. Ausgerechnet in Zeiten des Lockdowns haben die Menschen das Gehen auf zwei Beinen wiederentdeckt. Rhythmisches Gehen macht es uns offenbar leichter, zwischen zwei geistigen Zuständen zu wechseln: dem Fokussieren aufs Detail und dem Weiten des Blickwinkels, dem Betrachten des Gesamtproblems. Der Wechsel in der Betrachtung von Blatt, Baum und Brett vor dem Kopf führt zum kreativen Problemlösen.

Aber grundsätzlich bedeutet mehr Digitalisierung, dass sich die Daten mehr bewegen als der User. Das Gefühl von Geschwindigkeit entsteht im Sitzen, indem wir wie selbstverständlich ein Leben mit *second screen* führen, einem zweiten parallelen Bildschirm als ständigem Begleiter. Kein Wunder, wenn man nichts mehr aktiv selber »auf dem Schirm« hat, weil man ja die Aufmerksamkeit ständig teilt, halbiert, viertelt und zersplittert. Dabei sagt die Hirnforschung eindeutig: Multitasking ist eine Illusion. Je mehr Fenster wir in Programmen gleichzeitig offen haben, desto mehr schaltet unser Gehirn auf Durchzug.

Bin ich damit alleine? Ich gestehe, dass ich inzwischen auch im Badezimmer häufiger auf einen Bildschirm starre. Ja, schlimmer noch: Wenn ich mich auf dem Weg ins Bad befinde und merke, dass ich mein Handy nicht dabeihabe, drehe ich um, weil mir ein Gang ohne fast sinnlos erscheint, wie vertane Zeit. Selbst auf dem ehemals »stillen Örtchen« toben heute die *breaking news* des Weltgeschehens. Der Lokus ist global geworden. Mit dem Hintern auf der Schüssel, aber mit dem Kopf immer weiter auf Empfang.

Zurück zu Dan Ariely. Nach sechs Runden E-Mails hatten wir es tatsächlich geschafft, zeitgleich am selben Ort zu sein, am Rande einer TED-Konferenz in Kanada. Ich hatte mit dem Versprechen, ihm die beste Schweizer Schokolade mitzubringen und jederzeit von einer auf die andere Sekunde unser Gespräch abzubrechen, wenn es langweilig würde, tatsächlich seine digitale Schallmauer durchbrochen. Als ich ihn traf, wirkte er wie ein netter Kerl, mehr Student als Professor und keineswegs so abweisend, wie seine E-Mail auf den ersten Blick erschienen war. Ich fragte ihn, wie er entscheide, wem er etwas von seiner Zeit schenken möchte, und warum es uns so schwerfalle, Nein zu sagen.

»Ich bin ein Spieler. Mein Wetteinsatz ist meine Zeit. Wenn alles zu viel wird, wenn die Dinge unübersichtlich werden, triff einfach eine Entscheidung, wette auf eine der vielen Möglichkeiten und schau, was geschieht.« Damit hatte er mich bei einer meiner Urängste getroffen, bei FOMO – *the Fear Of Missing Out*, der Angst, etwas zu verpassen. Sein Tipp ist radikal: »Sorg dafür, dass dich an einem Abend, den du zu Hause verbringen willst, garantiert keine Nachrichten erreichen können. Wenn du am nächsten Morgen dein Handy wieder anmachst, kannst du dich kurz ärgern, dass es eine Einladung, eine Party, irgendwas Spannendes gegeben hätte. Aber das ist ja schon vorbei. Du musst dich dann nicht mehr grämen, weil du es eh nicht mehr ändern kannst.«

Auf meine Frage, ob er sich auf diese Art Freunde mache, erklärte er mir, dass wir in Wahrheit ja immer irgendwen vor den Kopf stoßen. Jedes Mal, wenn wir Ja zu etwas sagen, haben wir auch Nein zu den Alternativen gesagt. Nein dazu, morgen früh auszuschlafen, Nein zu Zeit mit dem Partner oder den Kindern. Dabei hilft es enorm, den anderen eine klare Struktur mitzukommunizieren, sodass die gleich wissen: Diese Absage wendet sich nicht gegen mich. Sie ist nicht persönlich gemeint.

Ruhe muss man sich leisten können. Dan sieht das auch so: »Zeit verrinnt auf eine andere Weise, als Geld es tut. Trotz aller Mühen, die sein Erwerb mit sich bringen mag, bleibt Geld doch etwas, was sich erneuern kann. Zeit nicht.«

Und wann wird ein Dan Ariely großzügig mit seiner Zeit? »Auf meiner großen Israel-Wanderung im vergangenen Monat ist mir das sehr bewusst geworden: Jeden Tag wanderte ich zusammen mit einem alten Schulfreund von sieben Uhr früh bis sieben Uhr abends. Wir verzichteten auf alles Unnötige, auf die tägliche Rasur etwa, und alle leidigen E-Mails blieben unbeantwortet.

Jeden Tag luden wir unterschiedliche Menschen ein, uns zu begleiten. Bekannte aus der Kindheit waren dabei, aber auch Leute, die wir nie zuvor gesehen hatten. Sie konnten sich online bewerben. Die ›Eintrittskarte‹ für jeden, der für eine Etappe neu dazustieß, war klar definiert: eine Peinlichkeit aus dem eigenen Leben mitzuteilen.«

Dan ist eben auch privat Sozialpsychologe: »Normalerweise erzählt jeder erst mal die Dinge von sich, auf die er stolz ist, Erfolge, Titel, Errungenschaften. Das ist doch total langweilig. In dem Moment, wo jemand etwas erzählt, was ihm selber mal schwergefallen ist, was danebenging, entsteht sofort eine völlig andere Atmosphäre. Es entwickeln sich ehrliche, authentische und besonders intensive Gespräche. Das Gefühl echter Freundschaft. Man blickt sich ja nicht ständig an, man geht nebeneinander und es entstehen keine unangenehmen Gesprächspausen, die man zwanghaft füllen muss. Dazu gab es die Las-Vegas-Regel: ›Was auf dem Wanderweg gesprochen wird, bleibt auf dem Wanderweg.‹ So etwas kann man nur durch Zeit erreichen, dafür hätte eine Woche auf keinen Fall genügt. Aber dieser Monat fühlte sich an wie zehn Tage.«

In Coronazeiten gab es plötzlich viele Absagen von Terminen. Nicht alle erlebten das als Belastung, viele sagten sogar, es sei das erste Mal seit Jahren gewesen, dass sie aus ihrem selbst gebauten Hamsterrad herausgekommen seien. Viele soziale Verpflichtungen galten plötzlich nicht mehr. Und jeder hatte die perfekte Entschuldigung: »Würde ja gerne, aber Corona …«

Das passt zu dem letzten Geheimnis, das ich Dan entlocken konnte: die Terminvergabe. Tatsächlich sitzen wir einem Irrtum auf, wenn wir im Kalender einen gemeinsamen Termin suchen, in den kommenden Wochen keinen finden und dann einen für in drei Monaten vereinbaren, weil es da noch so schön »leer« im Kalender ist. Wir ignorieren, dass es bis zu dem Termin in drei Monaten noch viele andere Anfragen für Zeiten geben wird, die nur im Moment noch nicht im Kalender sichtbar sind. Deshalb lohnt sich ein gedanklicher Zeitsprung, bei dem man auf sein erstes Bauchgefühl horchen soll: Wie würde ich reagieren, wenn der Termin drei Tage vorher abgesagt wird? Erleichtert oder betrübt? Und wenn ich ihn wahrnehme: Wo kommt die Zeit dafür her? Wem oder was nehme ich sie weg? Dan hatte mir mehr Zeit geschenkt als ursprünglich ausgemacht. Seit dieser Begegnung verteidige ich bewusster die Lücken im Kalender als Chancen auf Zeiten der Spontaneität, der Überraschungen, der Fülle. Ich mache keine neuen Termine mehr mit Leuten, über deren kurzfristige Absage ich mich eigentlich freuen würde. Zeit ist kostbarer als Zeug, echte Gespräche sind spannender als Erfolgsgeschichten. Und ich weiß: wenn nichts mehr geht – einfach gehen.

EHRLICHE HAUT

Perfekt aussehen muss man nur,
wenn man sonst nichts kann.

Katzen würden Whiskas kaufen. So viel ist klar. Aber was würde sich wohl die Haut an Pflegeprodukten kaufen, wenn sie gefragt würde? Und warum fragt sie keiner, noch nicht mal in der Werbung? Weil die klare Antwort lauten würde: Nichts würde die Haut kaufen! Wenn sie vor lauter Duschen, Seifen, Schrubben, Cremen, Beduften und Lotionieren überhaupt mal zu Wort käme, wäre ihr größter Wunsch, in Ruhe gelassen zu werden. Und in Würde älter werden zu dürfen, ohne gestrafft, unterspritzt und muskulär gelähmt zu werden. Warum ist unsere Haut oft ehrlicher als wir, wenn es ums Altern geht? Eigentlich wissen wir doch: Das allermeiste, wo »Anti-Aging« draufsteht, hilft uns kein Stück in Richtung Verjüngung. Und wenn Sie denken, Sie konservieren Ihre Schönheit am besten mit Naturkosmetik, weil da keine Konservierungsstoffe drin sind: auch weit gefehlt. Das Einzige, was wirklich Anti-Aging-Potenzial hat, ist die gute alte Sonnencreme. Und ausgerechnet gescheiter Sonnenschutz fehlt in fast allem, was mit »Naturbelassenheit« wirbt.

Was die UV-Strahlung mit unserer Haut anrichtet, zeige ich jeden Abend auf der Bühne in meinem Live-Programm »Endlich« mit einem genialen Foto: Da sieht ein Mann auf der einen Seite seines Gesichtes geschätzte zwanzig Jahre älter aus als auf der anderen. Wie geht das? Ist er seitlich in einen Eimer mit Gerbstoffen für die Lederbearbeitung gefallen? Nein, der Mann ist Lkw gefahren, jahrzehntelang bei offenem Fenster. So bekam die Gesichtshälfte auf der Fahrerseite jede Menge Sonneneinstrahlung ab – die Hälfte Richtung Innenraum dagegen blieb im Schatten und somit jugendlich. Na ja, nicht ganz. Der Typ sieht so aus, als hätte er auch lange geraucht. Und das ist für die Haut im ganzen Gesicht Gift. Vielleicht hat er sich gesagt:

»Was soll denn am Rauchen schädlich sein – ist doch rein pflanzlich?«

Apropos rein pflanzlich. Wovon ich regelmäßig Lachfalten bekomme: von der Rhetorik der Naturkosmetik. Mit welch umrankender Eleganz da für jede Altersgruppe ein eigenes Kraut gewachsen sein soll! Es braucht für jedes Jahrzehnt seinen eigenen Tiegel – und ums Verrecken darf kein Wörtchen auf die Endlichkeit des jugendlichen Teints hindeuten. »Festigendes Aufbauöl« bedeutet: Du bist das Gegenteil von fest im Fleisch und sitzt nicht mehr auf dem aufsteigenden Ast. Face it! Deine Haut befindet sich wie bei jedem Sterblichen ab der Pubertät im Abbau, wir werden alle schrumpelig, das ist der Lauf der Dinge. Auch ein Pfirsich hat nach drei Wochen in der Obstschale seine Makellosigkeit an den Zahn der Zeit abgetreten. Weil Pfirsich irgendwie glatte Haut suggeriert, gibt es jede Menge Produkte mit Pfirsichöl. Logischer fände ich eigentlich Nektarinen, die sind doch viel glatter und nicht so pelzig. Warum sind Nektarinen als epilierte Pfirsichhaut kosmetisches Niemandsland?

Für die junge Haut tritt Aloe vera auf den Plan – überall drin, so ubiquitär wie Erdbeeraroma. Jemand hat mal ausgerechnet, dass es gar nicht so viele Erdbeeren gibt, wie es für all die Erdbeerjoghurts geben müsste. Und ich würde auch meine Hand dafür ins Feuer legen, dass es mehr Produkte mit Aloe vera gibt als Aloe-Pflanzen. Sollte ich die Wette verlieren und mir dabei die Hand verbrennen, wüsste ich schon, was dann hilft: Aloe vera! Ein Brett weiter im vollen Regal der leeren Versprechungen beginnt dann die Rhetorik der »Reife«. Dufttechnisch bewegen wir uns jetzt von der Citrusnote gen Granatapfel. Von Sanddorn zu Wildrose. Man muss kein Poet sein, um bei der Wildrose schon Anklänge ans Verwelken zu vernehmen. Für den Nachtschlaf empfiehlt sich alles mit Lavendel. Aber bevor die Kund:innen für immer wegdämmern, kommt noch eine letzte Pflanze zur Anwendung: die Nachtkerze! Als »Revitalisierungsserum«. Das hört sich an, als könnte man damit klinisch Tote erwecken. Für mich klingt Nachtkerze nach Kapitulation, so, als dürfte man sich nur noch im Dunkeln nackig machen. Und sollten dann am nächsten Morgen Sonnenstrahlen ins Schlafzimmer dringen, darf jeder nur noch im Rückwärtsgang ins Bad. Nicht aus Rücksicht, sondern um die Rückansicht der Oberschenkel zu verhindern. Was für ein Quatsch!

Ich mag Gesichter, die bereits auf den ersten Blick etwas zu erzählen haben. Falten sind sexy. Gerade die Lachfalten! Wenn ich Leute sehe, die älter als fünfundzwanzig sind und keine Fältchen um die Augen haben, frage ich mich nicht: Was haben die für eine Creme? Ich frage mich: Was haben die für eine Lebenseinstellung? Mit denen möchte ich nicht im Fahrstuhl stecken bleiben, wenn Sie verstehen, was ich meine.

EIN HAUS DER WÜRDE

*»Mit dem Tod habe ich nichts zu schaffen.
Bin ich, ist er nicht. Ist er, bin ich nicht.«*
Epikur

Wenn die Kerze in der Nische am Treppenabsatz in St. Hildegard brennt, geht jeder noch ein bisschen leiser über die Stufen: Es ist jemand gestorben. Dafür kommen Menschen hierher – um zu sterben oder um Menschen zu begleiten, die hier sterben. Für drei Tage durfte ich Gast sein in diesem Haus in Bochum, einem der ältesten Hospize in Deutschland. Mich hat diese Begegnung mit dem Tod verändert. Im Medizinstudium wurde ich sechs Jahre lang betankt mit Fakten über Anatomie, Biochemie und Medikamente. Der Tod war etwas, das es mit allen Mitteln zu verhindern galt. Er war der Feind. Sterben war: Betriebsunfall, für manche gar eine Beleidigung der ärztlichen Kunst. Die ganze Metaphorik um den Krebs dreht sich um Kampf. Ich finde das falsch. Ein Mensch, der stirbt, ist nicht per se ein Verlierer.

In St. Hildegard merke ich, wie mir mein antrainiertes Wissen aber so was von gar nicht hilft: Ich möchte, bevor ich in ein Zimmer gehe, immer erst die Diagnose wissen. Was »hat« denn wohl dieser Mensch? Schwester Denise lächelt mich an, mit einer Mischung aus Mitleid und Verständnis. Jahrelang hat sie auf einer Intensivstation gearbeitet, bis sie einen radikalen Schnitt machte und jetzt Menschen ohne Schläuche pflegt. Sie schickt mich ohne Krankengeschichte ins Zimmer. »Das ist hier alles nicht mehr so wichtig. Begegne dem Menschen doch einfach so.« Hier zählt nicht, was ein Mensch »hat«, sondern was er ist. Und was er sich jetzt gerade wünscht. Es geht im Hospiz um Begegnung, um Würde, um Echtheit. Menschen, die wissen, wie kostbar die ihnen verbleibende Zeit ist, haben auf anderes keine Lust mehr.

Ich erlebe, wie Menschen bei aller Trauer ihre Krankheit manchmal als Befreiung verstehen. Niemandem mehr gefallen müssen, keine Fassade mehr aufrechterhalten: Das schafft Raum fürs Lachen, für Leichtigkeit. Wenn jemand rauchen will, stellt sich niemand hin und sagt: Das ist aber schlecht für Ihre Gesundheit. Hier wird nicht mehr erzogen, sondern verwöhnt. Und diese Art von Zuwendung ist vielleicht genau das, worauf manche ein Leben lang gewartet haben.

Parallel zur Hospizbewegung entstand die Idee, gezielt Humor in die Medizin zu bringen, dank Vorreitern wie Patch Adams und dem ersten Klinikclown Michael Christensen. Beide sozialen Bewegungen sehe ich als eine Gegenkraft zur Ökonomisierung des »Gesundheitsmarktes«: Humanmedizin braucht Humanität. Mit meiner Stiftung HUMOR HILFT HEILEN unterstütze ich an der Universität Bonn auf der Palliativstation ein Forschungsprojekt, das sich damit befasst, wie sich Humor in der letzten Lebensphase auswirkt. Denn wenn Todkranke nach ihrem größten Wunsch gefragt werden, landet – bald nach »keine Schmerzen« und »niemandem zur Last fallen« – unter den Top Ten regelmäßig: »Ich möchte meinen Humor nicht verlieren.« Aber wie kann das gehen? Das »Medikament« sind Mieke Stoffelen und Rainer Kreuz, gelernte Schauspieler, langjährige Klinikclowns und echte Improvisationskünstler. Sie konzentrieren sich in den Begegnungen auf einen Aspekt, der bei aller Anteilnahme manchmal zu kurz kommt. Sie fragen, worüber jemand früher gern gelacht hat, und fragen nach unerfüllten Wünschen: Wenn jemand gern nach Venedig gereist wäre, wird aus dem Bett eine Gondel. Zur Ukulele erklingt ein fast-italienisches Lied, da fällt es der Fantasie leicht, zwischen den Noten den Canal Grande plätschern zu hören.

Was mich im Rückblick auf Hospiz und Palliativstation am meisten beschäftigt hat: Ausgerechnet die Menschen, die jeden Tag mit dem Sterben zu tun haben, scheinen am wenigsten Angst davor zu haben. Woody Allen meinte: »Ich habe keine Angst vor dem Tod. Ich will nur nicht dabei sein, wenn es passiert.« Inzwischen denke ich anders darüber. Ich möchte dabei sein. Aber nicht allein.

ICH MÖCHTE MAL ENDLICH …

Haben Sie schon einmal eine sogenannte *bucketlist* geschrieben? Berühmt wurde die Idee durch Jack Nicholson und Morgan Freeman, die in den Rollen eines Milliardärs und eines Automechanikers im Film ›Das Beste kommt zum Schluss‹ beide an Krebs erkrankt sind. Im Krankenhaus erfahren sie, dass ihnen höchstens noch ein Jahr zum Leben bleibt – und so schreiben sie auf, was sie alles noch erleben wollen – eben eine *bucketlist*, vom umgangssprachlichen Ausdruck für sterben, *to kick the bucket*.

Sie brauchen nicht auf eine schlimme Diagnose zu warten, um zu wissen, dass das Leben endlich ist. So eine Liste soll keinen Stress machen, was man noch alles abhaken muss, sie soll Lust machen, sich auch verrückte Ziele zu setzen. Deswegen spreche ich auch lieber von einer »Lebenslustliste«. Denn die meisten, die man befragt hat, bereuten am Ende ihres Lebens nicht das, was sie getan hatten, sondern viel eher, was sie NICHT getan hatten. Vor zwei Generationen galt ein Leben als erfüllt, wenn man die drei Klassiker absolviert hatte: einen Baum pflanzen, ein Haus bauen, ein Kind zeugen. Und heute? In meinem Live-Programm ›Endlich‹ haben Zuschauer ihre ganz persönlichen Wünsche und Ziele formuliert.

Lassen Sie sich inspirieren für Ihre eigene Lebenslustliste.

[handschriftliche Notizen am Rand:]
- Eine Nacht am Strand durchtanzen
- meiner größten Angst ins Auge sehen
- EINE WOCHE mal NIX sagen
- Die Nordlichter sehen
- Auf dem Rasen meines Nachbarn englischen eine Tüte Wildblumen-Mischung aussäen
- Einen selbst geschriebenen Song auf der Straße singen
- Pinguine in freier Wildbahn sehen
- IN EINER HÜHNERBATTERIE EINBRECHEN UND ALLE TIERE BEFREIEN!

…schönste Mädchen aus meiner Klasse küssen. ♥

eine Radtour entlang der *deutsch-deutschen Grenze! *ehemaligen!

einem Rucksack Flughafen – und – bin...

RENNWAGEN FAHREN!

…nedig sehen, …ne zu sterben

…den Kleimandschoro besteigen

PILOTENSCHEIN MACHEN

Zeit mit meinen Freunden auf einer einsamen Hütte

Frieden schließen mit meinem Knie

eine Flaschenpost verschicken

ÜBER HEISSE KOHLEN LAUFEN

…ndsprache …tig gut sprechen

Meiner Mutter verzeihen

FALLSCHIRM springen

Jemandem das Lesen oder eine Sprache beibringen

Meinen Traummann kennenlernen

Mit George Clooney einen Kaffee trinken und dabei ein Selfie machen

…lich scheiden lassen

Ein Buch schreiben

! nie wieder ein Buch schreiben !

Alle Bücher meines Lieblingsautors lesen

einem 3-Sterne-Restaurant richtig TEUER ESSEN! — und dann: ABHAUEN!

MEINEN CO2-ABDRUCK HALBIEREN

NOCHMAL ♡ HEIRATEN

~ mir verzeihen ~

den Pulli endlich zu Ende stricken

Bei Youtube meine wichtigsten IDEEN verbreiten und einen viralen HIT landen

…ulkan besteigen …ater schauen

- Jemanden beim Sterben die Hand halten
- Meinen inneren Frieden finden
- Nasse Fotos fotos auslösen (?)
- Unter einem (Fettabsaugung?)
- Ein Sixpack antrainieren
- EINE STIFTUNG GRÜNDEN
- Mein Coming-Out durchziehen
- eine noch mit Kabine (Fettabteilung) machen
- MEINE Biografie SCHREIBEN
- Mit Delfinen schwimmen
- eine Rede bei einer Familienfeier halten.
- MEINEN ELTERN EINEN DANKESBRIEF SCHREIBEN
- Sehen, wie meine Kinder glückliche Erwachsene werden
- RICHTIG GUT KOCHEN LERNEN
- in einen SWINGERCLUB gehen
- einen Tauchschein machen
- MENSCHEN EINLADEN, ZU EINEM ESSEN, NUR AUS SELBST- ANGEBAUTEM, AUS DEM EIGENEN GARTEN
- Bei "Wer wird Millionär" Günther Jauch eine Gegenfrage stellen. ???!
- Tour de France mitfahren
- mich operieren lassen
- eine Massage mit 6 Händen 🌸 (da sind die eigenen Hände noch gar nicht mit- gezählt)
- in einer voller Badewanne Giaconde mit Walnüssen essen
- Die HÄLFTE MEINES Geldes Spenden
- eine Weltkarte anlegen und die Plätze einkreisen, an denen ich schon war.
- eine Nacht in einer Hängematte am Meer die Sterne gucken
- Den Jakobsweg gehen
- Im Yoga die Krähe schaffen. ॐ
- SEX IM FLUGZEUG (mit dem Piloten) ♥
- Einmal ein Gemälde ma[len]
- Mit Obdachlosen Weihnachten feiern

DEINE BUCKETLIST

PS:
Was hilft, damit Wünsche in Erfüllung gehen? Als Kinder lernen wir, wenn eine Sternschnuppe fällt, darf man sich etwas wünschen. Aber man darf niemandem sagen, was es ist, sonst geht der Wunsch nicht in Erfüllung. Erwachsene sollten wissen: Wünsche gehen eher in Erfüllung, wenn andere wissen, was uns Freude macht.

Nie wieder To-do-Listen schreiben

EINPFLANZEN, EINÄSCHERN ODER EINFRIEREN?

»Tu doch meine Asche in die Eieruhr.«
Frank Zander

Was hinterlassen wir eigentlich, wenn wir sterben? Die originellste Antwort, die ich darauf je bekam: »Eine grüne Null! Ich möchte der erste Mensch auf der Welt sein, der klimaneutral stirbt. Ich möchte mein verbleibendes Leben und meinen Besitz, mein Vermögen dafür nutzen, dass die Erde nach mir nicht in einem schlechteren, sondern in einem besseren Zustand ist.«

Der Mann, der das sagt, ist Dirk Gratzel. Ich lernte ihn zufällig in einem Restaurant kennen, wo wir aus Platzmangel an einem Tisch saßen. Dirk ist eigentlich Jurist, die letzten Jahre hat er sich als Unternehmer mit Künstlicher Intelligenz beschäftigt. Die Idee mit der Lebensbilanz kam ihm im Wald. »Die Natur ist wunderbar. Ich habe mich gefragt: Welchen Beitrag leiste ich dazu, dass sie so ist, wie sie ist? Und da musste ich ehrlich sagen: keinen guten.«

Dirk brennt für eine Idee: weniger zu verbrennen! Ich kenne niemanden, der so hartnäckig daran arbeitet, seinen eigenen ökologischen Fußabdruck zu reduzieren. So ist er im positiven Sinne »verrückt«. Die Ausrede »Ich habe doch diese Woche schon dreimal auf eine Plastiktüte verzichtet, dafür habe ich mir den Wochenendtrip nach New York redlich verdient«, gilt bei ihm nicht, weder sich noch anderen will er weiter in die Tasche lügen. Zusammen mit der TU Berlin hat er rückwirkend seine Lebensbilanz akribisch in Emissionen umgerechnet. »Meine erste große Überraschung war, dass sich offenbar noch niemand mit dieser Frage ernsthaft befasst hat. Es gibt zwar CO_2-Rechner für den aktuellen Fußabdruck, aber keine Methode, den eigenen Gesamtlebensabdruck halbwegs akkurat zu berechnen.« Dirk erfasste seinen Besitzstand von der Socke bis zum Auto und kam für die ersten fünfzig Jahre mit Klamotten, Koteletts und Kurztrips auf eine Lebenssumme von eintausendeinhundert Tonnen CO_2. Damit lag er weit über dem Durchschnitt. Zwei Drittel waren den vielen Geschäftsreisen mit Auto und Flugzeug geschuldet, und auch das Essen schlug mit viel Fleisch und Milchprodukten zu Buche. Von seinem Höchstwert von ehemals siebenundzwanzig Tonnen CO_2 jährlich ist er jetzt runter auf 7,8 Tonnen, liegt also mittlerweile deutlich unter dem deutschen Durchschnitt von elf Tonnen. Für Mutter Erde verträglich sind pro Weltenbürger:in allerdings nur 1,5 Tonnen. Dabei hat Dirk schon viel an Komfort aufgegeben: Er duscht nur kurz, kauft kaum noch neue Klamotten und fährt elektrisch und mit der Bahn. Wenn es nach ihm ginge, müsste nachhaltig zu leben ein Volkssport sein.

Dirk hat fünf Kinder und begreift sich als Teil einer echten Transformationsgeschichte: »Ich will ökologisch aufräumen und nicht meinen Kindern den Müll meiner Existenz überlassen. Mein Großvater hat noch im Bergbau gearbeitet, mein Vater hat in der Nachkriegszeit unseren Wohlstand mit der Energie aus fossilen Quellen aufgebaut. Ich sehe es als Aufgabe meiner Generation, mit Blick auf die nächste diese Geschichte umzudrehen.« Deshalb pflanzt er im Ruhrgebiet Bäume zur Kompensation seiner CO_2-Bilanz. Nach zähen Verhandlungen verwandelt er gerade die ehemaligen Bergwerksflächen Polsum I & II in der Nähe von Recklinghausen in ökologische Vorzeigeprojekte. Sein Enthusiasmus ist ansteckend: »Viele Menschen haben Angst, dass nachhaltiges Leben den Verlust von Qualität bedeutet und alles ganz griesgrämig wird, völliger Quatsch! Mein Leben hat durch die Veränderungen enorm gewonnen. Ich bin heute ein wirklich glücklicher, gesunder und vom Leben begeisterter Mensch.«

Dirk hat mich zum Nachdenken gebracht, auch darüber, mit welchem Signal *ich* einmal die Erde verlassen werde. Die meisten Bestattungsrituale haben ja zum Ziel, den Toten zu »konservieren«. Die Ägypter etwa bauten aufwendige Pyramiden. Einer der schönsten Friedhöfe der Republik, der Kölner Melaten-Friedhof, ist ebenfalls voll von Menschen, die sich für unverzichtbar hielten und das der Nachwelt mit Tempeln, großen Platten und Skulpturen auch demonstrieren wollten. Immerhin ist es dank der vielen Bäume dort auch im Sommer schön kühl, so dass man oft Mütter mit kleinen Kindern spazieren gehen sieht oder Studenten, die ihre Hausarbeiten im Schatten des Todes schreiben, mit der »Deadline« im Hinterkopf.

Bestattungsrituale sind überhaupt sehr aufschlussreich. Bei uns soll alles still und in Schwarz ablaufen, in Mexiko wird bunt gefeiert und auf dem Grab getanzt. In China gab es die Tradition, zur Bestattung Stripperinnen zu bestellen, was wir völlig geschmacklos finden, weil der Tote ja nichts davon hat. Aber es sorgte für mehr Besucher, und das galt als Zeichen des Respekts. Viele Rituale machen eh nur aus Sicht der Hinterbliebenen Sinn. Bei jeder Hochzeit wird der Brautstrauß geworfen und alle fragen sich: »Na, wer ist wohl als Nächstes dran?« Das fragt man sich ja im Stillen auch bei jeder Beerdigung. Aber keiner traut sich und wirft mal einen Kranz!

Wozu braucht es eigentlich Särge? Macht man es damit nicht nur gezielt den Würmern schwer, sich zu einem durchzufressen? Es gibt inzwischen tatsächlich den Trend zur grünen Bestattung, Särge aus regionalem Holz, mit einer Auskleidung aus biologisch abbaubarem Material und dem Verzicht auf Formaldehyd. So kann ich mir das vorstellen. Voll im Trend ist auch die Feuerbestattung, wobei ich nicht als letzte Geste an die Nachwelt nochmal so richtig viel CO_2 verballern will. So ein Kremationsofen wird mit über 1000 Grad betrieben – für fünfundsiebzig Minuten pro Einäscherung. Für diese gute Stunde wird so viel Energie benötigt, wie ich sonst in einem Monat verbrauche. Kein schöner Abgang. In den Niederlanden darf man die Asche mit nach Hause nehmen und daraus einen Diamanten pressen lassen, den man dann am Finger oder als Kette tragen kann, je nachdem, was sich richtig anfühlt: den geliebten Menschen noch einmal um den Finger wickeln oder für immer am Hals haben. Psychologisch betrachtet werden nach dem Tod durch die symbolische Beziehung mit der Asche auch Nähe und Distanz neu ausgehandelt. Wohnzimmer oder das weite Meer. Oder für die Blumenfreunde als Dünger in einem Beet mit der Chance auf eine blühende »Wiedergeburt«.

Ich möchte Erde, Blumen aus der Region und einen vegetarischen Leichenschmaus. Und Musik! Am besten haben das die Jazzer in New Orleans gelöst. Da ging man zur Bestattung mit dem Blues, denn Abschied ist schwer. Weil man aber davon überzeugt war, dass der Tod nicht das letzte Wort haben sollte, und schließlich die Möglichkeit bestand, dass man seine Liebsten im Himmel zusammen mit den Heiligen wiedertraf, wechselte die Musik vom Friedhof zur Kneipe vom traurigen Blues in den le-

Der Friedhof ist voller Leute, die sich für unersetzlich hielten.

bensbejahenden Gospel mit Songs wie ›Oh when the saints go marching in‹.

Das radikalste Gegenkonzept zur thermischen Zerlegung ist das Einfrieren für die Ewigkeit. Kein Scherz. Haben Sie davon mal gehört? Nennt sich Kryostase. Also mit Kälte den biologischen Prozess aufhalten. Das kostet zweihundertfünfzigtausend Dollar aufwärts. Für das Geld bekommt man inzwischen keine Einzimmerwohnung mehr in Berlin-Mitte, aber sein eigenes Fach in einer Tiefkühltruhe. Für Menschen, die mehr Geld haben, als sie selber je noch verbrauchen können, besteht die größte Kränkung ihres Egos darin, dass sie sich keine Zeit kaufen können. Auch keine Lebenszeit. Und auch keine Ewigkeit. Im Silicon Valley träumen die Milliardäre davon, sich als sogenannte Transhumanisten unsterblich zu machen und durch das Auslagern von Hirnfunktionen den Geist eines Menschen von der Bindung an den Körper und dessen Spielregeln zu befreien. Kein Datenverlust mehr durch Demenz, Schlaganfall oder Tod. Zumindest solange sich noch jemand an das Passwort erinnert. Aber wie das ganz praktisch ablaufen soll, so ein »Gedanken-Upload«, darüber schweigen sich die klugen Geister noch aus.

Kleiner Tipp: Das können Sie sich sparen! Auch das mit dem Einfrieren. Es funktioniert schlichtweg nicht. Es funktioniert noch nicht mal mit einem Suppenhuhn. Oder ist Ihnen mal eins beim Auftauen lebendig geworden? Nee, oder? Ist ja auch kein Kopf dran, aber selbst mit Kopf funktioniert das nicht. Warum? Weil das Hirn maßgeblich aus Wasser besteht. Und was passiert, wenn Sie eine Sektflasche ins Tiefkühlfach tun, um sie schnell mal zu kühlen, und dann vergessen? Dann platzt die, weil sich Wasser beim Gefrieren ausdehnt. Genau das Gleiche passiert mit Ihrem Kopf. So schnell kann man weder das Blut noch das Zellwasser gegen Frostschutzmittel austauschen. Und trotzdem verkauft sich weiter die Hoffnung, man könnte in fünfhundert Jahren wieder aufgetaut werden. Dann hat die Medizin bestimmt Fortschritte gemacht und dann ist man wieder munter dabei. Wer will so was?

Leute, die sich komplett überschätzen. Kein Mensch wartet auf irgendwen von uns in fünfhundert Jahren. Die Einzigen, die du dann noch kennst, sind die anderen Arschgeigen, die sich parallel mit dir haben einfrieren lassen. Mal kurz rückwärts gedacht: Gibt es irgendwen in Ihrer buckligen Verwandtschaft, der vor fünfhundert Jahren gelebt hat und von dem Sie sagen: Na, den hätte ich aber jetzt gerne mal wieder aufgetaut! Wir hinterlassen der nächsten Generation Meere voller Plastik, eine Atmosphäre voller Treibhausgase und jetzt noch unsere Unheilbaren in flüssigem Stickstoff. Geht's noch? Was soll der arme Pfarrer sagen? Das ist dann ja keine Beerdigung mehr, das ist eine Unterkühlung.»Ich wünsche deiner Seele die ewige Truhe.« Was soll der Organist spielen? ›Up-town-Girl‹? Die Kunden dieser Einfriersonderangebote sind fast ausschließlich Männer. Die Selbstüberschätzung scheint auf dem Y-Chromosom zu liegen. Wir Männer glauben tatsächlich gerne, dass wir noch in fünfhundert Jahren wichtig sein könnten! Frauen sind da realistischer und sagen sich: Mein ganzes Leben hatte ich kalte Füße. Nicht auch noch die nächsten fünfhundert Jahre.

ESSEN & VERDAUEN

Planetary Health Diet
weniger wegwerfen
guter Geschmack
fruchtbare Böden
Bananeneis
Felix Prinz zu Löwenstein
pupsende Kühe
Sarah Wiener
Leinsamen oder Chia
Gülle an der Kasse

KAPITEL 3

ESSEN & VERDAUEN

Jetzt möchte ich auf den Teller und über den Tellerrand schauen. Essen wollen alle. Gefressen werden wollen die wenigsten. Wie kommen wir satt aus diesem Widerspruch? Als Stadtkind gehe ich aufs Land: Warum treten wir den Boden, auf dem alles wächst, so sehr mit Füßen? Ich lerne glückliche Kühe kennen und frage mich: Ist Bio zu teuer oder alles andere zu billig?

Staunend nehme ich zur Kenntnis, dass ein Apfel von nebenan unter Umständen klimaschädlicher sein kann als einer aus Neuseeland. Und finde es erschreckend, dass in Deutschland pro Jahr achtzehn Millionen Tonnen Essen weggeworfen werden. Außerdem verrät mir der Erdsystemforscher Johan Rockström sein Rezept für Bananeneis. Nein, nicht aus der Region. Aber aus ollen Bananen.

Mensch, Erde!
Wir könnten es so schön haben,
… wenn wir mehr Pflanzliches als Tierisches
essen würden.

DER WELTENBURGER

*Ich muss Fett verbrennen,
ich schmeiß schon mal den Grill an.*

Das ist ein radikal subjektiver Text zum Hick mit dem Hack, etwas Auflockerung vorneweg: Drei Kühe auf der Weide. Die erste sagt: »Muh.« Die zweite sagt: »Muh, muh, muhmumuh!« Daraufhin erschießt die dritte Kuh die zweite. Die erste fragt die dritte: »Warum?« Antwort: »Sie wusste zu viel!«

So geht es mir auch bei diesem Text, denn vor lauter Fakten, medizinischen Studien, CO_2-Werten und Prozenten der globalen Emissionen raucht mir der Kopf. Und wahrscheinlich haben Sie auch schon ganz viel gehört, gelesen und nachgedacht über unser Verhältnis zu den Nutztieren. Zu Tieren, die wir züchten, um sie dann umzubringen. Und erst langsam verstehen wir, dass wir uns damit selber umbringen. Kurzfristig, weil wir mindestens doppelt so viel Fleisch essen, wie es gesund wäre. Und langfristig, weil die überstrapazierte Atmosphäre die Erde so aufheizt, dass wir bald gar keinen Grill mehr brauchen. Industrielle Massentierhaltung ist einer der ganz großen Klimakiller, verantwortlich für mehr Treibhausgase als alle Autos, alle Schiffe und alle Flugzeuge auf der Welt zusammen. Das ist alles bekannt, unbewusst, und deshalb schreibe ich einen ganz persönlichen Text, der Sie anregen könnte, mal Ihrer eigenen »Fleisch-Biografie« auf die Schliche zu kommen.

Das Fleisch und ich – wir haben uns auseinandergelebt. Ich bin kein Vegetarier, ich esse auch weiter Käse und Butter und trinke meinen Kaffee mit Milch. Ich bin kein besserer Mensch geworden. Aber nachdenklicher.

»Fleisch ist ein Stück Lebenskraft« – von wegen. Als Kind habe ich diesen Slogan inhaliert und immer geglaubt, dass man nur mit Fleisch »groß und stark« wird. Dabei hätte ich es auch schon damals besser wissen können, denn einer der größten Spieler in unserem Hockeyverein war Vegetarier. Das war damals so exotisch, dass wir ihn nur »Pflanze« nannten. Heute ist man exotisch, wenn man noch unreflektiert Fleisch isst. Wobei diese Erkenntnis eher aus der Filterblase der urbanen Besserverdiener stammt, denn die »Verbrauchszahlen« in Deutschland nehmen kaum ab, weltweit steigt die Fleischeslust sogar brutal an und nimmt alle Kollateralschäden dafür billigend in Kauf. Es ist ja auch billig – weil die Folgekosten, wie bei Umweltschäden üblich, nicht im Preis einkalkuliert, sondern auf andere Länder und Menschen abgewälzt werden. Unsichtbar.

Und eben auch nicht anschaulich greifbar. Humor kann helfen, Widersprüche offenzulegen. Ich sage den Zuschauern in meinem Bühnenprogramm: »Stellt euch vor, es gibt ab sofort für je-

Gut, dass wir nicht erfahren, was Kühe über uns denken.

des Kilo Fleisch verpflichtend an der Kasse zwanzig Liter Gülle mit dazu.« Und die Verkäuferin sagt: »Die haben Sie mit verursacht. Die nehmen Sie jetzt mit. Wollen Sie einen Deckel drauf oder geht das so? Und viel Spaß beim Grillen!« Dann lacht das Publikum und versteht: Das Fleisch hat einen Preis. Den wir aber an der Supermarkttheke nicht sehen. Ich bin dafür, bei Lebensmitteln eine CO_2-Angabe dazuzuschreiben, so wie auch die Kalorien draufstehen, und so ein Bewusstsein dafür zu schaffen, dass eine Rindfleischsuppe zehnmal so viel Treibhausgase erzeugt wie eine Gemüsesuppe. Dann denkt der Verbraucher vielleicht: Ist die zehnmal so gut? Nö.

Die meisten Menschen sind Gewohnheitstiere. Ich auch. Ich kenne eine Familie, die jetzt in der zweiten Generation ihren Bauernhof voll »bio« führt, mit allen Siegeln und Prüfungen, die dazugehören. Am Wohnhaus hängt ein Schild: »Hier hat das Fleisch noch einen Namen.« Max nimmt mich mit zu den Kühen, die noch auf der Weide gemolken werden, nicht im Stall. Und er zeigt mir auch, wo die Rinder grasen, in einem wildromantischen Tal. »Die fressen doch niemandem was weg. Im Gegenteil, sie fressen Gras, was für keinen von uns verdaulich wäre, und wenn sie kacken, dann düngt das vor Ort und führt den Stickstoff wieder zurück auf die Wiese.« Eine vorbildliche Kreislaufwirtschaft, die aber nur durch harten persönlichen Einsatz der ganzen Familie funktioniert. Und das Fleisch schmeckt ehrlich besser. Dieter, der Vater von Max, erinnert sich, wie früher jedes Gasthaus der Region im Hinterhof ein paar Schweine hielt: »Alles, was an Essbarem überblieb, haben die Schweine bekommen, da brauchte auch niemand was an Futter zuzukaufen.« Und irgendwann kamen die Schweine selbst auf den Teller. Eine runde Sache.

Global sieht der Kreislauf anders aus. Da wird kein Gras abgebissen und stundenlang wiedergekäut, und da werden auch keine Reste verwertet. Da wird abgeholzt, um dort, wo die Lunge der Erde für uns alle atmet, noch mehr energiereiche Nahrung wie Soja und Mais anbauen zu können. Besonders schwer zu verschmerzen ist, dass für diese Anbauflächen auch Regenwald abgeholzt wird, in Brasilien und anderswo. Jeden Tag Millionen von Bäumen aus intakten alten Gemeinschaften – das Zuhause vieler Lebewesen. Das Futter wird dann aus Südamerika nach Europa geschippert, um hierzulande die Rinder in der Massentierhaltung zu mästen. Die machen über den Daumen aus zehn Kalorien, die sie als Futter bekommen, eine Kalorie, die sie uns als Fleisch liefern. Der Rest wird selbst verbraucht oder ausgeschissen. Aber keiner bringt dann die Gülle postwendend wieder dorthin, wo das Soja und der Mais herkamen. Keiner will den Scheiß. Und deshalb stinkt es hierzulande oft so erbärmlich, wenn man über Land radelt, weil die Felder nicht mehr schlucken können. Und mit dem nächsten Regen geht alles in die Bäche, in die Flüsse, und die Fische sterben. So machen wir, ohne es zu merken, mit unserer Fleischeslust andere Tiere platt. Wir nehmen ihnen den Lebensraum. Auf der Erde gibt es zu viele Rindviecher. Nein – kein schlechter Politikerscherz, eine Tatsache. Milliarden Rinder, noch mehr Schweine und Hühner. Tendenz steigend. Als Arzt gilt es, Wirkung und Nebenwirkung gegeneinander abzuwägen. Der Nutzen von »Nutztieren« wird überbewertet, die Schäden oft unter den Tisch gekehrt.

Jetzt braucht es mal wieder einen Witz: »Welches Tier dreht sich nach seinem Tod noch um 360 Grad?« – »Das Brathähnchen!« Nicht lustig? Geschmackssache. Ich fand es schon immer pervers, dass im globalen Handel »Schweinehälften« die Einheit sind. Wir tun alles, um in unserer Vorstellung den Lebensmitteln das Leben auszutreiben. Auf einem Bein kann man nicht stehen. Ein halbes Schwein auch nicht auf zweien. Wer etwas im Kühlregal in Plastik eingeschweißt sieht, kommt nicht mehr auf den Gedanken, dass dieses Stück Fleisch mal Augen, Gefühle und auch eine Körpertemperatur hatte.

Die WDR-Wissenschaftssendung ›Quarks‹ machte ein sehenswertes Sozialexperiment mit Weihnachtsgänsen. Ein Bauer brachte zehn lebendige Tiere mit auf den Wochenmarkt und baute dieselbe Apparatur auf, mit der sie sonst »unsichtbar« getötet werden. Als sich schließlich ein Kunde fand, der eine Gans kaufte, gab es bei vielen, die dabei zuschauten, als sie betäubt wurde, in heißem Wasser die Federn gelockert bekam, gerupft und geschlachtet wurde, das blanke Entsetzen. Und dann taten sich zwei junge Frauen zusammen, um über Crowdfunding den verbliebenen neun Gänsen den Tod zu ersparen. Also den vorzeitigen und vor-gezeigten. Wie viele Menschen wären bereit, für ihr Steak das Rind selbst zu töten? Eigenhändig das Messer anzusetzen?

Für meinen Vater war ein Essen nur dann vollständig, wenn es etwas »Richtiges« gab, sprich Fleisch. Das war seine späte Revanche an den Kriegs- und Nachkriegsjahren, in denen seine Generation hungern musste. Am liebsten aß er Wild. Was ökologisch tatsächlich sehr gut dasteht, solange es sich in der »Wildnis« bewegt und ernährt und kein Zusatzfutter bekommt. Und wenn es zum Wild nicht reichte, gab es zumindest noch »Falscher Hase«. Wann haben wir eigentlich den Respekt vor dem »Festtagsbraten« eingebüßt und für 1,99 Euro an einen Schweinenacken verhökert?

Als ich ein Jahr in England studierte, tobte gerade die BSE-Krise. In der Krankenhauskantine gab es oft Fleisch: Buletten, Burger, das ganze Programm. Im Nachhinein wundere ich mich, dass ich das alles gegessen habe. Denn man kann sich doch nur an den Kopf fassen, wie Leute auf die Idee kommen konnten, Tiere mit Pulver aus vergammelten anderen Tieren zu füttern, mit Hirn und Rückenmark von Schafen und zum Teil mit Teilen ihrer eigenen Vorfahren. Erzwungener Kannibalismus. Und das bei Tieren, die sich ja strikt vegetarisch ernähren. Dass dabei nichts Gesundes rauskommt, ist nicht wirklich überraschend. Bald nach Ausbruch des Rinderwahns in England zeigte sich, dass der Verzehr BSE-infizierter Rinder beim Menschen zu einer neuartigen Variante eines Hirnleidens führen kann, der Creutzfeldt-Jakob-Krankheit.

Was ich von der Insel mitgebracht habe, ist zum Glück kein Wahn, sondern der englische Humor, und ich versuche bis heute, die Deutschen damit zu infizieren. »Woran erkennt man einen Veganer?« – »Er sagt es dir!« Wenn wir ein fleischloses Leben als Selbstkasteiung, als Heldentat oder als wahnsinnig mühsam darstellen, wird jeder, der so lebt, zu einem Heiligen und zu einem wandelnden Vorwurf an alle anderen. Und darauf hat keiner Bock. Wenn jemand mit dem Rauchen aufhört, verzichtet er zwar auf etwas, aber gewinnt doch auch dabei. Weiter Fleisch aus Massentierhaltung zu essen, müssen wir nicht mit Moral und erhobenem Zeigefinger beantworten – es ist schlichtweg eine Beleidigung unserer Intelligenz!

In archaischen Kulturen wurden den Göttern zur Besänftigung Opfergaben aus Fleisch dargebracht, mal Schaf, mal Ziege, mal Mensch. Was opfern wir heute dem Fleisch? Unser eigenes Leben! Was für eine absurde Wendung. Der einzige Vorteil der Hitzewellen: Man kann Hackfleisch in die Luft werfen und Frikadellen auffangen. Alles komplex, ich weiß. Aber einen Teil der Lösung bringt Paul McCartney in einem kleinen Büchlein schön auf den Punkt: ›Less Meat, Less Heat‹ – weniger Fleisch, weniger Hitze. Geschätzt dienen heutzutage zwei Drittel der landwirtschaftlichen Flächen der Nutztierhaltung oder dem Anbau von Futtermitteln. Und es werden weltweit mehr Antibiotika an gesunde Tiere verteilt als an kranke Menschen. All das »kaufen« wir mit jedem Hamburger mit ein, wir Welten-Burger. Was kommt nach dem Fleisch? Stammzellen? Insektenprotein? Oder diese Mischung aus Erbsen und Roter Beete, die inzwischen wirklich lecker schmecken und auch tropfen wie ein echter Hamburger.

Weniger Fleisch zu essen ist – ähnlich wie weniger zu fliegen – keine »Modeerscheinung«, sondern eine Frage des Überlebens, der Gerechtigkeit und des Mitgefühls. Nein, nicht nur mit den Tieren, sondern mit uns Menschen und erst recht mit den zukünftigen Generationen. Die Freiheiten, die wir uns heute aus dem Kühlregal herausnehmen, schränken die Freiheiten für alle weiteren Menschen massiv ein. Welcher Markt soll das regeln? Der mit den halben Sachen?

Marco Springmann, Leiter des *Programme on the Future of Food* der Oxford Martin School, sagt aus Anlass des aktuellen Berichts des Weltklimarates (IPCC) zur Landnutzung: »Ohne eine Änderung hin zu einer gesünderen und Ressourcen schonenden Ernährungsweise, die weit weniger tierische Lebensmittel beinhaltet, gibt es kaum eine Chance, den Klimawandel ausreichend zu begrenzen.« Weil man die Landmenge nicht vermehren kann, sollten wir auf dem Land Bäume vermehren, die CO_2 aufnehmen, statt Bullen, die Methan auspupsen. Dann könnten wir mit den bereits vorhandenen Flächen zehn Milliarden Menschen ernähren. Gerade einmal zehn Prozent des Getreides, das in den USA angebaut wird, werden von Menschen gegessen. Und immer noch wird fast ein Drittel aller weltweit produzierten Lebensmittel weggeworfen. Jeder dritte Acker ist also für den Arsch.

Was fehlt: ein echtes Luxusgemüse. Keiner würde doch Austern essen, wenn die nicht so teuer wären, oder? Es gibt sicher Leute, denen sie schmecken und etwas bedeuten. Ich habe Austern probiert, ich verstehe nicht, was an dieser Mischung aus schlabbriger Konsistenz, geringem Nährwert und semi-erotischen Assoziationen begehrenswert ist, wenn nicht die »Exklusivität«. Wir benutzen Essen, um uns von den anderen abzuheben, die weniger »distinguiert« sind. Und auf praktisch jeder Speisekarte gibt es ein massiges Stück Fleisch, das teurer ist als alles andere. Deshalb wird es gekauft! Um zu zeigen: Ich kann mir das leisten.

Statt also die Mehrwertsteuer auf Fleisch zu erhöhen, sollten wir irgendein exotisches Gemüse massiv verteuern – so lange, bis ein pflanzliches Gericht das teuerste auf der Karte wird. Ich bin für Okraschoten für fünfzig Euro das Kilo! Vielleicht entsteht dann solch ein Hype um Okraschoten, dass alle anfangen zu raunen, wenn jemand sich welche bestellt. Andere Vorschläge sind willkommen, und ich bin sofort bereit, mein erstes Food-Porn-Okraschoten-Shooting auf Instagram zu teilen. Wer macht mit?

Kohlendioxid-Emissionen pro Kilogramm Massenzuwachs

2 kg —

Huhn
ein Kilo enthält
1.450 kcal

1 kg —

~0,72kg CO$_2$

Mehlwurm
ein Kilo enthält
5.540 kcal

0,00758kg CO$_2$

0 kg —

Rind
ein Kilo enthält
1.210 kcal

2,85kg CO_2

Schwein
ein Kilo enthält
1.060 kcal

1,13kg CO_2

» MACHT KOCHEN MEHR SPASS ALS POLITIK? «

Meine Begegnung mit Sarah Wiener

Als Fernsehköchin und Gastronomin wurde Sarah Wiener berühmt. Heute bewirtschaftet sie einen Hof in der Uckermark und kämpft im EU-Parlament für eine Wende in der Landwirtschaft. Wir haben in ihrem Garten geerntet und in ihrer Küche gekocht. Sarah zelebriert die Liebe zur Erde, zu den Tieren und die Magie des gemeinsamen Kochens und Essens. Von ihr habe ich gelernt, dass die Kuh gar kein Klimakiller ist, sondern dass wir Menschen sie mit unserem exzessiven Fleischkonsum erst dazu gemacht haben. Wir melken die Kühe im wahrsten Sinne des Wortes, bis sie nicht mehr können, und wenn Sarah über die Fehlentwicklung unserer Ernährung spricht, dann kocht sie auch innerlich.

EvH: Seit Corona denken viele Leute darüber nach, wie sie sich selbst versorgen können. Wie viel Acker braucht ein Mensch, um davon leben zu können?
Sarah Wiener: Das kommt darauf an, was du für einen Anspruch an deine Ernährung hast: Isst du Fleisch? Oder bist du Vegetarier? Isst du viel Getreide oder eher Gemüse? In unserem agroindustriellen System verbraucht ein Mitteleuropäer rund zweitausend Quadratmeter pro Person. Aber ich kenne Bauern in Rumänien, die haben einen zweihundert Quadratmeter großen Garten und können davon leben, weil sie dort Permakultur betreiben.

Was ist denn Permakultur?
Bei dem System werden aufeinander abgestimmte Pflanzengruppen dauerhaft zusammen gepflanzt, also permanent. Gärtner, die so naturnah ackern, brauchen kaum Pestizide. Sie lassen alles kreuz und quer wachsen. Das schaut dann zwar chaotisch aus,

Da staune ich als Arzt, welche Kompetenz im Umgang mit scharfen Messern andere Berufsgruppen haben.

ergibt aber einen unglaublichen Ertrag, weil sich die Pflanzen ihren Weg suchen und gegenseitig stärken. Wir denken immer, wir könnten die Natur bezwingen, ihr zeigen, wie es geht. Und führen Krieg gegen das Unkraut, gegen die Pflanzen, die aus der Reihe tanzen. Wir pflanzen Fichten und Kiefern, als müssten die militärisch in Reih und Glied antreten. Genau das macht die Natur verwundbar. Denn eine Käferplage oder eine Pilzepidemie auf Pflanzen ist ja nur ein Zeichen, dass etwas aus der Balance geraten ist. Wenn sie könnte, würde die Natur das von selber regeln. Aber wir machen schon von Anfang an alles falsch: mit Monokulturen und indem wir den Boden totspritzen. Wir behandeln die Symptome und ignorieren die Ursachen.

Oft wird über Klimafolgeschäden so geredet, als hätte das alles nichts mit uns und unserer Gesundheit zu tun. Wenn wir weiter auf der Erde leben wollen, müssen wir sie als einen lebendigen Organismus begreifen. Glaubst du auch, dass die Erde sozusagen unsere Mutter ist?
Ich denke schon, weil wir alle von der Erde leben, nicht nur wir Menschen. Aber das begreifen wir nur schwer, weil wir denken, die Umwelt sei böse. Genau das Gegenteil ist der Fall: Die Natur hilft uns, wenn wir ihr helfen. Es geht darum, mehr Schönheit, mehr Vielfalt, mehr Geschmack zu generieren und uns von der Geiselhaft einer Agroindustrie mit Großkonzernen zu befreien, die uns ja erst abhängig gemacht hat und nichts anderes als Gewinnmaximierung im Blick hat. Anstatt unsere Gesundheit oder die Lust, in mannigfaltige Lebensmittel zu beißen oder in eine Landschaft zu gehen, die nicht »aufgeräumt« ist, sondern vielgestaltig summt, brummt, riecht, schmeckt.

Hat dich diese Erkenntnis dazu getrieben, nach Brüssel in die Politik zu gehen, weil da die Weichen gestellt werden?
Ich hätte eigentlich nie gedacht, dass ich mal in der Politik landen würde. Aber die österreichische Grünen-Spitze hat mich gefragt, ob ich mir das vorstellen könnte. Und ich finde, dass auch ganz normale Menschen in die Politik gehören.

Ist die Kuh ein Klimakiller?
Ich bin da sehr vorsichtig. Zumal siebzig Prozent der Flächen weltweit gar nicht zum Anbau nutzbar sind. Ungefähr vierzig Prozent sind Grasland, Steilhänge und Trockengebiete – darauf kannst du eigentlich nur Wiederkäuer halten. Für mich ist die Kuh kein Klimakiller, sondern ein Wunder! Sie schafft nämlich etwas, was wir nicht können: Chlorophyll in Milch und Fleisch zu verwandeln. Davon könnten viele Völker leben. Unsere arme, gequälte Industriekuh wird nicht wesensgemäß gefüttert und daher als schlechter Futterverwerter gebrandmarkt. Das ist absurd!

Kannst du in der Politik jetzt an höchster Stelle Änderungen durchsetzen? Und die Leute aufklären?
Menschen aufzuklären ist ein langer Weg. Ich möchte das Leid von zig Milliarden Tieren beenden. Nicht nur philosophisch, sondern ganz praktisch – am liebsten heute. Das wäre möglich, wenn wir die Subventionen reformieren, die Bauern anständig bezahlen und den Rest den Markt regeln lassen würden – und nicht den Handel und die Industrie. Hat uns der exzessive Fleischkonsum glücklicher, satter und weiser gemacht? Nein!

Im Gegenteil, dieser hohe Fleischkonsum macht uns kränker und die Umwelt kaputt.
Also, wo bitte ist da der Vorteil? Der Punkt ist nur, dass Fleisch als Statussymbol gilt. Wenn du Leute schlecht bezahlst, dann wollen die sich wenigstens ihre Wampe vollschlagen.

Fleisch gilt auch nach wie vor als ein Symbol für Lebenskraft. Männer, die wie ich überhaupt nicht kochen können, bekommen ja schon Anerkennung, wenn sie ein Steak auf den Grill legen.
Stimmt, so hab ich das noch gar nicht gesehen. Was wäre also angesagt? Fleischfrei heißt nicht automatisch gesünder, wenn das Zeug von ungesunden Fetten, viel Salz und Zusatzstoffen nur so strotzt. In den letzten fünfzig Jahren hat sich unser Ernährungsverhalten so stark geändert wie in einer Million Jahre davor nicht. Unser Stoffwechsel, unser Organismus wird jetzt auf einmal mit Stoffen konfrontiert, die wir in unserer gesamten Evolution nicht mal als essbar erkannt haben.

Diese Art von nicht wesensgemäßer menschlicher Ernährung hat zur Folge, dass wir heute mit Krankheiten konfrontiert sind, die es so vor fünfzig Jahren noch nicht gab: Altersdiabetes bei Jugendlichen, Darmkrebs bei 25-Jährigen, Allergien, alle chronisch-entzündlichen Krankheiten, auch Bluthochdruck,

Morbus Crohn. Erst jetzt beginnt man zu begreifen: Die entzündlichen Darmerkrankungen hängen mit der Zerstörung der Lebensvielfalt in uns zusammen!
Ja! Was im Kleinen passiert, passiert auch im Großen: Wenn wir unsere Äcker zu stark spritzen und dadurch die Vielfalt des Bodenlebens, die Vielfalt der Insekten und damit auch die der Feldvögel minimieren, siehst du die Folgen davon tatsächlich auch in unserem Darm. In unserem größten ökologischen System, im Mikrobiom, passiert das Gleiche. Schon jetzt haben Naturvölker bis zu fünfzig Prozent mehr Darmbakterienfamilien als wir. Und je weniger du davon hast, desto schlechter ist dein Immunsystem.

Ich finde, das ist ein sehr starkes Bild! Die Artenvielfalt in unserem Innersten, die in Symbiose mit uns lebt, müsste uns ein genauso wichtiges Anliegen sein wie die Arten um uns herum. Aber nochmal zurück zur Politik: Wir verstehen ja immer mehr, dass wir die Probleme, die wir aufgrund der CO_2-Emissionen und in der Tierhaltung haben, nicht allein nationalstaatlich lösen können. Bist du deshalb zur überzeugten Europäerin geworden?
Ich bin tatsächlich mehr überzeugte Europäerin als noch vor drei Jahren. Zum einen, weil ich jetzt merke, dass das meiste, was Europa angelastet wird, gar kein europäisches Problem ist. Es sind die Nationalstaaten, die sagen: Ich mach, was ich will. Da gibt es so viele Ausnahmen und jeder pickt sich das heraus, was ihm am wenigsten wehtut. Zum anderen wird mir klar: Die Bauern handeln nach dem Prinzip des »Stockholm-Syndroms«. Sie sind die ersten Opfer und verteidigen ein agroindustrielles System und eine Subventionierung, durch die sie selbst in den Abgrund geführt wurden. Es ist das System, bei dem nur nach Fläche subventioniert wird, also wenn du viel hast, wird dir noch mehr gegeben, damit du noch mehr kaufen kannst. Und das bringt die letzten Familienbetriebe und Bauern, die anders anbauen wollen, in Konkurrenz zu einer hochstrukturierten Agroindustrie. Gegen

die kann ein einzelner Bauer ebenso wenig anstinken wie ein lokaler Schreiner gegen chinesische Billigmöbel. Da geht es nur um viel, viel, viel und billig, billig, billig.

Die Diagnose ist also gestellt: Wir zerstören die Böden, das Wasser und die Luft, zum Teil unwiderruflich. Und wir subventionieren immer noch mit Milliarden von gemeinsam erwirtschaftetem Steuergeld ein System, das nicht in unser aller Interesse liegen kann. Was macht dir in dem Irrsinn Hoffnung?
Es gibt sehr viele alternative Modelle, Initiativen von Stadtgärten, Urban-Gardening, SoLawi, also solidarische Landwirtschaft, oder auch Tauschbörsen für nachbaufähige Samen. Sie versuchen die Vielfalt zu erhalten und zu schützen. Das ist auch ein Riesenproblem, dass wir in unseren Gärten und auf unseren Äckern fast nur noch degeneratives Saatgut anbauen, das von global agierenden Agrokonzernen hergestellt wird, um Profit zu machen.

Müssen noch mehr Köche in die Politik?
Das ist ein hoher Preis, ich kann dir sagen: Kochen macht mehr Spaß als Politik. Wenn ich dir etwas koche und den Tisch decke für dich, dann ist das ein Ausdruck von Zuneigung, von Fürsorge. Du wirst dahinschmelzen, erstens, weil du Appetit oder Hunger hast, und zweitens, weil du diese Liebe und diese Achtsamkeit mitessen wirst. Ich glaube, ich bin auch Köchin geworden, weil ich mit meinem Essen Menschen gern meine Zuneigung zeige.

Bismarck soll gesagt haben: »Bei Gulasch und Gesetzen will man nicht wissen, wie sie gemacht werden.«
Bei mir darfst du es wissen. Guten Appetit!

EINE PACKUNG HEILSVERSPRECHEN

»Kann Spuren von Nüssen enthalten.«

Auf einer Erdnusspackung

Neulich beim Frühstück habe ich mir ausgerechnet, dass mein Tagesbedarf an Vitamin B6 nach 1,3 Kilogramm Nutella gesättigt ist. Braucht man den Tag nichts weiter zu essen. Kann man dann auch nicht. Ja, ich gestehe: Ich muss immer alles lesen, was auf den Packungen steht. Keine Ahnung, wie das bei Ihnen ist, aber je mehr Lebensmitteletiketten ich studiere, desto verwirrter werde ich.

Die Nahrungsaufnahme hatte über Jahrtausende hinweg nur eine Funktion: Menschen wollten nicht verhungern. Im 21. Jahrhundert reicht das nicht mehr. Unser Essen bedarf nun diverser Zusätze und Zusatzfunktionen, es soll Körper und Geist optimieren, Nervenzellen und Darmbakterien. Was heute »Superfood« heißt, kannte meine Oma noch als Kefir, Knoblauch und Lebertran. Die heute so beliebten Chiasamen sind ernährungstechnisch keinen Deut wertvoller als die guten alten Leinsamen. Aber weil sie teurer sind, halten wir sie für etwas Besseres. Es ist absurd, dass in armen Staaten wie Äthiopien Farmen eröffnet werden für den Anbau von für den Export bestimmten Chiasamen, während den Einheimischen nicht genug zu essen bleibt.

Vitamine, Vitamine! Wem ist denn in den letzten hundert Jahren ein Angehöriger an Skorbut, sprich an Vitamin-C-Mangel gestorben? Niemandem? Überraschung! Mich ärgert, dass wir geschätzt eine Milliarde Euro allein für Vitamine ausgeben, die nachweislich nichts nutzen und in höheren Dosen sogar schaden. Und ein paar Tausend Kilometer entfernt werden Kinder blind, weil ihnen tatsächlich Vitamine fehlen. Für zwei Euro im Jahr könnten sie genug bekommen. Deshalb lohnt sich eine Spende an die Welthungerhilfe. Sie kann dazu beitragen, dass in Simbabwe vitaminhaltiges Gemüse angebaut wird. Das ist »Superfood«, wo es gebraucht wird.

Was haben Packungen nicht schon alles versprochen: ein stärkeres Immunsystem, Schönheit von innen, Schutz vor Krebs, Alzheimer und Fußpilz ... okay, Fußpilz nicht. Aber Eistee soll die Hirnleistung verbessern! Nicht, indem man ihn sich an die Stirn hält und dadurch einen kühlen Kopf bewahrt, das wäre ja noch logisch. Sondern durch die orale Zufuhr der Zuckersoße.

Seit 2006 versucht das »EU Register of Nutrition and Health Claims« den Wildwuchs an Gesundheitsversprechen zurückzustutzen. Mal schauen, ob ein guter EU-Sachbearbeiter in Ihnen steckt und Sie bei ›Wer wird Millionär‹ punkten könnten:

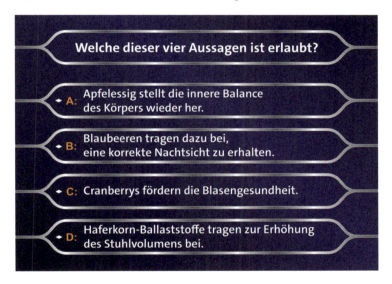

Richtig – nur die letzte. Aber auch die anderen sollten ursprünglich mal auf Lebensmittelpackungen prangen. Ich weiß nicht, ob die Aussicht auf ein erhöhtes Stuhlvolumen viele Käufer:innen anspricht. Auch schön: »Zuckerfreier Kaugummi trägt zur Verringerung von Mundtrockenheit bei.« Das gilt im Übrigen auch für einen Schluck Wasser. Dazu passt folgende hieb- und stichfeste Aussage: »Wasser trägt zur Erhaltung normaler körperlicher und kognitiver Funktionen bei.« Na dann – Prost!

WAS MACHT BIO BESSER?

Letztlich sind wir doch alle aus Bodenhaltung.

Zu der Zeit, als mich meine Mutter zum Einkaufen schickte, gab es noch Rabattmarken. »Payback«, nur ohne elektronische Karte. Ein analoges Heftchen, für das man, sobald es mit den kleinen gummierten Marken gefüllt war, etwas Geld gutgeschrieben bekam. Innerlich klebe ich immer noch Rabattmarken, wenn ich »Bio« kaufe. Ich habe das Gefühl, dafür werden kleine Fleißsternchen auf meinem Karma-Konto gutgeschrieben, und wenn ich davon genügend gesammelt habe, gewinne ich einen Freiflug in ein Urlaubsland meiner Wahl ohne schlechtes Gewissen.

Sind Bioläden eine moderne Art des Ablasshandels für Besserverdiener? Oder ein wirksamer Baustein für eine bessere Welt? »Bio« ist auf alle Fälle eine Erfolgsgeschichte, es ist in den letzten Jahren aus der Nische der eher spaßbefreiten Reformläden mit Brottrunk, Nussschnitte und Rote-Beete-Fastensaft längst in die allgegenwärtigen Discounter vorgedrungen. »Bio« liegt definitiv voll im Trend. 2020 wurden erstmalig zehn Prozent unserer Agrarflächen ökologisch genutzt, beim Obst sogar zwanzig Prozent. Kunden kauften für fast zwölf Milliarden Euro Biolebensmittel, vor allem Milch, Eier und Gemüse.

Was ist das Gegenteil von einem Landei? Ein Stadtei? Dann bin ich eins. Als Berliner habe ich keine Ahnung von Landwirtschaft. Wenn ich wandern gehe, kann ich nicht wirklich unterscheiden, was am Wegesrand gedeiht. Was ich besser kann: Studien beurteilen. Und die haben nicht nur meinen lange gehegten Dinkel-Dünkel etwas in Frage gestellt. Lange glaubte ich auch, Gemüse, Getreide und Obst mit »Bio« drauf müssten doch viel gesünder sein als ihre Verwandten aus der Massen-Mais-Haltung. Bis heute fällt es mir schwer, den Unterschied dingfest zu machen, aber vielleicht ist ja gar nicht das Produkt das Entscheidende, sondern der Prozess der Herstellung. Denn selbst wenn die Biokartoffel nicht per se gesünder ist: Der Boden, aus dem sie stammt, ist und bleibt es.

Warum sollte uns das interessieren? Weil wir viel Boden wiedergutmachen müssen, im wahrsten Sinne! Nach Meinung vieler Experten steuern wir auf einen echten Mangel an fruchtbarem Boden und damit an Nahrung zu, weltweit, aber auch in Europa. Was läuft auf dem Acker schief? Ich frage den Landwirt Felix Löwenstein. Eigentlich heißt er Felix Prinz zu Löwenstein-Wertheim-Rosenberg. Nachdem er im Rahmen eines Entwicklungsprojekts auf Haiti mitangesehen hatte, wie der einzigartige Boden aufgrund schwerwiegender Fehler bei der Bewirtschaftung tonnenweise vom Regen ins Meer geschwemmt wurde und so für

Felix zu Löwenstein ist ein echter Prinz mit Bodenhaftung. Als guter Biobauer achtet er nicht nur auf den Acker, sondern auch auf das, was drumherum blüht.

immer verloren war, stellte er nach seiner Rückkehr vor dreißig Jahren den Familienbetrieb auf Bio um. Als Vorsitzender des Bundes ökologischer Lebensmittelwirtschaft sitzt er in der vom Bundeskanzleramt einberufenen Runde zur Zukunft der Landwirtschaft. Von Löwensteins Rede bei der Eröffnung der Biofachmesse blieb mir ein Bild eindrücklich in Erinnerung. Er nahm aus einem Eimer Erde, hielt sie hoch und sagte: »Der Unterschied zwischen einem lebenden Boden und einem toten Haufen Dreck ist Glyphosat.«

Eine Handvoll Ackerboden enthält mehr Organismen, als Menschen auf dem Planeten leben. Die dünne Krume, die unsere gesamten Nahrungsketten am Laufen hält, hat sich in jahrhundertelangen permanenten Zersetzungs-, Umwandlungs- und Aufbauprozessen in Kombination mit Mikroben und Kleinstlebewesen gebildet, und die halten zusammen. »Dieses Pestizid«, erklärte mir Felix Löwenstein, »stellt eine direkte Gefahr für die menschliche Gesundheit dar. Es ist ein Antibiotikum – was die allermeisten Menschen nicht wissen. Wenn man ein Antibiotikum einnimmt, geraten die Bakterienkulturen im Darm durcheinander und man bekommt Dünnpfiff. Denn auch die guten, für uns wichtigen Bakterien werden umgebracht. Vergleichbares passiert ebenfalls in der Natur – vor allem im Boden!«

Öko-Landwirt:innen lassen sich weniger von chemischen Keulen, sondern lieber von Nützlingen helfen. So unscheinbar eine Florfliege auch daherkommt, sie ist ein echter Blattläuse-Killer! Der Nachwuchs eines einzigen Florfliegenweibchens vertilgt rund 500.000 Blattläuse pro Jahr! Pestizide dagegen sind wirklich die Pest, weil sie nicht vor Ort bleiben, sondern sich durch die Luft und mit dem Grundwasser munter auf die Nachbaräcker überall in der Umgebung verteilen. Bereits 2015 wurde bei 99,6 Prozent von mehr als zweitausend Proband:innen aus Stadt und Land Glyphosat nachgewiesen, egal ob diese »Bio« gegessen hatten oder nicht. Bis heute spielt aber der Ferntransport des Pestizids bei der Bewertung für die Zulassung keine Rolle.

Bioäcker beherbergen im Schnitt über neunzig Prozent mehr Wildkrautarten und Regenwürmer als konventionell bewirtschaftete. Wofür sind Regenwürmer wichtig, wenn man kein Vogel ist? Oder Kandidat im Dschungelcamp? Würmer sind die Animateure der Erdkrume. Sie sorgen für die nötige Lockerheit! Und das spürt man, wenn es regnet. Gibt es ausreichend lockeren und löchrigen Untergrund, können sich sowohl Wasser als auch Würmer im Boden verkriechen und lange dort halten. Ein lebendiger Boden speichert aber nicht nur mehr Feuchtigkeit, sondern auch mehr Kohlenstoff. Das macht den gesunden Boden zu einem oft unterschätzten Verbündeten im Kampf gegen die Treibhausgase.

Wenn den Ackerboden nichts mehr hält, kann er einfach von einem heftigen Regen weggespült werden. Futsch. Für immer. Diese Erosion, die Zerstörung von fruchtbaren Landflächen, passiert heutzutage ständig und überall. Auch in Deutschland. Durch zunehmend auftretenden Stark- und Dauerregen ist gerade in Hanglagen das Risiko hoch, dass die Oberflächen »verschlämmen«. Die Folge können wir in den Alpen beobachten, wenn sich Schlammlawinen durch die Dörfer wälzen. Das war mal Ackerboden. Auch wenn die Erosion des Bodens hierzulande nicht immer schlagartig passiert, summieren sich Millimeter-Abträge im Laufe eines Menschenlebens zu einem Verlust von einem Drittel der fruchtbaren Schicht. Und die kann man in den Mengen nicht einfach so im Gartencenter nachkaufen, sie bildet sich nur äußerst langsam wieder nach.

Insgesamt ist die Landwirtschaft ein echter Klimatreiber. Sie erzeugt rund ein Viertel der gesamten CO_2-Emissionen. Und leidet gleichzeitig heftig unter den Extremwettern: Hitze, Dürre und sintflutartige Regenfälle. Der große CO_2-Abdruck resultiert aus dem enormen Energieaufwand. Er steckt in der Herstellung von Düngemitteln, im Diesel für die Traktoren, in den Heizungen der Ställe oder Gewächshäuser.

Eine weitere klimaschädliche Dimension der Landwirtschaft kannte ich vorher auch noch nicht. Laut Umweltbundesamt stammten 2018 über sechzig Prozent der gesamten Methan- und fast achtzig Prozent der Lachgas-Emissionen in Deutschland aus der Landwirtschaft. Lachgas (N_2O) ist ein Treibhausgas, das rund 300-mal so klimaschädlich ist wie Kohlendioxid (CO_2). Die Hauptquellen für beide Gase sind stickstoffhaltige Düngemittel und die Tierhaltung. Weil im Biolandbau überhaupt kein künstlicher Mineraldünger eingesetzt wird, liegt er auch hier in seiner Bilanz gegenüber der konventionellen Landwirtschaft weit vorne. Der Haken: Für den gleichen Ertrag brauchen Biolandwirte mehr Hektar Land und eine höhere Anzahl von Tieren.

Und warum ist bio eigentlich so teuer? Weil es viel mühseliger ist, es zu erzeugen! In bio steckt mehr Handarbeit. Aber dafür gibt der Acker auch in weiter Zukunft noch etwas her. Deshalb lässt Felix Löwenstein in der Debatte »bio gegen konventionell« auch die Behauptung nicht gelten, dass nur mit Dünger und Pestiziden alle satt werden können: »Es ist gerade andersherum. Wenn wir weiter diese intensivierte Landwirtschaft betreiben, werden wir genau dadurch Hunger erzeugen. In einem gesunden Ökosystem hat jeder seinen Platz, es ist ein Zusammenwirken aller Organismen von den Bakterien bis hinauf zu den Wirbeltieren. Jeder verdaut jemand anders, jemand ernährt sich von jemand anderem. Alles hängt mit allem zusammen. Heute ist dieser Faden zum Land abgerissen – und damit das Wissen, dass ein fruchtbarer Boden die Grundlage dafür ist, dass wir als Menschen auf der Erde existieren können.«

Wenn wir bald zehn Milliarden Menschen auf diesem Planeten ernähren wollen, ohne dass wir uns alle im Kampf um Wasser, Ackerfläche und Regionen mit erträglicher Außentemperatur die Köpfe einschlagen, braucht es ein radikales Umdenken in der Landwirtschaft. Warum geht es politisch so unglaublich langsam voran?

»Da sind enorm mächtige wirtschaftliche Interessen im Spiel, nur ein Beispiel: Die konventionellen Betriebe in Deutschland geben laut Agrarbericht 2019 für Düngemittel und Pflanzenschutz

227 Euro pro Hektar aus, ein Ökobetrieb nur 21 Euro, also ein Zehntel. Und so werden Milliarden an Steuergeldern zugunsten von gut organisierten Gruppen wie dem Bauernverband verteilt, obwohl diese Bauern gerade einmal zwei Prozent der Erwerbstätigen stellen. Trotzdem bleiben Massenproteste gegen die Massentierhaltung aus, und die Schäden für kaputte Böden und Dünger- und Güllereste im Trinkwasser werden hingenommen.«

Beim Wald wird inzwischen sehr offen diskutiert, dass ein Forst, der auf maximalen Ertrag durch Monokulturen aus Fichten und Kiefern optimiert wurde, den Veränderungen des Klimawandels nicht standhält und stirbt. Wie ist das mit dem Boden?

»Über Jahrhunderte bestand unsere Kulturleistung in der Landwirtschaft darin, Böden zu entwässern, Moore stillzulegen, Flüsse zu begradigen – also dem natürlichen Wasserkreislauf den Kampf anzusagen. Seit die globale Temperatur immer weiter ansteigt, fehlt uns massiv Wasser in Trockenzeiten, auch zur Kühlung. Wir haben einmal die Bodentemperatur an einem Tag mit circa 37 Grad gemessen. Die Krume, auf der gerade nichts wuchs, erreichte in den oberen Zentimetern Temperaturen von 60 Grad.« Wäsche wird bei 60 Grad gewaschen, damit möglichst viele der Keime danach tot sind. Bei diesen Graden machen sich die besten Bakterien im Boden ebenfalls für immer vom Acker. Was also helfen kann: den Boden möglichst durchgehend bewachsen zu halten, damit die Krume beschattet und gekühlt wird.

Durch Felix Löwenstein lerne ich auch den stillen Skandal um die Biokraftstoffe neu zu sehen, denn die verlockende Idee, Energie vom Acker zu beziehen, war und ist ein teurer Irrtum: »Du kannst für dieselbe Menge Strom entweder 1200 Hektar Raps anbauen. Oder 360 Hektar Silomais für eine Biogasanlage. Oder auf 16 Hektar eine Solaranlage errichten. Oder noch viel besser: Du stellst ein Windrad auf und brauchst dafür nur ein Viertel Hektar.«

Wie könnte die Nachfrage nach bio »normaler« werden? Was zu Hause gekocht wird, ist natürlich jedem überlassen, aber unglaubliche einhundertachtzehn Milliarden Mahlzeiten haben die Deutschen 2018 außer Haus gegessen, und der Trend ist weiter steigend. Betriebskantinen, Bildungs- und Pflegeeinrichtungen verköstigen täglich 16,5 Millionen Menschen in Deutschland. Eine Stadt wie Kopenhagen macht uns vor, was wir tun könnten. Dort haben bereits neunzig Prozent der öffentlichen Kantinen auf bio umgestellt. Auch Berlin schreibt ab 2021 wenigstens fünfzig Prozent Bioanteil im Mittagessen der Grundschulen vor. Können wir uns das leisten? Anders gefragt: Können wir uns leisten, weiter ungestraft billiges Essen anzubieten? Ernährungsbedingte Krankheiten schlagen in Deutschland jährlich mit durchschnittlich 853,65 Euro pro Bürger:in zu Buche, nur leider auf einer anderen Kostenstelle. Aber dafür bekommt man eine Menge Gemüse!

Mein Fazit: Bioprodukte sind nicht unverhältnismäßig teuer. Konventionelle Erzeugnisse sind durch riesige Subventionen unverschämt billig. Der Wissenschaftliche Beirat für Agrarpolitik, Ernährung und gesundheitlichen Verbraucherschutz schlägt in seinem jüngsten Gutachten 2020 ein neues Klimalabel, zum Beispiel in Form einer Ampel, für Lebensmittel vor, um dem Verbraucher eine Chance zu geben, bessere Entscheidungen für sich und die Umwelt zu treffen.

Für einen Berliner Discounter haben Wissenschaftler:innen der Uni Augsburg einmal vorgerechnet, was Lebensmittel kosten müssten, wenn die Umweltschäden eingepreist würden, die bei ihrer Erzeugung entstehen. In den Kosten waren aber nicht nur die Herstellung, sondern auch die versteckten Größen wie beispielsweise Treibhausgase, die Folgen der Überdüngung sowie der Energiebedarf enthalten. Konkret: Fünfhundert Gramm gemischtes Hackfleisch aus konventioneller Herstellung würden nicht mehr 2,79 Euro, sondern 7,62 Euro kosten. Milch würde sich um einhundertzweiundzwanzig Prozent verteuern, Gouda-Käse um achtundachtzig Prozent und Mozzarella um zweiundfünfzig Prozent.

Bei Bioprodukten fielen die Preisaufschläge durchweg geringer aus als bei konventionell hergestellter Ware. Doch auch der Preis für Biofleisch würde bei Berücksichtigung der »wahren Kosten« steigen. Denn die eigentliche klimarelevante Umstellung, zu der tatsächlich jeder selber beitragen könnte, sähe so aus: weniger vom Tier, weniger Fleisch und Milchprodukte – dafür mehr von der Pflanze. Das Bittere für mich: Parmesankäse ist leider lecker und ähnlich klimaschädlich wie Fleisch, weil in einem Stück unfassbar viele Liter Milch kondensiert sind. Parmesan bekäme eine hochrote Kennzeichnung in der Klimaampel, Blumenkohl wäre dafür strahlend grün. Aber Blumenkohl lässt sich so schwer über die Pasta hobeln.

Wir neigen vor uns selber ja zur Hafermilchmädchenrechnung. Mal angenommen, ich reduziere meinen Fleischkonsum. Statt meinetwegen drei Mal die Woche Rindfleisch als Steak oder Burger esse ich nur noch am Sonntag den Festtagsbraten – dann würde ich mich doch zu den Guten zählen. Für das, was ich an Fleischbrutzeln spare, müsste ich doch locker auch mal nach Malle fliegen können, um mich da selber am Strand zu brutzeln. Recherche kann auch weh tun. Laut Mike Berners-Lee, dem Autor von ›How bad are bananas?‹, werden pro Kilo rohem Rindfleisch circa 18 Kilo CO_2 freigesetzt. Die Krux: Von dem, was ich durch meinen verringerten Fleischkonsum eingespart habe, kann ich zwar nach Malle fliegen, muss aber das letzte Stück schwimmen. Denn über das Wasser zu laufen, wird bei dem niedrigen Karma-Kontostand auch noch nicht klappen. Und weil der Rückflug eh nicht mehr drin ist, bleibe ich am nachhaltigsten einfach dort. Ich habe ja auch lange geglaubt, mir einen Heiligenschein erwerben zu können, wenn ich überall Licht ausschalte. Auch Quatsch: Mit der Energiemenge, die ein Steak pro Woche verbraucht, könnte ich drei Jahre lang eine 8-Watt-Energiesparlampe durchbrennen lassen. Hoffe, diese Beispiele waren irgendwie erhellend.

Ich frage mich, warum das schlechte Gewissen so oft beim Konsumenten geparkt wird, statt dort, wo es hingehört: in die

Politik. Warum wird immer so getan, als wären wir Verbraucher:innen an allem schuld, wenn weder die Preise noch die Prozesse ehrlich und für uns transparent sind. Sehr viel einfacher wäre es doch, wenn die »ehrlichen Preise« nicht erst im Supermarktregal gelten würden, sondern bereits zuvor für die Bauern beim Einkauf von Dünger und Diesel. Ich wäre auch für einen massiven Preisaufschlag für Antibiotika und Pestizide, deren enorme Folgekosten durch die multiresistenten Keime für Krankenhäuser und Patient:innen bisher ebenfalls nirgends einkalkuliert werden. Viele Bauern, und gerade auch die jüngere Generation, möchten sich verändern, sind aber vom jetzigen Subventionsdesaster abhängig. Ein Anfang könnte sein, mit den Milliarden nicht weiter das Falsche zu unterstützen. Dann würden sich vielleicht mehr Landwirte überlegen, auf bio und Gemüse umzuschwenken. Dann hätten wir eine größere Chance auf eine gesunde Erde. Und gesunde Menschen. Und sollten die Regenwürmer einen Lobbyverband gründen: der wäre auch dafür!

WARUM DIE AVOCADO ALLES ANDERE IST ALS GRÜN

1 Für 1 Kilo Avocados werden etwa 1000 Liter Wasser verbraucht, so viel wie 20 x Waschmaschine laufen lassen oder 6 x in die Badewanne. Die Avocado ist also nicht nur eine Kalorienbombe, sondern auch eine Wasserbombe.

2 Funfact: Avocado heißt Hoden in der Nahuatl-Sprache.

3 In Mexiko werden jährlich 4.000 Hektar Wald illegal gerodet, weil Avocados lukrative Exportartikel sind. Im trockenen Israel verschlingen allein die Avocadoplantagen die Hälfte des Wassers.

4 Funfact: Die Sorte »Hass« geht nicht auf verletzte Gefühle, sondern auf den kalifornischen Briefträger Rudolph Hass zurück, der zufällig eine neue Sorte in seinem Garten fand.

5 Ja, Avocados enthalten gesunde Fette, aber das tun auch Walnüsse. Ihr großer Vorteil: Sie wachsen hier und können lange gelagert werden. Walnüsse sind sogar noch gesünder, da sie mehr ungesättigte Fettsäuren enthalten.

6 Apropos Lagerung: Die Erfahrung zeigt, Avocados sind lange zu hart und dann schlagartig zu weich und matschig und fliegen dann doch in die Tonne, der letzte Teil ihrer langen Reise als Überflieger.

GUT FÜR MICH, GUT FÜR DIE ERDE – DIE PLANETARY HEALTH DIET

»Wie ernähren Sie sich so?«
»Mund auf, Essen rein!«
»Ich meine, achten Sie dabei auf etwas?«
»Dass ich mir nicht auf die Zunge beiße.«

Ein Klimaforscher, der von Bananeneis schwärmt? Als ich Johan Rockström, den Direktor des Potsdam-Instituts für Klimafolgenforschung (PIK) traf, war ich überrascht, wie seine Augen leuchteten, als er mir sein Kochbuch zeigte. Einer der weltweit am häufigsten zitierten Wissenschaftler ist stolz auf Rezepte? Und ausgerechnet Bananeneis soll dem Abschmelzen der Polkappen Einhalt gebieten? Das kann es tatsächlich. Ich brauchte ein bisschen, um die Zusammenhänge zu verstehen, aber an kaum einem anderen Beispiel lässt sich die Idee der »Co-Benefits«, des Win-win für Erde und Mensch, besser darstellen als am Essen.

Gibt es die eine Tablette, die Herzinfarkte und Schlaganfälle verhindert? Was könnten wir uns »einwerfen«, um jährlich etwa elf Millionen vorzeitiger Todesfälle weltweit zu vermeiden? Diese »Wunderpille« können wir uns täglich vom Teller weg in den Mund stecken. Es ist unsere Ernährung. Oral einzunehmen. Gäbe es eine Tablette mit derartigen Gesundheitsvorteilen wie die »Planetary Health Diet«, würde jeder Arzt sie sofort verschreiben, alles andere wäre fahrlässig. Weil man aber gesundes Essen nicht in eine Blisterverpackung pressen kann, verkaufen sich einerseits Nahrungsergänzungsmittel, die keiner braucht, für Milliarden Euro. Andererseits steigt weltweit der Anteil von Fertiggerichten, die uns fertig und fett machen. Ungesunde Ernährung ist bereits heute eine der Hauptursachen für Zuckerkrankheit, Herz-Kreislauf-Erkrankungen und die Fettleber und – was selten im selben Atemzug genannt wird – zugleich ein Risiko für die Klimastabilität.

Aus diesem Grund hat die EAT-Lancet-Kommission, ein großes Netzwerk von internationalen Experten aus den Bereichen Gesundheit, Ernährung, Agrarwissenschaft und Erdsystemwissenschaft, relevante Forschungsergebnisse in einem bahnbrechenden Report zusammengestellt. Die gute Nachricht: Es ist möglich, eine wachsende Bevölkerung von zehn Milliarden Menschen bis 2050 nachhaltig und gesund zu ernähren. Die schlechte Nachricht: Es wird nur gelingen, wenn wir unseren Speiseplan substanziell umstellen, die Nahrungsmittelproduktion verbessern und die Nahrungsmittelabfälle reduzieren. Das wiederum erfordert erhebliche Veränderungen, ist aber möglich – in Form der »Planetary Health Diet«. Diät, das klingt leider wieder nach Zwang und Verzicht. Dabei bedeutet das Wort eigentlich »Lebensweise«, und das trifft hier auch eher zu. Denn es geht nicht um eine Anleitung zum Abnehmen, sondern um den Erhalt unserer Lebensgrundlage. Dass man dabei überflüssige Kilos verliert oder langfristig erst gar nicht aufbaut, ist ein willkommener Nebeneffekt.

Was sind die neuen Ernährungsspielregeln, die uns guttäten? Ganz simpel: deutlich mehr Gemüse, Nüsse, Obst und Hülsenfrüchte auf den Teller als bisher und dafür seltener rotes Fleisch und Zucker. Da mehr als drei Milliarden Menschen unterernährt sind, ist eine Umgestaltung des globalen Ernährungssystems dringend erforderlich. Gleichzeitig schließt diese Zahl auch die Überernährten ein. Denn vielen fehlen zwar keine Kalorien, aber entscheidende Bausteine für ihre Gesundheit, weil es ihrer Ernährung an Abwechslung mangelt.

Die empfohlene Menge von vierzehn Gramm rotem Fleisch pro Tag entspricht nur etwa zehn Prozent des heutigen Verbrauchs, aber wie ich aus eigener Anschauung weiß: Wenig ist besser als gar nichts. Manchmal habe ich einfach Lust auf eine Scheibe Bio-Salami oder was Leckeres vom Grill. Verbote machen eine Sache interessant. Das hat ja schon mit dem Apfel im Paradies super funktioniert, auf den Adam und Eva nicht verzichten wollten. Seitdem geben Menschen ungern etwas auf, woran sie gewöhnt sind.

Zu diesem Thema führte ich ein spannendes Gespräch mit dem amerikanischen Schriftsteller Jonathan Safran Foer. Mit seinen Büchern ›Tiere essen‹ und ›Wir sind das Klima‹ begab sich der erfolgreiche Romanautor auf Neuland. Sein Fazit: »Die vier Dinge mit dem höchsten Wirkungsgrad, um die planetare Krise anzugehen: 1. Weniger Kinder bekommen. 2. Autofrei leben. 3. Flugreisen vermeiden. 4. Eine pflanzenbasierte Ernährung.« Jonathan sagt bewusst nicht »fleischfrei«. Denn er ist überzeugt, dass sich mehr Menschen zutrauen würden, bei zwei von drei Mahlzeiten am Tag ohne tierische Produkte auszukommen, wenn sie bei der dritten Mahlzeit freie Auswahl hätten. Das leuchtet vor allem dann ein, wenn man weiß, dass nicht alles schwarz-weiß ist. Menschen »konvertieren« meistens nicht ein für alle Mal zum Vegetarismus, vielmehr werden über achtzig Prozent »rückfällig«, fangen also irgendwann wieder an, Fleisch zu essen. Die Kommunikation in Richtung »weniger« ist also viel wirksamer als »gar nicht«.

Und selbst für Menschen, die Fleischersatzprodukte kaufen, zum Beispiel die gehypten »Beyond beef«-Teile für vegane Hamburger, gilt kein striktes Entweder-oder. So manche erstehen Fleisch und Fleischersatz gleichzeitig. Wobei ich nie verstanden habe, wozu man etwas essen muss, das möglichst so schmecken soll wie das Original, wenn es doch sehr viele leckere Dinge gibt, die viel origineller schmecken. Soja klingt schon ein bisschen wie So-na-ja. Aber eine knusprige Falafel hat es doch gar nicht nötig, so zu tun, als wäre sie ein Hackfleischbällchen. Zudem sind Fleischersatzprodukte nicht automatisch nachhaltig oder gesund. Ich habe bis heute noch keine vegane Wurst gegessen, die mich überzeugt hat. Dann doch lieber ab und an eine echte Salami, nicht am Stück, in Scheiben. Für Schokolade gibt es ja auch keinen Ersatz, der schmeckt.

Momentan laufen die weltweiten Trends in eine völlig falsche

Richtung: Mit wachsendem Wohlstand steigt in vielen Ländern Asiens und Afrikas der Verbrauch von tierischen Lebensmitteln, nicht nur von Fleisch, sondern auch von Milch, Käse und Eiern. In einem Artikel mit dem Titel »Ausgehungert, vollgestopft und verschwenderisch: Symptome einer fortschreitenden Ernährungsumstellung« schreiben Fachleute einer Arbeitsgruppe des Potsdam-Instituts für Klimafolgenforschung um Benjamin Leon Bodirsky und Sabine Gabrysch, dass bis 2050 circa fünfundvierzig Prozent der Weltbevölkerung übergewichtig und circa sechzehn Prozent fettleibig sein werden, wenn wir einfach so weitermachen wie bisher. Im Jahr 2010 waren es noch neunundzwanzig beziehungsweise neun Prozent. Nach wie vor steigt der Verbrauch an »leeren Kalorien«. Damit sind Lebensmittel wie Pizza, Burger, Weißbrot, Gummibärchen oder Softdrinks gemeint, die außer schnell verfügbarer Energie kaum weitere lebenswichtige Nährstoffe, Vitamine, Mineralstoffe, Spurenelemente, Enzyme oder Antioxidantien beinhalten. Dafür jede Menge Kohlenhydrate und ungesunde Fette. Insbesondere verarbeitete und raffinierte Nahrungsmittel wie Weißmehl oder Haushaltszucker, auch Süßigkeiten und die massiv überzuckerten Limonaden gelten als Treiber des Übergewichts, von Kindesbeinen an.

Angesichts des Wachstums der Weltbevölkerung, unserer höheren Lebenserwartung, einer größeren Körpermasse und unserer verschwenderischen Konsummuster wird der weltweite Nahrungsmittelbedarf im Lauf der nächsten Jahrzehnte um die Hälfte des heutigen ansteigen. Diese erschreckenden Zahlen verdeutlichen, wie zwingend erforderlich die planetare Umstellung auf eine gesunde pflanzenbasierte Ernährung ist.

Johan Rockström erklärt mir: »Unsere Definition einer nachhaltigen Nahrungsmittelproduktion verlangt, dass wir keine zusätzlichen Flächen nutzen, die bestehende biologische Vielfalt schützen, verantwortungsvoll mit dem Wasser umgehen sowie die Stickstoff- und Phosphorbelastung durch Kunstdünger deutlich reduzieren. Es gibt keinen Königsweg, aber einen sicheren

Korridor für Lebensmittel, die die menschliche Gesundheit fördern und die ökologische Nachhaltigkeit unterstützen.«

Wie können wir diesen Korridor erreichen? Ein Anfang könnte sein: Geld für das Richtige auszugeben. Warum stecken wir Milliarden in die Werbung für Lebensmittel, die als Mittel zum Leben nicht taugen? Vor allem die Werbung für hochkalorischen Schrott für Kinder sollte man in Deutschland verbieten. Andere Länder haben uns das längst vorgemacht. Außerdem müssen die Lebensmittelpreise die Produktions- und Umweltkosten ehrlich widerspiegeln. Wir Deutsche geben nur einen recht geringen Anteil unseres Einkommens für Essen aus. Dabei sollte uns gutes Essen wieder etwas wert sein. Weiterhin sind soziale Maßnahmen nötig, um eine anhaltend schlechte Ernährung in einkommensschwachen Gesellschaftsschichten zu vermeiden. Und schließlich ist eine wirksame Steuerung der Land- und Meeresnutzung unabdingbar. Dazu zählen der Schutz intakter Naturgebiete, die Wiederherstellung degradierten Landes, die Abschaffung schädlicher Fischereisubventionen und die Schließung von mindestens zehn Prozent der Meeresgebiete für den Fischfang.

Was ich an der »Planetary Health Diet« so mag: Sie zeigt, dass es funktionieren kann, und wenn ich mir die Fotos der verschiedenen Gerichte anschaue, könnte es sogar richtig lecker werden.

Ach ja, ich schulde Ihnen noch das Rezept für das Bananeneis. Der Kniff ist, dass dafür überreife Bananen verwendet werden können. Statt in die Mülltonne wirft man sie in kleinen Stücken in einen Beutel, den man für vier Stunden ins Gefrierfach legt. Dann kommen die gefrorenen Teile in einen Mixer und man schlägt so lange Luft dazwischen, bis die Eiscreme die richtige Konsistenz hat. Es braucht keinen Zucker, keine Sahne, wer mag, kann zerstoßenen Kardamom oder etwas Orangenschale hinzufügen und das Eis mit geraspelter Schokolade oder in Honig gerösteten Nüssen garnieren. Fertig!

Also: Die Welt besser machen mit Bananeneis geht. Wir dürfen nur auf dem Weg dorthin nicht auf der Schale ausrutschen.

SUCHBILD:
WAS FEHLT HIER?

UND VERMISST ES JEMAND?

WIR SIND SO SCHLECHTE FUTTERVERWERTER

1. Weltweit wird pro Jahr ein Drittel aller Lebensmittel weggeschmissen. Grob heißt das: Jedes dritte Feld wird umsonst beackert!

2. In Deutschland sind wir nicht besser. Jedes Jahr werfen wir mehr als 18 Millionen Tonnen Nahrungsmittel weg. Die Hälfte davon könnte man noch sehr gut essen.

3. Pro Kopf landen in deutschen Haushalten 75 Kilogramm Lebensmittel im Müll, das ist so viel wie ein Mensch im Durchschnitt wiegt! Da bekommt der Spruch »Ich schmeiß mich weg« eine ganz neue Bedeutung.

4. In Deutschland werden Menschen bestraft, die noch brauchbare Lebensmittel aus den Containern hinter dem Supermarkt nehmen.

5. In Frankreich werden Supermärkte bestraft, die noch brauchbare Lebensmittel nicht an gemeinnützige Organisationen spenden oder sie selbst weiterverwenden.

Das muss man tragen können!
(Alles, inklusive des Skianzugs, wurde weggeschmissen und containert.)

Was wir tun können:

1 Augen auf beim Einkaufen und nur das einkaufen, was man auch wirklich braucht! Sonderangeboten widerstehen. Weniger ist mehr.

2 Das Mindesthaltbarkeitsdatum ist kein Befehl zum Wegwerfen, sondern dient zur rechtlichen Absicherung der Hersteller. Die meisten Produkte sind länger haltbar. Traue deinen Sinnen: anschauen, riechen, schmecken.

3 Jede Oma und das Internet kennen Rezepte, was man aus Resten noch Leckeres machen kann. Fragen!

Mehr Infos auf **foodsharing.de**, **containern.org** oder der App **Too good to go**

Sorgsamer Umgang mit Lebensmitteln ist einer der besten Wege, Energie und Geld zu sparen. Wenn wir Essen in die Tonne treten, treten wir alle mit Füßen, die unser Essen gesät, gepflanzt, gewässert, geboren, großgezogen, geerntet, gelegt, gepflückt, geschlachtet, verpackt, verschickt, ins Regal geräumt haben ...

AN APPLE A DAY

Auf der Welt gibt es geschätzt mehr als dreißigtausend Apfelsorten. In Deutschland zweitausend, im Supermarkt fünf.

Ein Apfel am Tag soll gesund sein, der Engländer meint ja sogar, dass er auf Dauer den Arzt auf Distanz hält: *An apple a day keeps the doctor away.* Aber was, wenn der Apfel selber eine größere Distanz hinter sich hat, aus Neuseeland kommt statt von dem Biobauern nebenan? Und was, wenn es halt auch gerade nicht die Saison für Äpfel von der Streuobstwiese ist? Wie soll man da bitte auf einen Apfel pro Tag kommen?

Am Lieblingsobst der Deutschen kann man sehr schön zeigen, wie schwer es ist, alles richtig zu machen. Wir verspeisen rund dreißig Kilogramm Äpfel im Jahr, am liebsten eben auch rund ums Jahr. Das steht schon mal nicht so richtig im Einklang mit der Natur, die gerne Produktionspausen einlegt, genannt: Jahreszeiten. Klar, der Idealfall ist: Äpfel aus dem eigenen Garten ernten und direkt essen. Keine Pestizide, keine Transportkosten, keine Lagerung. Luther soll ja gesagt haben, dass er heute noch einen Apfelbaum pflanzen würde, wenn morgen die Welt unterginge. Zum einen hat er das wohl nie gesagt. Zum andern macht es auch sehr wenig Sinn, denn bis man da die ersten Früchte ernten kann, ist die Welt schon dreimal untergegangen. Besser also, einen Apfelkuchen backen. Da hat man wenigstens noch was von.

Wenn man »bio« mit »konventionell« vergleicht, schneidet bio vor allem dadurch besser ab, dass weniger Gift und weniger Dünger eingesetzt werden. Auch wenn der Apfel an sich nicht unbedingt gesünder ist, der Anbau für den Boden und die Atmosphäre ist es. Ein Bioboden voller Organismen kann zudem mehr Wasser und mehr CO_2 binden. Biostreuobstwiesen sind der Hit. Aber jede Menge Bioäpfel stammen aus Plantagen, wo auch ein Bauer mit seinem Dieseltrecker durchfährt. Bloß keine falsche Romantik.

Noch komplexer wird es, wenn man die Lieferkette betrachtet, also regional versus Übersee, bio mal außen vor. Michael Blanke, Agrarwissenschaftler an der Universität Bonn, sagt: »Ein Apfel aus Deutschland ist nicht per se klimafreundlicher als ein Apfel aus Chile oder Neuseeland.« Als *Food Miles* bezeichnet man den Weg vom Hersteller zum Verbraucher. Dabei gilt: Im Schnitt erzeugt der Transport von einem Kilogramm Obst aus Übersee per Schiff nach Deutschland fünfhundertsiebzig Gramm CO_2. Ein Transport innerhalb Deutschlands schlägt mit zweihundertdreißig Gramm zu Buche. Damit liegt die Belastung von Überseeäpfeln durch den Transport zwar mehr als doppelt so hoch wie bei heimischen Produkten, aber dafür isst man sie dann halbwegs frisch. Der entscheidende Punkt ist nämlich: Wie lange wurde ein Apfel aus Deutschland zwischen Baum und Verzehr im Kühlhaus gelagert? Denn Kühlen benötigt viel Energie, was wieder CO_2-Emissionen verursacht und so die Klimabilanz verschlechtert. Am klimafreundlichsten ist also der heimische Apfel zur Zeit seiner Ernte im September und Oktober. Danach reduziert sich sein Vorsprung gegenüber dem Überseeapfel kontinuierlich. Monat für Monat nähern sich die Äpfel aus Chile oder Neuseeland in puncto Klimafreundlichkeit den Kühlhausäpfeln an. Ab Juni bis zur neuen Ernte sind sie sogar klimafreundlicher als Äpfel aus Deutschland. Die monatelange Lagerung im Kühlhaus hat dann mehr Energie verbraucht als der Transport um die halbe Welt auf dem Containerschiff. Klingt komisch, ist aber so. Oma tat die Äpfel einfach in den Keller. Oder ins Kompott. Oder das Obst wurde bis zum Aufwecken eingeweckt. Sagt man das so? Egal.

Wir sind mit der Rechnung noch nicht am Ende. Denn entscheidend ist ja auch, wie der Apfel vom Markt zu uns nach Hause kommt. Ein Einkauf zu Fuß, mit dem Fahrrad oder öffentlichen Verkehrsmitteln ist daher ein wesentlicher Beitrag, den der Konsument zum Klimaschutz leisten kann. Und dann muss man noch schauen, wie viel Folien, Verpackungsmaterial und Gedöns drumherum anfallen. Ganz schlimm: wenn Flugzeuge zum Transport eingesetzt werden. Dann ist es mit der Umweltbilanz im Vergleich regional – Übersee sowieso Essig. Wer im Winter Bioerdbeeren aus Spanien kauft, muss sich im Klaren darüber sein, dass sie allein auf dem Transportweg einen immensen CO_2-Ausstoß verursachen. Egal, ob im Ursprungsland ökologisch angebaut wird oder nicht. Puh. Darauf am besten einen Apfelschnaps.

Fazit: Am besten fliegt man vom regionalen Flughafen mit der Billig-Airline selber nach Neuseeland, geht dort in den Bioladen und verzehrt direkt im Geschäft ungekühlte deutsche Ökoäpfel von der Streuobstwiese, die mit einem Lastenrad dorthin gebracht wurden. Aber nur in der Saison. Oder so ähnlich.

Und die Moral? Die Debatte »bio oder konventionell« lenkt ab von viel größeren Problemen, nämlich Fleischverzehr, Landverbrauch und Monokultur. Ab und an gönne ich mir Blaubeeren auch außerhalb der Saison, weil die angeblich vor Demenz schützen. Bei Äpfeln, Spargel und Erdbeeren freue ich mich, dass sie nicht immer Saison haben, dann bleiben sie »was Besonderes«.

Und eins ist auch klar: Man kann gar nicht alles richtig machen. Muss man auch nicht.

WASSER TRINKEN & WASSER LASSEN

Mikroplastik
Süßwasser
Meer
Blumen
virtuelles Wasser
Antje Boetius
Kranenburger
Kreditkarte zum Frühstück
Walfische

KAPITEL 4

WASSER TRINKEN & WASSER LASSEN

Der Mensch besteht zu siebzig Prozent aus Wasser, die Erde auch. Das Leben ist aus dem Wasser entstanden. Umso erstaunlicher ist es, dass es uns so wenig kümmert, wie es dem Wasser geht. Dabei haben uns die Meere bislang ohne viel Aufhebens zu machen vor zu viel Hitze und Kohlendioxid bewahrt.

Ich spreche mit Antje Boetius, die sich mit den Bakterien am Meeresgrund auskennt und Sorge hat, dass das ewige Eis gar nicht mehr ewig hält. Außerdem versuche ich zu verstehen, warum unser wichtigstes Grundnahrungsmittel von weit her in Plastikflaschen angeschleppt wird, obwohl Wasser aus dem Hahn genauso gut ist. Und ich nehme mir vor, mich ab jetzt über einen Blumentopf mehr zu freuen als über Schnittblumen.

Mensch, Erde!
Wir könnten es so schön haben,
... wenn wir verstehen würden: Wasser aus der Region hat immer Saison.

MENSCH, MEER!

Wieso heißt es eigentlich »Erde«, wenn siebzig Prozent der Oberfläche Wasser sind?

»Wir haben praktisch einen zweiten, noch unerforschten Planeten auf der Erde, die Tiefsee. Wir kennen von ihr nicht mal 0,1 Prozent, können dort noch Berge entdecken, große Lebewesen. Mond und Mars sind mit höherer Auflösung vermessen als die Tiefsee, aber wir können gar nicht so schnell forschen, wie sich dieser Raum verändert.« Das sagt Antje Boetius, Direktorin des Alfred-Wegener-Instituts, Helmholtz-Zentrum für Polar- und Meeresforschung (AWI) in Bremerhaven. Der Hang zum Extremen scheint in der Familie zu liegen. Antje Boetius' Großvater war Kapitän auf einem umgebauten Walfänger und hat die Brandkatastrophe des Luftschiffs Hindenburg überlebt. Seine Enkelin Antje wiederum hat an fünfzig internationalen Expeditionen auf allen Weltmeeren teilgenommen, kennt Nord- und Südpol, hat unter Wasser Berge und Bakterien entdeckt, stets von der Neugier getrieben, wie wir die letzten Chancen nutzen, unsere Heimat Erde einigermaßen so zu sichern, wie wir sie kennen.

Je kleiner und komplexer die Stoffwechselvorgänge sind, desto faszinierender findet sie die Kreisläufe, deren zentrale Bedeutung für unser aller Leben wir jetzt erst langsam begreifen. Im Jahr 2000 erschien eine ihrer wichtigen Arbeiten darüber, dass eine bestimmte Kombination von Mikroben am Meeresgrund den Klimakiller Methan ohne Sauerstoffzufuhr unschädlich machen kann. Methan bildet sich immer dann, wenn organisches Material, wie zum Beispiel Pflanzenreste, unter Luftausschluss abgebaut werden, egal ob das am Meeresgrund, in Sümpfen oder auf Reisfeldern, bei der Erdgasproduktion oder im Magen einer Kuh geschieht. Und weil der fiese Zwillingsbruder des Kohlendioxids ein leichtfüßiges Gas ist, landet es – von wo auch immer ausgestoßen – in der Atmosphäre, wo sein Anteil gefährlich steigt. Es sei denn, jemand stellt sich dem Methan entgegen – wie die Bakterien am Meeresgrund, die aus Methan wieder Kohlendioxid und Wasser machen können. Das ist ein Gewinn für das Weltklima, denn in der Atmosphäre wirkt Methan 25-fach aufheizender als Kohlendioxid.

Antje Boetius vermag klar und deutlich zu benennen, in welcher Gefahr wir sind, Kipppunkte des Erdsystems zu überschreiten: »Wir werden wahrscheinlich schon im Jahr 2030 den ersten eisfreien Sommer in der Arktis erleben«, warnt sie. »Wir müssen besser verstehen, was das Schmelzen des arktischen Eises für uns Menschen für Konsequenzen hat!«

Das Eis ist ein Kippschalter im Erdsystem, durch die gigantische weiße Fläche wird viel Sonnenenergie wie von einem Spiegel wieder ins All zurückgelenkt, ohne dass es zu einer Erwärmung der Erde kommt. Da die Sonne uns jeden Tag mehr Energie zur Verfügung stellt, als wir brauchen, sind große weiße Flächen ein wichtiger Schutzschild gegen die Überhitzung des Erdsystems. Jeder, der schon einmal an einem heißen Sommertag barfuß auf eine dunkle Steinplatte getappt ist, weiß, wovon ich rede. Dunkler Asphalt wird heißer als heller. Deshalb baut man in mediterranen Kulturen weiße Häuser. Die Erde sendet im globalen Durchschnitt ein Drittel der Strahlen der Sonne zurück, zwei Drittel bleiben hier. An den Eisflächen sind es achtzig Prozent, die zurückgeschickt werden, aber eben nur so lange, wie das Eis da ist. Fängt es an zu schmelzen, gibt es Rückkopplungseffekte, die sich so sehr beschleunigen, dass es keinen Einhalt mehr gibt.

Die große Expedition mit dem Forschungsschiff »Polarstern« erreichte schneller als gedacht den Nordpol. Kein Grund zur Freude, denn man sieht daran, wie dünn und brüchig das Meereis bereits ist. Im Sommer gibt es nun statt dicker Eisschichten große Flächen von offenem Wasser. All das passiert JETZT – nicht irgendwann in der Zukunft. Es geht uns also JETZT an, wir müssen JETZT reagieren. Die Expertin erläutert: »Wir müssen viel stärker auch in die praktische Vorsorge gehen hinsichtlich der

Risiken der nächsten zehn Jahre. Wie hoch müssen Deiche sein? Welche Art von Beton hält welche Temperaturen gut aus? Wo schwindet das Grundwasser? Wie erhalten wir Wälder?« Das Problem des Klimawandels ist global, aber die ganzen Anpassungsfragen stellen sich lokal und regional und müssen vor Ort angegangen werden.

Antje Boetius scheut sich nicht, immer wieder die Welt der Wissenschaft mit der Welt der Politik zu verbinden, sie stellt klare Forderungen und macht konkrete Handlungsvorschläge. Wer will, findet in dem 30-Seiten-Papier der Nationalen Akademie der Wissenschaft zu »Klimaziele 2030 – Wege zu einer nachhaltigen Reduktion der CO_2-Emissionen« solche Sätze: »Was uns leidtun muss, ist weiter Geld auszugeben für eine Vergangenheit, die wir nicht mehr wollen, Geld, das uns dann aber in Zukunft fehlt. Deutschland hat sich den europäischen Klimazielen verpflichtet und auch eigene Ziele für 2030 gesteckt. Zurzeit sieht es nicht so aus, als ob sie erfüllt würden, und dann könnten europäische Strafzahlungen von bis zu zweiundsechzig Milliarden Euro fällig werden.« Inzwischen haben wir leider so viele Reste von Erdöl, Erdgas und durch das umstrittene Fracking auch neue Methoden zur Extraktion von Öl aus anderen Gesteinen gefunden, dass die daraus resultierenden Treibhausgase und die Überhitzung der Erde reichen, um alles Eis schmelzen zu lassen. Das bedeutet langfristig einen Anstieg der Meeresspiegel um fünfundsechzig Meter und mehr. Zur Erinnerung: 1,4 Milliarden Menschen wohnen in direkter Küstennähe. Die großen Handelsorte und Städte liegen an den Weltmeeren, für die Menschen wird es also eng. Boetius: »Am Anfang meiner Forscherkarriere war ich noch nicht so beunruhigt, denn es hieß ja: Die fossilen Ressourcen sind eh bald zu Ende. Das war ein gefährlicher Irrtum.«

Antje Boetius spricht oft darüber, welche erstaunlichen Leistungen die Natur für uns vollbringt, solange wir Menschen keine Katastrophe provozieren. Bei dem Unglück auf der Bohrplattform »Deepwater Horizon« im Golf von Mexiko strömten riesige

Mengen des Treibhausgases Methan zusammen mit Erdöl aus, so viel, dass die Mikroben nicht mehr hinterherkamen und das Methan unaufhaltsam hochstieg. Was wurde dann mit dem Ölteppich gemacht? Um das unansehnliche schwarze Zeug auf dem Wasser verschwinden zu lassen, wurden von der »verantwortlichen« Firma große Mengen an Verdünnungsmitteln ausgebracht, das Öl sank in die Tiefe, wo es die Fische und das Leben am Meeresboden einschließlich seltener Tiefsee-Korallenriffe vergiftete. Aus den Augen, aus dem Sinn. Aber nur, wenn man keinen Sinn für Zusammenhänge hat. So was hieß in meiner Schulzeit »verschlimmbessern«.

Das Meer ist einer unserer wichtigsten Verbündeten im Kampf um unsere Lebensgrundlagen. Kaum von uns bemerkt haben die großen Wassermassen uns bisher vor dem Schlimmsten bewahrt. Naiv, wie ich war, dachte ich immer, dass Hitze nach oben steigt, Grundwissen Physik. Pustekuchen. Damit habe ich die enorme Pufferwirkung der Ozeane unterschätzt. Neunzig Prozent der überschüssigen Wärme sind bislang eben nicht nach oben in die Luft gestiegen, sondern in den Meeren aufgefangen worden. Die großen kalten Wassermassen haben den Löwenanteil der Erderwärmung bislang still und leise ausgeglichen. Dafür zahlen sie selber einen Preis: Seit 1970 steigt die Temperatur des Wassers ständig an.

Und noch etwas habe ich in der Dimension komplett unterschätzt: Die Meere sind auch unsere größten Verbündeten im Binden von Kohlenstoff! Sie binden nämlich ungefähr 50-mal mehr Kohlenstoff als die Atmosphäre und rund 20-mal mehr als die Landflächen. So wie Holz das CO_2 bindet und im besten Fall der Baum in ein Moor fällt und dort unter Wassereinschluss und ohne Sauerstoff den Kohlenstoff auf Dauer für sich behält, so gibt es unter Wasser eine kolossale »Kohlenstoffpumpe«. Das im Wasser gebundene CO_2 gelangt mit der Zirkulation und dem Absinken kälterer Schichten in größere Tiefen, sodass die Oberfläche wieder etwas aufnehmen kann. Zudem sinken aufgrund der sogenannten biologischen Pumpe Kleinstorganismen oder auch ein toter Wal, um das andere Extrem zu benennen, am Ende ihres Lebenszyklus in die Tiefen des Meeres und werden dort bestattet und versenkt. Auch wenn hungrige Mikroben sie zersetzen, bleibt doch immer etwas mehr Kohlenstoff am Meeresboden. All das passiert, ohne dass wir dafür irgendetwas zahlen müssen, und doch profitieren wir davon. Aber diese Selbstlosigkeit der Meere hat einen Preis: die Übersäuerung.

So wie »Saurer Sprudel« sauer ist durch die enthaltene Kohlensäure, so werden auch die Meere sauer. Und die Meerestiere! Denn viele von ihnen bauen kunstvolle Dinge aus Kalk, die eigenen Skelette oder in großem Stil kollektiv die Korallen. Und weil

Antje Boetius auf dem Meereis in der Arktis, im Hintergrund das Forschungsschiff »Polarstern«.

Säure den Kalk löst, wie jeder Essigsäurereiniger im Badezimmer, werden auch im großen Bad des Meeres mit der Wärme und der Säure die Lebewesen zerstört, die für ihre Infrastruktur und ihr Zuhause auf Kalk angewiesen sind. Die Zahlen sind dramatisch: Die Hälfte aller Korallenriffe ist schon beschädigt, zum Ende des Jahrhunderts könnten es fünfundneunzig Prozent sein, wenn wir so weitermachen. Ist das so schlimm? Wer außer den touristischen Tauchern braucht denn Korallenriffe? Wie so oft haben wir gar keinen Schnall von den verwickelten Beziehungen in den Ökosystemen. Ohne Korallen gibt es viel weniger Fische und damit weniger Nahrung für alle Menschen, die sich seit Jahrtausenden von den Meeresbewohnern und ihrer gesunden Substanz ernähren. Meeresbiolog:innen schätzen: Jede dritte Art im Meer hängt irgendwie von Korallenriffen ab.

Wie steht es um Nord- und Ostsee? Was ich mir nie klargemacht hatte: Hitzewellen gibt es auch im Wasser. So wie die warme Cola im Sommer abgestanden schmeckt, so wenig kann auch überwärmtes Meerwasser Gase binden. Fische haben ja keine Lungen, sondern nehmen über ihr Kiemensystem den im Wasser gelösten Sauerstoff auf. Nur, wenn da kein Sauerstoff drin ist, funktioniert das nicht. Gerade die Ostsee ist durch ihre Lage mit seltener Durchmischung und Durchlüftung stark von Sauerstoffmangel betroffen und ihre Erwärmung lässt viele Erreger besser gedeihen, unter anderem die sogenannten Vibrionen.

Manchmal denke ich: Die Überfischung der Meere kommt dadurch zustande, dass die Fische freiwillig in die Netze schwimmen, nur um aus diesem Dreckwasser rauszukommen. Aber mir ist nicht wirklich zum Spaßen zumute, weil ich das Meer liebe! Ich liege gerne am Strand, bin begeisterter Schwimmer, esse auch gerne Fisch und habe viele glückliche Urlaube meiner Kindheit an der Ostsee verbracht. Die Ostsee heißt auch »Mare Baltikum«, meine Großeltern und viele Generationen vor ihnen haben in Estland gelebt, immer im direkten Kontakt mit der Ostsee. Die Liebe zum Meer haben sie meinen Eltern mitgegeben. Es macht mich tieftraurig zu wissen, dass viele dieser Möglichkeiten innerhalb einer Generation kaputt gemacht wurden. Nicht mit voller Absicht, aber gedanken- und rücksichtslos. Heute jedoch wissen wir genug über die Zusammenhänge, um zu handeln und die weitere Zerstörung endlich zu stoppen.

Antje Boetius hat Hoffnung, dass wir die Kurve gerade noch kriegen: »Je schneller wir Klimaschutz organisieren, umso besser für uns, umso weniger teuer und verheerend wird unsere Zukunft. Wir brauchen eine internationale Priorität für das Thema. Und alles, was wir in Deutschland umsetzen, versetzt uns in die Lage, andere mitzunehmen. Der Weg ist holprig, weil wir wohin müssen, wo wir noch nie waren. Wenn wir unsere Emissionsziele nicht erreichen und die Erwärmung mehr als 2 Grad beträgt, dann werden die Folgekosten für alle gigantisch. Solch zerstörerische Konsequenzen für die Natur und den Menschen kann keiner wollen. Und es ist vor allen Dingen so ungerecht, weil es zu Lasten der kommenden Generationen geht.«

Ich möchte wieder wie in meiner Kindheit in der Ostsee baden, ohne mir Infekte zu holen, Sandburgen ohne Plastikpartikel bauen, am Meer sitzen, über die Unendlichkeit nachdenken und dabei dem Sonnenuntergang statt dem schleichenden Weltuntergang zuschauen. Mensch Meer, willst du das nicht auch?

Woher kommt unser Fisch?

Käpt'n Iglo lügt. Der »Alaska-Seelachs« ist kein Alaska-Seelachs, sondern ein Pazifischer Pollack. Er gehört auch nicht zu den Lachsen, sondern zu den Dorschen und ist mindestens verschwägert mit dem Kabeljau. Gefangen wird er nicht nur vor Alaska, sondern auch im

DER STURM IM WASSERGLAS

Der Wasserhahn ist der Unverpacktladen für Getränke.

Einen meiner Lieblingssketche des amerikanischen Duos Penn & Teller möchte ich so gerne einmal in einem deutschen Restaurant nachdrehen, am besten mit versteckter Kamera. Die beiden Zauberer und Helden der aufklärerischen Komik fingierten eine Szene in einem schicken Restaurant, in dem als besonderer Service ein »Wasser-Sommelier« an die Tische kam. Dieser hatte eine umfangreiche Karte mit zu hundert Prozent wasserhaltigen Getränken, die jeweils die verschiedenen Speisen und Gänge optimal begleiten sollten. Die Karte reichte von japanischem Gletscherwasser vom Mount Fuji – zum Fisch und zum Entgiften – bis zu einer Delikatesse, dem französischen Wasser L'eau du robinet, was nichts anderes heißt als: direkt aus dem Wasserhahn. Keiner der amerikanischen Gäste kam auf die Idee, dass tatsächlich alle Gläser genau dasselbe Wasser enthalten könnten: das aus dem Schlauch im Hinterhof. Keiner beschwerte sich, vielmehr fanden alle Befragten den Geschmack abwechselnd »interessant« oder »mal was ganz anderes«.

Wie ich in meinem Buch ›Wunder wirken Wunder‹ schon beschrieben habe, ranken sich um das Wasser unglaublich viele Mythen, wie rein und heilsam es sein soll, wenn es nur von ganz weit weg hertransportiert und mit bestimmten Steinen und Frequenzen aufgeladen ist. Die Webseite Utopia.de bringt es in ihren Artikeln immer wieder auf den Punkt, mein Favorit ist die Schlagzeile: »7 Wasser, die dem gesunden Menschenverstand wehtun«. Wie lässt sich etwas teuer verkaufen, was die Leute auch praktisch umsonst haben können? Bei Wasser ist das ganz einfach: schicke Flasche, schicker Name und am besten noch Promis, die damit herumlaufen. So wird Voss zum wahrscheinlich teuersten Leitungswasser der Welt, weil Stars wie Madonna, Beyoncé, Will

Smith daraus bestehen wollen. Und das Beste: Bei Voss handelt es sich gar nicht um reinstes Gletscherwasser, sondern um gewöhnliches Grundwasser aus einer Seeregion in Iveland, das dort aus der Leitung kommt.

Genauso affig finde ich es, außerhalb des Ortes San Pellegrino das gleichnamige Wasser zu konsumieren. Vor allem, wenn man durch den absurden Preis ein so fragwürdig agierendes Unternehmen wie Nestlé noch reicher macht. Greenpeace bezeichnet den Konzern als einen der größten Plastikverschmutzer weltweit. Der gelobt zwar Besserung bis 2035, soll aber aktuell zu achtundneunzig Prozent Einwegverpackungen verwenden. »Nestlé produzierte letztes Jahr 1,7 Millionen Tonnen Plastik, dreizehn Prozent mehr als im Vorjahr«, sagte Greenpeace-Chefin Jennifer Morgan 2019 auf der Hauptversammlung in Lausanne.

Seit 2010 gibt es ein Menschenrecht auf Zugang zu sauberem Wasser, festgeschrieben von der Generalversammlung der Vereinten Nationen. Doch während Millionen von Menschen keinen Zugang zu sauberem Trinkwasser haben, kaufen Konzerne wie Nestlé, Coca Cola und PepsiCo allgemein zugängliche Quellen auf und machen aus einem Menschenrecht ein profitables Handelsgut. Und wir kaufen ihnen das auch noch ab! Mit dem Wunsch nach Reinheit wird ein dreckiges Geschäft gemacht, und damit meine ich nicht nur den dreckigen Transport. Laut den Recherchen von Utopia pumpte Nestlé 2017 in Kalifornien unerlaubt Wasser ab – während einer Dürreperiode. Und die französische Gemeinde Vittel schlug Alarm, als der Grundwasserspiegel sank – unter anderem, weil Nestlé vor Ort große Mengen Wasser für seine gleichnamige Wassermarke abzweigt.

Klar war ich auf Reisen in Ländern ohne gute Trinkwasserversorgung sehr froh, in Flaschen abgefülltes Wasser kaufen und trinken zu können. Aber wir in Deutschland leben in einem Wasserparadies im Vergleich zu fast allen anderen Ländern. Unser Leitungswasser enthält oft mehr Mineralstoffe und weniger ungesunde Rückstände als das hochoffizielle Mineralwasser. Und wer unbedingt mehr Calcium zu sich nehmen und zu einem »calciumhaltigen« Wässerchen greifen will, kann sich ein Regal weiter sehr viel günstiger versorgen. Einhundertfünfzig Milligramm stecken in einem Liter Mineralwasser, und selbst wer davon drei Flaschen am Tag trinkt, hätte die gleiche Menge auch mit einer einzigen Scheibe Emmentaler Käse intus – für die Veganer eine gute Portion Grünkohl. Seit ich das weiß, bestelle ich beim Italiener statt San Pellegrino einfaches Leitungswasser und lass mir Parmesan drüberreiben.

Wer mit der nächsten Generation fühlt, kauft für diese auch kein spezielles »Babywasser«. Denn auch wenn Babys noch keinen so hohen Bedarf an Wasser haben und sie einem das Teuerste im Leben sind, gibt es keinen Grund, das 100-Fache des Preises von Leitungswasser auszugeben, es sei denn es kommt aus Bleirohren oder nitrathaltigen, mit Gülle verseuchten Quellen. Tatsächlich gibt es kaum ein besser kontrolliertes Lebensmittel als Wasser aus der Leitung. Auch Stiftung Warentest kommt Jahr für Jahr zu demselben Ergebnis: Wenn Bakterien und Verschmutzung auftauchen, dann in abgefülltem Flaschenwasser. Oder in Wasserfiltern, denn die sind schlechter als ihr Ruf.

Rund jeder achte Deutsche ist nicht so recht von der Qualität unseres Trinkwassers überzeugt und meint, sich die Sicherheit kistenweise nach Hause schleppen zu müssen. Dabei stammt unser Trinkwasser zu siebzig Prozent aus Grund- und Quellwasser, der Rest aus Flüssen, Seen oder Brunnen. Die Wasserwerke analysieren die Qualität und garantieren für sie, erst ab dem Hausanschluss sind die Eigentümer verantwortlich. Und selbst wenn schädliche Substanzen wie Medikamentenreste, Pestizide oder Düngemittel wie Nitrate aus der Landwirtschaft ins Grundwasser gelangen: Die täglich konsumierten Mengen sind nach heutigem Wissen nicht gefährlich. Also – ich trinke regional. In jeder Saison. Ich steh auf Leitung – Prost!

VIELEN DANK FÜR DIE BLUMEN

»Ein Mensch bemerkt mit bittrem Zorn,
Dass keine Rose ohne Dorn.
Doch muss es ihn noch mehr erbosen,
Dass viele Dornen ohne Rosen.«

Eugen Roth

Verschenken Sie auch so gerne Blumen? So ein schöner bunter Blumenstrauß passt doch zu jedem Anlass: Geburtstag, Pflichtbesuch oder Entschuldigung. Das ist uns Deutschen etwas wert, durch die Blume zu sprechen: Im Durchschnitt geben wir jährlich über hundert Euro für Blumen und Zierpflanzen aus. Klingt nach gar nicht so viel, aber Deutschland gehört neben den USA und Japan zu den Top-Umsatzländern von Schnittblumen weltweit. 2018 haben wir in Deutschland 8,7 Milliarden Euro für Schnittblumen bezahlt. Auch wenn so mancher Blumenstrauß mit einem Hintergedanken verschenkt wird, schenken wir der Herkunft der Pflanzen oft wenig Aufmerksamkeit. Beim Metzger wird des Öfteren die Frage gestellt, wo das Fleisch herkommt. Im Blumenladen dagegen nicht, woher die Rose stammt. Vielleicht wollen wir die Antwort auch gar nicht hören. Lieber Schlager wie ›Tulpen aus Amsterdam‹. Den hat Rudi Carell mit Heintje 1970 gesungen: ›Tausend rote, tausend gelbe, alle wünschen dir dasselbe / Was mein Mund nicht sagen kann, sagen Tulpen aus Amsterdam.‹ Damals stimmte das auch noch, viele Blumen kamen tatsächlich aus Holland, aber auch hier hat die Globalisierung im Stillen viel mehr verändert, als man im Laden an der Ecke auf den ersten Blick sieht. Vier von fünf Blumen haben einen weiten Weg hinter sich, und damit sie darüber nicht den Kopf hängen lassen, gehen da eine Menge Ressourcen hinein.

Der Großteil der Schnittblumen, vor allem die Lieblingsblume der Deutschen, die Rose, wird aus Ländern wie Kenia, Äthiopien oder Ecuador importiert. Denn dort herrschen mit dem milden und warmen Klima hervorragende Bedingungen für den Anbau, der sich mittlerweile zu einem der wichtigsten Export-Wirtschaftszweige entwickelt hat – und zu einem Markt für billige Arbeitskräfte. Wie bei anderen landwirtschaftlichen Produkten aus Ländern des Globalen Südens werden auch hier Nebenwirkungen für die lokale Umwelt und die Menschen vor Ort mit in Kauf genommen. Dabei wollte man doch mit dem »unschuldigen« Blumenstrauß eigentlich nur eine Freude machen.

Blumen brauchen Wasser – das ist klar. Aber der Liter in der Vase ist der kleinste Teil. Das virtuelle Wasser, das an den Blumen hängt, bemisst sich je nach Rosenstielgröße zwischen sieben und dreizehn Liter Wasser für den Anbau. Ein Beispiel dafür ist der Lake Naivasha in Kenia, Kenias zweitgrößter Süßwassersee und Paradies für Flamingos und Flusspferde. Auf etwa viertausendvierhundertfünfzig Hektar werden rund um den See Blumen gezüchtet. Dazu wird unter anderem Wasser aus dem See und aus den zuführenden Flüssen abgepumpt, weshalb der Wasserpegel des Lake Naivasha seit den 1980er Jahren kontinuierlich sinkt.

Hinzu kommt, dass die Umwelt durch den extensiven Einsatz von Pestiziden stark verschmutzt wird. 2010 verursachten die Überdüngung und die hohe Nitrat-, Phosphat- und Pestizidzufuhr ein großes Fischsterben im Lake Naivasha. Gut, dass man von den toten Fischen nichts riecht, wenn man an der Rose schnuppert, das würde die Exportchancen mindern. Wer jedoch reichlich von dem Herbizid- und Pestizideinsatz abbekommt, sind die vornehmlich weiblichen Arbeitskräfte auf den Blumenfarmen. Man schätzt, dass weltweit etwa siebzig Prozent Frauen in der Blumenproduktion arbeiten. Häufig sind sie Ausbeutung und Übergriffen schutzlos ausgeliefert, die Arbeitsstandards sind niedrig, Schutzkleidung und Handschuhe Mangelware. Ihre Gesundheit wird aufs Spiel gesetzt, Aufklärung über die Gefahren im Umgang mit den Pestiziden gibt es kaum. So wird beispielsweise mit den gerade geleerten Pestizidbehältern Trinkwasser geholt. Das bedeutet: Damit die Blumen bei uns lange frisch und gesund aussehen, leiden die Frauen dort unter Hautausschlägen, Lungenbeschwerden, Kinderlosigkeit und chronischen Erkrankungen. Öko-Test hat 2017 herausgefunden, dass jeder zweite Rosenstrauß gründlich mit Pestiziden bespritzt worden war. Unter anderem auch mit Pestiziden, die in Deutschland eigentlich verboten sind. Schnuppern ist also nur bedingt zu empfehlen.

Zusätzlich zu den Umweltkosten beim Anbau von Schnittblumen muss man auch noch die Auswirkungen des Transports mitbedenken: Schnittblumen sind Frischware. Das heißt, sie werden sofort nach der Ernte ausgeflogen und ständig gekühlt. Aber auch hier steckt der Teufel im Detail. So ähnlich wie bei den Äpfeln aus Neuseeland, die mit dem Schiff um die halbe Welt fahren und dabei pro Apfel recht wenig Energie verschlucken, ist es auch bei den Blumen komplex. Betrachtet man ein holländisches Treibhaus, das im Winter mit fossiler Energie beheizt wird, lohnt es sich wieder, die Flugrose aus Ostafrika kommen zu lassen statt den Laster aus Leyden. Verrückte Welt. Wie kann man denn bei dem Thema noch einen Blumentopf gewinnen?

Die beste Entscheidung sind Freilandblumen aus der Region, ansonsten sollte man nach Möglichkeit auf Fairtrade oder Bioschnittblumen setzen. Die umweltfreundlichste Frischblumen-Option ist natürlich eine langlebige Topfpflanze, die blüht immer wieder. Und wenn man dann im Winter wieder Schwierigkeiten hat, regionale Spätblüher ökologisch korrekt zu bekommen und auch die Auswahl an lokalen Kakteen mit extrem niedrigem Wasserfußabdruck zu gering ist, dann vielleicht einfach auch mal ein Buch verschenken. Für die blühende Fantasie.

WASSERMANGEL IN DEUTSCHLAND

Erderwärmung heißt für viele: »Der Meeresspiegel steigt«. In den reichen Ländern steigt der Pegel langsam genug, um sich mit höheren Deichen und Hafenmauern für viel Geld etwas Zeit kaufen zu können. Bedrohlich ist die Entwicklung bereits heute für viele Inselbewohner und für die Bauern in Bangladesch, wo die Überschwemmungen immer heftiger werden. Während es an den Küsten zu viel Wasser gibt, gibt es im Landesinneren viel zu wenig. Mit jedem Grad an Erwärmung steigt die Verdunstung, die Böden trocknen aus, die Lebewesen, die den Boden fruchtbar und lebendig halten, sterben. Die Flächen, auf denen Menschen leben, säen und ernten können, schrumpfen brutal. Dürre macht Böden extrem anfällig für Winderosion, die obersten Schichten fliegen weg, und wenn der lang ersehnte Regen kommt, versickert das Wasser nicht im Boden, sondern nimmt beim Abfließen noch Boden mit. In vielen Regionen wird es schon bald landwirtschaftlich genutzte Flächen geben, die nur noch bei zusätzlicher Bewässerung ausreichende Erträge erbringen. Auch in Deutschland könnte das auf über zwei Millionen Hektar Ackerland notwendig werden – einem Sechstel der Anbaufläche. Drei Dürresommer in Folge haben auch den Wald schwer geschädigt.

Um Wasser gibt es weltweit und auch hierzulande zunehmend Konflikte. Wer bekommt das kostbare Nass zuerst? Wenn es im Wald zu heiß für den Sonntagsspaziergang ist, man sein Auto nicht waschen darf oder im Swimmingpool abkühlen kann, werden viele merken, dass Klimawandel ungemütlich ist. Auch wenn wir aktuell noch keinen Mangel an Trinkwasser haben, kam in den Hitzesommern die Eigenversorgung mit Trinkwasser teilweise zum Erliegen, weil der Grundwasserspiegel absackte und Hausbrunnen trockenfielen. In Zukunft macht es Sinn, zwischen dem raren Trinkwasser und dem Brauchwasser stärker zu unterscheiden und möglichst Regenwasser zur Bewässerung von Garten und Balkonpflanzen zu nutzen. Vorausgesetzt: Es regnet auch.

Wenn wir glauben, es gäbe auf dem blauen Planeten genug Wasser für uns, täuscht das. Von den ganzen 1,4 Milliarden Kubikkilometern Wasser sind nur ein Vierzigstel für uns genießbar, der Rest ist Salzwasser. Vom Süßwasser sind nur 0,3 Prozent für uns zugänglich, das meiste ist gefroren – noch.

 Pro Kopf verbraucht jeder Deutsche fast 4000 l Wasser pro Tag. Nur 123 l, also drei Prozent davon, sind direkter Trinkwasserverbrauch im Haushalt. Viel größer ist der indirekte Wasserverbrauch, der bei der Herstellung von Lebensmitteln, Kleidung und Konsumgütern entsteht.

 Good news: Der Pro-Kopf-Verbrauch von Trinkwasser pro Tag im Haushalt sank in den letzten drei Jahrzehnten durch wassersparende Spül- und Waschmaschinen und Toilettenspülungen. Im Ländervergleich stehen wir gut da: Österreich braucht 162 l, Norwegen 260 l, die USA 295 l.

 Mehr als die Hälfte des virtuellen Wassers, das in den von uns gekauften Produkten steckt, stammt nicht aus Deutschland, dafür meistens aus Ländern, die eh schon weniger Wasser haben als wir. Für ein Kilo Baumwolle werden z. B. 10.000 l Wasser verwendet. Mehr Infos auf .

Die acht Lebensmittel mit dem höchsten Wasserverbrauch pro produziertem Kilo:

- Kakao 27.000 l
- Röstkaffee 21.000 l
- Rindfleisch 15.490 l
- Nüsse 5.000 l
- Hirse 5.000 l
- Schweinefleisch 4.730 l
- Geflügel 4.000 l
- Roher Reis 3.470 l

EINE KREDITKARTE ZUM FRÜHSTÜCK

»2050 wird das Plastik im Meer mehr wiegen als die verbliebenen Fische.«
Weltwirtschaftsforum

Geld kann man bekanntlich nicht essen. Aber wann haben Sie zuletzt eine Kreditkarte gegessen? Ich behaupte: letzte Woche. Woher ich das weiß? Ich habe auch eine gegessen. Also nicht am Stück, sondern in kleinsten Teilchen als sogenanntes Mikroplastik. Die Menge, die wir unbemerkt über eine Woche in uns aufnehmen, summiert sich auf fünf Gramm, also das, was eine Kreditkarte aus Plastik wiegt. Kann das gesund sein? Wohl kaum. Aber sind diese kleinsten Teilchen das größte Problem, das wir gerade haben? Schwer zu sagen. Eins nach dem anderen.

Plastik ist wirklich überall. Im Jahr 2014 entdeckten britische Meeresforscher in sechstausend Meter Tiefe eine neue Art von Flohkrebsen. In den zierlichen Körpern konnten sie Mikroplastik nachweisen und nannten die neue Art *Eurythenes plasticus*, um auf die schockierende Tatsache hinzuweisen, dass unser Müll inzwischen an einem der unzugänglichsten Orte der Erde angekommen ist. Wenn man die Augen offen hält, ist das nicht verwunderlich: Neulich habe ich eine Mülltüte zum Waldspaziergang mitgenommen und schon nach einer halben Stunde hatte ich zwei Einwegmasken, vier Plastikflaschen und jede Menge Kleinteile eingesammelt.

Wenn man all das Plastikzeug neben einem kleinen Bach liegen sieht, kann man sich gut vorstellen, wie es damit weitergeht. Der nächste starke Regen schwemmt das Plastik in den Bach, der Bach spült es in den Fluss, der Fluss ins Meer. Studien haben ergeben, dass in der Donau stellenweise mehr Plastikpartikel als Fischlarven treiben. Rund sechs bis zehn Prozent der weltweiten Kunststoffproduktion landen in den Weltmeeren. Vor Kurzem erst stellten Forscher:innen der Universität Hawaii fest, dass Plastikmüll, der in der Sonne liegt, Treibhausgase wie Methan produziert. Sonne, Wind und Gezeiten zerlegen die Plastikstücke in kleinere Teile und schließlich in Mikropartikel. Eine größere Menge bleibt an Land und verhunzt Landschaft und Böden.

Zerfallender Kunststoffmüll gilt als die wichtigste, aber leider nicht als die einzige Quelle für die Entstehung von bis zu fünf Millimetern großen Mikropartikeln. Zu den fragwürdigen Top Ten gehören: der Abrieb von Reifen und Asphalt, die Verluste bei der Abfallentsorgung und der Kunststoffherstellung sowie der Abrieb und die Verwehungen von Kunstrasenflächen. Eine unterschätzte Quelle sind unsere Waschmaschinen: Wenn wir unsere kuscheligen Fleecepullis, Glitzer-T-Shirts und funktionalen Laufhosen waschen, entstehen aus den synthetischen Fasern jedes Mal viele kleine Textilabriebe, die durch das Sieb rutschen und im Wasser landen.

Auf Kosmetikartikeln ist inzwischen vermerkt, ob sie frei von Mikroplastik sind. So habe ich als Verbraucher die Wahl – und vor allem die Illusion, die Welt besser zu machen und mein Gesicht auch ohne Plastik zu wahren. Auf Reifen steht nichts von Mikroplastik, beim Autokauf ist es einfach dabei. Ausgerechnet bei dem viel relevanteren Verschmutzer fehlt diese für eine Kaufentscheidung wichtige Information. Auch hier könnte eine Ordnungspolitik wirksam sein, die vorgibt, wie abriebfest Reifen zu sein haben. Fertig. Aber das kann man sich wohl abschminken.

Wenn Mikroplastik überall um uns herum zu finden ist, gelangt es logischerweise auch aus der Umwelt in unseren Körper, sei es über die Luft, das Trinkwasser, Lebensmittel, Staub und Kosmetika. Laut einer aktuellen Studie nehmen Babys in Deutschland, Österreich und der Schweiz, die mit Flaschen aus Polypropylen gefüttert werden, etwa ein bis zwei Millionen Mikroplastikpartikel pro Tag zu sich. Bevor man mit Puppen oder Lego spielt, hat man also schon eine halbe Barbie und den Frisiersalon in sich. Das klingt gruselig. Ob und wie schlimm es für Kinder und auch Erwachsene tatsächlich ist, lässt sich momentan noch nicht eindeutig sagen, weil die Langzeitfolgen noch nicht untersucht sind. Das zuständige Bundesinstitut für Risikobewertung (BfR) geht davon aus, dass die Haut eine Barriere für Mikroplastik in Kosmetikprodukten darstellt und dass verschluckte Teile aus der Nahrung größtenteils über den Stuhl ausgeschieden werden. Ein Plastikstuhl sozusagen. Was die Mikroplastik-Konzentration im Trinkwasser betrifft, so sieht die WHO nach den aktuell verfügbaren Informationen derzeit keine Gefahr. Die Auswirkungen der Aufnahme durch die Luft sind noch kaum untersucht. Alle Expert:innen sind sich jedoch einig, dass großer Forschungsbedarf besteht.

Alle mit gesundem Menschenverstand sind sich darüber hinaus einig, dass Plastik nicht in die Natur gehört. Die Bilder der verendeten Meeresvögel nach einer Ölkatastrophe berühren uns. Mikroplastik hat Folgen, die weniger deutlich sichtbar sind. Bei der Zersetzung der Kunststoffe etwa können giftige und hormonell wirksame Zusatzstoffe wie Weichmacher, Flammschutzmittel und UV-Filter in die Umwelt gelangen. Plankton und Fische im Larvenstadium nehmen die Teilchen auf. Sie können sich im Körpergewebe von Fischen und Meeresfrüchten anreichern – und so auch wieder in unsere Nahrungskette gelangen oder sich lange im Wasser halten. Ein Bild, das um die Welt ging, war das Unterwasserfoto von einem Seepferdchen, das ein Wattestäbchen hinter sich herzieht. Herzig und herzzerreißend gleichzeitig.

Bei Greenpeace in Hamburg hängt im Foyer ein Müllstrudel aus Plastik, dessen Wirkung mich erschlagen hat. Er ist über zehn Meter hoch und ein Mahnmal für den Aberwitz, den wir mit unserer Verpackungsverschwendung verursachen. Jede Minute werden eine Million Plastikflaschen hergestellt, nur sieben Prozent davon werden zu neuen Flaschen recycelt. Unser Hunger nach Plastik wächst weltweit, obwohl es so schwer verdaulich ist. Bis zu dieser Recherche war ich ein Fan von »Fleur de Sel«, dem Ibiza-Salz, das einer Delikatesse gleich jedes Essen mit einem Hauch Urlaubsflair verfeinerte. Aber das war mehr romantische Vorstellung als Wirklichkeit. Die »Salzblume« wird aus den oberen Schichten der Salzwasserbecken abgeschöpft und dort schwimmen logischerweise auch jede Menge Plastikteilchen herum, die man dann mitisst. Wenn einem das nicht die Suppe versalzen soll, nimmt man besser Salz aus dem Bergwerk.

Auf der Henderson-Insel im Pazifik, die fast fünftausend Kilometer weit weg von der nächsten größeren Stadt liegt, hat man am Strand siebenunddreißig Millionen Müllstücke gefunden, die zusammengenommen neunzehn Tonnen wogen. Das zeigt, wie irreführend das Wort »wegwerfen« ist. Es ist ja nichts »weg«. Nur woanders. Hauptsache weg aus dem Blickfeld. Auch wenn sich inzwischen die größten Plastikeinträge und auch der Löwenanteil der Produktion in Asien konzentrieren – wir haben jahrzehntelang unseren Müll genau dorthin vertickt, ohne wissen zu wollen, wie sorgsam er gelagert wird. Das Problem ist verhältnismäßig jung, denn so richtig explodiert ist die Plastikproduktion erst um die Jahrtausendwende. Über die Hälfte des gesamten jemals hergestellten Kunststoffs wurde in den vergangenen zwanzig Jahren produziert.

Wir sind abhängig von Plastik, für Biolebensmittel gilt die Verhüllung in Folien sogar als Gütesiegel, um sie von den profanen unverpackten konventionellen Waren zu unterscheiden. Ach ja, und was ist mit dem »Bioplastik«? Eine Antwort darauf geben fünfzehn Umweltorganisationen in ihrem Bericht »Wege aus der Plastikkrise«: »Auch die als biologisch abbaubar ausgewiesenen Kunststoffe bieten kaum Vorteile gegenüber den nicht abbaubaren Kunststoffen. Gelangen sie ins Meer oder in die Landschaft, sind sie dort ähnlich langlebig wie konventionelle Kunststoffe und können erheblichen Schaden anrichten.«

Kann man Plastik nicht einfach verbieten? Etwa vierzig Prozent aller Plastikprodukte sind schließlich nach weniger als einem Monat wieder Abfall, Rührstäbchen für den Unterwegs-Kaffee sogar bereits im Handumdrehen. Ab dem 3. Juli 2021 ist die Herstellung von bestimmten Einwegplastikartikeln EU-weit nicht mehr erlaubt: Trinkhalme, Rührstäbchen, Einweggeschirr, To-go-Becher sowie Einwegbehälter aus Styropor sollen verboten werden. Mal schauen, ob es zu Hamsterkäufen kommen wird wie damals bei den Glühbirnen. Außerdem bin ich gespannt, ob die allerletzten Rührstäbchen des Jahrhunderts in der zweiten Jahreshälfte vielleicht zu Wucherpreisen bei eBay gehandelt werden. Von Dingen, die man nicht braucht, kann man ja schließlich nie genug haben.

Wie immer, wenn man etwas verbieten möchte, muss man sich fragen, ob das, was folgt, in der Summe wirklich besser ist. Kunststoffe machen Autos und Flugzeuge leichter und sparen somit Energie. Sie halten Nahrungsmittel frisch, isolieren Häuser und werden bei der Erzeugung erneuerbarer Energien aus Wind und Sonne eingesetzt. Es wird also nicht ganz so einfach, Ersatzstoffe zu finden. Die Lösung kann nur ein viel stärker ausgebautes Kreislaufsystem sein, eine *circular economy*.

Unter dem Schlagwort *Cradle to Cradle* versteht man, dass alle Materialien von der Wiege zur Wiege gedacht werden, also in einem möglichst kompletten Substanzlebenszyklus, so wie die Natur es uns vormacht. Momentan sieht es nicht danach aus. Laut der Internationalen Energieagentur könnte die weiter boomende Plastikherstellung bis 2050 für die Hälfte des Wachstums der globalen Ölnachfrage verantwortlich sein. Und das Center for International Environmental Law hat errechnet, dass Kunststoffe bis 2050 mehr als zehn Prozent des globalen Kohlenstoffbudgets ausmachen werden, wenn wir nicht massiv gegensteuern. Dazu reicht es nicht, die gelbe Tonne stärker zu befüllen. Denn entgegen unserer Erwartung, dass alles, was da drin ist, auch wiederverwendet wird, lassen sich nur aus einem Bruchteil der Abfälle neue Kunststoffverpackungen herstellen. Der Aufwand, die wild gemischten Materialien voneinander zu trennen, ist einfach zu hoch. Deshalb braucht es Anreize für langlebige Produkte aus einer klar definierten Mischung von Stoffen, sonst landet das ganze Plastik in der Verbrennung und wird wiederum zu Treibhausgas.

Gemüse ist gesund, aber Gemüsekisten? Dieses Foto entstand auf der Rückseite eines Supermarktes in Berlin.

Am besten setzen die Maßnahmen direkt bei der Quelle an, also bei den Erdölproduzenten und den Herstellern.

Deutschland ist bei der Verwendung von Kunststoffen bislang europaweit trauriger Spitzenreiter. Die Pro-Kopf-Emissionen von Kunststoffen in die Umwelt betragen hierzulande geschätzte 5,4 Kilogramm pro Jahr, drei Viertel davon als Mikroplastik.

Und was machen wir mit dem Plastik, das es schon gibt und das jetzt schon überall herumliegt? Weltweit haben wir bis heute 6,3 Milliarden Tonnen Plastikmüll produziert, über siebzig Prozent davon landen in der Natur. Es gibt unzählige Aktivist:innen, NGOs und auch Unternehmen, die sich mit vielen kreativen Ideen dafür einsetzen, gegen diese Umweltzerstörung vorzugehen. Ein Projekt, das mir der Gründer von »Wildplastic«, Fridtjof Detzner, erklärt hat, klingt zunächst kompliziert: Plastikmüll wird an den Stränden Asiens von lokalen Kräften gegen faire Bezahlung eingesammelt, mit Schiffen nach Europa gebracht und hier zu Müllsäcken verarbeitet. Lohnt sich das? Eine Mülltüte aus wildem Plastik spart siebenundsechzig Prozent des CO_2 im Vergleich zu einer, die aus frischem Erdöl hergestellt wird. Richtig lohnen wird sich das Recyclinggeschäft mit Plastik aber erst, wenn es einen relevanten CO_2-Preis gibt, der die Verwendung von frischem Öl teurer macht.

Schlussendlich liegt die Lösung wie so oft in der Kombination aus besseren Rahmenbedingungen und sinnvoller Ordnungspolitik plus Innovation und Kreativität. Ein neuer Typus Unternehmer ist im Kommen und nimmt sich ökologische Probleme zur Brust. Start-ups können oft sehr viel schneller handeln und eine Idee umsetzen als große Unternehmen. Warum nicht mit Big Money etwas gegen Mikroplastik unternehmen? Wir haben schon zu lange auf Kredit gelebt. Und ich möchte gerne, dass es wieder einen Unterschied macht, ob ich in mein Essen beiße, in seine Verpackung oder in eine Kreditkarte.

EINATMEN & AUSATMEN

Waldluft
durchatmen
Feinstaub
Plazenta
Sven Plöger
Ambrosia und Miniermotte
Frischluftfreund:innen
Haste mal Feuer?
Atmosphäre
Beatmungsgerät

KAPITEL 5

EINATMEN & AUSATMEN

Neun von zehn Menschen weltweit atmen dreckige Luft ein. 8,8 Millionen sterben jährlich daran. Und so mache ich mich auf, die Ursachen für das größte, offensichtlichste und am meisten unterschätzte Gesundheitsproblem zu verstehen: die Luftverschmutzung. Denn atmen müssen wir alle. Ein Atmosphärenforscher erklärt mir, wie der Feinstaub eines Bremsbelags in Deutschland das Eis der Arktis zum Schmelzen bringt. Und dass wir Schüler nicht als Feinstaubfilter missbrauchen sollten. Ich rauche im Dienste der Wissenschaft meine erste Zigarette. Und staune, dass Fische an Kippen sterben, obwohl sie unter Wasser gar nicht rauchen können.

Los geht es im Wald, denn da soll die Luft ja so besonders gesund sein. Stimmt das noch? Wie steht es um unser aller »Beatmungsgerät«? Und wenn Bäume weglaufen könnten, wären sie noch hier?

Mensch, Erde!
Wir könnten es so schön haben,
... wenn die frische Luft wieder frisch wäre.

ZWISCHEN BAUM UND BORKE

*»Wann ist der beste Moment,
einen Baum zu pflanzen? Vor dreißig Jahren!«*
Afrikanisches Sprichwort, gefunden bei Klaus Töpfer

Kastanienzeit! Ich liebe die satte braune Farbe der Früchte ebenso wie ihre geniale stachelige Verpackung. In meiner Kindheit hatten wir in unserer Siedlung im Hof einen großen alten Kastanienbaum stehen. Den gibt es schon lange nicht mehr, irgendwann war er krank und wurde gefällt. So was tut weh, denn Bäume wachsen uns ans Herz. Warum? Weil zwischen ihnen und uns eine Verbindung besteht.

Als ich mich einer Laune folgend im Wald einmal auf den warmen Boden zwischen zwei große Wurzeln legte, kam mir der Gedanke: Wenn ich lange genug genau so liegen bliebe, würde ich Teil des Baumes werden. Für den Moment war das beruhigend. Dann wurde doch der Popo feucht, weil guter Waldboden eben auch Wasser speichert.

Zurück zu den Kastanien. Dass sie in der Stadt leiden, begann schon um die Jahrtausendwende mit dem Siegeszug der Miniermotte. Warme Witterung begünstigt ihre Vermehrung, und so zeigen viele der großen und edlen Bäume schon im Juli als Zeichen ihrer Kapitulation ein braunes welkes Blätterwerk oder das, was die Motten davon übriggelassen haben. Wird ein Baum von Schädlingen befallen, hat er nur dann eine Chance, ihnen zu trotzen, wenn seine Abwehrkräfte stärker sind als deren Angriffskräfte. Lange regenlose Wochen schwächen aber einen Baum dermaßen, dass die Motten leichtes Spiel haben. Was wie eine zweite spontane Blüte schön aussehen mag, ist leider oft ein Symptom dafür, dass der Baum bald sterben wird.

Das Recherchekollektiv Correctiv hat 2019 alle Kastanienbäume der Stadt Dortmund genauer unter die Lupe genommen. Das erschreckende Ergebnis: Ihr Bestand ist in nur vier Jahren um zwanzig Prozent gesunken. Und da es andernorts ähnlich aussieht, könnte die Kastanie bald aus der Stadt verschwunden sein. In den letzten Jahrhunderten konnte so ein Baum zweihundert Jahre alt werden. Aber nicht mehr im einundzwanzigsten.

Also zügig neue Bäume pflanzen und die Welt ist wieder in Ordnung? Schön wär's. Tatsächlich schien die Rettung des Klimas bereits ganz nah, als die Eidgenössische Technische Hochschule Zürich im Juli 2019 eine Studie veröffentlichte, der zufolge sage und schreibe zwei Drittel der menschengemachten Emissionen durch Aufforstung gebunden werden könnten. Doch ganz offensichtlich hatte man dabei einige Aspekte nicht ausreichend berücksichtigt. Zum Beispiel: Nicht überall, wo gerade nichts wächst, wachsen Bäume. Und dort, wo Menschen leben und eine warme Mahlzeit zubereiten wollen, wird Feuerholz gebraucht. Essen kann man Bäume nicht, wohl aber anzünden. Und so ist seit der Sesshaftwerdung der Menschen die Zahl der Bäume weltweit um sechsundvierzig Prozent zurückgegangen.

Ein kleines Gedankenexperiment, mit dem Sie auf jeder Party viel Spaß haben können: Wenn man eine Kastanie in die Erde steckt und so lange wartet, bis daraus ein stattlicher Baum wird – wir denken uns jetzt einmal die ganze Mottenkiste weg –, woher kommt dann eigentlich die Masse des Baumes? Anders gefragt: Warum wird die Erde unter dem Baum nicht im gleichen Maße weniger, wie die Masse des Baumes wächst?

Jetzt nicht gleich weiterlesen – erst mal kurz selber überlegen.

Okay, ich bin auch nicht sofort draufgekommen. Die Antwort ist: aus der Luft gegriffen! Der Baum saugt seine Bausubstanz nämlich nicht nur aus der Erde, sondern auch aus der Atmosphäre! Der Kohlenstoff, aus dem trockenes Holz zu etwa fünfzig Prozent besteht, stammt aus dem Kohlenstoffdioxid in der Luft. Und weil Di-Oxid bedeutet, dass noch zwei Sauerstoffatome an dem Kohlenstoff hängen, ist auch klar, warum wir für die Sauerstoffproduktion Pflanzen brauchen. Sie machen aus »schlechter Luft«, sprich Kohlendioxid, wieder »gute Luft«, sprich Sauerstoff und Zucker als Bau- und Energiestoff. Dazu benötigen sie Energie, also Licht. Und wenn man jetzt all diese Informationen zusammensetzt, hat man die Formel der Fotosynthese! Aus Wasser, Licht und oller Luft werden Holz und frischer Sauerstoff (für die Biolehrer: ja, auf dem Weg spielen auch Mineralstoffe und Stickstoff aus dem Boden eine Rolle). Ein Mensch kann nicht auf Dauer von Luft und Liebe leben. Der Baum kommt mit Luft und Licht erstaunlich weit.

Klar, dass dieser Vorgang auch nach hinten losgehen kann. Wenn das Holz verbrennt, wird die ganze Energie darin wieder frei. Was wir abends im Kamin flackern sehen, ist eigentlich Sonnenenergie! Solange es keine Menschen und auch keine Kamine gab, fand die Erde einen anderen Weg, die ganzen Pflanzenmassen zu entsorgen: Sie verrotteten – oder kamen in den tiefen Keller, wurden eingemottet als fossile Brennstoffe. Ich verkürze jetzt Jahrmillionen auf drei Sätze, aber alles, was wir an Kohle, Erdöl und Erdgas in der Erde finden, verdanken wir letztlich der Fotosynthese. Das ist alles gespeicherte Sonnenenergie, die Mutter Erde aus guten Gründen sorgsam in ihren Vorratskeller gepackt hat. Aber statt nur hier und da mal zu naschen, verballern wir pro Jahr so viel fossile Energie, wie in einer Million Jahren gebildet wurde. Da braucht es keinen Mathematiker, um sofort zu verstehen: Das geht nicht lange gut. Tut es ja auch nicht. Deshalb steigt der Kohlendioxidgehalt der Atmosphäre so rasch an wie noch nie zuvor. Nur kurz zur Erinnerung: Das ist das Kernproblem der Überhitzung durch den Treibhauseffekt.

Waldbrände zeigen besonders drastisch: Das Kohlendioxid, das mühsam über Jahrzehnte in den Wäldern gebunden wurde, wird innerhalb von wenigen Tagen komplett in die Atmosphäre zurückgeschickt. Und das erleben wir immer häufiger und in immer größeren Dimensionen rund um den Globus, ob in Australien, in Kalifornien oder am Amazonas. Mit unseren popeligen

Beruhigend zu wissen: Wenn wir lange genug liegen bleiben, werden Peter Wohlleben und ich wieder Teil der Natur. Zurück zu den Wurzeln!

Löschfahrzeugen können wir gegen diese Urgewalt wenig ausrichten. Eigentlich bleibt uns nur abzuwarten, bis das Feuer kein Futter mehr findet und alles in Asche versinkt.

Zwar sind kleinere Brände natürliche Phänomene, die von der Natur zur Verjüngung sogar gebraucht werden. Es gibt nämlich Samenkapseln, die so hart sind, dass sie nur durch hohe Temperaturen aufzuknacken sind, und dann sprießen wie Phönix aus der Asche plötzlich Arten, die man zig Jahre an der Stelle nicht gesehen hat. Große Brände jedoch bewirken keine Erneuerung, weil nach der Zerstörung keine langsame Regeneration mehr folgt. Aus den verschlungensten Ökosystemen wie einem tropischen Regenwald wird eine Ödnis. Damit verlieren wir nicht nur die Bäume und Pflanzen, sondern auch all die Tiere, deren Lebensraum der Wald ist. Sie gehen – wie in Australien – ebenfalls in Flammen auf.

Wie mir der Meteorologe und Klimaexperte Sven Plöger erklärte, produziert der Regenwald den Großteil seines Regens selber. Jedes Blatt ist eine Verdunstungsfläche, der Wasserdampf sammelt sich wie eine Glocke über dem Wald und regnet dort wieder ab – ein Kreislauf. Ich dachte immer, der Regenwald steht da, weil es dort so viel regnet. Nein, es regnet so viel, weil der Regenwald dort steht. Bei einem auch nur geringfügigen weiteren Verlust der Waldfläche kippt das System, und dort, wo heute noch ein florierendes Ökosystem existiert, bleiben nur noch Steppe und Savanne übrig. Dieser Kipppunkt könnte 2021 bereits erreicht werden. Unwiderruflich.

Der Amazonas ist nicht die »Lunge der Erde« – es ist unser globales Beatmungsgerät! Und deshalb ist es auch so widersinnig, dass bei allen Bemühungen, den Klimawandel zu stoppen, die Abholzung und die Brandrodungen im Amazonasgebiet, dem größten Regenwald der Welt, derzeit so schnell vorangetrieben werden wie nie zuvor. Satellitenbilder belegen eindeutig, dass Präsident Bolsonaro wissentlich nicht nur die Lebensgrundlage der indigenen Völker vor Ort zerstören lässt, sondern auch die von uns allen. Was könnte ihn am ehesten dazu bewegen, diesen Irrsinn zu stoppen? Wenn keiner mehr Fleisch, Soja und Mais aus Brasilien kaufen würde. Die tropischen Regenwälder in Indonesien und an anderen Standorten Asiens wiederum werden dem Palmöl geopfert, das dann zum Teil unserem Diesel beigemischt wird. So soll uns unser »Bio«-Treibstoff ein gutes Gefühl vermitteln. Trotz aller gutgemeinten Aufforstungsaktionen bleibt daher die drängende Frage, wie man die noch existierenden Wälder effektiver schützen kann. Zwei Drittel der Abholzung und Brandrodung geschehen mit dem Ziel, Viehzucht betreiben und Futtermittel anbauen zu können. Durch den Verzicht auf Fleisch könnten wir also tatsächlich auf persönlicher Ebene einen Beitrag leisten.

Unsere größte Sorge in den Anfangszeiten von Corona war: kein Toilettenpapier. Kein Wunder – wir Deutschen verbrauchen pro Kopf und Hintern jährlich eine Viertel Tonne Papier, darin sind wir Weltmeister! Aber dann sollte es wenigstens umweltschonendes Recyclingpapier sein.

Wie recycelt die Natur eigentlich ohne unser Zutun? Ganz einfach: Das Holz stirbt ab, wird zersetzt und gibt seinen Kohlenstoff wieder frei. Weil der Sterbeprozess am Waldboden aber viel langsamer vonstattengeht als der typischerweise in die Länge gezogene Tod auf einer Opernbühne, leistet das Totholz bei seinem ökologischen Abgang noch jede Menge Gutes für die Mikroorganismen und alle Beteiligten drumherum. In der Luft ist der Kohlenstoff irgendwann dennoch. Wenn wir ihre geniale Fähigkeit, Kohlenstoff zu binden, ernst nehmen wollen, sollten wir die Bäume als Baustoff verwenden, nicht als Brennstoff. Gibt es ein schöneres »Endlager« für einen Stamm, als ein Tisch oder Stuhl in einem Holzhaus zu sein?

Die letzten drei extrem trockenen Jahre versetzten vielen Bäumen einen echten Todesstoß, es kam zum »Waldsterben 2.0«. Zur Erinnerung für alle Leser unter fünfzig: Die Erstausgabe des Begriffes »Waldsterben« gab es in den 1980er Jahren. Es war die Zeit des »sauren Regens«, der Waldschadensberichte und der Prognose, dass der Schwarzwald das Ende des letzten Jahrhunderts nicht mehr erleben würde. Dass es den Schwarzwald heute noch gibt, liegt aber nicht daran, dass die Warnungen übertrieben waren, sondern dass eine Menge sehr konkreter ordnungspolitischer Maßnahmen getroffen wurden: Kohlekraftwerkbetreiber mussten Filter zur Rauchgasentschwefelung in ihre Schlote einbauen, in der EU einigte man sich auf verbindliche Abgaswerte für Pkw, später kamen noch Luftreinhaltepläne und die Vorschrift für Katalysatoren dazu. Die Proteste auf der Straße und die fraktionsübergreifende Sorge um den deutschen Wald wurden zu einem Motor des Umweltbewusstseins. Aber ob nun der VW-Käfer mit seinen Abgasen oder der Borkenkäfer mit seinem ungeheuren Vermehrungsdrang der Hauptverursacher der Misere ist – der Waldzustandsbericht für das Jahr 2020 ist dramatisch: Im vergangenen Jahr starben in Deutschland so viele Bäume wie noch nie seit Beginn der Erhebungen im Jahr 1984. Ganze 138.000 Hektar Wald gingen verloren, nur noch einundzwanzig Prozent der Bäume haben keine sichtbaren Schäden, das heißt vier von fünf Bäumen sind krank bis schwer krank oder bereits abgestorben. Sie verlieren ihre Krone, werden von Parasiten befallen, extreme Dürre plus Stürme reißen große Lücken in den Bestand. Die Lage ist bitterernst, vor allem Bäume, die älter als sechzig Jahre sind, drohen abzusterben. Eine Kiefer kann eben nicht die Zähne zusammenbeißen, obwohl der Name das nahelegt. Und sie kann auch nicht weglaufen, nur eingehen.

Wenn der Wald stirbt, verlieren wir einen wichtigen Schutz gegen den Klimawandel, denn absterbender Wald bindet kein CO_2, sondern setzt im Gegenteil tonnenweise welches frei. Zudem schwindet die Lebensgrundlage für viele Tiere, und auch der dringend benötigte Kühlungseffekt sowie die Wasserspeicherung für ganze Landstriche und die Böden entfallen – die Brandgefahr steigt.

Zwar stellt das zuständige Landwirtschaftsministerium 1,5 Milliarden Euro zur Aufforstung zur Verfügung, aber vielerorts wird

Wie viel Wald müssten wir pflanzen, damit die Welt CO₂-neutral wird?

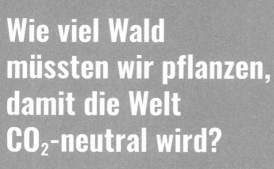

Erstens müsste die Aufforstung natürlich dezentral stattfinden, und zweitens gibt es eine Studie, die zu dem Ergebnis kommt, dass nur zwei Drittel der weltweiten CO_2-Überlastung durch Aufforstung abgefedert werden können. Das sind 900 Millionen Hektar Land, die aufgeforstet werden müssten. Das Quadrat ist eine theoretische Größe. Dennoch verdeutlicht die Darstellung, dass viel möglich ist. Bäume zu pflanzen allein reicht aber nicht aus. Die Reduzierung der CO_2-Emissionen ist und bleibt oberstes Ziel der Klimapolitik.

3.000 x 3.000 km

So viel

ORIGINAL
KATAPULT

weiter wenig in einen nachhaltigen Umbau investiert. Die Forstexpert:innen streiten sich, wer welche Schuld an der Fehlentwicklung trägt. Fest steht: Einige Konzepte, die auf schnellen Ertrag aus waren, haben die Anfälligkeit des Waldes für die Klimaveränderungen zusätzlich erhöht. Ein gesunder Mischwald hält mehr Stress aus als die Baumplantagen in Reih und Glied. Pierre Ibisch, Professor für Naturschutz an der Hochschule für Nachhaltige Entwicklung Eberswalde, sagte in einem Interview mit der ›Süddeutschen Zeitung‹: »Ich würde nicht auf einzelne Baumarten setzen, sondern auf das ganze Ökosystem. Es gibt ja in den Wäldern schon die widerstandsfähigen Arten, die einspringen, wenn andere aufgrund der Klimakrise ausfallen. Wir beobachten, dass an Orten, an denen beispielsweise die Buchen absterben, Hainbuchen und Linden hochkommen. Die Natur trifft oft bessere Entscheidungen als der Mensch.«

Gute Ideen für Projekte oder Initiativen findet man zum Beispiel unter bergwaldprojekt.de. Und wenn man schon im Internet unterwegs ist, sollte man am besten eine Suchmaschine verwenden, die auch Bäume pflanzt. Die gibt es tatsächlich: Ecosia, das Gleiche wie Google, nur in Grün. Statt die Werbeeinnahmen für sich zu behalten, ist Ecosia ähnlich aufgebaut wie eine gemeinnützige Stiftung. Einhundertzwanzig Millionen Bäume wurden so schon gepflanzt. Wo die genau stehen, sieht man, wenn man auf die Seite geht – nein, nicht googeln, ecosen!

Gute Ideen hat auch der Australier Tony Rinaudo, ein großartiger Typ, dem schon der Alternative Nobelpreis verliehen wurde: Er packt das Problem der Versteppung in Afrika an der Wurzel, an der Baumwurzel. Erst begrünte er Regionen in Niger, später in einigen Nachbarländern. Mittlerweile hat er seine Wiederaufforstungsmethode, die er »Farmer Managed Natural Regeneration« (FMNR) nennt, in achtundzwanzig Länder exportiert. Die Bäume aus alten Wurzeln kühlen die Umgebung, in ihrem Schatten lassen sich Getreide und andere Nahrungspflanzen anbauen, und der Grundwasserspiegel steigt wieder an. Diese Erfolgsgeschichte will der Filmemacher Volker Schlöndorff in die Kinos bringen, um den »Waldmacher« und sein Wirken möglichst vielen Menschen vorzustellen.

Und schließlich sei noch die Professorin und Friedensnobelpreisträgerin Wangari Maathai erwähnt. Sie wurde 1940 in einem kleinen kenianischen Dorf geboren und gehörte zur ersten Generation junger Mädchen, die eine Schule besuchen konnten. Sie wurde Umweltaktivistin, Frauenrechtlerin und Politikerin. Ihr Spitzname: Mama Miti (Kisuaheli für »Mutter der Bäume«). Für immer wird man sie mit den Bäumen verbinden, die sie mit Tausenden von Frauen in Kenia gepflanzt hat. Der erste »grüne Gürtel« bestand aus sieben Bäumen. Bis heute hat das 1977 von Wangari gegründete »Green Belt Movement« mehr als fünfundvierzig Millionen Bäume gepflanzt und damit Zehntausenden von Menschen eine Einkommensquelle gesichert.

Wenn Sie jetzt ein schlechtes Gewissen haben, weil Sie gerade ein Buch lesen, dessen Papier ja auch aus Bäumen gewonnen wurde, dann schauen Sie doch mal ganz hinten, was der Verlag sich alles ausgedacht hat, damit der »Fußabdruck« des Buchs so klein wie nur irgend möglich bleibt. Aber ob man nun die ganz großen Dinge anpackt oder im eher Kleinen seinen Beitrag leistet, in jedem Fall gilt: Es lohnt sich. Und es ist wichtiger denn je. Denn trotz vieler erfolgreicher Aktionen und Initiativen ist noch reichlich Luft nach oben. Gerade im Wald und gerade in Zeiten von Corona. So nachvollziehbar es ist, dass Menschen, die nur einen sehr überschaubaren Radius um ihren Wohnort schlagen dürfen, scharenweise ins Grüne strömen, so wenig verständlich ist es, dass viele von ihnen ohne mit der Wimper zu zucken allen möglichen Unrat dort zurücklassen, wo er nichts zu suchen hat. Dabei gilt genauso wie auf den Berggipfeln auch zwischen Baumwipfeln: Was man in den Wald hineinträgt, trägt man auch wieder heraus. Müll wie Taschentücher, Binden oder Kondome sind einfach eine Zumutung – für die Besucher und die Bewohner des Waldes, in erster Linie aber für den Wald selbst. Der kann nämlich lange darauf warten, bis dergleichen zersetzt und wieder abgebaut ist. Und wenn wir nicht gerade ein Pfadfindertraining absolvieren, sollten wir auch unbedingt auf den Wegen bleiben und unsere Hunde nicht von der Leine lassen. Die kleinen Triebe im Unterholz werden es uns danken.

Apropos Luft nach oben: Die Luft in unseren Wäldern ist bis zu 10 Grad kühler als die in unseren Innenstädten. Vor allem aber haben die Bäume Feinstaub und anderem Dreck aus ihr herausgefiltert. Dazu kommen mehr als fünftausend flüchtige Substanzen, darunter sogenannte Terpene, die Pflanzen zum Schutz vor Krankheiten bilden. Ein gesunder Wald ist also auch gesund für uns. Kein Wunder, dass sich das Waldbaden, das in Japan sogar von Ärzten verschrieben wird, auch hierzulande immer größerer Beliebtheit erfreut. Erwiesenermaßen wird durch diese »Baum-Kommunikation« unser Immunsystem dazu angeregt, sogenannte natürliche Killerzellen zu produzieren, die bei der Krebsabwehr eine Rolle spielen. Wald ist also so viel mehr als Holzproduktion, er ist unser Beatmungsgerät und unsere Klimaanlage. Wälder sind Orte der Verwunschenheit, des Wildwuchses, der Märchen und der mannigfaltigen Gesichter in den faltigen Rinden. Übrigens: Ein Großteil des deutschen Waldes liegt in kommunaler Hand, das bedeutet, er gehört uns allen. Wir sind Waldbesitzer:innen, ohne es zu wissen! Nutzen wir doch unseren Einfluss über Bürgerwald, Initiativen, Projekte. Die Kommunen können bestimmen, dass der Wald naturnah bewirtschaftet werden soll. Es muss nur jemand den Mund aufmachen. Sonst steht der Wald schwarz und schweiget!

WARUM REAGIEREN SO VIELE ALLERGISCH AUF DEN KLIMAWANDEL?

»Die Klimakrise ist die größte Gesundheitsgefahr des 21. Jahrhunderts.«

The Lancet Countdown on Health and Climate Change

Allergien nehmen zu. Doch sie sind selbst für manche Allergiker weniger ernst zu nehmende Krankheiten als peinliche Marotten des eigenen Abwehrsystems. Weil Allergien so auf dem Vormarsch sind, gilt es inzwischen als unhöflich, jemandem, der niest, »Gesundheit!« zu wünschen, denn man wirft damit den Dauergeplagten zu Unrecht in einen Topf mit dem Erkälteten. Eine Erkältung geht von alleine vorbei, Allergien in der Regel nicht, tendenziell werden sie unbehandelt sogar schlimmer, sodass aus einem Heuschnupfen nach dem sogenannten Etagenwechsel in die Lunge das bronchiale Asthma wird. Und daran sterben jedes Jahr weltweit etwa 250.000 der 300 Millionen Asthmatiker. So viel zum Missverständnis der Harmlosigkeit.

Der Grundmechanismus bei jeder Allergie ist allerdings selbst ein Missverständnis: Der Körper fährt schwere Geschütze des Abwehrsystems gegen Substanzen aus der Umwelt auf, die an sich dem Körper nichts Böses wollen. Anders als ein Virus oder ein Bakterium hat ja eine Birkenpolle kein höheres Interesse an uns Menschen als Wirt oder Vervielfältigungsmaschine. Erreger brauchen uns, um sich zu vermehren. Für Pollen ist unsere Nase oder Lunge eher eine Sackgasse als ein Hauptgewinn.

Warum unser Immunsystem dann austickt und sich in jeder Saison noch stärker wehrt, ist noch gar nicht bis ins Letzte entschlüsselt. Klar ist aber die Häufigkeit: In Deutschland leidet fast jedes zehnte Kind irgendwann einmal an Asthma, bei den Erwachsenen ist es fast jeder Zwanzigste. Bei diesen Menschen reagieren die Bronchien übersensibel auf Dinge wie Stäube oder

Pollen. Die Bronchien sind deshalb dauerhaft entzündet, und die Atemwege werden enger: durch Schleimhautschwellung, durch eine Verkrampfung der Bronchialmuskulatur und auch durch das Sekret. Galt früher vor allem die Luftverschmutzung, etwa im Ruhrgebiet, als ein Auslöser der Krankheit, so weiß man heute, dass viele allergene Stoffe dafür infrage kommen können: Mehl, Tierhaare, Holzstaub, Klebstoff, Friseur-Chemie und der am leichtesten vermeidbare Risikofaktor von allen: der Tabakrauch. Dazu kommen die anderen sogenannten atopischen Erkrankungen wie Neurodermitis und Heuschnupfen. In der Summe sind schätzungsweise dreißig Millionen Deutsche betroffen, Jungs mehr als Mädchen, im Erwachsenenalter aber mehr Frauen als Männer. Die Therapie besteht dann in einer Unterdrückung der Immunreaktion zum Beispiel durch Cortison. Aber kann das eine Dauerlösung sein, dass eine wachsende Gruppe von Menschen unsere Umwelt nur erträgt, wenn sie ständig ihr Abwehrsystem medikamentös dämpft? Ist der moderne Mensch eine Mimose oder wird die Umwelt immer gefährlicher?

Beides stimmt. Allergolog:innen warnen mittlerweile davor, Kinder unter übertriebener Hygiene und ohne Kontakt zu Tieren, Keimen und Pfützen aufwachsen zu lassen. Nach der »Dschungelhypothese«, die nichts mit dem Tippen auf den Gewinner des Dschungelcamps zu tun hat, sind Kinder, die auch mal im Schweinestall waren oder im Heu übernachtet haben, später gesünder. Neu eintreffende Mikroben sind in den allermeisten Fällen keine Feinde. Aber man muss im Zusammenspiel mit den harmlosen Mitbewohnern der Erde sein Immunsystem trainieren, damit man dann auch die bösartigeren erfolgreich abwehren kann. Wer früh mit der ganzen Vielfalt an Stoffen und Kleinstlebewesen, die zu unserer Umgebung gehört, in Kontakt kommt, reagiert weniger allergisch, wenn er später auf etwas Neues trifft. Dieses Training findet in den städtischen Haushalten der westlichen Welt nur noch eingeschränkt statt. Die Städter:innen, und sie sind global inzwischen die Mehrheit, verbringen im Schnitt dreiundzwanzig Stunden des Tages in Innenräumen und verlieren so die Verbindung zur Natur. Vor allem die große Gruppe der Umweltbakterien gelangt kaum noch ins Haus: Spezies, die mit Wäldern, Erde, Gräsern, Wurzeln, Blättern zu tun haben. Die Hygiene-Hypothese geht davon aus, dass die »Abwesenheit« dieser Bakterien verschiedene Krankheiten begünstigt – Allergien, Asthma und chronische Entzündungskrankheiten.

Aber das erklärt nur einen Teil des Zuwachses. Viel wichtiger scheint zu sein, dass im Rahmen des Klimawandels verschiedene Umweltbelastungen massiv zunehmen. Eine Expertin dafür ist Claudia Traidl-Hoffmann, Ordinaria für Umweltmedizin an der Technischen Universität München sowie Direktorin der Umweltmedizin am Universitätsklinikum Augsburg und am Helmholtz Zentrum München. »Klimawandel macht krank«, sagt sie. »Der Temperaturanstieg verlängert die Pollensaison und kann gerade in Kombination mit Luftverschmutzung die Anfälligkeit für atopische Erkrankungen erhöhen.« Besonders gefährlich sind Pollen in Verbindung mit Asthma und Gewitter. Die Pollen platzen durch die elektrostatische Aufladung der Luft und gelangen nun in ihren kleineren Bruchstücken besonders tief in die Lunge. Dadurch wird die Immunreaktion umso heftiger losgetreten.

Die Umweltmedizinerin schlägt vor, alle vorhandenen Risikofaktoren wie Extremwetterlagen, Pollenflug und Gewitterwarnungen in einer App zu kombinieren, um die gefährdeten Gruppen frühzeitig informieren zu können, denn jetzt schon ist klar, dass die medizinische Relevanz dieser Phänomene in den nächsten Jahren noch größer wird: »Die Weltgesundheitsorganisation WHO hat den Klimawandel nicht ohne Grund zu einer der größten Gefahren für die Gesundheit der Menschen in kommenden Jahrzehnten erklärt«, sagt sie. Zusätzlich weist sie in einem Übersichtsartikel im Deutschen Ärzteblatt auf die Gefahr für die Lunge durch Waldbrände hin, die nicht nur in Australien, Sibirien und Kalifornien massiv zunehmen, sondern auch in Deutschland: »Der entstehende Rauch hat schwerwiegende Auswirkungen auf die menschliche Gesundheit und kann die Lungenfunktion mitunter dauerhaft beeinträchtigen.«

Die Folgen des Klimawandels für die Gesundheit machen vor praktisch keinem Organ halt, auch der Magen-Darm-Trakt ist betroffen. Höhere Temperaturen verändern die Wasserqualität – was manchen Erregern von Diarrhö und entzündlichen Darmerkrankungen sehr gelegen kommt: Sie können sich in wärmeren Gewässern besser vermehren. Eine Kategorie für sich sind die sogenannten Vibrionen. Auch diese Erreger von Magen-Darm- und Wundinfektionen haben seit den 1980er Jahren aufgrund höherer Wassertemperaturen so stark zugenommen, dass sich die Anzahl der Tage, an denen man sich in der Ostsee mit Vibrionen anstecken kann, seither verdoppelt hat: 2018 waren es schon hundertsieben Tage im Jahr. Außerdem fördern höhere Temperaturen dort und in Seen durch Cyanobakterien (Blaualgen) auch das Blühen der Algenblüten, was zu Hautreizungen führen kann.

Ein weiteres Problem sind die sogenannten invasiven Arten, das sind Pflanzen oder Tiere, die eigentlich nicht in das heimische Ökosystem gehören, eingeschleppt wurden und sich oft aus Mangel an natürlichen Feinden unverhältnismäßig breitmachen. Bei den alten Griechen war Ambrosia das betörend duftende Getränk der Götter, und weil die Blätter der Beifußgewächse duften, gaben Botaniker der gesamten aus Amerika stammenden Gattung diesen betörenden Namen. Praktisch ist Ambrosia aber eher Fluch als Segen der Götter. Wenn in Science-Fiction-Filmen Wesen aus anderen Gefilden uns Menschen das Leben schwermachen, denkt man nicht an die so harmlos wirkende Asthma-Pflanze *Ambrosia artemisiifolia*. Dabei zählt das »Beifußblättrige Traubenkraut« zu den schlimmsten invasiven Arten. Rund acht Millionen Deutsche reagieren mittlerweile allergisch darauf, die Therapien und Arbeitsausfälle durch Ambrosia verschlingen Hunderte Millionen Euro jährlich. Bis zu einer Milliarde Pollen kann eine einzige Pflanze freisetzen. Dabei reichen bereits fünf Pollen aus, um eine allergische Reaktion hervorzurufen.

Not so funny Funfact: Ausgerechnet durch Vogelfutter von wohlmeinenden Naturfreunden wurde Ambrosia in Deutschland verbreitet. Bis heute finden sich besonders viele Pflanzen in der Nähe von Vogelhäuschen. Die Zutaten für einen großen Teil des bei uns verkauften Vogelfutters – vor allem die Sonnenblumenkerne – stammen aus Ungarn, wo die Ambrosia extrem verbreitet ist und bei der Ernte fast unweigerlich Samen mit aufgenommen werden. Auch wenn man sich damit nicht komplett in Sicherheit wiegen darf, sollte man daher beim Kauf von Vogelfutter unbedingt auf den Hinweis »Ambrosia kontrolliert« achten, denn diesem Unkraut kann man noch so oft »Bei Fuß!« zurufen – es gehorcht nicht und ist kaum zu kontrollieren. Insbesondere in Brandenburg breitet sich diese Asthma-Pflanze rasant aus. In Berlin werden schon »Ambrosia-Scouts« eingesetzt, die im Auftrag des Senats durch die Stadt streifen und alle Pflanzen auf ihrem Weg entfernen.

Rötungen und Juckreiz treten bei der Ambrosia übrigens erst zwanzig bis dreißig Minuten nach der Berührung auf, sie ist also eine Art Brennnessel mit Zeitzünder. Deshalb immer mit Handschuhen und mit den Wurzeln ausrupfen und vor allem in der Blütezeit (in Deutschland von Juli bis in den Dezember hinein) am besten mit Mundschutz, denn auch bei Nicht-Allergikern kann der Kontakt Hautreaktionen oder Asthmaattacken auslösen. Und bitte nicht zur Weiterverbreitung auf den Kompost werfen, sondern in einem geschlossenen Beutel in den Hausmüll.

Am Helmholtz Zentrum München – dem Deutschen Forschungszentrum für Gesundheit und Umwelt – fand man heraus, dass Stickoxide aus Autoabgasen die Pollen der Pflanze in ihrer Struktur verändern. Diese veränderten Pollen lösen beim Menschen eine noch heftigere allergische Reaktion aus. Das Fiese: Ambrosia wächst besonders gern auf Grünstreifen an Autobahnen, Verkehrsinseln und Brachflächen, also genau dort, wo die Kombi aus Abgasen, Feinstaub und Pollen eine besonders starke Wirkung entfaltet. »Letztlich ist damit zu rechnen, dass die ohnehin schon aggressiven Ambrosia-Pollen durch die Luftverschmutzung in Zukunft noch allergener werden«, fasst Studienleiterin Dr. Ulrike Frank die Ergebnisse zusammen. Hinzu kommt, dass die Luftverschmutzung auch Stress für den menschlichen Körper bedeutet. Es treffen also aggressivere Pollen auf ein gereiztes Immunsystem.

Claudia Traidl-Hoffmann ist es ein großes Anliegen, die Bevölkerung und insbesondere die jungen Studierenden über ihr Fachgebiet der Allergien hinaus für das Thema »Klimakrise als medizinischer Notfall« zu sensibilisieren: »Mediziner und Medizinerinnen können Vorbild sein, möglichst viele Menschen mitnehmen, sie überzeugen und in die Veränderungsprozesse einbinden. Nicht zuletzt die Coronakrise zeigt, zu wie vielen Anpassungen unsere Gesellschaft fähig ist. Die wissenschaftlichen Impulse kamen aus der Medizin. Genauso kann es beim Klimawandel sein. Klimaschutz ist Gesundheitsschutz. Man fragt sich, warum notwendige Veränderungen trotz Dringlichkeit und Wissen um die desaströsen Folgen nicht längst umfassender umgesetzt wurden. Die globale Erwärmung muss begrenzt werden und wir müssen kreativ nach Möglichkeiten suchen, den schädlichen Auswirkungen des Klimawandels zu begegnen. Das Gute ist, dass jeder und jede Einzelne einen Beitrag zur Bewältigung der Herausforderungen leisten kann.«

Jetzt entsteht unter der Leitung von Claudia Traidl-Hoffmann an der Universität Augsburg ein Zentrum für Klimaresilienz, in dem unterschiedliche Disziplinen das Thema »Transformation der Gesellschaft« voranbringen sollen. Ist auch höchste Zeit.

NICHTS IST FEIN MIT FEINSTAUB

»Wie viele Ziegel Kohlenstaub hast du heute schon geschluckt?«
Witz aus einem chinesischen Smog-Alarm-Blog, im Original noch lustiger

In meiner Varietézeit war ein Running Gag des Zauberkollegen Desimo, dass er immer, wenn was geklappt hatte, Konfetti in die Luft warf. Auch wenn etwas nicht geklappt hatte. Klar, dass diejenigen, die nachher die Bühne wieder sauber machen mussten, diesen Gag nicht so lustig fanden.

Feinstaub ist kein »Feen-Staub«, kein Einhornpulver, es ist ein Sammelbegriff für gefährlichen und potenziell tödlichen Dreck in der Luft. Und wie beim Konfettiwerfer-Gag gibt es die einen, die Feinstaub in die Luft bringen, und die anderen, die sich den Kopf darüber zerbrechen, was dann damit passiert.

Thomas Münzel von der Uniklinik in Mainz ist Kardiologe mit Weitblick. Seit Jahrzehnten beschäftigt er sich mit Lärm und seinen Folgen für die Menschen. Die sind gewaltig. Denn auch wenn wir meinen, wir würden uns an Lärm gewöhnen und ihn gar nicht mehr bewusst wahrnehmen, reagiert unser vegetatives Nervensystem äußerst sensibel, erhöht den Blutdruck und stresst das Gefäßsystem – Tag und Nacht, auch im Tiefschlaf. »Wo es Lärm gibt, gibt es auch Feinstaub«, erklärt Münzel. Und genau diese Verknüpfung ist das eigentlich Gefährliche. »Lärm stresst die Gefäße schon vor. In Verbindung mit Feinstaub schädigt das die Innenwände der Arterien doppelt. Die Auskleidung, die Endothelzellen, entzünden sich, schwellen an und verstopfen die Gefäße.«

Laut Münzel haben Studien in Kanada, Großbritannien, Taiwan und den USA gezeigt, dass Menschen, die in Gebieten mit ausgeprägter Luftverschmutzung leben, nicht nur anfälliger sind für Herzinfarkt und Schlaganfall, sondern auch ein drei- bis fünfmal so hohes Risiko haben, an Demenz zu erkranken, wie Menschen anderswo. In der Nähe von Mexiko-Stadt, wo es sehr hohe

Feinstaubkonzentrationen in der Luft gibt, wurden sogar schon in den Gehirnen von Kindern erste Ablagerungen gefunden, die Alzheimer-Plaques ähneln.«Auch etwa fünfzehn Prozent der Covid-19-Toten gehen aufs Konto der Luftverschmutzung. Dort, wo die Luft am dreckigsten ist, sind schwere Verläufe der Infektion besonders häufig.«

Die Krisen hängen also zusammen. Und das Fiese am Feinstaub ist: Je kleiner die Partikel sind, desto leichter gelangen sie nicht nur in die Lunge, sondern durch die Lungenbläschen auch ins Blut und dann mit dem Kreislauf überallhin. Auf dem »World Health Summit« 2019 in Berlin lernte ich Chisato Mori, Professor für Public Health und Präventivmedizin in Japan, kennen. Er führte aus, dass wir schon im Mutterbauch mehr Kontakt zur Außenwelt haben, als wir bislang dachten. Luftschadstoffe, die die werdende Mutter eingeatmet hatte, konnten bereits im Blut von Neugeborenen nachgewiesen werden. Weil das Immunsystem erkennt, dass diese Partikel nicht in den Körper gehören, also Fremdkörper sind, wehrt es sich. Unser Abwehrsystem versucht quasi Staub zu wischen – feucht. Und scheitert. *Eat the dust* heißt das auf Englisch, »friss den Staub«. Aber wir atmen ihn ein, ohne zu kauen und die Zähne zu zeigen. Fast zwei Drittel der durch Luftverschmutzung verursachten Sterbefälle, nämlich rund 5,5 Millionen pro Jahr, wären grundsätzlich vermeidbar, denn der Großteil der verschmutzten Luft weltweit wird durch den Einsatz fossiler Brennstoffe verursacht. Je mehr wir davon entzünden, desto mehr entzündet sich auch unser Körper chronisch.

Dass Feinstaub gesundheitsschädlich ist, ist wissenschaftlich bestens belegt. Die Luftverschmutzung verkürzt die Lebenserwartung im globalen Durchschnitt stärker als Infektionskrankheiten oder andere Herz-Kreislauf-Risikofaktoren wie Rauchen. Das berichten Wissenschaftler des Max-Planck-Instituts für Chemie und der Universitätsmedizin Mainz in der Fachzeitschrift ›Cardiovascular Research‹. Danach war die Luftverschmutzung im Jahr 2015 weltweit für 8,8 Millionen vorzeitiger Todesfälle verantwortlich. Dies entspricht einer durchschnittlichen Verkürzung der Pro-Kopf-Lebenserwartung von 2,9 Jahren. Im Vergleich dazu reduziert Rauchen die Lebenserwartung um durchschnittlich 2,2 Jahre (7,2 Millionen Todesfälle), HIV/Aids um 0,7 Jahre (eine Million Todesfälle) und Malaria um 0,6 Jahre (600.000 Todesfälle).

Seltsamerweise hörte man auch vor Corona nie etwas von der »Luftverschmutzungspandemie«. Mir ist klar, dass keiner direkt nach einem Atemzug umkippt, deshalb bleibt es eine Indizienkette, aber klar ist:

1. An Tagen mit höherer Luftverschmutzung sterben mehr Menschen als an Tagen mit niedrigerer Luftverschmutzung.

2. Menschen, die in Städten mit höherer Luftverschmutzung leben, sterben früher als Menschen in Städten mit niedrigerer Luftverschmutzung. In stärker belasteten Stadtvierteln sterben die Menschen früher als in weniger belasteten derselben Stadt, auch unter Berücksichtigung aller anderen Faktoren.

3. Studien zeigen, dass die Sterblichkeitsraten sinken und Menschen länger leben, wenn die Luftverschmutzung reduziert wird – entweder mithilfe einer Verordnung oder durch ein »natürliches Experiment« wie eine wirtschaftliche Rezession oder einen Arbeitsstreik. Grenzwerte sollen die Schwächsten schützen, Lungenkranke, Alte und Kinder. Die Luft zum Atmen kann sich kein Mensch aussuchen, das ist ein öffentliches Gut.

Teilweise lagern sich an den Oberflächen der Partikel gefährliche Stoffe wie Schwermetalle oder Aluminium an, die dann beispielsweise Krebs erzeugen können. Feinstaub ist also ein »trojanisches Pferd« für viele Giftstoffe und auch Viren. Ein konkreter Vorschlag, um in Coronazeiten die Luft in Schulen zu säubern, wurde von Joachim Curtius von der Goetheuniversität Frankfurt, einem der weltweit führenden Atmosphärenforscher, untersucht und ins Spiel gebracht. Da sich beim lauten Sprechen die Minitröpfchen, die Aerosole, mit anderen unbekannten Flugobjekten, sprich den Feinstäuben verbinden, muss das Ziel sein, die Innenraumbelastung mit Schwebteilen so gering wie möglich zu halten. Mit dem Einsatz von handelsüblichen HEPA-Luftfiltern kann die Menge an »Virentaxis« massiv reduziert werden. Der Bericht liegt bei den Kultusbehörden – mal schauen, ob sich jemand findet, der sich dafür zuständig fühlt. Im Winter 2020/2021 haben schon einige Klassen mit diesen handelsüblichen und erschwinglichen Geräten ihre Viren- und Umweltbelastung gesenkt. Denn was nützt das ständige Lüften, wenn die Luft nicht sauber ist? Wenn man keine Luftfilter einsetzt, sinkt die Zahl der Schwebteilchen natürlich ebenfalls – sie landen einfach in den Lungen der Kinder, in deren »eingebauten« Filteranlagen. Bei Kindern schränkt eine hohe Feinstaubbelastung nachweislich auch das Lungenwachstum und die Lungenfunktion ein.

Aber was ist eigentlich Feinstaub? Feinstaub ist nahezu unsichtbar. Kein Wunder, dass er unterschätzt wird. Im Gegensatz zu den echt unsichtbaren Gasen wie Kohlendioxid ist der sogenannte Schwebstaub so klein, dass man ihn mit dem Auge nicht wahrnimmt, und so leicht, dass er nicht gleich zu Boden fällt, obwohl er aus festen oder auch flüssigen Materialien besteht. Auf Englisch heißt Feinstaub *Particulate Matter*, abgekürzt PM, und die winzigen Staubteilchen sind in drei Klassen unterteilt: in Partikel mit einem Durchmesser von 10 Mikrometer, also zehn Millionstel Meter und weniger (PM10); in Partikel, die vier Mal kleiner sind, also PM2,5 mit einem Durchmesser von weniger als 2,5 Mikrometer; und in Partikel, die ein Mikrometer und kleiner sind: sogenannter Ultrafeinstaub PM0,1. Die meisten Daten liegen für PM10 vor. Diese Partikel werden seit 2010 in Deutschland flächendeckend erhoben. Legt man sie auf die Goldwaage, sieht man, dass in Deutschland jährlich 100.000 Tonnen Feinstaub ausgestoßen werden. Klingt nach einer gewaltigen Menge. *Ist* eine gewaltige Menge.

Da mein Vater als theoretischer Chemiker an der TU Berlin arbeitete, bekam ich schon sehr früh Experimentierkästen geschenkt und führte im Keller alle möglichen alchemistischen Versuche durch. Hauptsache, es hat gezischt, gebrannt oder sichtbar reagiert. Ein Experiment habe ich später gern als Zauberer auf der Bühne eingesetzt, um die Zuschauer zum Staunen zu bringen: eine große Stichflamme aus einem kleinen Streichholz. Das Geheimnis: Bärlappsporen. Dabei kommt es entscheidend darauf an, dass man das Pulver der getrockneten Sporen mithilfe eines kleinen Blasebalgs ganz fein verteilt, bevor es das brennende Streichholz trifft, nur dann gelingt die Reaktion. Denn: Je besser die Materie in der Luft verteilt ist, desto heftiger kann sie reagieren. Und das gilt eben auch für den Feinstaub, der wie ein schwebendes Chemielabor mit allem, was sonst noch so an toxischem Zeug in der Luft nicht weiß, wohin mit sich, nur darauf wartet, eine unheilvolle Verbindung einzugehen. Dieses Phänomen nennt sich »sekundärer Feinstaub«, der entsteht, wenn sich Gase, Dämpfe und Substanzen zusammentun. Zum Beispiel Ammoniak, das mit Abgasen aus der Industrie und aus dem Verkehr reagiert. Auch Stickstoffdioxid ist eine Vorläufersubstanz für sekundären Feinstaub, aber ich will es nicht komplizierter machen, als es schon ist.

In Ballungsgebieten ist der Straßenverkehr die dominierende Staubquelle. Dieselmotoren mit Partikelfiltern sind sehr sauber geworden. Benziner ohne Partikelfilter dagegen stoßen immer noch sehr viele ultrafeine Partikel aus. Aber was seltsamerweise bei der ganzen großen Aufregung um »Dieselgate« wenig beachtet wurde: Die große Quelle für Dreck in der Luft sind der Bremsen- und Reifenabrieb sowie die Aufwirbelung des abgerubbelten Staubs von der Straßenoberfläche. Der Staub der Straße – klingt so romantisch nach Roadmovie, aber Pustekuchen. Haben Sie sich mal gefragt, wenn Sie Ihre runtergerockten Autoreifen wechseln, wo dieser fehlende Zentimeter des abgefahrenen Profils eigentlich hinverschwunden ist? »Gib Gummi« heißt ja »gib Gas bis zum Abrieb«, und der Abrieb von Autoreifen löst sich scheinbar in Luft auf. Aber eben nur scheinbar, genau genommen wird er in diesen pupskleinen Teilchen lediglich unsichtbar. Bei jedem Bremsen und Anfahren entsteht im Autoverkehr Feinstaub, dazu eine kleine Überschlagsrechnung:

Ralf Bertling vom Fraunhofer-Institut in Oberhausen schätzt, dass ein Autoreifen in einem Zeitraum von drei bis vier Jahren 1,5 Kilogramm an Gewicht verliert. Vier Reifen machen also sechs Kilo. Und das bei aktuell 47,7 Millionen Autos auf den Straßen. Die letzten zwölf Jahre haben sich die Autos schneller vermehrt als die Deutschen. Frag mich nicht, wie. Die Folge ist aber für uns alle ganz wichtig: Wie Joachim Curtius mir erklärte, ist der Reifenabrieb ein ganz wesentlicher Beitrag zum Mikroplastik im Wasser – und in der Luft! »Über Mikroplastik in der Luft weiß man noch nicht allzu viel, weil man es kaum messen kann. Aber wir haben gerade veröffentlicht, dass Partikel aus den Reifen und Bremsen es über die Atmosphäre bis in die Arktis schaffen. Vermutlich tragen diese Verunreinigungen sogar dazu bei, dass die dortigen Eismassen schneller schmelzen.«

Die Motoren sind über die Jahre tatsächlich sauberer geworden, dafür aber die Autos auch schwerer und die Reifen breiter. Das nennt man »Rebound«-Effekt: Der Fortschritt an der einen Stelle wird aufgefressen durch Maßlosigkeiten an einer anderen. Was daraus auch folgt: Alternative Antriebe gelten als Allheilmittel für die Luftqualität, sind es aber nicht. Denn Elektrofahrzeuge haben zwar keinen Auspuff mehr, aber immer noch Reifen und Bremsen. Und die Straßen sind nach wie vor viel zu voll. Die effektivste Methode zur Vermeidung von Feinstaub bleibt daher: Rad fahren. Da ist der Abrieb überschaubar.

Verrückterweise atmet sich auch die »frische Landluft« in Zeiten der industriellen Landwirtschaft nicht mehr so leicht weg.

Wenn Gülle als Dünger auf die Felder ausgebracht wird, entsteht Ammoniak, das sich zu dem erwähnten sekundären Feinstaub verbindet. Wenn sich das Ammoniak aus der Landwirtschaft und das NO_2 aus dem Verkehr zusammentun, ist es nicht immer klar zuzuordnen, woher die einzelnen Partikel stammen. Das ist dann aber am Ende dem Körper, der den Mist einatmet, verteilt und endlagert, auch egal.

Leider sind auch die kuscheligen Kachelöfen und erst recht die offenen Kamine eine Quelle für Feinstaub. Wer sich die Füße wärmt und sich an dem Anblick brennender Scheite erfreut, beschert allen drumherum eine Feinstaubdusche vom Feinsten. Auch durch alte Heizungen, bei der Metall- und Stahlerzeugung oder auch beim Umschlagen von Schüttgütern staubt und fein-

»Der Junge muss an die frische Luft!«

staubt es gewaltig. In Europa haben wir immer noch jede Menge alte Kraftwerke und nehmen neue Kohlekraftwerke in Betrieb, was absurd ist. Auch wenn die weniger Dreck aus dem Schornstein lassen, ist es immer noch sehr viel mehr als bei Solar- und Windenergie. Denn immer, wenn wir fossile Brennstoffe nutzen, gibt es Dreck und irgendwer zahlt dafür mit seiner Gesundheit – was nicht eingepreist wird. Warum regt sich eigentlich keiner darüber auf, dass wir uns wegen Feinstaub früher aus dem Staub machen? Das Umweltbundesamt fordert schon längst, die Risiken infolge zu hoher Feinstaubkonzentrationen ernster zu nehmen und zu begrenzen, aber wir sind halt ein Autoland.

Auch Waldbrände, die in den letzten Jahren weltweit, aber auch in Deutschland eine neue Dimension erreichten, tragen zu vielen verschiedenen Partikeln in der Luft und in der Atmosphäre bei. Die Brände, die im Herbst 2020 an der Westküste der USA wüteten, waren die schlimmsten, die je verzeichnet wurden. In San Francisco verfärbte sich der Himmel mitten am Tag in ein tiefes Rot. Die Rauchsäule eines Brandes in Kalifornien hatte eine Rekordhöhe von siebzehn Kilometern. So weit oben können sich die Partikel mit dem Jetstream besonders rasch verteilen, wie eine Satellitenauswertung der NASA zeigt. Der Rauch schaffte es mit einem starken Westwind über den Atlantik nach Deutschland und veränderte hier unser Wetter. Wer an den entscheidenden Tagen den Himmel betrachtete, dem konnte die milchige Trübung auffallen, die ironischerweise für besonders rosige und farbenprächtige Sonnenuntergänge sorgte. Weltuntergangsstimmung, bei genauer Betrachtung.

Soll ich jetzt eine Kerze anzünden für jeden, der an Luftverschmutzung stirbt? Keine gute Idee. Laut dem europäischen Kerzenverband (ECA) verbraucht im Durchschnitt jeder Mensch in Deutschland bereits 2,2 Kilogramm Kerzen im Jahr. Die müssen ja auch irgendwo bleiben. Jede Kerze, die meisten bestehen aus Paraffin, sprich einem Erdölabkömmling, rußt. Und so gemütlich

Kerzen für daheim sein mögen, für die Raumatmosphäre zählen die Partikel mehr als das Schummerlicht.

Feinstaub ist für mich ein Beispiel dafür, dass wir die Idee, uns irgendwo gemütlich ins Private zurückziehen zu können, knicken müssen. Es gibt kein »drinnen« und »draußen«, kein »hier ist es sauber« und »dort schmutzig«, Luft lässt sich halt schlecht teilen. Klar kann ich im Privaten auf Laub- und Holzverbrennung im Garten verzichten, ich kann darauf hoffen, dass der Vermieter eine energiesparende und emissionsarme Gebäudeheizung eingebaut hat, und meinen eigenen Fleischkonsum reduzieren, da bei der Tierhaltung große Mengen Ammoniak freigesetzt werden. Ich kann am Staubsauger einen Feinstaubfilter einsetzen, Geräte kaufen, die mir die Luft aufbereiten, und das Rauchen sein lassen. Das ist weder drinnen noch draußen für irgendwen gesund. Aber nur politisch kann ich darauf drängen, dass es endlich eine Verpflichtung gibt, alle Busse mit Partikelfiltern auszustatten, dass Lkw nicht durch hoch belastete Straßen fahren dürfen und mehr Lasten auf die Bahn verteilt werden.

Und ein letzter Knaller zu dem Thema: Silvester!

Was tun wir, die wir das Jahr über Späßchen über »Umweltzonen« gemacht und uns über andere Anzeichen einer hysterischen Ökodiktatur mokiert haben: Wenn wir nicht gerade gezwungen sind, uns wegen Corona an irgendwelche Vorschriften zu halten, böllern wir in ein paar Stunden für weit über hundert Millionen Euro Feinstaub in die Luft.

Ich werde nie vergessen, wie ich auf einer Berliner Dachterrasse in Prenzlauer Berg Silvester feierte und beobachtete, wie sich die Stadt so einnebelte, dass man kaum mehr die Hand vor Augen sehen konnte. Gespenstisch. Die Augen brennen, der Hals kratzt, aber mithilfe von ausreichendem Alkohol kann man das bis zum nächsten Jahr wieder vergessen machen. Und das alles, um rituell die bösen Geister zu vertreiben, das letzte Jahr abzuhaken und mit guten Vorsätzen neu zu starten. Mit Vorsätzen wie: gesünder zu leben und mehr für die Umwelt zu tun.

Eigentlich ist das alles sehr lustig. Versprochen, nächstes Silvester zünd ich nur eine Wunderkerze an. Bei laufendem Staubsauger! Und dann schau ich mir entspannt auf dem Balkon das Geböller der anderen an – denn zum Glück werden ja nicht alle gleichzeitig vernünftig werden. Und für den Rest des Jahres gibt es die »Luftqualität«-App des Umweltbundesamtes. Sie zeigt die aktuellen PM10-Tageswerte und Warnmeldungen, auch für Stickstoffdioxid und Ozon. Aber was folgt daraus, wenn mir die App anzeigt: Luftqualität schlecht? »Negative gesundheitliche Auswirkungen können auftreten. Wer empfindlich ist oder vorgeschädigte Atemwege hat, sollte körperliche Anstrengungen im Freien vermeiden.«

Von Luftanhalten steht da nix.

KEINE LUFT MEHR NACH OBEN

*Schnell bedeutet hier wirklich schnell.
Drei Fußballweltmeisterschaften sind noch übrig,
dann müssen die globalen Emissionen halbiert sein.*

Das Thema Müll bringt in jeder Wohngemeinschaft Ärger, auch in der globalen. Wer hinterlässt ihn wem, wer bringt ihn raus. Immerhin herrscht hierin große Einigkeit: Wenn man zu Hause festen Müll erzeugt, muss man die Müllabfuhr bezahlen, das versteht jeder. Wenn man sein Klo spült und Dreckwasser erzeugt, kostet es etwas, den Dreck aus dem Wasser wieder rauszuholen, das versteht auch jeder. Mit welchem Recht wird gasförmiger Dreck aus der Bepreisung ausgenommen? Nur weil er eine andere Form hat? Physikalisch gibt es drei klassische Aggregatzustände: fest, flüssig und gasförmig, beim Wasser sind das Eis, Wasser und Dampf. Wäre es da nicht logisch, für Gase einen Abgas-Müllpreis aufzurufen?

Was nix kostet, is auch nix. Leider stimmt dieser Satz nicht beim CO_2. Es ist was, zwar durchsichtig, aber schwergewichtig. Deshalb wird es ja auch in Tonnen gemessen. Man kann Unmengen davon produzieren und in der Luft verteilen, und das kostet erst mal nix. Kohle zu verbrennen und daraus Strom herzustellen, gilt als »billig«. Das beschert den Konzernen Milliardengewinne und Subventionen, aber auf den ganzen Folgekosten bleibt die Allgemeinheit hocken. In einer Studie des Fraunhofer-Instituts werden die Kosten, die man heute für die Erzeugung einer Kilowattstunde bezahlt, den Kosten, die über die nächsten Jahrzehnte entstehen, gegenübergestellt: Sowohl bei Braunkohle als auch bei Windkraft liegen die Kosten für die Erzeugung bei rund sechs Cent. Interessant ist die Betrachtung der Folgekosten. Die betragen bei der Braunkohle neunundsechzig Cent, sprich mehr als das Zehnfache, bei den Windrädern dagegen in die Zukunft gerechnet weniger als einen Cent pro Kilowatt. Ein im wahrsten

Sinne himmelweiter Unterschied. Der Himmel ist eben nicht so weit, wie wir uns das vorstellen, und solange es uns scheinbar nichts kostet außer unser Überleben, wird weiter munter die Atmosphäre als unentgeltliche Mülldeponie missbraucht.

Was allen gehört, gehört eben auch irgendwie keinem, und so verkommen öffentliche Anlagen häufig eher als private, weil sich niemand so wirklich zuständig fühlt. Die klügsten Leute haben sich schon an dem Thema abgearbeitet. Und nicht nur die »Ökos«, auch die Ökonomen. Mehr als dreitausendfünfhundert US-Ökonomen, darunter siebenundzwanzig Nobelpreisträger, forderten in einer Erklärung im Januar 2019 die Einführung einer CO_2-Steuer in den USA mit vollständiger Rückverteilung der Einnahme in gleicher Höhe pro Bürger. Eine solche Steuer sei der kosteneffektivste Hebel, um bei maximaler Fairness und politischer Machbarkeit Kohlendioxid-Emissionen zu reduzieren. Nur wenn Firmen das klare Signal bekommen, dass der Dreckausstoß langfristig nicht mehr für umsonst zu haben sein wird, investieren sie.

Für Deutschland ist der maßgebliche Vordenker der Ökonom und Direktor des Potsdam-Instituts für Klimafolgenforschung Ottmar Edenhofer. Ab 2021 werden in Deutschland endlich fossile Brennstoffe mit einem Preis von fünfundzwanzig Euro pro Tonne belegt. Gemerkt hat man das zum Jahreswechsel an der Tankstelle, aber nur, wenn man genau drauf geachtet hat. Denn dass Spritpreise auch mal um 7,5 Cent schwanken, kennt man, ob man deshalb mehr oder weniger sparsam Auto fährt, bleibt dahingestellt.

Das Umweltbundesamt hat errechnet, dass jede Tonne CO_2 einen Schaden von einhundertachtzig Euro verursacht. Andere Berechnungen kommen sogar, je nachdem, wie hoch man die Zinsen und zukünftigen Kosten einpreist, auf sechshundert Euro pro Tonne. So oder so sind fünfundzwanzig Euro ein schlechter Witz. Und Deutschland, der angebliche Vorreiter in Sachen Klimaschutz, ist mal wieder sehr »late to the party«.

Schweden hat seit dreißig Jahren einen CO_2-Preis – aktuell sind es einhundertfünfzehn Euro pro Tonne – und plant, bis zum Jahr 2045 CO_2-neutral zu sein. Die radikale Steuer führte dazu, dass die Schweden kaum noch mit Öl heizen und sich auch keiner »bestraft« fühlt, weil parallel die Lohnsteuer gesenkt wurde. Auch in England, Finnland, Frankreich, der Schweiz und in vielen anderen Ländern hat der CO_2-Preis weder zum Zusammenbruch der Wirtschaft geführt noch zum Bürgerkrieg. Ich liebe es, wenn ich in der Schweiz direkt auf meinem Zugticket lesen kann, wie viel CO_2 ich der Umwelt gerade erspare. Das tröstet sogar ein bisschen über die dortigen Bahnpreise hinweg.

Schon der Begriff »CO_2-Steuer« ist irreführend. Bei »Steuer« denken doch viele, der nimmersatte Staat nimmt sich etwas, das ihm nicht zusteht. Treffender finde ich »CO_2-Umlage« oder »Bonus«, damit klar ist, dass diejenigen belohnt werden, die weniger Ressourcen verbrauchen. Noch wirksamer und spürbarer könnte die »Kohlenstoff-Dividende« sein, eine Auszahlung an alle Haushalte am Ende des Jahres. Das wäre eine tolle Motivation – wann bekommt man sonst schon Geld vom Staat zurück?

In Kanada kann man für ökologischeres Verhalten die »Carbon Tax« mit der Steuererklärung zurückfordern. Alles eine Frage der Verteilung, aber »der Markt« regelt das nicht von allein, weil er viele Folgekosten schlicht nicht einbezieht. Welchen Preis hat unsere Gesundheit? Und eine intakte Mitwelt? Allein der Verkehr in Deutschland verursacht laut Umweltbundesamt Umweltschäden in Höhe von fast 1,5 Milliarden Euro jährlich durch Feinstaub und weitere 7,3 Milliarden durch Stickoxide. Wenn die nirgendwo auftauchen, zahlen wir die Zeche mit unserer Lunge und den Krankenkassenbeiträgen. So gesehen sind der überfällige Abschied vom Verbrennungsmotor und der Kohleausstieg ein Sparprogramm für unsere Gesellschaft, wenn man wirklich alle Kosten auch für die eigene Gesundheit mit einrechnet.

Und warum ist das Ganze so eilig? Weil wir einen Vertrag unterschrieben haben! Und überleben wollen. In Paris haben sich alle Staaten verpflichtet, die globale Erwärmung »deutlich unter 2 Grad Celsius« zu halten und »Anstrengungen zu unternehmen«, sie auf 1,5 Grad zu begrenzen. Der Klimaforscher Stefan Rahmsdorf wird deutlicher: »Im Paris-Abkommen herrscht bislang das Klingelbeutel-Prinzip: Jeder gibt so viel, wie er möchte.« Mit der gegenwärtigen Politik steuern die Staaten allerdings eher auf eine katastrophale globale Erwärmung von 3 Grad zu. In Deutschland werden wir auf dem aktuellen Pfad die 1,5 Grad-Grenze wohl 2030 schon überschreiten. Daher ist es dringend notwendig, dass die Staaten sich ernst gemeinte Klimaschutzziele setzen. Stefan forscht am Potsdam-Institut für Klimafolgenforschung (PIK), zu seinen Spezialitäten zählt das Emissionsbudget. Er vergleicht es gerne mit einem Bankguthaben. Da man ziemlich genau ausrechnen kann, welche Gesamtmenge an CO_2 welche globale Erwärmung verursacht, kann man überschlagen, wie viel noch ausgepustet werden darf, bis man die Marke reißt, auf die man sich geeinigt hat. Deutschland hat etwa 1,2 Prozent der Weltbevölkerung, also dürfen wir vom Gesamtbudget auch nur diesen Teil verheizen. Das bedeutet, dass uns noch 4,2 Gigatonnen zur Verfügung stehen.

Wenn man weiß, dass wir jährlich rund 0,8 Gigatonnen CO_2 ausstoßen, versteht man die Eile und die Bedeutung dieses Jahrzehnts. Sowohl für uns als auch für die Welt ist nicht mehr viel Luft nach oben. Ein hoher CO_2-Preis ist eine Stellschraube, um unseren Fußabdruck von elf Tonnen pro Kopf zu verkleinern. Aktuell sind in Deutschland die Pro-Kopf-Emissionen etwa doppelt so hoch wie im Weltdurchschnitt. Ein schwacher Trost: Der Durchschnittsamerikaner verbraucht zwanzig Tonnen, der Chinese pro Kopf nur sieben Tonnen – was aufgrund der Bevölkerungsdichte in China in absoluten Zahlen trotzdem den höchsten Ausstoß bedeutet. Im Paris-Vertrag steht etwas von einer »gemeinsamen, aber differenzierten Verantwortung der Staaten«, was so viel heißt wie: Wer mehr Geld und mehr zu reduzieren hat, soll das auch gefälligst tun. Klar ist, dass es dreckigere Kohlekraftwerke gibt als die bei uns und dass es daher einer internationalen Anstrengung bedarf, um dort am schnellsten Emissionen zu reduzieren, wo es am meisten bringt. Auf der Webseite showyourbudgets.org gibt es viel Anschauungsmaterial dazu. Klar ist auch: Je schneller man reduziert, desto besser. Und hätte man damit vor vierzig Jahren angefangen, stünde man jetzt nicht so unter Druck. Hätte, hätte, Herrentoilette. Das Einzige, was mich jetzt noch interessiert: Wie teuer werden bei einem vernünftigen CO_2-Preis die CO_2-Zylinder für meinen Wassersprudler?

FRISCHLUFTFREUND:INNEN UND DIE FILTERBLASE

»Ich lass mir aber von mir auch nicht alles gefallen.«
Viktor Frankl

Ja, ich habe es versucht. Aber ich bekomme das einfach nicht hin zu rauchen. Mit aller Willenskraft nicht. Ich beneide Raucher auf Partys. Wenn sie alleine auf dem Balkon stehen mit einer Zigarette in der Hand, sehen sie automatisch aus wie Philosophen, die gerade über etwas ganz Wichtiges nachdenken. Wenn ich alleine auf dem Balkon stehe ohne Zigarette, sehe ich einfach nur aus wie jemand, der alleine auf dem Balkon steht, weil sich keiner mit ihm unterhält.

Ein Grund für Jugendliche, mit dem Rauchen überhaupt anzufangen, ist, dass sie erwachsener wirken wollen. Und eins stimmt: Wer schneller älter aussehen will, findet kaum etwas Effektiveres, als zu rauchen. Wem das zu langsam geht, der kann auf der Sonnenbank unter UV-Bestrahlung rauchen. Nach dem fünfundzwanzigsten Lebensjahr beginnt praktisch niemand mehr ernsthaft mit dem Qualmen. Da haben sich Selbstbild und Synapsen sortiert, wodurch das Suchtpotenzial sinkt. Aber in der Pubertät hält sich jeder für unsterblich und macht die gefährlichsten Sachen, um seine unbändige unsterbliche Jugend zu beweisen. Ich hatte als junger Arzt in der Kinderneurologie und -psychiatrie mit harten Jungs zu tun, die S-Bahn-Surfen gemacht haben, also Kopf raushalten aus der Tür bei 80 km/h. Keine gute Idee. Aber das wächst sich aus. S-Bahn-Surfen ist bei Fünfzigjährigen therapeutisch kein Thema mehr. Da ist man froh um jeden Sitzplatz.

Titus Brinker, Arzt und Forscher am Nationalen Centrum für Tumorerkrankungen (NCT) Heidelberg, entwickelte 2014 seine erste Entwöhnungs-App »Smokerface« mit über vierhunderttausend Nutzer:innen. Die App lässt 3-D-Selfies altern und zeigt ihnen so, wie sie in fünfzehn Jahren mit oder ohne Rauchen aussehen werden. Und so wie man mit fünfzehn den Ehrgeiz hatte, auszusehen wie mit achtzehn, erlischt doch der Impetus, wenn man sieht, dass man mit dreißig aussehen wird wie mit siebzig! Interessanter Ansatzpunkt: Gut aussehen ist vielen wichtiger, als Erkrankungen zu vermeiden.

Was noch ungeklärt ist: wie man ohne »Haste mal Feuer?« in Zukunft Menschen kennenlernen soll. »Haste mal Ladekabel?« Immerhin werden die Verdampfer als Hightechprodukte vermarktet, die Nikotin-Applikatoren sehen aus wie ein I-Phone der jüngsten Generation. Die Studien dazu sind noch im Gange, aber das erste Fazit lautet: Wer raucht und umsteigt, tut sich einen Gefallen. Wer komplett aufhört, den sehr viel größeren. Und wer mit dem Verdampfer anfängt und dann zum Raucher wird, hat das Spiel nicht verstanden, ist aber wohl nicht ganz untypisch.

Ich bin ungern ein Spaßverderber. Aber es gibt in der Medizin keine Operation, kein Medikament, keine Maßnahme, die einem Menschen mehr gesunde Lebensjahre schenken kann als die Entscheidung, mit dem Rauchen aufzuhören. Noch gesünder ist nur, gar nicht erst anzufangen. Und gibt es etwas Schöneres, als sich frische Luft reinzuziehen, auf Lunge sozusagen? »Atme mal tief durch« sagen wir, wenn sich jemand entspannen soll. Alle, die gerne rauchen, dürfen diesen Text überspringen. Alle, die jemanden, den sie lieben, auf dem Weg zum Nichtraucher begleiten wollen, dürfen weiterlesen, denn es gibt ein paar neue Argumente, die über die persönliche Gesundheit hinausweisen.

Mit dem Rauchen aufzuhören, lohnt sich nämlich nicht nur für die eigene Lebenszeit, sondern auch für die Lebenszeit einer Beziehung! In einer umfangreichen Analyse von Faktoren, die eine Trennung beschleunigen, liegt das Rauchen weit vorne. Beziehungen, in denen nur einer raucht, zerbrechen doppelt so häufig wie Beziehungen von zwei Nichtraucher:innen. Erstaunlich allerdings: Rauchen beide Partner, so liegt die Trennungsrate noch einmal um rund zwei Prozentpunkte höher. Keine Ahnung, was hier Ursache und was Wirkung ist.

*Meine erste Zigarette unter ärztlicher Beobachtung.
Bei den Hirnströmen war der Rauch beliebter als bei den Lungenbläschen.*

Insgesamt hat das Selbstbewusstsein der Raucher:innen gelitten. Heute gelten die Helden von einst eher als charakterschwach. Das erkennt man daran, dass Raucher:innen sich für ihr Verhalten meist schon vorauseilend entschuldigen. Ich schmunzele immer, wenn mir auf einer Terrasse jemand gegenübersitzt, dessen Zigarettenrauch, durch magische Kräfte angeschoben, zu mir zieht. Rauch zieht grundsätzlich zu den Nichtrauchern, als würde er spüren, wo er am meisten stört. Dann beginnen die Raucher:innen, die schon so höflich waren, vor dem Anzünden der Zigarette um Erlaubnis zu fragen, hektisch mit den Armen zu wedeln oder, noch besser, einzelne Schwaden mit den Händen zu umfangen und gen Boden zu schleudern.

Für alle, die mit dem Rauchen aufhören wollen, eine frohe Botschaft aus der Wissenschaft: Sport kann das unmittelbare Verlangen nach Nikotin senken. Schon ein fünfzehnminütiges intensives Training auf dem Fahrrad reicht, um die Gier nach Zigaretten deutlich zu verringern. Wie kommt das? In unserem Gehirn kämpfen verschiedene Hormone und Belohnungssysteme um die Herrschaft über unser Verhalten. Und deshalb folgen wir so oft einer absurden inneren Logik statt unserem Verstand. Mein liebstes Beispiel: Viele glauben, die Zigarette würde sie entspannen. Aber das stimmt objektiv nicht. Das Nikotin der neuen Zigarette lindert bei einem Nikotinabhängigen lediglich die Entzugssymptome, die Nervosität und das Schmachten. Damit kann sich der Raucher nach der Zigarette kurzfristig wieder so entspannt fühlen wie ein Nichtraucher den ganzen Tag.

Die Droge Bewegung gleicht also den gefühlten Entzug vom Belohnungshormon Dopamin aus. Sport hilft auch Ex-Raucher:innen, nicht zuzunehmen, es sei denn, sie steigen auf Schokoladenzigaretten um. Die Angst, dick zu werden, ist bei vielen ein Grund weiterzurauchen. Ein gewichtiger. Aber auch Quatsch, weil die meisten nach einer Phase der Gewichtszunahme langfristig genauso viel wiegen, als hätten sie nie geraucht. Viele der Extrakilos haben nämlich gar nichts mit dem fehlenden Rauchen zu tun, sondern mit der Tatsache, dass auch Nichtraucher:innen mit vierzig mehr wiegen als mit zwanzig. Beobachtet man Ex-Raucher:innen länger als zehn Jahre, sieht man, dass sie nicht immer dicker werden. Erzählen Sie es weiter!

Ein weiterer guter Grund aufzuhören, ist die Liebe. Wenn es jemanden gibt, der sagt: »Ich möchte mit dir alt werden!«, dann ist mit diesem Wunsch auch ein Appell verbunden: Sorg so gut für dich, dass du alt wirst! Der andere starke emotionale Grund aufzuhören, ist eine Schwangerschaft. Wenn die Frau merkt, dass sich etwas unterm Herzen bewegt, bewegt sie das oft auch dazu, ihrer Lunge mehr Luft zu lassen. Und damit dem Kind. Das kann ja nicht raus. Noch besser ist es übrigens, mit dem Rauchen aufzuhören, bevor man schwanger wird. Denn erstens klappt es dann leichter. Und zweitens dankt das auch der Embryo, denn es passiert bereits sehr viel, bevor die Frau überhaupt ahnt, dass sich neues Leben in ihr formt. Absurderweise schädigt Rauchen während der Schwangerschaft ausgerechnet die Lungenfunktion des werdenden Kindes, obwohl das im Fruchtwasser ja gar nicht atmen kann. Auch steigt später das Risiko für den plötzlichen Kindstod, Allergien und Hirnschäden.

Weitaus stärker als auf Behörden und Vorschriften reagieren Menschen auf andere Menschen. Ab der achten Klasse vor allem auf Gleichaltrige. Wenn der oder die Coolste raucht, rauchen die Mitläufer:innen mit. Erfolgreiche Schulprogramme wie »Be Smart – Don't Start!« nutzen diesen positiven sozialen Druck und belohnen Klassen, in denen weniger als zehn Prozent der Schüler rauchen. Es wirkt. In Klassen, die sich an diesem Programm beteiligt haben, rauchen tatsächlich weniger.

Übrigens: Wer über Big-Pharma schimpft, der sollte wissen, dass die Tabakbranche an Umsatz, Skrupellosigkeit und Rendite viel weiter vorne liegt. Sie ist nach wie vor einer der reichsten Wirtschaftszweige und hat in den letzten Jahrzehnten ein dramatisches Wachstum verzeichnet. Aber wie geht das, wenn doch immer weniger Leute rauchen? Das ist leider nur in den Ländern mit hohem Einkommen so, weltweit hat die Zahl der Raucher:innen weiter zugenommen. Und so produziert die Tabakindustrie sechs Billionen Zigaretten pro Jahr, die von über einer Milliarde Raucher:innen konsumiert werden.

Die direkten gesundheitlichen Auswirkungen des freiwilligen Rauchens sind inzwischen gut dokumentiert, es ist verantwortlich für etwa sieben Millionen Todesfälle pro Jahr. Und somit nach dem unfreiwilligen Einatmen von dreckiger Luft nach wie vor eine der Top-Gesundheitsgefahren auf der Welt.

Doch auf den Gedanken, das Thema Rauchen mit der Umweltverschmutzung zu verbinden, bin ich erst während der Recherche für dieses Buch gekommen, wobei ich alte Kippen schon immer eklig fand. Zum einen, weil die so unappetitlich gelb-gräulich verfärbten Filter an die Zähne der chronischen Raucher:innen erinnern; zum andern, weil die Filter, achtlos weggeworfen, sich mit dem nächsten Regen oft nicht auflösen, sondern aufquellen und weiter in jeder Pfütze auf der Straße vor sich hin dümpeln. Aber in welchem Ausmaß Rauchen weit über die gesundheitlichen Aspekte hinaus schädlich ist, davon hatte ich bisher wenig Ahnung.

Die Zerstörung der Natur durch das Rauchen beginnt beim Tabakanbau. Über sechstausendfünfhundert Hektar Wald werden jährlich dafür gerodet. Das schätzt die Weltgesundheitsorganisation. Die Pflanzen brauchen, um zu gedeihen, jede Menge Pestizide, die die Böden kaputt machen und vor Ort auch mit einheimischen in Konkurrenz treten. Wie absurd ist das denn, dass wir ausgerechnet in Entwicklungs- und Schwellenländern Tabak für den Export anbauen, während die Menschen dort hungern?

Der Tabakanbau schluckt außerdem enorm viel Wasser. Eine Raucher:in, die fünfzig Jahre lang zwanzig Zigaretten am Tag raucht, ist für den Verbrauch von 1,4 Millionen Liter Wasser verantwortlich. Und auch die jährlichen Emissionen aus der Produktion sind gigantisch. Die Tabakindustrie verantwortet mit vierundachtzig Millionen Tonnen CO_2-Emissionen so viel wie fünfzehn Millionen Flugreisen von Hamburg nach San Francisco.

In Deutschland ist die Zahl der gerauchten Zigaretten zwar leicht rückläufig, aber mit sechsundsiebzig Milliarden Zigaretten im Jahr 2017 sind das grob gerechnet immer noch tausend pro Einwohner:innen. Und die müssen ja irgendwo bleiben. Betonung auf *irgendwo*, denn über achtzig Prozent der Raucher:innen geben zu, Kippen auf die Straße, auf Spazierwege oder aus dem Autofenster zu werfen. Die Waldbrandgefahr wird dabei auch noch in Kauf genommen. Dabei wissen wahrscheinlich die wenigsten, was sie der Umwelt damit antun. Weggeschnipste Zigarettenkippen sind weltweit das häufigste Abfallprodukt – und ein riesiger Haufen unlöslicher Sondermüll.

Schätzungsweise landen mehr als die Hälfte bis zwei Drittel der erwähnten sechs Billionen Zigaretten nicht in einem Aschenbecher, sondern irgendwo in der Pampa. Also pro Jahr 4.000.000.000.000 Kippen. Sozusagen die größte dezentrale Müllkippe der Welt! In Tonnen bedeutet das, es verschmutzen zwischen dreihundertvierzigtausend und sechshundertachtzigtausend Tonnen Zigarettenstummel unseren Planeten. In unseren Ozeanen ist jedes vierte Müllteil eine Zigarettenkippe.

Rauchen war lange Zeit mit toxischer Männlichkeit assoziiert, bevor Frauen es als Zeichen der Emanzipation umdeuteten und nachzogen. Die Toxizität bleibt unabhängig vom Motiv, aus dem heraus man die Zigarette angezündet hat, nach dem Erlöschen erhalten: siebentausend Gifte von Arsen, Blei, Chrom, Kupfer, Cadmium, Formaldehyd, Benzol bis hin zu polyzyklischen aromatischen Kohlenwasserstoffen. Und natürlich Nikotin. Nikotin ist ein Nervengift. Dafür raucht man es ja schließlich! Macht ja keiner zum Spaß, sondern für den Kick im Dopaminsystem. Die Filter und die daraus gelösten Gifte landen letztendlich in der Kanalisation, in Seen, in Flüssen, im Meer. Mit verheerenden Folgen für alle Wasserlebewesen, die mit der Kippe so gar nichts Sinnvolles anstellen können. Unter Wasser ist es eh schwer mit dem Rauchen, aber die schleichenden Gifte führen zu Veränderungen im Erbgut, im Verhalten, bis hin zum Tod. Gerade weil sich Gifte in Nahrungsketten wieder ansammeln und höher konzentrieren, kann eine einzige Zigarette nach vier Tagen immer noch Fische töten.

Die ungefilterte Wahrheit über Filter ist auch: Sie sind nicht aus Watte, sondern aus einer Art Plastik namens Celluloseacetat. Wer selber dreht, kann theoretisch auf ungebleichte Zigarettenfilter aus Zellulose ausweichen, aber bei industriell hergestellter Massenware wird einem die Entscheidung ja in den Mund gelegt. Es braucht Jahrzehnte, bis sich diese Kunststoffe überhaupt abbauen lassen. Im Meer dauert dieser Prozess aufgrund des Salzgehalts sogar über hundert Jahre. Und genauso wie beim Mikroplastik verwechseln Fische, Schildkröten und andere marine Bewohner die kleinen Schwebeteilchen mit etwas Essbarem, verrenken sich damit ihren Verdauungstrakt und sterben elendiglich mit einem Magen voller Schrott.

Wem die Fische egal sind: Zigaretten vergiften auch Kinder. Allein der Giftnotruf in Berlin befasst sich jährlich über 250-mal mit Vergiftungen bei Kindern, die ganze Zigaretten oder Kippenreste verschluckt haben. Eine der häufigsten Intoxikationen bei Kleinkindern.

Und wer kommt für die ganzen gesellschaftlichen Folgekosten auf? Die Raucher:innen nur bedingt. Allein die Entsorgung der weggeworfenen Stummel kostet. In Deutschland geben wir laut einer Studie des Verbands kommunaler Unternehmen rund zweihundertfünfundzwanzig Millionen Euro jährlich für das Aufsammeln von Zigarettenkippen in den Straßen und Parks aus. Dafür könnte man eine Menge Bäume in den Städten pflanzen, die dem Klima weitaus zuträglicher wären.

Aber es tut sich was, zumindest außerhalb von Deutschland. Schweden hat inzwischen das Rauchen an öffentlichen Orten ganz verboten. In Spanien, Frankreich und Italien sollen die Strände zunehmend rauchfrei und damit auch kippenfrei werden. Und die EU-Kommission formuliert etwas kryptisch in einem »Vorschlag für eine Richtlinie des Europäischen Parlaments und des Rates über die Verringerung der Auswirkungen bestimmter Kunststoffprodukte auf die Umwelt«, die Zigaretten gemeinsam mit der Richtlinie zu Einwegplastik anzugehen.

Einen konkreteren Vorschlag macht aufheber.org, eine Berliner Bürgerinitiative mit einem einfachen Konzept: »Jedes Mitglied macht es sich zur Aufgabe, täglich drei Stücke Müll auf den Straßen, Plätzen und in den Grünanlagen der Stadt aufzuheben und ordentlich zu entsorgen.« Aus einer lokalen Facebook-Gruppe wurde inzwischen ein Netzwerk der weltweit wachsenden Cleanup-Bewegung. Die Idee, die mich am meisten überzeugt: Sie fordern mindestens zwanzig Cent Pfand auf jede Kippe! Nur wer den zu jeder gekauften Zigarettenpackung mitgelieferten Taschenaschenbecher voll bestückt zurückgibt, erhält den Pfandbetrag.

Bisher gehen die Kommunen nur mit Bußgeldern gegen das achtlose Wegwerfen von Zigarettenstummeln vor – und auch das ganz unterschiedlich. Eine einheitliche Regelung zur »unzulässigen Abfallentsorgung«, wie der Terminus für die Ordnungswidrigkeit heißt, gibt es in Deutschland nicht. In Berlin etwa kosten die Stummel auf dem Boden fünfunddreißig Euro, immer noch ein Schnäppchen gegenüber Singapur. Dort kann die Strafe bis zu zehntausend Dollar betragen, in Brüssel zweihundert Euro, in London einhundertfünfzig Pfund. Es würde sich für die Raucher:innen lohnen, mit dem Billigflieger nach Düsseldorf zu fliegen, dort kostet die »unzulässige Abfallentsorgung« nämlich nur zehn Euro. Da ist der Rückflug noch mit drin. Und der Duty-Free-Einkauf! Andererseits kommt es selten genug vor, dass jemand für das Wegschnippen einer Zigarette einen Bußgeldbescheid erhält. Es ist auch logistisch sehr viel leichter, die Leute beim Schnellfahren zu blitzen, als beim Wegschnipsen zu erwischen. Aber logisch ist es nicht.

Ob die Kosten die Leute vom Rauchen abhalten? Zumindest für den Einstieg ist belegt, dass höhere Preise eine Wirkung haben. Und wie wirksam sind die Bilder von Raucherlungen und Krebsgeschwüren auf den Zigarettenpackungen? Es gibt zwar Hinweise, dass sie eine gewisse abschreckende Wirkung haben – solange man die Zigaretten nicht einfach in eine andere Schachtel umtopft oder die Schachtel in ein Etui packt. Aber weder in Deutschland noch international werden bislang Umweltargumente berücksichtigt. Keine Ahnung, wer die Warnungen getextet hat. Ich möchte nicht wissen, wie viele Leute beim Lesen des Satzes »Rauchen kann die Spermatozoen schädigen« nur gedacht haben: »Die was? So was hab ich nicht.« Und wahrscheinlich darunter auch viele Männer. Sehr viel origineller fände ich Warnhinweise wie: »Rauchen verkürzt Ihre Zigaretten« oder »Rauchen verursacht Spliss« oder »Rauchen beim Sex kann als mangelndes

Interesse gedeutet werden«. Die würden ihre Wirkung bestimmt nicht verfehlen.

Das Absurde ist ja: Die meisten Raucher:innen wollen aufhören. Daher sollte sich alles, was nicht sofort ein schlechtes Gewissen hervorruft, sondern ein bisschen motiviert und Verständnis zeigt, so schnell verbreiten wie Zigarettenrauch. Mit etwas aufzuhören, ist gefühlt erst einmal ein Verlust, eine Unsicherheit, nichts, worauf man sich freut. Das geht schon mit dem Wort »Nichtraucher« los! Das ist kein erstrebenswertes Ziel. Es ist eine Verneinung. Es klingt so, als hätte man es nicht mehr bis zum Raucher geschafft. Da schwingt persönliches Versagen mit, und so kommt der Nichtraucher gefühlt gleich nach dem Nichtschwimmer. Wenn man etwas verändern will, reicht es nicht, gegen etwas zu sein. Viel besser gelingt es, wenn ich ein positiv besetztes Ziel habe. »Gegen« ist im wahrsten Sinne kontraproduktiv. Statt abstrakt »runter mit den Kilos« konkret »zwei Mal die Woche rauf aufs Rad«. Und die Zeit, die man strampelt, raucht man schon mal nicht. Und danach meistens automatisch weniger. Abstrampeln bis zum Abgewöhnen. Statt Kippe anzünden lieber Kalorien verbrennen. Statt große Vorsätze fassen einfach mal vorsätzlich handeln.

Aus meiner kabarettistischen Beobachtung entstand der Impuls, es besser zu machen, einen neuen Begriff zu kreieren, der Nichtraucher:innen angemessen beschreibt. Gesagt, getan: Im Rahmen des Wettbewerbs für rauchfreie Schulklassen »Be Smart – Don't Start« und über einen eigens eingerichteten Instagram-Account wurde dieser Aufruf publik gemacht. Die Jury war überwältigt von der Menge der Einreichungen, darunter Begriffe wie »Snoker«, »Naturlunge«, »Ehrenatmer«, »Atemheld« oder »Nikotarier«. Es gewann aber die Wortkreation »Frischluftfreund:in«, denn eine »Nichtraucher:in« ist ein:e Freund:in der frischen Luft und damit auch ein:e Freund:in ihrer selbst, ihrer Mitmenschen.

Ich bin sehr gespannt, ob sich das durchsetzt. Und wann ich das erste Mal als Antwort auf die klassische Frage: »Willst du eine rauchen?« hören werde: »Nein, ich bin Frischluftfreund:in.« Unwahrscheinlich. Ich gebe es zu. Mein Trost: Die Jugendlichen rauchen heute eh viel weniger als früher. Und ich glaube, es hat weder mit gestiegenem Umweltbewusstsein noch mit der großartigen ärztlichen Aufklärungsarbeit zu tun, sondern schlichtweg mit dem Siegeszug der Digitalisierung. Ein Jugendlicher müsste, um sich eine Zigarette anzuzünden, das Handy aus der Hand legen. Das ist die wirksamste Prävention von allen.

PS: Selbstverständlich ist es mit der Freiwilligkeit bei Nikotinabhängigkeit so eine Sache. Trotzdem schaffen es noch immer die meisten Raucherinnen und Raucher aus eigener Kraft aufzuhören, wenn sie wirklich dazu entschlossen sind. Für alle anderen gibt es viele gut evaluierte Programme, in der Kombi aus sozialer Unterstützung, Verhaltenstherapie und Wissen (mehr auf www.rauchfrei-info.de).

AUFWÄRMEN & ABKÜHLEN

im Schwitzkasten
42 °C = 112
Wet-Bulb Temperature
Hitzschlag
Hanns-Christian Gunga
Verdunstungskälte
Windräder
Katzen
Fegefeuer
Kühler Kopf
Heißer Scheiß

KAPITEL 6

AUFWÄRMEN & ABKÜHLEN

Vielen Menschen ist Schwitzen unangenehm. Mir nicht mehr, seit ich weiß, dass unser Gehirn auf diese »Klimaanlage« unserer Haut angewiesen ist. Wir brauchen einen kühlen Kopf, sonst funktioniert weder unser raffinierter Denkapparat noch die Wärmeregulation für den ganzen Körper. Kein Fieberthermometer misst über 42 Grad – denn dann sind wir tot. Die Klimakrise ist ein Notfall.

Ich besuche einen der wenigen ausgewiesenen Hitzeforscher weltweit und erfahre von Sven Plöger, warum Wetter, das sich nicht ändert, so bedrohlich ist. Ich staune, dass Katzen für Vögel gefährlicher sind als alle Windräder zusammen. Und ich begreife, dass Klimaanlagen nicht die Lösung sind, sondern ein Teil des Problems.

Mensch, Erde!
Wir könnten es so schön haben,
… wenn wir nichts anbrennen ließen –
auch nicht uns selber.

7 TIPPS GEGEN HITZE

1 **Jede Stunde 1 Glas Wasser**

Denn wir verlieren mehr Flüssigkeit, als wir merken.

Wärme draußen lassen **2**

Tagsüber Fenster und Rollläden zu, lüften, wenn es kühler ist.

3 **Vorbereitet sein**

Die App `Warnwetter` installieren.

Kühlen Kopf bewahren **4**

Draußen einen luftigen Hut auf, das Hirn verträgt die Hitze am wenigsten.

5 **Siesta halten**

Den Lebensrhythmus anpassen, das heißt: wenn es heiß ist, ausruhen.

Um andere kümmern **6**

Wer in der Nachbarschaft braucht Unterstützung?

7 **Für Klimaschutz engagieren**

Über Hitze nicht nur stöhnen, Mund aufmachen!

Das ganze Video* ist auf meinem YouTube Kanal zu sehen bei: »Hirschhausen zu Haus« ▶

* *mit Zeichnungen von Andreas Gärtner*

» BEI 42 °C IST SCHLUSS «

Meine Begegnung mit Hanns-Christian Gunga

Der Mensch lebt auf einem schmalen Grat, unser Körper tut alles, um seine Temperatur zu halten. Was passiert, wenn das Klima heißer wird? Der Physiologe Hanns-Christian Gunga forscht dazu an der Charité am Zentrum für Weltraummedizin und Extreme Umwelten.

EvH: Was war das Heißeste, das Sie schon mal ertragen mussten?
Hanns-Christian Gunga: Das war eine arbeitsmedizinische Untersuchung im Salzbergbau. In den Minen herrschen teilweise über 50 Grad Lufttemperatur. Vor allem, weil die Luft sehr trocken ist, lässt sich das aber noch aushalten.

Bei mir waren es 100 Grad – aber nicht lange. Ich bin mal mit einem rohen Ei in die Sauna gegangen. Ich war nach zehn Minuten immer noch in der Lage, mich zu bewegen, das Ei war hart. Aber was uns mit der Klimakrise bevorsteht, ist sozusagen Sauna auf Dauer.
Die Hitzewellen, die wir in den letzten Jahren in Deutschland hatten, ließen uns spüren: Wir kommen auch hier an physiologische Grenzen. Belastend werden kann die Mischung aus Lufttemperatur und hoher Luftfeuchtigkeit.

Wann lässt die geistige Leistungsfähigkeit nach?
Wenn Ihre Körperkerntemperatur, die normalerweise bei 37 bis maximal 37,5 Grad liegen sollte, über 38,2 Grad steigt, erhöht sich bereits Ihre Fehlerquote. Nach unten hin haben wir auch nicht sehr viel mehr Spielraum: Schon bei 35 Grad haben Sie messbare Veränderungen, und bei 27 Grad sind Sie bewusstlos. Wir leben auf einem irrsinnig schmalen Temperaturhorizont. Unser Körper muss unbedingt diese 37,5 Grad halten.

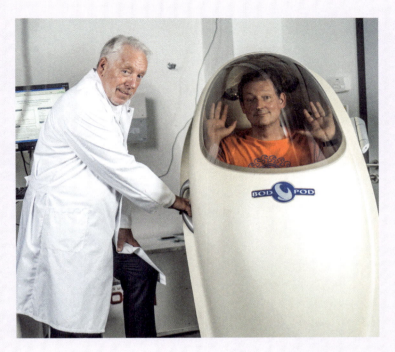

Professor Gunga erforscht an Probanden in dieser kleinen Kapsel, wie sich die Körperflüssigkeiten bei Hitze verschieben. So genau wollen Sie das gar nicht wissen!

Viele Menschen denken, die Körpertemperatur ließe sich – so wie der Blutdruck – mit Medikamenten senken.
Es ist den meisten nicht bewusst, dass es nur 1 bis 2 Grad sind, die uns k. o. machen. Die Temperaturregulation ist wie ein Orchester. Ein bisschen zu viel oder zu wenig Wärme im Hirn und die unterschiedlichen Teile des Orchesters gehen ihren eigenen Weg – mit desaströsen Folgen.

Wir sitzen in der Charité. Wenn Pflegekräfte einen Patienten umbetten müssen, bei 27 Grad Raumtemperatur und dazu noch in Covid-19-Schutzkleidung und mit einer Atemmaske:

Wie können sie ihre Wärme loswerden?
Das ist tatsächlich nicht mehr möglich. Deswegen sollte das Personal längere Pausen einhalten – was aber bei einer voll belegten Intensivstation schwierig wird. Die Pflegekräfte müssen raus, sich entkleiden und später wieder neu einkleiden. Das kann eine halbe Stunde in Anspruch nehmen. Die ist allerdings gar nicht vorgesehen. Kommen im Sommer noch hohe Temperaturen dazu, stehen insbesondere Ärzt:innen und Pflegepersonal unter maximalem Hitzestress. Unser Gesundheitswesen ist miserabel vorbereitet auf die Veränderungen durch die heißeren Durchschnittstemperaturen in Deutschland. Die spielten in den letzten zwanzig Jahren planerisch leider eine viel zu geringe Rolle.

Warum handeln wir nicht bei der größten Gesundheitsgefahr: der Klimakrise?
Der Klimawandel vollzieht sich mit unterschiedlicher Geschwindigkeit, und die einzelnen Staaten verfolgen jeweils ihre eigene Politik. Deshalb fällt es uns schwer, dafür ein globales Verständnis zu entwickeln: Die Hitze, die heute in der Subsahara herrscht, wandert langsam auf uns zu, und all diejenigen, die dort leben, brauchen einen neuen Lebensraum. Wir Wissenschaftler:innen müssen mit viel mehr Nachdruck darauf hinweisen, dass wir die Folgen nicht erst in hundert Jahren spüren werden, sondern in zwanzig Jahren, vielleicht auch schon in fünf.

Sollten auch die Ärzt:innen und andere Menschen aus den Gesundheitsberufen lauter werden?
Ja. Die Folgen treffen jeden gesellschaftlichen Bereich – und schon jetzt unser Gesundheitssystem. Wir können sieben Minuten ohne Sauerstoff überleben, vielleicht sieben Tage ohne Flüssigkeit und sieben Wochen ohne Nahrung. Sauerstoff, Flüssigkeitshaushalt und Temperatur: Das sind Kernelemente. Genau an denen drehen wir beim Klimawandel.

Was erleben Sie bei Ihrer Forschung in Westafrika?
Die Subsahara reicht von Westafrika bis nach Kenia und Äthiopien. Dort leben im Augenblick etwa eine Milliarde Menschen meistens nur von dem, was sie selber anbauen. Wenn dort die wirksame Temperatur, das Klimasummenmaß, nur um 2 Grad von 30 Grad WBGT (Wet-Bulb Globe Temperature) auf 32 Grad WBGT steigt, sinkt ihre Leistungsfähigkeit um nahezu fünfzig Prozent! Das ist bei jedem Menschen so, egal, wie lange er bereits unter diesen Bedingungen gelebt hat. Anders als viele glauben, passen sich Menschen nämlich nicht an.

Ist Intelligenz eventuell gar kein Evolutionsvorteil? Ich frage das ganz im Ernst, weil Bakterien oder Organismen mit weniger als einem Kilo Gewicht uns überleben werden.
Menschen zeichnen sich auch durch ein manchmal wirklich sehr hohes soziales Engagement und Empathie aus – das ist, glaube ich, ein noch viel größerer Vorteil als reine Intelligenz. Und aufgrund dieses Verhaltens bin ich nicht so pessimistisch wie Sie. Nur müssen wir uns klarmachen, dass der Lebensraum für die Menschheit wesentlich kleiner werden wird. Das wird unweigerlich soziale Konflikte nach sich ziehen.

Sie haben den kleinsten Lebensraum, den ein Mensch sich aussuchen kann, intensiv untersucht: die Weltraumkapsel. Kann man sagen, wenn man den Weltraum kennt, weiß man auch wieder die Erde zu schätzen?
Zumindest ist das sehr hilfreich, um herauszufinden, was wir unbedingt zum Überleben brauchen. Insofern hilft uns die Raumfahrt zu verstehen, wie empfindsam wir sind, dass wir uns eigentlich glücklich schätzen müssten, diesen Planeten zu haben – und dass alles hier nur geliehen ist.

1881

WIE DER KLIMAWANDEL UNS HIER IN DEUTSCHLAND BETRIFFT

Auf eine ungewöhnliche Art und Weise zeigt dieses Bild die Jahresdurchschnittstemperaturen in Deutschland zwischen 1881 und 2019. Der britische Klimawissenschaftler Ed Hawkins hat die Temperatur in »Erwärmungsstreifen« umgewandelt. Blau steht für kalt und Rot für warm. Je dunkler die Farbe, desto stärker die Abweichung vom langjährigen Temperaturdurchschnitt. Dadurch wird augenfällig, dass es bei uns immer heißer wird.

Während alle davon sprechen, dass wir den Anstieg der globalen Durchschnittstemperatur im Vergleich zu der vorindustriellen Zeit (1850–1900) bei 1,5 °C stoppen müssen, sind wir in Deutschland schon längst drüber. Die heutige Durchschnittstemperatur liegt 1,9 °C über der von 1881. Damit sind die Temperaturen in Deutschland deutlich stärker gestiegen als im weltweiten Durchschnitt. Wir lagen im Klima-Risiko-Index der NGO Germanwatch im Jahr 2018 weltweit auf Platz drei hinter Japan und den Philippinen, vor allem durch die vielen Hitzetoten und die Schäden durch Extremwetter. Europa erlebt gerade die härteste Dürrephase seit über 2000 Jahren.

WAS HEISST DAS FÜR SIE?
Hier können Sie die Erwärmungsstreifen für Ihren Wohnort generieren.

| 2000   2019 |

1 Neun der zehn wärmsten Jahre seit Beginn der Wetteraufzeichnungen sind nach dem Jahr 2000 aufgetreten.

2 Von einer Hitzewelle spricht man, wenn es 14 Tage hintereinander im Tagesmittel mindestens 30 °C heiß wird. So was gab es in Hamburg zwischen 1881 und 1994 nie. Seit 1994 aber schon fünf Mal.

3 Die Häufigkeit von Extremwetterereignissen nimmt zu, d. h. es kann sowohl Starkregen mit Überschwemmungen als auch längere Trockenzeiten als auch Kälteperioden geben.

4 Die Klimazonen verschieben sich und das bedeutet für die Tier- und Pflanzenwelt, dass die Blühzeitpunkte nicht mehr zum Lebenszyklus der Bestäuber passen.

5 Land- und Forstwirtschaft leiden stark unter den Dürreperioden. In den Trockenjahren 2018 und 2019 ist Wald von der fünffachen Fläche des Bodensees abgestorben.

6 Waldbrände werden häufiger und dauern heute im Schnitt 10 Tage länger als noch vor 60 Jahren, und das, obwohl sich unsere Löschmethoden verbessert haben.

7 Der Meeresspiegel um Cuxhaven ist seit Mitte des 19. Jahrhunderts um fast einen halben Meter angestiegen.

HEISSER SCHEISS

Darf ich 30-Grad-Wäsche bei 40 Grad aufhängen?

Schämen Sie sich manchmal, wenn Sie ins Schwitzen geraten? Dieses Kapitel könnte Ihre Einstellung radikal verändern. Mein eigenes Aha-Erlebnis liegt schon eine Weile zurück: Als Medizinstudent war ich das erste Mal in Südafrika, machte ein Praktikum im Baragwanath Hospital von Soweto in Johannesburg und besuchte Gesundheitseinrichtungen auf dem Land. Eine der Nurses lief ständig mit einer Art Wasserpistole herum, nicht um die Kinder zu amüsieren, sondern um sich selber zu besprühen und so ihre Haut permanent feucht zu halten. Ihr fehlten schlicht die Schweißdrüsen, deren unsichtbare Höchstleistung sie künstlich ersetzen musste. Dass sie unter Anhidrose litt, nahm sie mit viel Humor. Und machte mir für immer klar, welch geniale Temperaturregulation der Mensch hat, solange die Schweißdrüsen gut drüsen und der Körper seine Wärme loswerden kann.

»In die Sonne zu fliegen« gehörte schon immer ganz wesentlich zum deutschen Tourismus, weshalb man hierzulande die Diskussionen um die Klimaveränderung vielleicht auch nicht ganz ernst nahm. Man dachte: Och, so ein paar Grade wärmer kann doch nicht schaden, dann sparen wir uns womöglich sogar bald den Flug auf die Kanaren. Es gibt eben »Wärmemenschen«, die sich erst richtig wohlfühlen, wenn sie den ganzen Tag über 30 Grad haben. Wie eingangs erwähnt, gehörte ich nie dazu. Ich vertrage Hitze extrem schlecht und geh lieber aus der Sonne, als dass ich sie suche. Aber wohin kann man gehen, wenn es mehr als 40 Grad im Schatten hat? Drinnen wie draußen? Unsere Schweißproduktion kommt irgendwann an ihre Grenzen. Der Körper gibt alles, damit seine Kerntemperatur nicht über 41 Grad steigt, denn 42 Grad Körpertemperatur überlebt kein Säugetier. Zu große Hitze bleibt einer unserer wundesten Punkte.

Als einer der bekanntesten Wetterexperten des Landes betreibt

Sven Plöger schon seit vielen Jahren Aufklärung in Sachen Klimawandel. Durch ihn verstand ich das erste Mal, warum der »Jetstream« in luftigen Höhen so wichtig ist. Ein Jetstream oder Strahlstrom ist ein Starkwind, der rund um den Globus in acht bis zwölf Kilometern Höhe von Westen nach Osten weht und verbunden mit der Erdrotation in Wellen dafür sorgt, dass sich Hochs und Tiefs abwechseln. Grob gesagt ist Wind ja Luft, die es eilig hat – weil es einen Temperaturunterschied gibt zwischen dort, wo sie herkommt, und dort, wo sie hinwill. Der große Antreiber des Wetterwechsels ist also das Spannungsfeld zwischen den kalten Polregionen und der warmen Mitte am Äquator.

Durch die Erderwärmung kommt dieses »Belüftungssystem« jetzt aber aus dem Tritt, das Eis an den Polen schmilzt und es fehlt der Antrieb. Weil also zeitweilig weder am Boden noch in der Höhe ein Lüftchen für Austausch sorgt, kann eine Hitzeperiode viel länger dauern als früher. Neu ist auch, dass die Hitzewellen nicht mehr nur eine Region der Erde betreffen, sondern über weite Teile der Erde hinweg gleichzeitig auftreten. Konnte man früher Dürre sowie Mangel an Wasser und Ernte ausgleichen, weil es in der Nachbarregion noch was zu essen und zu trinken gab, drohen heute und in Zukunft Hunger und Wassermangel flächendeckend und existenzbedrohend. Sven brachte es gut auf den Punkt: »Die Menschen haben Angst, im Gewitter von einem Blitz erschlagen zu werden. Dabei sterben viel mehr durch Hitze!«

Wer stirbt zuerst? Die Kleinkinder und die Großeltern. Das Extrembeispiel für den Treibhauseffekt sind ja die Innenraumtemperaturen eines Autos, das man in der Sonne parkt. Die Wärmestrahlen der Sonne kommen durch die Scheiben rein, finden aber nicht wieder raus. Im günstigen Fall verbrennt man sich dann die Finger am Lenkrad und den Po am Sitz. Im ungünstigen Fall stirbt ein kleines Kind, das auf dem Rücksitz vergessen wurde, weil man ja nur mal schnell etwas holen ging. Das passiert Jahr für Jahr. Die Treibhausgase haben die gleiche Wirkung wie die Scheiben des Autos. Wärme kommt aus dem All durch die

»Treibhausscheibe« auf die Erde, wird aber nicht mehr zurückgelenkt: Die Luftschichten heizen sich auf.

Warum fallen die Todesopfer von Hitzewellen so wenig auf? 2003, während der ersten großen Hitzeperiode des Jahrtausends, starben europaweit siebzigtausend Menschen. Schlüge eine Bombe in ein übervolles Fußballstadion ein, gingen diese Bilder um die Welt und jeder dächte darüber nach, wie man verhindern kann, dass so etwas Schreckliches noch einmal passiert. Hitzetote sind viel weniger sichtbar, es sind viele alte Menschen, die einsam in ihren Wohnungen sterben, wenn das durch die Hitze geschwächte Herz oder die Lunge nach ein paar Wochen endgültig aufgibt. Sie sind uns selten Schlagzeilen wert. Oder Gegenmaßnahmen.

Was genau passiert im Körper? Auch ein gesunder Mensch hat schon Mühe, seine Wärme loszuwerden, weil sie als »Abwärme« in der Muskulatur und bei jeder Umwandlung von Essen in Energie im Körper anfällt. Kalorien sind ja nicht umsonst eine Wärmeeinheit. Der effektivste Weg, dem Körper Wärme zu entziehen, ist die Verdunstungskälte von Schweiß auf der Haut. Wenn er nicht schwitzen kann, heizen schon dreißig Minuten Fitnessprogramm den Körper auf fieberhafte 40 Grad hoch – genau die Temperatur, ab der wir anfangen zu halluzinieren. Ab 42 Grad fällt das Hirn dann komplett aus. Böse Zungen behaupten, das fiele im Fitnessstudio kaum auf.

Wir Menschen verfügen über eine perfekte Klimaanlage in der Haut. Von wegen: schwitzen wie die Tiere. Hunde können nur hecheln, Katzen ihr Fell sträuben und Fische verlassen aus Frust darüber, dass sie nicht schwitzen können, das Wasser sowieso nie. Selbst der »König der Tiere« ist zu einem Schattendasein gezwungen, denn auch dem Löwen fehlen die Schweißdrüsen. Einmal kurz der Antilope nachgesprintet, überhitzt er und muss wieder lange abkühlen. Schweiß ist die coolste Erfindung der Evolution. Der Rest der Tierwelt beneidet uns drum.

Damit man viel schwitzen kann, muss man viel trinken, logisch. Aber man kann auch zu viel trinken. Sind die Nieren gesund, macht das der Körper zum Glück mit sich aus, jede unnötige Pulle wird ausgepullert. Bei zusätzlicher Belastung sieht das schon anders aus: Immer wieder sterben Marathonläufer:innen an Überwässerung, weil sie an den Zwischenstationen zu viel Wasser trinken und die Blutverdünnung die Elektrik am Herzen durcheinanderbringt.

Wenn man nicht zu alt oder zu neugeboren ist, um seine Bedürfnisse zu regulieren, holt sich der Körper, was er braucht. Bereits eine Abweichung von 0,5 Prozent im Wasserhaushalt wird dem Hirn als Durst gemeldet. Das »Anti-Diuretische Hormon« (ADH) hält dann Flüssigkeit im Körper zurück. Aufgrund einer fiesen Laune der Schöpfung hemmt Alkohol ausgerechnet dieses Hormon. Wer über den Durst trinkt, bekommt deshalb immer noch mehr Durst. Ein Teufelskreis, denn die Erinnerung an diesen Zusammenhang wird vom Alkohol gelöscht.

Professor Hanns-Christian Gunga, einer der besten Hitzeexperten überhaupt, machte mich auf neue Studien aufmerksam, die belegen, dass ADH auch auf die Psyche wirkt. Das Hormon macht aggressiv. Das kann erklären, warum bei Hitze Unfälle, Impulshandlungen und Suizide zunehmen: Unser Hirn verliert die Kontrolle über sich selber. Bestimmte Patientengruppen sind besonders gefährdet, mit der Regulation auch körperlich nicht hinterherzukommen, Diabetiker etwa und Menschen mit hohem Blutdruck und Herzinsuffizienz. Gerade auch Medikamente zur »Entwässerung« sind tückisch: Wenn Dosierung und Wirkung nicht genau überwacht werden, bricht der Kreislauf zusammen. Und lange vor dem Zusammenbruch sackt die Leistung ab: Einhundertdreiunddreißig Milliarden Arbeitsstunden fielen 2018 der Hitze zum Opfer, fast drei Mal so viele wie noch im Jahr 2000. Diese Arbeit fehlte vor allem in den Ländern, in denen mit ihr verknüpft ist, ob man etwas zu essen hat: im südlichen Afrika, in Indien und vielen anderen asiatischen Ländern.

Auch hierzulande brechen Kreisläufe unserer Wirtschaft in

> Auf einem **Berg** stehend umfassen wir
> **die Natur** wie das Kind,
> das auf einen Stuhl **gestiegen** ist,
> um den Vater desto besser **umarmen** zu können.
>
> *Karl Julius Weber*

der Hitze zusammen. Nicht nur, weil die führenden Köpfe schlappmachen, bei Dürre sind auch die Wasserstraßen, sprich Flüsse nicht mehr schiffbar, weil sie zu wenig Wasser führen. Deshalb müssen Anlagen wie Atomkraftwerke, die auf Wasserkühlung angewiesen sind, heruntergefahren werden (was ja ohnehin bald ansteht), aber auch Industrieanlagen, die in ihren Lieferketten auf Schiffe angewiesen sind, fallen ohne Kühlung aus. Viel Energie muss auch aufgewendet werden, um – beispielsweise zur Aufrechterhaltung von Rechenzentren – überschüssige Energie loszuwerden. Daher laufen Klimaanlagen auf Hochtouren. Klar: ohne Kühlung kein Bit und kein kaltes Bier, ganz zu schweigen von Medikamenten oder Nahrungsmitteln, die ihrer Haltbarkeit wegen ununterbrochen gleichmäßig gekühlt werden müssen. Bei geschätzt jedem fünften Impfstoff wird in Indien die Kühlkette unterbrochen. Und die WHO geht davon aus, dass jedes Jahr fast eine halbe Million Menschen sterben, weil sie verdorbene Lebensmittel gegessen haben – verdorben meist wegen fehlender Kühlmöglichkeiten. Bakterien lieben es warm. Mücken übrigens auch – ein Grund, warum mit der Erwärmung auch Infektionskrankheiten zunehmen.

Schon jetzt fressen Ventilatoren und Kühlanlagen rund ein Zehntel des weltweit verbrauchten Stroms, schätzt die Internationale Energie Agentur (IEA). Bis zum Jahr 2050 könnte sich diese Menge verdreifachen. Warum? In den USA und Japan haben bereits neunzig Prozent aller Menschen Klimaanlagen. Nachholbedarf besteht vor allem bei den 2,8 Milliarden Menschen, die in den heißesten Zonen der Erde leben, von denen aber bislang nur acht Prozent ihre Räume klimatisieren. Die dreißig Städte mit den höchsten Durchschnittstemperaturen liegen sämtlich in Entwicklungsländern. Mit steigendem Wohlstand werden Schwellenländer wie China und Indien zu den wichtigsten Treibern des Stromverbrauchs für Kühlsysteme.

Ein weiteres massives Problem: Der in Kühlgeräten verwendete Fluorkohlenwasserstoff (FKW) schädigt das Klima, wenn er in die Umwelt gelangt. Weil diese Gase über 20.000-mal klimaschädlicher sind als Kohlendioxid, könnten bis zur Mitte des Jahrhunderts ausgerechnet Kühlmittel für zwölf Prozent der globalen Erwärmung verantwortlich sein.

Kühlung mit Geräten ist also eine momentane Erleichterung, aber eine globale und lokale Milchmädchenrechnung. Denn die Physik des Kühlschranks besagt: Der Raum, in den man einen Kühlschrank stellt, wird insgesamt wärmer, auch wenn man die Kühlschranktür öffnet. Denn dafür, dass die Wärme an einem Ort mit Stromverbrauch »rausgezogen« wird, muss sie ja irgendwohin »getauscht« werden, und das ist die Umgebung. Die Luftglocke über den Städten wird aufgeheizt, je mehr Menschen ihre Räume unter die Außentemperatur herunterkühlen wollen.

Städte werden in Hitzeperioden zu echten Wärmefallen, in sogenannten Hitzeinseln kann die Temperatur über 10 Grad höher sein als im Umkreis. Hitzeplanung spielte bei der Stadtplanung bisher kaum eine Rolle, man orientierte sich an den Erfahrungswerten der Vergangenheit – ohne einen Blick in eine wärmere Zukunft. Das sieht man an den »Prachtbauten«, den teuren Gebäuden von Versicherungen, Energieunternehmen und Banken, die alle mit großen Fensterfronten ausgestattet sind. Als hätten die Architekten noch nie etwas vom Treibhauseffekt gehört, bauen sie Treibhäuser für Menschen. Ich werde nie vergessen, wie ich einmal an einem Sommertag zu einem Gespräch in der Firmenzentrale von E.ON in Düsseldorf war. Der »moderne«, um einen Innenhof herum gebaute Glaskasten war zu allem Überfluss auch noch mit Glas überdacht. So konnte man zwar quer durch den Hof sehen, wie jeder in seinem Büro vor sich hinschwitzte, aber an frische Luft war nirgendwo zu denken. Mein Mitleid hielt sich in Grenzen, weil der Energiekonzern lange die Folgen der Kohleverstromung ignoriert hat. Aber auf bessere Ideen kommt ja so auch keiner.

Dachbegrünung, Pflanzen an der Fassade sowie Grünanlagen und Gewässer in der Umgebung helfen, die Temperaturen zu

Wie viel Platz benötigen wir, um die gesamte Welt mit Solarstrom zu versorgen?

So viel — 300 x 300 km

Und wie viel benötigen wir, um die gesamte Welt mit Strom aus Windkraft zu versorgen?

1.500 x 1.500 km — So viel

senken. Aber große Teile der städtischen Flächen sind versiegelt, es gibt viel zu viel Beton und Stein, nirgendwo kann Wasser langsam im Boden versickern und dann verdunsten und damit das tun, was die Haut für uns tut – kühlen. Durch die Betonwüsten weht auch kein Wind, weil bei der Planung nicht auf die Frischluftschneisen geachtet wurde. Dabei muss kühlere Luft aus dem Umland möglichst ungehindert zirkulieren können, etwa entlang von Flüssen oder Grüngürteln.

Im Umweltbundesamt gibt es ein »Kompetenzzentrum Klimafolgen und Anpassung«, es gibt Fördermittel der Länder, aber ein Umbau zu widerstandsfähigen »resilienten« Städten dauert Jahrzehnte. Und immer noch werden Gebäude errichtet, die vor zwanzig Jahren geplant und beantragt wurden – ohne Rücksicht auf spiegelnde Fassaden und luftige Strukturen. Weil Wohnraum fehlt, verdichtet sich die Bebauung, Brachflächen und Grünstreifen verschwinden, Schrebergärten werden durch Wohnblocks ersetzt, der Bauboom heizt die Städte weiter auf. Richtig gefährlich wird das für Pflegeheime, Kliniken und Schulen. Die wenigsten davon wurden mit Rücksicht auf Wärmeeintrag geplant. Dann sind die einzigen Orte, wo es sich aushalten lässt, das klimatisierte Einkaufszentrum oder die alten Gemäuer der Kirchen, die mit ihren kleinen bunten Fenstern architektonisch genau das Gegenteil der Glastempel der Moderne sind.

Frankreich hat nach den vielen Toten des Jahres 2003 für seine Städte Hitzeschutzpläne entwickelt, damit jeder weiß, wo in seiner Nähe er Orte zum Abkühlen findet. In Deutschland ist das Sache der Kommunen, die aber noch ganz andere Probleme haben und kaum hinterherkommen. So hat etwa Köln einen speziellen Hitzeaktionsplan für ältere Menschen aufgestellt. Gerade die Städte entlang des Rheins haben besonders viel Sonne, aber auch Städte, die wie Stuttgart in einem Tal liegen. Ebenfalls hitzegefährdet sind der Großraum Berlin, Sachsen und Sachsen-Anhalt. Und wie so oft zeigt sich die soziale Ungleichheit auch bei der Verteilung der Hitzelasten: Wer hat einen Balkon, einen Garten, einen kühlen Keller? Wer hat Geld fürs Schwimmbad, eine Klimaanlage und neue Fensterläden, die die Hitze besser abhalten? Hitze ist ein zentrales Thema, das belegt: Wir müssen nicht das Klima retten – sondern uns. Und vor allem brauchen wir mehr Grünanlagen und Bäume, in den Städten wie auf der ganzen Erdoberfläche. Denn das, was uns guttut, braucht auch die Erde: eine frische Brise, Verdunstungsflächen auf jedem Blatt und keinen dicken CO_2-Mantel drumherum. Bakterien können sich an Hitze anpassen. Wir nicht. Wir leben in einem sehr engen Korridor von erträglichen Temperaturen. Um den zu erhalten, lohnt sich jede hitzige Diskussion.

LIEGT LONDON AM MITTELMEER?

*Wenn dir das Wasser bis zum Hals steht,
lass den Kopf nicht hängen.*

Wenn man mit kleinen Kindern Auto fährt, beginnt kurz nach der Abfahrt schon die Quengelei: »Wann sind wir endlich da?« Und je öfter man sagt, dass man ja gleich da sei, desto länger werden die letzten dreißig Kilometer. Wie reden und denken wir über die nächsten dreißig Jahre? Oder siebzig? Welche Strecken liegen da gefühlt noch vor uns? Wenn ich Prognosen für die Jahre 2050 und 2100 lese oder höre, ertappe ich mich oft dabei, dass ich innerlich sofort abwinke und denke: Das dauert ja noch ewig, bis dahin haben wir ja noch viel Zeit, alles wieder hinzubekommen. Deshalb finde ich es hilfreich, sich statt Jahreszahlen konkrete Kinder in konkreten Lebensphasen vorzustellen, Kinder, die dann dreißig oder siebzig Jahre älter sind als heute. Denn diejenigen, die im Jahr 2050 als junge Berufstätige mit zehn Milliarden anderen auf diesem Planeten leben werden oder 2100 als Betagte mit einer 4 Grad heißeren Welt jenseits der Kipppunkte klarkommen müssen, sind ja schon geboren! Was werden die dann von uns denken, die wir in einer Zeit lebten, wo man Dinge noch hätte verändern können? So weit ist das dann alles plötzlich gar nicht mehr weg.

Einen anderen sehr originellen Ansatz, die mentale Distanz zu verringern und sich die Veränderungen für sein eigenes Leben bewusster zu machen, sehen Sie auf der Grafik von Katapult mit den scheinbar verdrehten Bezeichnungen der Städte. Warum liegt London plötzlich am Mittelmeer? Weil die Temperatur in London im Jahr 2050 da liegen wird, wo heute Barcelona liegt. Wir sind dann alle klimatische »Heimatvertriebene«. Im Fall von Großbritannien fühlt sich das vielleicht spontan wie ein Gewinn an, aber schon auf den zweiten Blick wirkt die thermische und geografische Verschiebung sehr befremdlich. Wenn unsere Heimatstadt

Städte umbenannt in Städte, deren Temperatur sie im Jahr 2050 haben werden

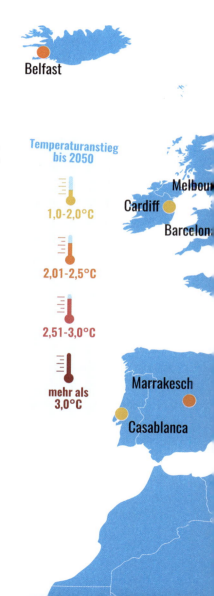

Wie fühlen sich zwei Grad an – vor allem wenn es sich um so was Abstraktes wie die globale Durchschnittstemperatur handelt? Lässt sich am besten an Vergleichswerten erklären. Und was kennen Menschen am besten? Wahrscheinlich die Städte, in denen sie wohnen. Deswegen hat eine Forschungsgruppe Daten zur Temperatur und zum Niederschlag in 520 Großstädten mit den prognostizierten Klimadaten für das Jahr 2050 abgeglichen – und die Städtenamen entsprechend geändert.

In den Städten der nördlichen Halbkugel wird es wärmer, in tropischen Städten regnet es weniger, und das Klima wird insgesamt subtropisch. Konkret heißt das: London gleicht künftig hinsichtlich Temperatur und Niederschlag dem heutigen Barcelona, Stockholm dem heutigen Budapest und Berlin dem heutigen San Marino. Auf 22 Prozent der untersuchten Städte soll allerdings ein Klima zukommen, mit dem bisher keine existierende Stadt Erfahrungen gemacht hat. Das kann dann auch kein Stadtname verdeutlichen.

plötzlich nicht mehr da ist, wo sie »hingehört«, sondern wir langsam, aber sicher nach Süden rücken – zumindest alle, die auf der Nordhalbkugel wohnen –, wird uns klar, wie unmittelbar uns die Überhitzung der Erde betrifft.

Solche Verschiebungen werden die große Mehrheit der Städte betreffen. In zweiundzwanzig Prozent der Fälle kommt es voraussichtlich sogar zu klimatischen Bedingungen, die momentan noch in keiner Stadt herrschen. Es wird eine verdammt heiße Kiste. Madrid fühlt sich dann an wie Marrakesch, Stockholm wie Budapest und London hat nicht mehr seine High Street, sondern Las Ramblas. Wird Paderborn das neue Palermo? Nichts gegen mediterrane Lebenskunst, von der sich die Engländer sicher etwas abschauen könnten. Aber in Barcelona ist auch nicht alles nur Gaudi. (Bei aller Ernsthaftigkeit des Themas sollte man keine Gelegenheit auf ein schlechtes Wortspiel auslassen.)

Über die Hälfte der Weltbevölkerung lebt in Städten. Die großen liegen dummerweise oft an der Küste, also genau dort, wo perspektivisch die Meeresspiegel steigen. Wenn wir die Klimakrise nicht in den Griff bekommen, verlieren also Milliarden Menschen ihr Zuhause – was ein riesiges globales Konfliktpotenzial schafft! Um politische Veränderungen herbeizuführen, braucht es in Demokratien Mehrheiten. Die vielen Wähler im konservativen Spektrum müssen daher überzeugt werden, dass das Klima kein Modethema für linke Ökospinner ist, sondern alle angeht. Wem klar wird, dass Klimaschutz auch bedeutet, seine Heimat gegen ein »Abdriften« zu verteidigen und für seine Kinder zu erhalten, der wird motiviert sein, etwas zu tun. Konservieren heißt Bewährtes bewahren. Und dafür sollten wir die Kirche im Dorf lassen und das Dorf an seinem angestammten Platz. Auch klimatisch. Woanders sein bildet ungemein. Aber der Reiz liegt ja darin, dass sich Westfalen und Italien klimatisch unterscheiden. Denn von zu Hause wegzufahren macht nur Freude, wenn man danach wieder zu sich zurückkehren kann.

RÜCKENWIND FÜR ERNEUERBARE

»Weniger als hundert Prozent erneuerbare Energien in Deutschland einzusetzen, ist eine Beleidigung der Intelligenz unserer Ingenieure!«
Hermann Scheer

Wenn man über Gesundheitsgefahren im Zusammenhang mit Strom nachdenkt, kommt einem als Erstes ein Kleinkind in den Sinn, das sich mit dem Schraubenzieher einen tödlichen Schlag aus der Steckdose holt. Dank der modernen Schutzschaltungen und der Kindersicherungen passiert so etwas nur noch sehr selten. In Deutschland sterben jährlich weniger als hundert Menschen an Stromschlägen (Handwerker sind am häufigsten betroffen), weniger als zehn durch einen Blitz, aber viele Tausende durch die Art der Stromerzeugung – und auf diesen Aspekt möchte ich Sie aufmerksam machen, weil der oft in den großen Diskussionen zur Energiewende nicht zur Sprache kommt.

»Wozu Kraftwerke? Bei uns kommt der Strom aus der Steckdose.« Dieser Spruch aus den 70er Jahren zeigt ganz gut, an welchen Luxus wir uns gewöhnt haben: immer ausreichend Elektrizität und Wärme, scheinbar automatisch. Parallel dazu haben wir irgendwann damit angefangen, »für die Umwelt« das Licht auszuschalten, wenn wir aus dem Zimmer gingen. Wir haben sparsamere Geräte gekauft und vielleicht auch noch den Stromanbieter gewechselt – aber an unserem Komfort hat sich trotz Ökotarif nichts geändert: Der Strom fließt weiter, und die Sicherung knallt schon lange nicht mehr durch, selbst wenn wir Durchlauferhitzer, Wäschetrockner, Fön und Toaster gleichzeitig laufen lassen. Was aber ist hinterm Horizont, hinter der Steckdose?

Eins vorneweg: Die Sache mit der Energie, den Kraftwerken und Netzen ist ein komplexes und aufgeheiztes Thema. Deshalb kann ich in diesem Buch nicht die ganze Diskussion der letzten Jahrzehnte abbilden – aber zum Glück gibt es diese Bücher ja schon, wie zum Beispiel das von Claudia Kemfert, Professorin für Energiewirtschaft und Energiepolitik und Präsidiumsmitglied des »Club of Rome«, über den wir uns kennengelernt haben. Familiär vorbelastet bin ich durch meinen Bruder Christian, der Forschungsdirektor am Deutschen Institut für Wirtschaftsforschung (DIW) ist und als Sachverständiger auch bei den Verhandlungen über den Kohleausstieg dabei war. Und Volker Quaschning, Professor für Regenerative Energiesysteme an der Hochschule für Technik und Wirtschaft (HTW) in Berlin und Autor des Standardwerks ›Regenerative Energiesysteme: Technologie – Berechnung – Klimaschutz‹ sowie bei den »Scientists for Future« aktiv, hält mich regelmäßig darüber auf dem Laufenden, was sich auf der Ingenieursseite tut.

Zwei Quizfragen: Wo würden Sie lieber wohnen: hundert Meter von einer Solaranlage entfernt oder von einem Kohlekraftwerk? Und wo würden Sie in dem Moment, in dem die Technik versagt, lieber stehen: neben einem Windrad oder neben einem Atomkraftwerk?

Ich weiß nicht, was Sie wählen würden, aber ich wohne und atme lieber neben einer Solaranlage, die nicht stinkt und die Atmosphäre nicht weiter aufheizt. Und ich halte es auch für sehr viel wahrscheinlicher, einem herabfallenden Rotorblatt ausweichen, als einer Wolke voller tödlicher Radioaktivität entrinnen zu können. Unser Vater war – wie viele seiner Generation – dem Mythos aufgesessen, Atomkraft sei sicher und wir bräuchten sie. Das muss man sich mal vorstellen: In den 60er Jahren wurden in der Asse, dem Atommülllager in Niedersachsen, Kindergeburtstage gefeiert – eine echte Eventlocation, würde man heute sagen. Die Hüpfburg der Technologieanbetung.

Als Arzt wundere ich mich, warum die Energiewende in Deutschland vorrangig als ein technisches und finanzielles Problem diskutiert wird. Wir sollten eher darüber reden, wie viel gesünder hundertprozentig erneuerbare Energieerzeugung für uns alle wäre. So wie wir jetzt Impfstoffe gegen Corona haben, die in der ganzen Welt produziert werden und allen Menschen zugutekommen können, so ist das auch mit den Erneuerbaren: Die »Impfung« ist da. Wir haben Solarmodule, die bestens funktionieren und günstig herzustellen sind; nun braucht es den politischen Willen und die Rahmenbedingungen, diese geniale Erfindung überall dort hinzubringen, wo Strom gebraucht wird.

Eine kurze Diagnose, wo wir heute in Deutschland stehen. Im Sommer 2020 wurde eine historische Marke geknackt: Am 1. Juni zum *High Noon* der Mittagszeit kamen sechsundfünfzig Prozent der gesamten Stromerzeugung aus Photovoltaik (PV), sprich aus Solarmodulen, die Sonneneinstrahlung in Strom verwandeln können. Ein Erfolg, den vor zwanzig Jahren keiner für möglich gehalten hätte. In zehn Monaten des Jahres übertraf hierzulande die Windstromproduktion die Stromerzeugung aus Braunkohle und in allen zwölf Monaten lag die Windenergie vor der Kernenergie. Aus einem belächelten »Spinnerprojekt« ist ein wesentlicher Beitrag zu unserer Versorgung geworden, der weiter an Bedeutung gewinnt. Gemeinsam produzierten Solar- und Windkraftanlagen im Jahr 2020 erstmalig mehr Energie als Braunkohle, Steinkohle, Öl und Gas zusammen. Und das alles, ohne dass wir zurück in die Höhle und im Dunkeln die Haare mit einer Kerze trocknen mussten. Doch unvermindert massiv bläst der Gegenwind der fossilen Dinosaurier-Lobby, die immer noch Kohle abbaggert, Geld scheffelt und Subventionen kassiert, während Sie das hier lesen. Und Sie lesen wahrscheinlich auch nicht bei Kerzenschein.

Würde man alle Braunkohlekraftwerke abschalten, ließen sich mit einem Mal einhundertfünfzig Millionen Tonnen CO_2 einsparen. Und natürlich alle anderen Schadstoffe wie Feinstaub, Blei oder Arsen. Deutschlands Kohlekraftwerke sind nicht nur Klimasünder, sondern auch Giftschleudern. Sie stoßen jährlich rund sieben Tonnen Quecksilber aus. Was gab es früher im Krankenhaus für ein Geschrei, wenn ein Thermometer hinunterfiel und die Quecksilberkügelchen sich blitzschnell unter den Betten verkullerten. Im Milligrammbereich. Bei Kohlekraftwerken sprechen wir von Tonnen! Nirgendwo in Europa wird ungestraft mehr von dem Nervengift emittiert als in Deutschland.

Wenn wir, wie oft behauptet wird, so knapp vor dem Blackout stehen, falls wir nicht alle Kraftwerke weiterlaufen lassen – warum exportierten wir dann für viele Milliarden im Jahr 2020 immer noch Kohlestrom und erzeugten zu enormen Folgekosten in der Zukunft mehr Strom, als wir selber brauchen? Die Klimafolgeschäden durch die deutsche Kohleverstromung liegen laut Umweltbundesamt bei fünfzig Milliarden Euro pro Jahr. Hinzu kommen Gesundheitsschäden durch Abgase aus der Kohleverbrennung in Höhe von über vier Milliarden Euro jährlich. Der ›Lancet‹, eine der wichtigsten Medizinfachzeitschriften, rechnet vor, dass durch die drei großen Stellschrauben Ernährung, Mobilität und Energiewende bis 2040 jedes Jahr 165.000 vorzeitige Todesfälle in Deutschland verhindert werden könnten.

Warum tun wir uns in Deutschland so schwer mit dem Kohleausstieg? Oft gehörtes Argument: die Arbeitsplätze! Nicht alles, was hinkt, ist ein Vergleich. Aber als wir anfingen, Filme aus dem Internet herunterzuladen, wurden nach und nach die Videotheken und damit rund 100.000 Menschen an ihrem Arbeitsplatz nicht mehr gebraucht. Hat damals jemand gesagt: Wir müssen den Videothekenausstieg bis 2038 abfedern? Stadtteile und Regionen mit vielen Videotheken erhalten Milliarden an Steuergeldern, um den Umbau zu stemmen? Das wäre uns absurd vorgekommen, fortschrittsfeindlich. Und nicht marktorientiert.

Während Deutschland 2009 noch führend bei der Produktion von Solarmodulen war, stammen heute so gut wie alle aus Asien, weil dort mehr, schneller und billiger produziert wird. Deutschland hat nach einem fulminanten Start in der Photovoltaik durch die Verschlechterung der politischen Rahmenbedingungen nach 2012 rund 80.000 Arbeitsplätze in einer Branche vernichtet, in der in China im selben Zeitraum mehr als eine Million Arbeitsplätze entstanden. Aus meiner Sicht verlieren bei diesen Dimensionen die 20.000 Arbeitsplätze in der Kohleindustrie an argumentativem Gewicht. Als das Rad erfunden wurde, mussten die Sänftenträger besänftigt werden. Als das Auto erfunden wurde, die Kutscher. Das geht.

Ich frage Bernd Ulrich, Politik-Chefredakteur der ›ZEIT‹, warum wir an der nostalgischen Vorstellung von Helden aus den Stollen festhalten. Er erzählt mir von seinem Patenonkel, der im Kohlebergbau als Steiger gearbeitet hat: »Bergbau ist eine extrem anstrengende, gleichzeitig auch eine sehr traurige Arbeit. Die Bergarbeiter haben sich aufgeopfert für den Fortschritt. Ich habe gesehen, wie diese Männer ihre Lunge ins Taschentuch gehustet haben.« Wie man heute weiß, schädigen die Kohlestäube über die Lunge hinaus auch das Kreislaufsystem und das Gehirn, führen zu Herzinfarkt, Schlaganfall und Demenz. Bernd Ulrich meint dazu: »Wir sind eine Märtyrer-Gesellschaft. Wir finden es in Ordnung, dass Tausende und Abertausende Bergleute viel zu früh gestorben sind. Heute akzeptieren wir, dass Tausende Menschen jedes Jahr bei Verkehrsunfällen sterben. Und wir nehmen hin, dass durch die Luftverschmutzung weitere Zigtausend Menschen sterben. Wofür?«

Die Deutschen sehen sich gerne als Exportnation. Ein Exportschlager aber, der die Handelsbilanzen nicht unmittelbar beeinflusst und deshalb in seiner weltweiten Bedeutung oft übersehen wird, ist das EEG – das Erneuerbare-Energien-Gesetz von 2000 mit seiner genialen Grundidee: Jeder, der eine Solaranlage auf seinem Dach installiert und den Strom, den er selbst nicht verbraucht, in das Stromnetz einspeist, erhält dafür eine gesetzlich geregelte feste Vergütung. Das gilt auch für die Betreiber von Wind-, Biogas-, Geothermie- oder Wasserkraftanlagen. Diese Gesetzesvorlage haben über hundert Länder weltweit von uns übernommen, was maßgeblich dazu beigetragen hat, dass die Stromerzeugung aus den erneuerbaren Energien insbesondere von Wind und Sonne sehr schnell sehr günstig wurde, rascher als alle Prognosen vorhersagten. Damit ist der Strom aus Photovoltaik heute längst günstiger als der aus Kohle, Atomkraft oder Erdgas. Das deutsche EEG hat erneuerbare Energien für viele Menschen weltweit erschwinglich gemacht und ist, so betrachtet, eines der erfolgreichsten Entwicklungshilfeprogramme aller Zeiten.

Strom aus Sonne und Wind hat allerdings einen entscheidenden Nachteil: Er ist abhängig vom Wetter. Wenn die Sonne nicht scheint und kein Wind weht, ist »Dunkelflaute«. Deshalb hängt der zukünftige Erfolg der Energiewende an der Weiterentwicklung der Energiespeicher und anderer Techniken wie Biomasse, Geothermie und Wasserkraft. Wasser fließt auch im Dunkeln immer bergab – ein Naturgesetz. Momentan hängen wir noch wie Junkies an der fossilen Nadel. Wir sind abhängig von anderen Ländern, die Öl oder Gas haben – und finanzieren deshalb in der Größenordnung von fünfzig bis hundert Milliarden Euro pro Jahr oft demokratieferne Regime. Ist das in unserem besten Interesse? Sehr viele Kriege wurden und werden um Öl geführt. Und die Welt wird durch die Klimakatastrophe, die vor allem auf das Verbrennen dieser Rohstoffe zurückzuführen ist, weiter destabilisiert. Dabei könnte es anders gehen. Friedlicher und gesünder. Photovoltaik macht weltweit Konsumenten zu Produzenten und damit unabhängiger und freier von monopolistischen Energiekonzernen, die sich darauf ausruhen, dass Geld nicht stinkt. Die Wahrheit ist: Sonnenkollektoren stinken nicht! Wind erst recht nicht, wenn er nicht vorher über die Schlote von Erdölraffinerien oder über Felder voller Gülle wehen musste.

Auch wenn bei uns nicht immer die Sonne scheint, ist das Potenzial für Sonnenstrom bei Weitem noch nicht ausgeschöpft. Ein interessantes neues Feld ist die »Agrophotovoltaik«. Klingt erst einmal nach militanten Gegnern der Energiewende, aber »Agro« steht hier für »Landwirtschaft«. Auf gut Deutsch: Anstatt Solarmodule direkt auf dem Boden zu montieren, werden sie höhergelegt. So kann darunter etwas wachsen. Ideal für viele Nutzpflanzen, die es schattig mögen. Die pralle Sonne trocknet sie nicht aus, sondern macht Strom. Echtes Win-win. Auch Gewerbe- und Industriedächer bieten noch jede Menge freier Flächen für Solarpanels. Und auch über Autobahnen könnte man Dächer mit Solarmodulen anbringen, Autobahnen haben wir schließlich genug. Mittlerweile lässt sich Photovoltaik in Dachziegeln, Folien und Gläsern einbauen, ja es gibt sogar schwimmende PV-Anlagen. Der Braunkohletagebau hat in Deutschland eine Fläche zerstört, die der dreifachen Größe des Bodensees entspricht. Würde ein Viertel dieser Fläche geflutet und mit schwimmender PV belegt, so ließen sich damit fünfundfünfzig Gigawatt erzeugen – zum Vergleich: Ein typisches Atomkraftwerk bringt es auf gerade mal 1,5 GW.

Jeden Tag kommt mit dem Sonnenlicht mehr als genug Energie auf die Erde. Wenn wir sie intelligent nutzen, ist das sauber, günstig und gesund.

Claudia Kemfert sagt: »Technisch möglich sind hundert Prozent erneuerbare Energien innerhalb von zehn Jahren, und das wäre auch ökonomisch lohnend. Die Frage der Kosten der Energiewende wird häufig mit der Höhe des Strompreises verbunden. Doch zum einen sind sie ein völlig ungeeigneter Indikator, da Preise nicht gleich Kosten sind. Zum anderen ist der Stromverbrauch neben Heiz- und Mobilitätskosten nur ein kleiner Teil des Energiesystems insgesamt. Ein Durchschnittshaushalt zahlt nämlich dreimal so viel für Heizen und Mobilität wie für Strom.«

Als ich auf der Branchenveranstaltung des Bundesverbandes Erneuerbare Energie nach dem Wirtschaftsminister Peter Altmaier über die Gesundheitsaspekte der Energiewende sprechen durfte, sah ich in einen Saal von lauter Tüftlern, die sich wunderten, dass sich ihre guten Ideen nicht von alleine durchsetzen. Windräder muss ja nicht jeder schön finden, aber auch sie tragen auf dem Land und vor der Küste ihren Teil zur Energiewende bei. Und jetzt breche ich ein Tabu: Die wahren Killer der Vögel sind nicht Rotoren, sondern Katzen, und zwar im Verhältnis von hunderttausend pro Jahr zu einhundertfünfzig Millionen. Wichtig zu wissen, denn oft werden Planungsverfahren mit vorgeschützten Argumenten wie Schäden für die Vogelwelt, mangelnde Abstände zur nächsten Siedlung und zu hohe Geräuschpegel endlos in die Länge gezogen. Durch Volker Quaschning hörte ich von einer sehr naheliegenden Idee, die Akzeptanz von Windparks vor Ort schlagartig zu erhöhen: Lasst die Kommunen selber Betreiber werden, indem sich lokale Genossenschaften gründen und der Gewinn dort bleibt, wo das große Rad wie von selbst gedreht wird.

Überhaupt werden die Beiträge der Energiewende nicht nur zur Gesundheit, sondern auch zur Demokratie stark unterschätzt. Statt von einigen wenigen Konzernen, Lieferketten, Kraftwerken, großen Leitungen über oder unter dem Boden abhängig zu sein, bietet die dezentrale Erzeugung viele neue Freiheiten. Einer meiner Freunde schwärmt mir immer vor, wie gut sich das anfühle, sein E-Auto daheim mit Strom vom eigenen Dach zu laden und Strom, den er selber nicht braucht, zu verkaufen: »Ich muss mich nie mehr an der Tankstelle oder beim Stromanbieter abgezockt fühlen!« Die Akkus der E-Autos können, wenn sie intelligent geladen werden, auch als Speicher für die Stromspitzen dienen. Viele alte klimaschädliche Kraftwerke und teure neue Trassen werden dadurch überflüssig.

»Der Wechsel zu erneuerbaren Energien hat eine zivilisationsgeschichtliche Bedeutung. Deshalb müssen wir wissen, wie wir ihn beschleunigen können. Knapp sind nicht die erneuerbaren Energien, knapp ist die Zeit.« Das hat Hermann Scheer, der Vordenker des Erneuerbare-Energien-Gesetzes, sehr klar erkannt. Power to the people! Jetzt. Wer genauer wissen möchte, wie wir das in Deutschland hinbekommen können, dem sei das Machbarkeitsgutachten des Wuppertal Instituts vom September 2020 empfohlen. Und wen es interessiert, wer immer noch massiv bremst, findet einen schonungslosen Bericht bei Claudia Kemfert: ›Das fossile Imperium schlägt zurück‹.

Wie Kai aus der Kiste kommt immer wieder die Atomenergie. Der Retter in der Klimakrise? Die vergessene Superkraft des Menschen? Vergessen wir da nicht ein paar unschöne Details? Das Unglück in Fukushima ist zehn Jahre her, das Unglück in Tschernobyl fünfunddreißig Jahre. Die Bilder gingen um die Welt, die Radioaktivität auch. In Japan sind die Aufräumarbeiten immer noch im Gange, und immer noch weiß keiner, wie man das toxische Konglomerat aus geschmolzenen Brennstäben, Stahl und Beton bergen und entsorgen soll. Wohin damit? Und durch wen? Wer dem Kern zu nahe kommt, holt sich die Strahlenkrankheit, sprich erst Verbrennungen, dann Blutungen und schließlich stirbt er an Organversagen. Wenn die Technik so sicher ist, warum baut Frankreich seine Reaktoren nicht nahe Paris, wo der meiste Strom gebraucht wird, sondern sechzig Kilometer vor Aachen in Tihange? Bei einem Unfall dort würde der Wind

Jährlich sterben in Deutschland bis zu 115 Millionen Vögel, weil sie gegen Glasscheiben fliegen

Windkraftanlagen töten viele Vögel? Ja. Jäger, Katzen und Hochhäuser aber noch viel mehr. Kleinvögel fliegen durchschnittlich 30 Kilometer pro Stunde – andere Vögel sogar doppelt so schnell. Der Aufprall auf eine Glasscheibe ist bei dieser Geschwindigkeit in der Regel tödlich. Auch bei Windkraftanlagen sterben die meisten Vögel, weil sie gegen den Mast prallen, und nicht, weil sie vom Rotor getroffen werden. Wenn Windkraftanlagen farbig angestrichen werden, fliegen deutlich weniger Vögel dagegen. Die Naturschutzorganisation Nabu beziffert die Anzahl der verunglückten Tiere auf bis zu 100.000 pro Jahr. Für die hier aufgeführten weiteren Todesursachen sind ebenfalls geschätzte Maximalwerte angegeben.

Windkraftanlagen
0,1 Mio.

Jäger
1,2 Mio.

Stromleitungen
2,8 Mio.

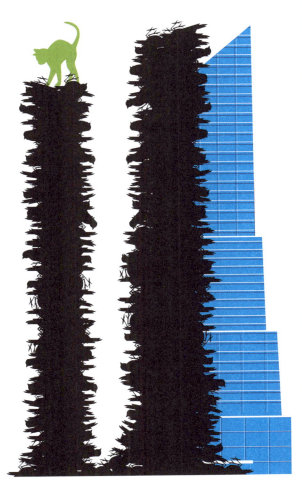

Autos und Züge
70 Mio.

Hauskatzen
100 Mio.

Glasscheiben
115 Mio.

die radioaktiv verseuchte Wolke direkt über die Grenze tragen und eine halbe Million Menschen in Deutschland gefährden. Die Ironie der Geschichte: Die Brennstäbe für diesen Irrsinn bezieht Tihange aus deutscher Produktion. Vielleicht liegt da die Antwort auf die Frage, warum das Umdenken so langsam vorangeht.

Deutschland steigt zwar offiziell aus der Atomkraft aus, möchte aber weiter daran mitverdienen, was zeigt: Politisch sind wir der Industrielobby nicht gewachsen. Und auch wirtschaftlich nicht: Keine Versicherung der Welt möchte dafür aufkommen. Fukushima verursachte Schäden von geschätzten siebenhundert Milliarden Dollar. Auch im Normalbetrieb fallen Reaktoren immer öfter aus oder müssen – wie im Sommer 2019 – wegen Hitze und Trockenheit abgeschaltet werden, weil die Flüsse nicht mehr genug Kühlwasser liefern. Um den Klimawandel aufzuhalten, müssen wir bis spätestens 2030 gehandelt haben. Atomkraftwerke zu bauen, dauert fünfzehn Jahre. Uns läuft die Zeit davon.

Mit Atomenergie zu wirtschaften, ist wie ein Flugzeug zu starten, ohne irgendwo landen zu können. Es gibt bis heute kein Endlager, das die sichere Lagerung von hoch radioaktiven Abfällen für mehr als eine Million Jahre gewährleistet. Die Stollen sind durch Wassereinbrüche gefährdet. Heute, gerade mal zwei Generationen später, müssen die Fässer, die man mühselig extra tief verbuddelt hat, für Milliarden Euro und unter großen Gefahren wieder hochgeholt werden. Alles andere als ein Kindergeburtstag.

Es ist eine traurige Erkenntnis, dass die Kosten dafür unkalkulierbar hoch sind, sodass sich die Verursacher, nachdem sie jahrzehntelang satte Gewinne eingefahren haben, nun für einen Appel und ein Ei auf alle Ewigkeit freigekauft und die Zuständigkeit auf die Allgemeinheit abgewälzt haben. Mit den immensen Atom-Folgekosten müssen wir nun für die verfehlte Politik der Vergangenheit büßen, alternativlos. Ganz zu schweigen von der Gefahr einer militärischen oder terroristischen Nutzung der Spaltprodukte wie Plutonium, die wächst, je mehr Länder große und kleine Reaktoren betreiben. Atomenergie ist nicht das kleinere Übel, sondern das teurere und anfälligere und das potenziell krankmachende, auch wenn sie auf den ersten Blick weniger CO_2 und Feinstaub auspustet als die Kohle. Wir brauchen beides nicht. Rechnet man die Subventionen heraus, so sind Sonnen- und Windkraft schon lange günstiger als Kohle und Atom und könnten sich aus eigener Kraft durchsetzen. Fossile Brennstoffe werden in Europa immer noch mit mindestens einhundertsiebenunddreißig Milliarden Euro subventioniert – allein in Deutschland mit siebenunddreißig Milliarden. Wenn endlich auch ein relevanter und wirksamer Preis für jede Tonne CO_2-Emission bezahlt werden muss, kann diese Wende sehr schnell gehen. In Deutschland und weltweit. Denn eine Tonne CO_2 kann in Australien, Afrika, Südamerika oder Asien genauso eingespart werden wie in Europa. Und es landet ja alles in der einen Atmosphäre, von der unser aller Überleben abhängt. Ein schnelles Ende der fossilen Energie ist der beste Weg, den Treibhauseffekt zu stoppen und uns als Menschheit ein langsames Ende zu ersparen. Sonnenenergie gibt es mehr als genug. Jeden Tag neu.

PS: Falls Sie jetzt persönlich etwas für die Energiewende in Ihrem eigenen Umfeld tun möchten, drei Fragen und Ideen:

1. Wie heizen Sie? Die Erfolge beim Einsparen von Heizungsenergie waren über die letzten zehn Jahre mehr als bescheiden, obwohl dies ein großer Hebel zur Veränderung wäre. Nur ein Beispiel: Heute liegt der Anteil an installierten fossilen Heizungen, sprich Öl oder Gas immer noch bei fast achtzig Prozent, dabei müsste schon in der nächsten Legislaturperiode die Entscheidung fallen, dass überhaupt keine neuen fossilen Heizungen mehr installiert werden dürfen. Sonst wird das nichts mit der Klimaneutralität. Es gibt bereits viele technische Möglichkeiten und Zuschüsse für alle, die von Ölheizung auf Wärmepumpe, Erdwärme oder nachwachsende Rohstoffe wie Holzschnitzel etc. umsteigen wollen.

2. Wie legen Sie Ihr Geld an? Der fossilen Industrie das Geld zu entziehen, ist mit einem Kontowechsel zu einer Bank mit rein ökologischer Ausrichtung wie der Tomorrow Bank, der GLS- oder der Umweltbank innerhalb eines Tages zu erledigen. Und wenn das jetzt viele tun, tut es den Banken, die keine solche Ausrichtung haben, auch weh. Erst recht, wenn dann auch noch die Aktiendepotbesitzer und die großen Geldanleger den Betreibern fossiler Anlagen den Saft abdrehen. Einer der größten Kapitalanleger der Welt, BlackRock, hat das sogar schon angekündigt – und das sind nun alles andere als linke Ökospinner –, aber fossil rechnet sich einfach nicht mehr.

3. Woher beziehen Sie Ihren Strom? Mit Strom, den man selber erzeugt hat, geht man sparsamer um, vielleicht können Sie eine Photovoltaikanlage auf dem Dach oder eine kleine sogar auf Ihrem Balkon errichten. Ansonsten Strom, der nicht durch Zertifikathandel grün eingefärbt wurde, sondern wirklich erneuerbare Energie enthält, laut Verbraucherzentrale erkennbar am »Grüner-Strom-« und »Ok-Power-Label«. Sie können es auch an Ihrem Toaster erkennen: Wenn die Scheiben sonnengelb bleiben, benutzen Sie sauberen Strom. Andernfalls werden Toast und Konsument verkohlt.

Nicht zuletzt: Der nachhaltigste Strom ist immer noch der, den man gar nicht erst verbraucht.

BRAUCHEN & VERBRAUCHEN

Zeug
Vintage
Turnschuh
Coffee to stay
Kaufrausch
Fußabdruck
Sand am Meer
Modeerscheinung
Gesundheitsapps
Pseudo-Ökos

KAPITEL 7

BRAUCHEN & VERBRAUCHEN

Der Plastiktütenverbrauch im Jahr 1850 lag bei null. Gelingt uns das bis 2050 wieder? Verbrauchen wir so viel, weil wir nicht wissen, was wir wirklich brauchen? Wie kommen wir raus aus dem schneller, höher, weiter und immer mehr? Die Technosphäre, alles was Menschen gebaut haben, wiegt inzwischen rund 30 Billionen Tonnen, das 100.000-Fache der Biomasse aller Menschen auf der Erde und rechnerisch 50 kg auf jedem Quadratmeter – auf manchen Quadratmetern auch sehr viel mehr.

In diesem Kapitel möchte ich herausfinden, wie viel der Endverbraucher zum Ende der Welt beiträgt, ob der Kassenzettel wirklich ein Abstimmzettel ist und wieso ein Gerät, das in jede Hosentasche passt, so viel Strom zieht wie ein kleiner Kühlschrank.

Mensch, Erde!
Wir könnten es so schön haben,
… wenn wir erkennen würden, dass die wichtigsten Dinge im Leben keine Dinge sind.

ZU VIEL ZEUG

»Wenn du einen Menschen glücklich machen willst, dann füge nichts seinem Reichtum hinzu, sondern nimm ihm einige von seinen Wünschen.«

Epikur von Samos

Haben Sie auch mehr Zeug, als Sie brauchen? Willkommen im Club. Aber ich bin schlimm. Schlimmer, als Sie ahnen. Wenn Leute das erste Mal in mein Büro kommen, rutscht ihnen oft so etwas heraus wie: »Eckart, ich wusste gar nicht, dass du ein Messie bist.« Darauf habe ich nur eine Antwort: »Ich bin kein Messie – ich bin ein Sammler ohne festgelegtes Themengebiet!« Ich finde, das lässt mir einen Rest von Würde. Wenn jemand sagt: »Eckart, du hast das Zeug dazu!« – das stimmt fast immer. Ich habe wirklich viel Zeug. Gruscht, sagt der Schwabe. Stehrümsche, Krempel, Nippes, Geraffel, Gelumpe, Schund, Trödel, Klimbim, Schnickschnack, Plunder, Krimskrams – es gibt viele schöne alte Wörter dafür, aber jetzt sammle ich ja schon wieder.

Wie viel Zeug man hat, merkt man eigentlich erst so richtig beim Umzug. Unfassbar, wie viele Kisten du mit Krempel füllen kannst, ohne dass die Wohnung leerer wird. Ich habe bei meinem letzten Umzug im Keller Kisten entdeckt, die waren noch von dem Umzug von vor dem davor. Ungeöffnet. Unbeschriftet. Ich habe keine Ahnung, was drin ist. Ich weiß nur, es muss sich um sehr wertvolle Dinge handeln, sonst hätte ich sie ja nicht so lange aufgehoben!

Neulich waren Einbrecher im Haus. Das ist wirklich verletzend, das wünsche ich niemandem. Was ich denen aber echt verüble: Sie haben nicht einen einzigen Blick in die Kisten im Keller geworfen, in die mit den wertvollen Dingen. Die haben nur so das Offensichtliche mitgehen lassen. Dann kam die Polizei und der Beamte wollte verständnisvoll tun: »Ja, was fehlt denn?« Ich sah ihn nur an und sagte: »Woher soll ich das denn wissen?« Er blieb verständnisvoll: »Ist ja auch wirklich schwer verwüstet worden hier.« Ich hielt die Klappe. In dem Zimmer war gar kein Einbrecher gewesen.

Was sich vor allem bei mir türmt, sind Stapel aus Papier. Ich bin ja analog groß geworden, sodass ich noch gedruckte Zeitungen, Zeitschriften und Bücher lese. Weil ich aber grundsätzlich immer mehr kaufe und heranschaffe, als ich lesen kann, wachsen die Stapel und werden gefährlich wackelig. Aber ich kann mich nicht davon trennen. Ich denke immer, die enthalten ja noch so viele wichtige Informationen, und schließlich habe ich ja auch für die ganzen Printprodukte bezahlt, der Stapel ist aus meiner Warte pures Gold.

Ein Gedankenexperiment: Mal angenommen, vor der Tür steht jemand und bietet uns einen ebensolchen Stapel aus alten Zeitungen, Zeitschriften und Büchern an – was wären wir bereit dafür zu bezahlen, um diese Menge an Altpapier von VOR der Tür IN die Wohnung zu holen? Nichts! Gar nichts. Man müsste uns Geld geben, damit wir dieses Altpapier überhaupt annehmen. Aber weil der Stapel bereits IN der Wohnung ist, denken wir: Der ist unendlich wertvoll, der darf auf keinen Fall VOR die Tür. Was für ein Quatsch. Die Psychologie kennt diesen Effekt, dass man Dinge, die man besitzt, in ihrem Wert für andere maßlos überschätzt. Dafür reicht auch ein Blick auf eBay oder in ›Bares für Rares‹. Aber bei meinem eigenen Zeug falle ich trotzdem immer wieder drauf rein. Ich kann so viel gar nicht lesen. Ich hebe Bücher auf, die ich garantiert kein zweites Mal lesen werde. Denn dazu müsste ich sie ja erst mal zum ersten Mal lesen! Wobei ich ein kluges Buch dazu kenne, von Erich Fromm, das heißt ›Haben oder Sein‹. Das hab ich. Ich glaube sogar, dass ich es zweimal habe. In einer der Kisten müsste noch eine antiquarische Ausgabe sein. Zeug frisst Platz. Und Zeug frisst Zeit. Neulich habe ich über eine Stunde was gesucht, wirklich überall, und wo war es dann schließlich? Da, wo es hingehört – da hatte ich nicht geguckt.

Das Leben ist ein Kampf gegen die Unordnung, ein ständiger

Versuch, Struktur in die Dinge zu bringen. Aber ich habe eben lauter Dinge, die das gar nicht wollen. Dabei halte ich mich nur an die Regeln der Physik. Der zweite Hauptsatz der Thermodynamik sagt voraus, dass die Unordnung im Universum permanent zunimmt. Aber er erklärt nicht, warum der Boden rund um meinen Schreibtisch dem Universum dabei um Lichtjahre voraus ist. Was die Physik auch nicht erklären kann, ist wie sich Zeug vermehrt. Ganz von allein. Gerade im Keller. Einmal Licht ausgemacht, Licht wieder an – mehr Zeug! Das sieht man auch, wenn man abends etwas vor die Tür stellt, weil man denkt, morgen ist Sperrmüllabfuhr. Am Morgen steht dann um dein wertvolles Stück, von dem du dich überhaupt nur sehr schwer trennen konntest, lauter wertloser Schrott aus der Nachbarschaft. Und dann merkst du: Sperrmüll ist erst nächste Woche. Du trägst dein Zeug wieder in den Keller – aber der Rest verschwindet dann ja nicht mit!

Das Schlimme: Wenn man Bücher liebt und schreibt, meint jeder, man wünscht sich: mehr Bücher! Mir hat eine wohlmeinende Freundin ein Buch geschenkt: ›Feng Shui gegen das Gerümpel des Alltags‹. Ich habe es in eine Ecke gelegt und abgewartet, ob es von selbst hilft. Schließlich war es ja ein Selbsthilfebuch. Nichts passierte. Dann habe ich es kurz durchgeblättert und verstanden: Für das Buch ist es energetisch viel besser, in einer anderen Ecke zu liegen. Hat aber auch nichts gebracht. Später habe ich mir noch zwei andere Bücher gekauft, ›Einfach aufräumen‹ und ›Nie wieder suchen‹. Wenn ich ehrlich bin: Momentan wüsste ich von keinem der drei Bücher, wo genau es sich befindet.

Der aktuelle Hit: ›Magic Cleaning‹ von Marie Kondo. Die Japanerin hat es mit ihrer Entmistungs-Mystik sogar zu einer eigenen Netflix-Serie gebracht. Dabei sagt sie im Kern sehr einfache Dinge, wie »Unordnung im Zimmer ist Unordnung im Herzen«. Dann empfiehlt sie: Mach zuerst einen großen Haufen. Das hat mir gefallen, das hatte ich ja schon. Aber dann kommt der esoterische Teil. Man nimmt sich jeden Gegenstand einzeln vor und spürt der Frage nach: *Macht es mich glücklich, wenn ich diesen*

Gegenstand in die Hand nehme? Ich nehme an, die Einbrecher haben genau nach diesem Prinzip Laptop, Bargeld und Schmuck sorgsam ausgewählt. Selbsthilfebücher werden ja immer von Leuten geschrieben, die das Problem selber nicht haben. Frau Kondo hat ihr Buch millionenfach verkauft und dann noch ein zweites zu dem Thema geschrieben. Wenn sie ihre Botschaft selber ernst nehmen würde, hätte eins doch nun wirklich gereicht!

Sie merken, wie mich das Thema aufregt. Zeug macht aggressiv. Sperr-Müll sperrt uns ein. Besitz macht unbeweglich. Auf Latein: immobil. Das ist ja der tiefe Sinn von Immobilien, dass man für sein Zeug einen Raum hat, den man abschließen kann, während man unterwegs ist, um noch mehr Zeug zu sammeln. Wir vergessen bei der Freude am Jagen, dass alles Folgekosten hat: Klamotten müssen in die Wäsche oder Reinigung. Autos kosten Versicherung, Parkplatz und Sprit. Und dann noch die psychischen Folgekosten: Besitz besitzt uns. Alles will in Schuss gehalten, sortiert, umgestapelt, entstaubt und repariert werden. Machen Sie mal aus dem Kopf eine Liste von allem, was sich in Ihrem Kleiderschrank befindet. Schriftlich. Dann machen Sie den Schrank auf, und alles, was nicht auf der Liste steht, fliegt raus. Konsequent. Wenn wir noch nicht mal mehr wissen, dass wir das Teil haben, werden wir es auch nicht vermissen.

Ich habe auch Freunde, bei denen ist es so aufgeräumt, da traust du dich gar nicht aufs Sofa. Bei denen sieht es aus wie auf dem Cover von ›Schöner Wohnen‹, alles so keimfrei wie ein Apple-Store. Ich habe schon überlegt, ob ich so einen Service anbiete: denen Zeug frei Haus liefern. Für mich läuft das unter: NOCH SCHÖNER WOHNEN. Nicht dass Sie jetzt meinen, ich hätte überhaupt keine Prinzipien. Ich räume regelmäßig auf – immer dann, wenn ich merke, dass mein WLAN-Signal nicht mehr durchkommt.

Wahrscheinlich ist der Tod erfunden worden, damit wir irgendwann unser ganzes Zeug loswerden! Anders geht es offenbar nicht. Im ägyptischen Totenbuch steht, dass unser Herz nach dem

Tod gegen eine Feder aufgewogen wird. Und nur wenn unser Herz leichter ist, kommen wir weiter. Was man also nicht machen sollte: sich ständig beschweren! Weder im Herzen über das Leben noch über das Leben mit Zeug. Dann lebt es sich unbeschwerter. Eigentlich ist Zeug ja ein Armuts-Zeug-nis. Es heißt ja, tief in dir gibt es einen Teil, der meint, nichts wert zu sein, und der klammert sich deshalb an das ganze Materielle, weil er Leere nicht aushalten kann. Ich merkte, ich brauche Hilfe, jemanden, der mir diesen inneren Knoten zu lösen hilft, und dachte, ich fliege nach Indien zu einem Guru, mache ordentlich »Om« und lerne Bedürfnislosigkeit. Aber vier Tonnen CO_2 freisetzen, um den Kopf frei zu bekommen in einem Land, das pro Kopf nur 1,6 Tonnen im Jahr verbraucht? Das kam mir dann doch übertrieben vor. In Indien einen Guru zu finden, ist natürlich leicht, die laufen da alle auf der Straße herum und sind sofort an ihren orangefarbenen Gewändern zu erkennen. Aber ich darf verraten, ich habe jetzt auch einen deutschen Guru gefunden, es war nicht einfach, aber ich habe seine tiefen Qualitäten erkannt. Auch er trägt immer Orange. Er arbeitet bei der Müllabfuhr auf dem Wertstoffhof. Er ist ein wahrer Meister im Loslassen. Ich kann so viel von ihm lernen, von seiner Leichtigkeit, von seiner Disziplin, von seiner Gelassenheit. In der Gegenwart eines Meisters fühlt man sich nicht beurteilt, sondern frei, so zu sein, wie man ist. Ich weiß noch, wie ich ihm das erste Mal begegnet bin. Da kam ich mit einem Auto voller Zeug und einer Seele voller schlechtem Gewissen und fürchtete, er würde mir jetzt viele Fragen stellen, was das alles sei, warum ich das angehäuft und was ich mir überhaupt dabei gedacht hätte. Aber der Meister war ganz anders. Er schaute mich an, schaute sich das Zeug an und stellte mir dann nur eine einzige Frage: »Brennbar oder nicht brennbar?«

Das ist die entscheidende Frage! Wer Komplexität derart reduzieren kann, ist wahrlich erleuchtet. Brennbar oder nicht brennbar ist das tiefe Geheimnis aller wesentlichen Dinge, nicht nur nach dem Tod, sondern auch vorher, gerade in Beziehungen: Ist jemand »angezündet« von etwas? Wer brennt für etwas? Und warum verbringen wir so viel Zeit mit grauen Menschen aus Asbest, die man schütteln möchte, damit da mal irgendein kleiner Funken Begeisterung für irgendwas zu Tage tritt?

Brennbar oder nicht brennbar – das ist mein neues Mantra. Und wir haben jetzt auch eine kleine informelle Selbsthilfegruppe gegründet, für Männer, die schwer loslassen können. Wir treffen uns immer samstags von 8 bis 12 Uhr bei der Entsorgung. Heißt ja nicht umsonst so. Da kann man kommen, wenn man mühselig und beladen ist, und man wird von allen Sorgen befreit, eben ganz entsorgt. Wenn einer von uns in der Gruppe Probleme hat, sich von etwas zu trennen, dann helfen wir uns auch gegenseitig, das ist eine ganz wertvolle Erfahrung. Unser Zauberspruch: »Wer loslässt, hat zwei Hände frei!« Dieser Satz kommt eigentlich aus dem Freeclimbing-Bereich. Aber wenn man sich darauf einlässt, geht er wirklich sehr tief.

Ich kann jedem nur raten, sich äußerlich und innerlich zu befreien, loszulassen, sich zu erleichtern. Egal ob das Zeug ist oder Termine oder Daten auf der Festplatte, an denen man festhält. Oder Fettreserven im Körper, die herumliegen, ohne dass die jemand braucht. Weg damit! Ausmisten, auf dem Dachboden, im Keller und im Herzen! Das pralle Leben beginnt, wenn wir nicht mehr jede Ecke und jede Minute so prall vollstopfen mit Zeug. Denn tatsächlich ist es so, wie auch andernorts schon beschrieben: Wir kaufen uns Zeug, das wir nicht brauchen, von Geld, das wir nicht haben, um Leute zu beeindrucken, die wir nicht mögen. Was für ein bekloppten Spiel! Wir verbrauchen sofort weniger, wenn wir wissen, was wir wirklich brauchen.

Fangen Sie einfach an! Hier und jetzt. Und tun Sie mir einen Gefallen: Wenn Sie rausgefunden haben, wie das mit dem Ausmisten wirklich funktioniert, verraten Sie es mir bitte, okay?

Manchmal sind es ja auch nur kleine Schritte. Neulich las ich im Hotel im Badezimmer ein Schild: »Handtücher in die Badewanne geworfen heißt: austauschen. Handtücher zurück auf dem

Halter bedeutet: Ich benutze sie ein weiteres Mal – der Umwelt zuliebe.« Ich fand das eine tolle Idee. Als ich auscheckte, nahm ich das Schild mit, legte an die Stelle einen kleinen Zettel und schrieb: »Handtücher weder in der Badewanne noch auf dem Halter bedeutet: Ich benutze sie noch viele weitere Male – der Umwelt zuliebe!«
 Jeder kann doch was tun!

Eigentlich hätte hier noch ein Foto Platz, aber der Verlag war dagegen und meinte, ich solle mal Mut zur Lücke üben. Mist – die hatten den Text gelesen ...

Plastikbecherverbrauch in Europa im Jahr 1789

Früher war alles besser. Zumindest fast. Bis 1907 musste die Menschheit warten, bis in den USA der Einwegbecher aus Pappe erfunden wurde. Und sogar noch länger, bis sie ihren Kaffee aus Plastikbechern trinken konnte. Tragisch.

Zum Kaffeetrinken war der Einwegbecher ursprünglich aber gar nicht gedacht, vielmehr wurden damit in den USA Wasserspender bestückt. Wasser wurde um die Jahrhundertwende als gesunde Alternative zu Alkohol beworben. Als später die Spanische Grippe weltweit Millionen Opfer forderte, wurden hygienische Vorteile zum Verkaufsargument.

DER NACHHALTIGSTE TURNSCHUH

Den Unterschied zwischen Theorie und Praxis beschreibe ich gerne mit Einkaufsliste und Kassenbon.

Der nachhaltigste Mensch in meinem privaten Umfeld ist mein Vater. Er wurde im Jahr 1935 geboren, in Arensburg auf der Insel Ösel in Estland, und kam nach Umsiedlung und Flucht zunächst ins Allgäu. Dort wurde ein Lehrer der Dorfschule auf ihn aufmerksam und empfahl ihn für ein Stipendium für ein Internat, so konnte er später auch studieren und dabei meine Mutter kennenlernen. Sie heirateten, bekamen vier Kinder, und deshalb tue ich mich auch schwer damit, wenn es heißt, eines der wirksamsten Mittel zur Reduktion des Ressourcenverbrauchs sei, weniger Kinder in die Welt zu setzen. Das ist theoretisch sicher richtig und ich habe höchsten Respekt vor allen, die das so für sich durchziehen. Aber hätten meine Eltern sich daran gehalten, gäbe es mich nicht. Ich bin Nummer drei und lebe sehr gerne. Und liebe meine beiden Brüder und auch meine Schwester, die noch nach mir kam.

Der ökologische Fußabdruck unseres Vaters und vieler aus seiner Generation macht über den Daumen gepeilt mit fünfundachtzig Jahren immer noch nur einen Bruchteil dessen aus, was ich mit Mitte fünfzig schon verursacht habe, und auch weniger als das, was durch Flugreisen in ferne Länder und den Verbrauch an Rohstoffen auf die Kappe seiner fünfzehnjährigen Enkel geht. Mein Vater ging als Schüler barfuß zur Schule, damit die guten Schuhe länger hielten. Die brauchte man für den Sonntag. Die Hefte wurden mit Bleistift geführt, damit man am Ende des Schuljahres alles ausradieren und sie wiederverwenden konnte.

Dieser aus der Not geborenen Sparsamkeit und Bedürfnislosigkeit blieb er ein Leben lang treu. Er besitzt bis heute ein einziges Paar Turnschuhe, blau-weiße Adidas Rekord aus den 1970er Jahren. Nun muss man fairerweise sagen, dass er auch nie ein großer Turner vor dem Herrn war, aber es wäre ihm im Leben nicht in den Sinn gekommen, ein zweites Paar zu kaufen, solange die vorhandenen »noch gehen«. Ich kam auf diesen Vergleich, als ich bei einer Preisverleihung für Marken und Persönlichkeiten einem Vertreter der Firma Adidas zuhörte, der lang und breit den ersten vollständig recyclingfähigen Performance-Laufschuh lobte sowie die »Corporate Social Responsability« bei der Vermeidung von Plastikmüll. So bestünden bereits mehr als elf Millionen Paar Schuhe aus recyceltem Plastikmüll von Stränden und aus Küstenregionen. Zum Einordnen: Im Jahr 2019 fertigte Adidas weltweit rund vierhundertfünfzig Millionen Paar Schuhe. Der nachhaltigste Schuh ist immer der, den man schon hat. Weil alles an Aufwand, Material, Transport und Emissionen bis auf die Entsorgung ja schon geleistet wurde, so wie bei meinem Vater.

Spaßeshalber habe ich eben mal bei eBay geschaut und war erstaunt, dass die blau-weißen Schuhe aus seinem Schrank als »Vintage« echte Sammlerstücke sind. Mein Vater könnte die heute zu einem Vielfachen des Einstandspreises verkaufen. Aber auch das käme ihm nicht in den Sinn.

Man muss Dinge nur lange genug behalten, dann kommen sie wieder in Mode.

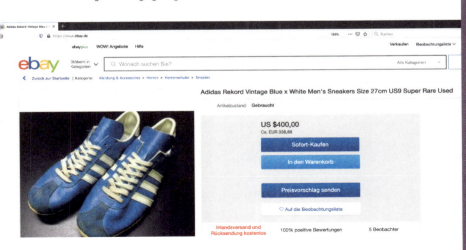

DAS DILEMMA DER AUFGEKLÄRTEN VERSCHMUTZER

»Denn sie tun nicht, was sie wissen.«
Annett Entzian

Pst – ich verrate Ihnen jetzt ein schmutziges Geheimnis der Ökoszene: Je mehr Leute über ihr hohes Umweltbewusstsein reden, desto höher ist fast immer auch ihr CO_2-Ausstoß. Nicht direkt in der Ausatemluft, aber in der Bilanz. Umweltbewusstsein hängt an Bildung, Bildung hängt an Geld, und wer Geld hat, konsumiert auch mehr, auch wenn er sich für den Vorbildbürger hält.

Ein Beispiel: Familie *Wirkennenunsaus* wohnt in einem Einfamilienhaus im Grünen und bezieht selbstverständlich Ökostrom. Die Familie hat zwei Jobs, zwei Autos, zwei Kinder, einen Labrador und fliegt zweimal im Jahr in den Urlaub – einmal in die USA zum Shoppen und damit die Kinder besser Englisch lernen, und einmal nach Bali, weil man da in einem Yoga-Resort so was von zu sich finden kann. Fleisch essen sie selten und nur das vom Biobauernhof, zu dem sie regelmäßig mit ihrem SUV fahren, denn anders kommt man gar nicht über die holprige Zufahrt. In der Freizeit engagieren sie sich für »Parents for future«, ihre Kinder haben auf dem Internat gerade ganz andere Themen.

Familie *Fragmichwasanderes* wohnt in einer 2½-Zimmer-Wohnung, besteht aus einem alleinerziehenden Elternteil, drei Kindern und einem Meerschwein, hat einen alten Diesel und fliegt einmal im Jahr in den All-Inclusive-Club auf Malle, weil man sich da so viel Fleisch reinziehen kann, wie man will. Sie muss mit dem Haushaltsgeld gut wirtschaften, kauft daher im Discounter und in günstigen Klamottenläden und achtet insgesamt sehr auf Sonderangebote. In der Freizeit sieht sie gerne fern, essen geht sie selten, höchstens mal zum Drive-in.

Wer fällt der Erde mehr zur Last? Wer fällt den Freunden mehr auf den Wecker?

In der ersten Überschlagsrechnung verballert die Familie *Wirkennenunsaus* bei höchstem Umweltbewusstsein drei Mal so viel CO_2 wie die Familie *Fragmichwasanderes*. Familie *Wirkennenunsaus* liegt bei einundzwanzig Tonnen pro Kopf, der deutsche Durchschnitt bei elf Tonnen und *Fragmichwasanderes* bei nur sieben Tonnen pro Person. Zu Buche schlagen vor allem die Fernreisen, die großen beheizten Flächen, die vielen Klamotten und der sonstige Konsum, den man sich leisten kann oder eben nicht. Allein für die Emissionen des Hundes (rund 2,5 Tonnen) könnte man sich fünfundzwanzig Meerschweinchen halten, aber das muss man auch wollen. Weltweit nachhaltig leben können wir erst dann, wenn wir unter zwei Tonnen bleiben, was sehr viele Menschen in sehr armen Verhältnissen unfreiwillig schaffen.

Michael Kopatz vom Wuppertal Institut für Klima, Umwelt, Energie bekräftigt den Zusammenhang von Einkommen und Verbrauch und liefert gleich die Idee zu einem Gegengift: »Es wäre außerordentlich segensreich für den Klimaschutz und den Konsum, wenn die Leute ihre Arbeitszeit etwas verkürzen würden und das verringerte Einkommen hinnähmen.« Wer mehr freie Zeit hat, kann frisches Gemüse selbst kochen oder gar anbauen, statt es tiefgekühlt zu kaufen oder auf energieaufwendige Fertiggerichte zurückzugreifen. Oder Wäsche aufhängen, statt sie in den energiefressenden Trockner zu werfen. Oder vom Festnetz telefonieren und seine Serien zu Hause mit dem eigenen LAN-Kabel herunterladen, statt permanent unterwegs zu sein und mobile Daten über Satelliten um die Erde zu funken.

Auf der Webseite »Ein guter Tag hat 100 Punkte« können Sie sich spielerisch Ihren eigenen Fußabdruck ausrechnen. Vielleicht sind SIE ja das leuchtende Beispiel mit dem hohen Bildungsgrad und dem niedrigen Ressourcenverbrauch. Ich bin es jedenfalls nicht. Noch nicht.

» UN-TRAGBAR! «

Meine Begegnung mit Natascha v. Hirschhausen

In ganz Deutschland werden die Altkleidercontainer abgebaut! Diese Meldung ging im September 2020 über die Ticker und ich dachte nur bei mir: Das ist nicht wahr. Keiner will mehr unsere ausrangierten Klamotten. Weder die alten guten Sachen noch die neue Billigmode sind für uns, andere Länder und den Planeten in ihrer Menge im wahrsten Sinne tragbar!

Was uns beim Abschied von einem geliebten Kleidungsstück getröstet haben mag, war ja die leicht kolonialistische Fantasie, dass sich irgendwo ein armer Mensch noch daran erfreuen könnte. Irgendwo auf der Welt müsste doch dieser Style gerade im Kommen sein. Sehr überheblich.

Dass ich wenig für Mode überhabe, liegt in der Familie. Genauer gesagt an meinen beiden größeren Brüdern. Ich möchte nicht nachtragend sein, aber ich war sehr lange auftragend. Was die Hipster gerade wieder entdecken mit Kleiderkreisel, Secondhand und Retroklamotten, hat meine Kindheit geprägt. Ich war das Ende der textilen Hackordnung, nach mir kam nur noch meine Schwester. Positiv formuliert war ich vierzig Jahre vor dem Höhepunkt des Begriffs schon »Vintage« wider Willen.

Privat habe ich überhaupt kein Problem damit, mich herzlich wenig damit zu beschäftigen, was ich wie zusammen trage. Und ob das passt oder wem, ob der Kragen hochsteht oder das Hemd aus der Hose hängt. Und warum redet man über Flecken, wenn neunundneunzig Prozent der Fläche doch sauber sind?

Ein kleines Aha-Erlebnis hatte ich als Teenager auf einer Radtour. Meine Großmutter hatte mir entlang der geplanten Route eine Übernachtungsmöglichkeit bei entfernten Verwandten besorgt. Ich zog beim Betreten der guten Stube die dreckigen Schuhe aus, und die Dame des Hauses entdeckte an meinem Socken ein Loch. Eh ich's mich versah, bot sie mir an, dieses zu stopfen.

Natascha v. Hirschhausen entwirft und produziert nachhaltige Mode, bis ins Detail. Die Stoffstücke am Ohrring sind alles, was es bei dem Kleid an Verschnitt gab!

Ich war darüber sehr verblüfft, weil es sich um Socken der Kategorie »fünf Paar für zehn Mark« handelte. Aber sie holte ein Stopfei heraus, suchte einen passenden Faden und restaurierte meine Socke. Ich war von den Socken. Dinge minderer Qualität zu reparieren, war schon in meiner Jugend so aus der Zeit gefallen, dass mir das Stopfei-Erlebnis einfiel, als ich das von den Altkleidercontainern las. Die Menge der Kleiderspenden hat zwar stetig zugenommen, doch die Qualität nahm parallel dazu ab, will sagen: Wir kaufen und verramschen immer mehr Mist! Laut Branchenbericht landeten 2018 in Deutschland knapp 1,3 Millionen Tonnen Altkleider in der Sammlung, mehr als fünfzehn Kilogramm pro Einwohner. Statistisch gesehen kauft jeder Bürger sechzig Kleidungsstücke im Jahr, der Trend geht zu mehr Teilen, die immer kürzer genutzt werden. Die Altkleider stapeln sich in den Lagern, die Preise fallen, da selbst China sie in andere Länder exportiert. Statt Re-cycling findet nur noch Down-cycling statt, aus einem T-Shirt wird ein Putzlappen, mehr nicht.

Wie ist es möglich, dass man bei Modeketten wie H&M, C&A oder Primark Hosen für zehn Euro und T-Shirts für unter fünf Euro bekommt? Wer ein wenig darüber nachdenkt, kommt früher oder später darauf, dass den wahren Preis jemand anders bezahlen muss, zum Beispiel die Arbeiter:innen auf den Baumwollplantagen und die Näher:innen in der Textilindustrie, die für einen Hungerlohn unter miserablen Bedingungen schuften. Das Geschäft machen andere, der Gründer von H&M und der Mitgründer von Zara zählen zu den dreißig reichsten Menschen der Welt. 1990 wurde noch die Hälfte der Klamotten in den USA hergestellt, heute sind es nur noch zwei Prozent. Die Weltproduktion wurde nach Asien verlagert, genau dorthin, wo regelmäßig über Kinderarbeit, Menschenrechtsverletzungen und Tote in brennenden, übervollen Produktionsstätten berichtet wird.

Es muss doch anders gehen. Natascha von Hirschhausen, eine Cousine wievielten Grades auch immer, ist Modedesignerin und Expertin für nachhaltige Stoffe und Schnitte. Ich habe sie in ihrem Atelier in Berlin-Moabit besucht – und nichts für mich gefunden, weil sie bislang nur Kleider für Frauen macht. Aber ich fand eine Menge Antworten auf meine Fragen:

EvH: Wie nachhaltig ist das, was du gerade trägst?
Natascha v. Hirschhausen: Dieses Kleid ist so nachhaltig wie momentan möglich, ich möchte alles umsetzen, was geht. Nicht jeder macht es so radikal wie ich.

Es fühlt sich erst einmal für mich als Laien wie jede Baumwolle an. Was ist das Besondere?

Es ist ganz reine Baumwolle. Über sechzig Prozent der Fasern, die heutzutage verarbeitet werden, sind nicht natürlich, sondern Polyester, Modal, Polyamid, alles synthetische Fasern, die nicht biologisch abbaubar sind.

Wie verfolgst du, wo genau die Ware herkommt?
Diese Baumwolle kommt aus Uganda, jeder Schritt wird im Hinblick auf ökologische und soziale Nachhaltigkeit kontrolliert. Das heißt, nicht nur das Feld und der Anbau werden zertifiziert, sondern auch die Verarbeitungsschritte, also wie gesponnen, gewebt und gefärbt wird.

Wann kam dir die Idee, dass du Mode nachhaltig produzieren willst?
Ich war shoppen, und es gab nichts, was ich haben wollte, nichts, was ich irgendwie tragen wollte auf meiner Haut. Viele wissen es nicht, aber Klamotten sind Giftschleudern, da sind Phthalate und Amine drin, die hormonell aktiv und krebserregend sind. Es war mir von Anfang an wichtig, nachhaltig zu arbeiten, giftfrei und langlebig.

Bei all den Labels wie Blauer Engel, ÖkoTex Standard 100 oder was auch immer: Worauf soll ich achten?
In der Tat gibt es viele Zertifikate, die alle sehr verschieden sind. Der strengste Standard ist der vom Internationalen Verband der Naturtextilwirtschaft (IVN), den gibt es nur für Naturmaterialien aus Bio-Anbau, die komplett biologisch abbaubar sind. Jegliche Chemikalien und Synthetik und damit auch die schlecht zu recycelnden Mischfasern sind ausgeschlossen. Eine gute App dafür ist zum Beispiel »Fair Fashion Finder«.

Du warst selber schon in Bangladesch, was hast du da erlebt?
Ich habe dort die Berge von Müll gesehen, die bei der konventionellen Textilindustrie anfallen. Ungefähr zwanzig Prozent der

Ressourcen werden allein beim Zuschnitt von Bekleidung verschwendet. Meist ist es günstiger, zuzuschneiden und wegzuschmeißen, weil den Ressourcen nicht derselbe Wert beigemessen wird wie der Arbeitskraft. Ich habe auch aus dieser Erfahrung heraus Schnitte entwickelt, die weniger als ein Prozent Verschnitt haben. Da sind alle Teile so ineinander verschachtelt wie bei einem Puzzle. Dieser kleine Stoffohrring ist übrigens der gesamte Rest von dem Kleid!

Das nenne ich Resteverwertung! Woher kommt eigentlich der enorme Wasserverbrauch bei der Produktion von Mode?
In warmen Regionen mit hoher Verdunstung verbraucht bereits der Anbau viel Wasser, vor allem bei Baumwolle. Und dann die ganze Weiterverarbeitung, das Färben und alles, was nachher auf das Material aufgebracht wird. Vieles davon landet oft einfach im Grundwasser. Gerade auch in China. Da erkennt man auf Fotos die Trendfarben der Saison in den Flüssen.

Und warum stammt so viel Mikroplastik im Wasser aus den Textilien?
Das ist Abrieb! Ein Drittel des Mikroplastiks im Meer stammt aus der Textilproduktion – aber nicht von meinen Sachen!

Wann kam denn die Lüge auf, dass man sein Selbstwertgefühl aufpeppt durch Zeug, das man eigentlich nicht braucht?
Du erwartest ausgerechnet von einer Modedesignerin, dass sie dir den Neoliberalismus erklärt? Also, ich tue mein Bestes: Das ist eine Abwärtsspirale. Man wollte immer mehr verkaufen, aber dafür musste es immer billiger werden. Und damit es immer billiger werden konnte, musste die Qualität immer schlechter werden.

Ich habe gerade zu meinem Geburtstag eine Jacke geschenkt bekommen, und der Hersteller macht Werbung mit: »Kauf dir erst eine neue Jacke, wenn du wirklich eine brauchst. Und wir

garantieren, dass wir die Dinger reparieren.« Die machen sich doch ihr eigenes Geschäft kaputt.

Das ist natürlich das große Paradoxon, weil Mode ja diesem ständigen Wandel unterliegt und eigentlich darauf ausgelegt ist, immer Neues zu schaffen. Aber genau das ist der Ansatz, den wir brauchen. Reparaturen übrigens immer anfragen. Viele Hersteller bieten sie an. Und wenn du einen Grundstock von guten, haltbaren Basics hast, kannst du die immer wieder neu kombinieren.

Ich finde die Idee witzig, die Kosten pro Nutzung zu kalkulieren. Plötzlich sind die stabileren, fairen und nachhaltigen Stücke ihren Preis wert, im Gegensatz zu den »preiswerteren«. Eine Hose für 100 Euro, 50-mal getragen, kostet mich 2 Euro pro Nutzung. Eine Hose für 20 Euro, die ich nur 5-mal getragen habe, ist mit 4 Euro pro Nutzung doppelt so teuer! Meine Großeltern liebten den Spruch: »Wer billig kauft, der kauft zweimal.« Wie könnte man denn den Billigtrend umdrehen?

Indem man wirklich über die Qualität geht und sagt: Eine reine Baumwolle, die gut produziert ist und gut gestaltet, macht mehr Spaß beim Tragen und ist gesünder für alle, nicht nur für den, der sie trägt. Naturfasern haben einfach die besten Trageeigenschaften. Wolle zum Beispiel nimmt Gerüche nicht an, reinigt sich selber, wärmt wie kaum ein anderes Material. Polyester stinkt.

In zehn Jahren – was ist deine Vision?
Fünfzig Prozent Marktanteil für die Nachhaltigen, sportlich gedacht. Und was mein eigenes Label Natascha von Hirschhausen angeht, stelle ich mir vor, wir internationalisieren und ich darf mal Sachen für Männer machen. Ein Schal geht immer, eine Hose und zwei T-Shirts, ich mag Männer in Rosa.

Wenn ich das dann noch tragen kann, würde ich für dich als Model laufen!

NEUE KOMPLIMENTE BRAUCHT DAS LAND!

Wow! Normalerweise machen wir Komplimente für alles, was glitzert, was teuer ist, neu, aufregend und weit weg. Aber das ist out. Doch auch in einer nachhaltigen Welt brauchen Menschen Anerkennung und Lob, aber eben nicht für Konsum, sondern für ihre Haltung. Nicht Haben, sondern Sein zählt. So könnte im Post-Materialismus flirttechnisch die Post abgehen.

20. Jahrhundert

Hübsches Kleid. Ist das die neue Collection?

Schön muckelig warm hier.

Ich hatte ein 500g T-Bone-Steak auf dem Grill und das war innen noch blutig und so saftig.

Irre. Du warst in Australien? Ich stell mir das ja total aufregend vor. Die Landschaft. Die Leute.

Wahnsinn, du siehst so glatt im Gesicht aus. Ist das Botox, Hyaluron oder etwa diese Frischzellen aus Kälberembryos?

21. Jahrhundert

Hübsches Kleid. Das hattest du doch neulich auch schon an.

Schön frisch hier.

Ich hatte 500g Bio-Zucchini auf dem Grill und die waren innen noch richtig »rare«.

Irre. Du warst im Harz? Ich stell mir das ja total aufregend vor. Die Landschaft. Die Leute.

Wahnsinn, ich hätte gerne solche Lachfalten wie du! Du strahlst so viel Lebenserfahrung aus!

Ich find dich toll, so wie du bist!

DER KÜHLSCHRANK
IN DER HOSENTASCHE

Denken ist wie googeln, nur krasser

Die Digitalisierung gilt als Verheißung – trägt aber viel zur Verheizung der Erde bei. Sagt einem allerdings kaum jemand. Wer von »virtueller Welt« spricht, vergisst leicht, dass dahinter ein gewaltiges System aus Rechenzentren, Datenleitungen und Knotenpunkten mit einem unstillbaren Energiehunger steht. Wäre das Internet ein Land, hätte es den sechstgrößten Stromverbrauch auf dem Planeten. In Frankfurt am Main schlucken Rechenzentren bereits mehr Strom als der Flughafen.

Was wir an Strom ins Handy stecken, ist nur ein Zwanzigstel des Verbrauchs, den das Gerät andernorts verursacht. Wir schauen auf die Steckdose, aber all die Serverfarmen, die im Hintergrund ständig am Laufen gehalten werden, bleiben für uns unsichtbar. Weil die Rechner eine konstante Betriebstemperatur von 21 Grad erfordern und wegen ihrer eigenen Abwärme gekühlt werden müssen, verbrauchen sie enorm viel Strom, der, solange er weltweit fossil und dreckig erzeugt wird, auch das Internet zu einer Dreckschleuder macht – nicht nur, was bestimmte Inhalte angeht, sondern auch im Hinblick auf den Ressourcenverbrauch der Hardware.

Dass ein Kühlschrank Strom braucht, hatte ich schon kapiert. Aber dass mein Smartphone in der Hosentasche durch viel Streaming und Suchanfragen an den Strombedarf eines kleinen Kühlschranks herankommt, wusste ich nicht. Und der Strombedarf wächst weiter. Zum einen durch das »Internet of Things«, bei dem alle Geräte miteinander verbunden sind, damit der Kühlschrank melden kann, wenn es keine Milch mehr gibt, Hafermilch selbstverständlich, denn die ist ja so nachhaltig. Zum Zweiten explodieren die Datenmengen durch die diversen Streamingdienste und Cloudspeicher, die alles, was früher vor Ort auf einer Festplatte abgelegt war, dreimal um die Erde schicken und doppelt und dreifach lagern.

Mit dem Energiehunger von einer Stunde Netflix könnte man sechs Stunden lang eine Glühbirne betreiben. Wobei ich zugeben muss, dass es natürlich dramaturgisch spannender ist, in der einen Stunde zu erfahren, wer wann mit wem durchbrennt. Weil jetzt alle »Bewegtbild« wollen, während sie selbst von Bus oder Bahn bewegt werden, gehen Experten davon aus, dass das Streamen von Videos die Datenmenge im Netz weiter in die Höhe treibt: alle zwei bis drei Jahre eine Verdoppelung. Heute schon gehen etwa achtzig Prozent des Stromverbrauchs im Netz auf das Konto von Videos. Um mit halbwegs gutem Gewissen unterwegs auf dem Smartphone oder Laptop Filme zu gucken, lohnt es sich daher, die zu Hause herunterzuladen, wo ein Kabel oder WLAN viel weniger Energie verbraucht als ein Satellit, der einem das unterwegs übertragen soll. Ein Videostream in HD über Glasfaserkabel ist fünfzig Mal effizienter als über das Mobilfunknetz. Und der zweite praktische Trick besteht darin, nicht alles mit der höchstmöglichen Auflösung zu gucken, denn meistens schauen wir nicht auf eine Kinoleinwand, sondern auf einen Bildschirm ganz anderer Größe, wo es nicht auf jedes Pixel ankommt.

Und was ist mit den ganzen Online-Meetings in Coronazeiten? Zum einen ließen sich nach Berechnungen des Verkehrsclubs Deutschland (VCD) drei Millionen Tonnen CO_2 einsparen, wenn Dienstreisen bundesweit durch Videokonferenzen ersetzt würden. Tatsächlich erklärten diejenigen, die man dazu befragt hatte, sie hätten die Absicht, auch nach der Pandemie weniger dienstlich unterwegs zu sein – was rechnerisch 700.000 Pkw überflüssig machen würde. Und würde man dann zum anderen auch noch darauf verzichten, sich bei den Online-Konferenzen ständig zu beobachten, entstünde nochmal enormes Potenzial. Mit wöchentlich fünfzehn einstündigen Meetings kommt man nämlich mit Bild auf 9,4 Kilo CO_2 im Monat. Ohne Bild wäre es ein Bruchteil: 377 Gramm. Wenn das nicht die perfekte Entschuldigung ist, beim nächsten Meeting nur den Ton zu übertragen! Nein, ich habe keinen Bad Hair Day, ich habe meinen Gutes-Gewissen-Day! Digital first, Bedenken second?

So richtig wachgerüttelt hat mich ein Artikel in ›Nature‹, der mit den Bitcoins abrechnet. Weil diese Technologie auf ständige, weit verteilte Rechenleistung setzt, reicht allein ihr Stromverbrauch aus, um in den nächsten dreißig Jahren das Klima um 2 Grad aufzuheizen. Sollte uns die Betriebstemperatur für uns Menschen nicht wichtiger sein als die von Festplatten? Die Dinger heißen schließlich »Server«, sollen also dem Menschen dienen und nicht umgekehrt.

Geht es anders? In Schleswig-Holstein entstehen gerade Server-Windparks, die erneuerbaren Strom nutzen, in Norwegen setzt man auf Wasserkraft. Auch das Reparieren und Recyceln von Smartphones nimmt langsam Fahrt auf, wird aber erst dann Teil des Massengeschäftes, wenn man Teile nicht nur leichter auswechseln *kann*, sondern auch *muss*, sodass nicht immer gleich das ganze Gerät in der Schublade verschwindet. Um es an einer Stelle herumliegen zu lassen, hätte man ja kein Mobiltelefon gebraucht.

Weil ich den Humor von Harald Lesch schätze und oft teile, habe ich ihm witzige Fotos und Links auf seine Mobilnummer geschickt. Bis er mir mal sein Telefon gezeigt hat – einen nostalgischen Nokia-Knochen, mit dem man Nummern speichern und telefonieren kann, mehr nicht. Vielleicht ist Harald deshalb so schlau, weil er sich nicht ständig ablenken lässt. Jetzt frage ich mich nur, wo die ganzen nicht empfangenen Fotos geblieben sind. Geistern die wie Untote durch die Clouds – und amüsiert das jemanden?

Deshalb hat das letzte Wort mein Jugendidol, Löwenzahn-Moderator Peter Lustig. Sein Tipp gilt für Fernseher, Kohlekraftwerke, smarte Endgeräte und smarte User: »Schalt mal ab!«

AUS SAND GEBAUT

»Was passiert, wenn die Sahara sozialistisch wird? Erst mal lange nichts. Dann wird der Sand knapp.«

Ein Witz aus der ehemaligen DDR

Die eigentliche Pointe: Das schafft auch der Kapitalismus. »Das gibt es wie Sand am Meer …« Dass Sand knapp wird, klingt komisch, ist aber so, weil wir gerade in einem aberwitzigen Tempo die Welt zubetonieren. Beton ist ein von Menschenhand hergestellter Stein aus Zement, Sand, Kies und Wasser. Ohne Sand kein Beton. Deshalb ist Sand nach Wasser eine der wichtigsten Ressourcen der modernen Gesellschaft. Und Sand wird knapp. Eine Stadt wie Singapur etwa konnte sich nur auf ihre derzeitige Fläche vergrößern, indem fünfhundert Millionen Tonnen Sand im Meer aufgeschüttet wurden – importiert aus Indonesien, Thailand und sogar aus Kambodscha.

Dort verschwanden ganze Strände, Meeresboden wurde abgesaugt, und seit der Export verboten wurde, geht der Sandhandel illegal weiter, mit allen negativen Folgen: Tiere und Pflanzen verlieren ihren Lebensraum, Uferböschungen verfallen, der Grundwasserspiegel sinkt, Brunnen versiegen, Gebiete werden anfälliger für Überschwemmungen und Stürme. Alles egal – es geht um ein Multimilliardengeschäft mit mafiösen Strukturen. In Marokko ist bereits die Hälfte der Strände widerrechtlich abgetragen worden, auf Jamaika stahlen Sanddiebe den Strand eines Fischerdorfs – wahrscheinlich für den Bau einer künstlichen Bucht in einem neuen Luxus-Resort. Ähnliche brutale Geschichten passieren in Indien und am Victoriasee in Uganda, wo chinesische Unternehmen Unmengen an Sand abbaggern lassen.

So hat sich Shanghai allein zwischen 1987 und 2013 verändert:

Wir haben in dem Bild zehn Gemeinsamkeiten versteckt. Wer sie findet, darf sie behalten. Shanghai 1987 vs. 2013.

Pascal Peduzzi vom Umweltprogramm der Vereinten Nationen (UNEP) beschreibt die Sachlage so: »China hat in den vergangenen drei, vier Jahren so viel Sand und Kies für die Betonproduktion verbraucht wie die Vereinigten Staaten in mehr als hundert Jahren, das ist aktuell etwa die Hälfte der weltweiten Produktion. Wir erwarten aber auch für Afrika einen starken Nachfrageanstieg, wenn sich dort die Bevölkerung bis 2050 verdoppelt.«

Sand ist auch im Alltag ständig um uns. Er steckt in unseren Wänden, Decken und Fußböden, in Gläsern, Straßen, Dämmen, in Lacken, Klebstoffen, Kosmetika, in Solaranlagen und Computerchips und verfüllt die Kabelschächte für das schnelle Internet. Obwohl unsere Gesellschaft im wahrsten Sinne des Wortes auf Sand gebaut ist, gibt es erstaunlich wenig Diskussionen darüber, wie man damit am besten umgeht. Und Wüstensand, den es noch in Massen gibt, taugt aufgrund seiner Struktur nicht zum Bauen. Bauen frisst so viel Energie, weil Beton auch einen weiteren Baustein braucht: den »Klebstoff« Zement, der weltweit meistverwendete Werkstoff überhaupt, bestehend aus Kalkstein und Ton. Vor allem das Brennen von Zement bei 1.500 Grad verbraucht unfassbar viel Energie in den Hochöfen, weshalb die Zementindustrie allein für etwa ein Viertel der gesamten industriellen CO_2-Emissionen verantwortlich ist. Wäre die Zementindustrie ein Land, so wäre sie nach der Volksrepublik China und den Vereinigten Staaten der drittgrößte Emittent weltweit. Und sie erzeugt auch die meisten CO_2-Emissionen pro Dollar Umsatz.

Wie bekommt man das Recyceln von Beton in die Betonköpfe? Überall entstehen neue Wolkenkratzer, neue Straßen, neue Siedlungen. Und überall werden dafür ältere Gebäude abgerissen. Das muss aber nicht das Ende des Lebenszyklus dieser Bauteile bedeuten. »Kreislaufwirtschaft«, »Rohstoffkreislauf« oder auf Englisch *Circular Economy* bzw. *Cradle to Cradle* sind Konzepte, die im nachhaltigen Bauen an Bedeutung gewinnen. Denn der Betonbruch der abgerissenen Gebäude kann zu kleinen Körnern zermahlen und anschließend neuem Beton beigemischt werden.

Eine Deutsche Industrienorm lässt den Einsatz seit zwanzig Jahren zu – das fertige Material gilt seither als technisch gleichwertig zu Beton aus frischem Sand. Doch in den letzten Jahren entstanden nur vereinzelt Bauten aus Recyclingbeton. Wie eh und je wandert der Bruchbeton auch heute noch fast vollständig in den Straßenbau. Aber wenn ein Gebäude abgerissen wird, ist es doch hirnrissig, das ganze Material erst aufwendig mit Lkw wegzufahren, um dann neuen Beton herzufahren. In der Schweiz wird mittlerweile sehr viel mit Recyclingbeton gebaut, weil es sich wegen der hohen Lkw-Maut nicht rechnet, Bauschutt über große Distanzen aus den Städten hinauszubefördern. Das Beispiel zeigt: Damit Recyclingbeton boomt, muss die Politik einfach nur entsprechende Anreize bieten. In den Niederlanden zum Beispiel darf kein Bruch mehr im Straßenbau verwendet werden, und automatisch ändern sich die Massenströme.

Eine aktuelle Studie rechnet vor, dass bis 2050 fünfundsiebzig Prozent der Emissionen eingespart werden könnten, ein unglaublicher globaler Hebel. Zement wird trotzdem weltweit das Baumaterial der Wahl bleiben. Aber könnte es nicht analog zur Flugscham für Zementunternehmen bald beschämend sein, nicht alles daranzusetzen, ihren Fußabdruck zu verringern? In Krimis werden ja bisweilen Menschen mit Betongewichten an den Füßen versenkt. Könnte man nicht auch CO_2 mit dem Beton für immer versenken? Das geht! Man kann bei der Herstellung von Beton tatsächlich einen Teil des entstehenden CO_2 dauerhaft in die Bauteile miteinschließen. Besser, das Zeug steckt im Wolkenkratzer statt in den Wolken darüber. Noch viel besser wäre es natürlich, gleich auf Bausubstanzen zu setzen, die bei ihrer »Produktion« aktiv CO_2 aus der Atmosphäre binden – und auch die gibt es: Bäume!

In Berlin entsteht am Bahnhof Südkreuz gerade ein Bürogebäude für zweitausend Mitarbeiter in modularer Holz-Hybridbauweise. Das Holz übernimmt hier in Form von Stützen und Deckenbalken die gesamte Tragkonstruktion über acht Etagen, der Anteil an Beton wurde auf ein Minimum reduziert. Dadurch können im Vergleich zu einem herkömmlichen Gebäude achtzig Prozent der CO_2-Emissionen pro Quadratmeter Nutzfläche gespart werden. Wer sich sorgt: Ein Holzgebäude brennt auch nicht schneller ab als Stahlbeton, die Pfeiler kokeln bei Feuer an der Oberfläche an, behalten aber ihre Tragfähigkeit, sogar länger als ein dahinschmelzender Stahlträger.

Ein anderer Baustoff der Zukunft ist Bambus, der schneller nachwächst und in größeren Mengen verfügbar ist. Bambus ist zwar nicht so fest wie Holz, aber achtzig Prozent der Weltbevölkerung leben eh in Gebäuden, die nicht mehr als zwei Geschosse haben. Die Vereinten Nationen gehen bis 2050 von 2,3 Milliarden neuen Stadtbewohner:innen aus – was ein enormes Zusatzvolumen an Wohnraum und Infrastruktur erfordern wird.

Neue Gebäude können als potenzielle globale Kohlenstoffsenken betrachtet werden. So wie wir in den letzten Jahrhunderten die Eisenerze für den Stahl, die Kalksteine und vor allem die fossile Energie aus immer tieferen Löchern in der Erde geholt und dabei die Atmosphäre zugemüllt und aufgeheizt haben, um tonnenschwere Gebilde auf die Erdoberfläche zu setzen, müssen wir in diesem Jahrhundert den Prozess umdrehen. Verbaut wird nur, was »aus der Luft« geholt wurde und im Holz CO_2 lange bindet. Holz wächst nach. Beton nicht. Aber werden dann die Bäume knapp? Momentan wird etwa die Hälfte des geernteten Holzes verfeuert. Wenn man die Energiewende klug mit dem Bausektor verknüpft, steht genug andere Heizungsenergie und auch genug Baumaterial zur Verfügung. Und ein letztes Argument für mehr Holzbretter vor dem Kopf: Es ist viel gesünder für die Bewohner! Das Raumklima, die Luft, kein Mief – all das spürt man, wenn man in ein Holzhaus kommt. Es atmet für einen mit. Echtes Winwin-win.

Den Sand werden wir noch brauchen. Mit wachsender Weltbevölkerung und Kinderzahl steigt schließlich auch der Bedarf an Sandburgen.

COFFEE TO STAY

Wie fühlt man sich, wenn es keinen Kaffee gibt? Depresso!

Wer die Welt retten will, soll auf die Straße, aber bitte ohne Becher! Wer hat eigentlich damit angefangen, dass man Kaffee im Gehen trinken muss? Alles muss *to go* sein. So als würde man sich im Flug betanken wie ein Löschflugzeug. Oder hätte nur noch im Stehen Sex. Im Gehen ist auch schwierig. Vieles, was Spaß macht, opfern wir der Beschleunigung. Okay, Kaffee soll uns ja auch beschleunigen, wacher, schneller, leistungsfähiger machen. Ich frage mich oft, wie viel müder die Leute aussähen ohne dieses permanente Doping. Aber davon war ursprünglich in den Kaffeehäusern dieser Welt keine Spur. Im Gegenteil, man trank zum Genuss, mit Muße und zu einem guten Gespräch. Damals hätte ein Kellner einen nach der einmaligen Bitte um einen To-go-Becher ein Leben lang nicht mehr angeschaut. Zu Recht. Wovor sind wir eigentlich auf der Flucht? Vor uns selber? Halten wir inne-halten nicht mehr aus, weil wir uns um unseren inwendigen Menschen nicht gekümmert haben? Weil da nichts ist, wenn wir in uns gehen, rasten und rösten verbinden?

Should I stay or should I go? Gehen oder bleiben. Immer eine große Entscheidung. Im Fall von Kaffee habe ich inzwischen eine klare Meinung. Wenn ich keine Zeit habe, mich hinzusetzen und ihn zu genießen, trinke ich auch keinen.

Gut, ich gestehe, ich bin in meinem Umfeld als Letztes für Achtsamkeit bei der Nahrungsaufnahme bekannt. Ich esse, trinke und tanze gerne außerhalb der Reihe. Es gab Zeiten, in denen ich so hektisch unterwegs war, da habe ich mir einfach Kaffeepulver in den einen Mundwinkel gehauen, heißes Wasser in den anderen, und dann vermischte sich das Ganze beim Rennen über die Treppe *instant on the run*. Als Extra Shot. Und extra expresso.

Eine Reihe von Informationen hat mich aber doch zum Coffee-to-stay-Genießer gemacht. Vielleicht bin ich auch nur älter geworden. Die Deutsche Umwelthilfe jedenfalls hat ausgerechnet, dass bundesweit jeden Tag rund 7,6 Millionen Coffee-to-go-Becher anfallen, weltweit rund 2,8 Milliarden pro Jahr, übereinandergestapeltet ein 300.000 Kilometer hoher Turm.

Wenn es wenigstens echte Pappbecher wären, aber die Becher sind nicht von Pappe! Die Innenseite ist mit Polyethylen, sprich Kunststoff beschichtet, damit der Becher nicht durchweicht. Dummerweise baut sich diese Schicht nur sehr langsam ab, wird zersetzt zu Mikroplastik, dringt in die Natur ein und landet am Ende doch in der Nahrungskette. Keine sehr gesunde Art des Recyclings. Dabei wollte man ja gar nichts von dem Becher essen – nur eben schnell einen Kaffee trinken!

Noch schlimmer als die Innenbeschichtung knallt der Deckel in der Bilanz durch die Decke. Nur weil wir beim Eierlauf im Kindergarten gefehlt haben und im Laufen nichts ruckelfrei in der Hand balancieren können, müssen neuntausendvierhundert Tonnen Polyethylen obendraufgestülpt werden. Und als würde sich dabei die Milch nicht eh von selber ausreichend mit dem Kaffee vermischen, gibt es auch noch die Plastiksticks, die jeweils nur wenige Sekunden zum Umrühren genutzt, unkaputtbar für Jahrzehnte auf den Müllbergen vor sich hingammeln – als Fahnenstängchen unserer Kapitulation.

Für die Beschichtung der Innenseite aller Pappbecher plus Deckel plus Stick verballern wir allein in Deutschland zweiundzwanzigtausend Tonnen Rohöl! Pro Jahr! Was und wie viel von den Chemikalien aus dem Kunststoff durch die Heißgetränke gelöst auch noch in unserem Körper deponiert wird, ist umstritten. Klar ist, dass für die äußere Wandung des Pappbechers neunundzwanzigtausend Tonnen Papier benötigt werden, und weil man für eine Tonne Papier rund 2,2-mal so viel Holz braucht, sind das eine Menge Bäume. Dazu kommt in der Herstellung noch ein Wasserverbrauch von einem halben Liter pro Becher. Was schon

Keiner hier käme auf die Idee, es wäre ein Fortschritt, den Kaffee im Gehen zu trinken.

mal zeigt, wie absurd das ist, denn der halbe Liter passt nicht in den Becher, steckt aber schon drin! Dass Kaffee selber auch einen großen Fußabdruck und eine lange Anreise hat, ist ja schon schlimm genug. Aber wenn wir in Deutschland Kaffee aus dem eigenen Garten trinken können, haben wir wahrscheinlich noch eine Menge anderer Probleme. Vielleicht röstet der dann schon am Baum.

Kaffee muss sein. Tee ist auch okay, hat schon mal nur den halben CO_2-Abdruck. Der meiste Ressourcenverbrauch dabei entsteht aber nicht im Anbaugebiet, sondern vor unserer Nase – durch das Erhitzen des Wassers. Deshalb lohnt es sich auch, nicht mehr zu erwärmen, als wir trinken wollen. Die Ayurveda-Freaks trinken direkt nur heißes Wasser. Mit etwas Pfefferminz oder Ingwer schmeckt es besser als mit einem Feigenblatt.

Was ich mir geleistet habe: eine Edelstahl-Thermosflasche und einen anständigen Becher für unterwegs. Kostet nicht die Welt. Rettet auch nicht die Welt, aber wozu bei jedem Schluck schlechtes Gewissen mitschlürfen?

Wer das Leben nicht genießt, wird ungenießbar. Ich finde, wenn man keine fünf Minuten Zeit hat, um ein Getränk zu sich zu nehmen, sollte man es auch nicht mitnehmen. Das sage ich nicht aus tiefster Überzeugung, sondern weil ich mir bereits zu oft heißen Kaffee aus dem Becher über Hemd, Hose und Haut gekippt habe. Die Maxime »Draußen nur Kännchen« wurde in ihrer tiefen Weisheit oft unterschätzt.

Wie neulich jemand auf Insta gepostet hat: Wir glauben, in Skandinavien Bäume zu fällen, sie nach Asien zu verschiffen, mit hohem Wasser- und Energieaufwand Becher daraus zu formen, diese mit Plastik zu beschichten, das seinerseits aus Erdöl besteht, das gefördert, raffiniert und mit Chemikalien aufbereitet werden musste, dann alles zurück nach Europa zu schiffen, mit dem Lkw quer durchs Land zu transportieren, auf die Filialen zu verteilen, den Pappbecher für fünf Minuten zu benutzen und anschließend in den Müll zu werfen – all das sei einfacher, als uns mit einer gescheiten Tasse hinzusetzen oder einen eigenen Becher dabeizuhaben. Ist es uns wirklich Latte, ob wir den Löffel nach dem Umrühren wegwerfen oder abspülen? Abgeben müssen wir ihn eh irgendwann.

HIN & WEG

Gefühlsstau
Flugmodus
Geschwindigkeitsrausch
Musculus quadratus lumborum
Lastenfahrrad
Mobilitätswende
Pop-up-Radwege
Trecker oder SUV
Hamm

KAPITEL 8

HIN &
WEG

Leben ist Bewegung. Kurioserweise werden wir immer dicker, weil wir uns weniger bewegen als früher, und verballern jede Menge Kerosin, Benzin und Diesel, weil wir uns mehr bewegen als früher.

Ich versuche Menschen in SUVs zu verstehen, kaufe mir ein Rennrad und einen Hometrainer und spreche ein ernstes Wort mit meinen Rückenmuskeln. Außerdem treffe ich Vordenker:innen der Verkehrswende und radel durch Kopenhagen, Münster und den Westerwald. Ich verliere meinen Vielfliegerstatus, bin nicht traurig darüber und verbringe seitdem mehr Zeit in Hamm, als ich jemals vorhatte.

Mensch, Erde!
Wir könnten es so schön haben,
… wenn wir mehr Rad fahren würden,
als am Rad zu drehen.

BEWEGT EUCH!

»Ich würde wirklich alles für einen flachen Bauch tun.«
»Sport?«
»Okay, fast alles.«

Wenn ich gefragt werde, was an meinem Sarg über mich gesagt werden soll, antworte ich gern: »Er bewegt sich noch!« Okay, die Vorstellung ist etwas makaber, aber ich lebe gern, und eins der zentralen Merkmale des Lebendigen ist Bewegung. »Sitzen ist das neue Rauchen« ist einer dieser Sprüche, die so schwer erträglich sind wie »Sechzig ist das neue Dreißig« oder »Schwarz ist das neue Orange«. Oder war es Grün?

Sitzen ist tatsächlich eine Art Volkssport geworden, eine Massenbewegung, die sich von anderen Bewegungen sowohl durch ihre Bewegungslosigkeit als auch durch die zunehmende Masse unterscheidet. Viele haben in den Coronalockdownphasen gemerkt: Homeoffice bedeutet, dass man sich noch nicht mal mehr eigenständig bis zum Auto bewegt. Während dort die Polster Schimmel ansetzen, setzt der Fahrer Polster an. Der Hang zum Übergewicht und die Unterforderung der eigenen Muskulatur sind generationenübergreifend. Was ist mit dem guten alten Zu-Fuß-Gehen? Auf Schusters Rappen, schlendern, lustwandeln – so ausgestorben wie diese Wörter ist die Tugend, im eigenen Tempo die Welt zu erkunden.

Wäre Bewegung ein Medikament, wäre es wohl nie zugelassen worden, denn es hat zu viele Wirkungen gleichzeitig: Sport wirkt positiv auf Herz-Kreislauf-Erkrankungen, Bluthochdruck, Typ-2-Diabetes, Krebserkrankungen, Osteoporose, Übergewicht, Stress und Burnout. Traditionelle Jäger-und-Sammler-Völker, die sich rund sechs bis acht Stunden pro Tag bewegen, lassen die typischen Volkskrankheiten vermissen. Wir dagegen, die wir auf der Jagd nach Fleisch nicht stundenlang laufen müssen, verlassen beim Drive-in unsere automobile Komfortzone nicht mal mehr zum Zahlen. Dabei haben jede Uhr und jedes Handy neuerdings einen Schrittzähler. Ich habe schon versucht herauszufinden, wie man den durch gezieltes Schütteln manipulieren könnte, aber das ist leider nicht so einfach.

Wie viele Schritte, welche »Dosierungen« erforderlich sind, um langfristig auch schweren Erkrankungen vorzubeugen – dazu gibt es mittlerweile klare Empfehlungen: Erwachsene im Alter von achtzehn bis vierundsechzig Jahren sollten sich pro Woche mindestens einhundertfünfzig Minuten moderat oder fünfundsiebzig Minuten intensiv bewegen, sie können aber auch beide Aktivitätsformen mischen. Zu moderater körperlicher Aktivität zählt Sport mit fünfzig bis siebzig Prozent der maximalen Herzfrequenz, und bevor Ihr Blutdruck jetzt vor lauter stressigem Kopfrechnen steigt: Das ist die Geschwindigkeit, bei der man sich nebenher noch unterhalten kann beziehungsweise zügig Gassi geht – wobei es jedem selbst überlassen bleibt, ob er mit dem Hund redet oder nicht. Oder man fährt neben dem Hund Fahrrad, das gilt auch als moderat. Sogar ohne Hund. Intensive körperliche Aktivität dagegen liegt im Bereich von siebzig bis fünfundachtzig Prozent der maximalen Herzfrequenz, also Joggen oder schnelles Radfahren. Eine Unterhaltung ist da im Regelfall nicht mehr möglich – was aber auch daran liegt, dass Jogger immer Kopfhörer tragen und dabei so schauen, als wollten sie auf gar keinen Fall angesprochen werden.

Ich halte es für eine meiner großen Stärken, dass ich Musik hören kann, ohne dabei das Gefühl zu entwickeln, gleichzeitig joggen zu müssen. Damit bin ich in guter Gesellschaft: Hierzulande ist fast jeder Zweite zu wenig aktiv und erfüllt nicht die Empfehlungen der WHO. Vom Lift bis zum Lieferdienst wird uns so viel an eigener Bewegung abgenommen, dass wir zunehmen. Die Bequemlichkeit hat aber auch noch andere unbequeme Schattenseiten: Bewegungsmangel spielt in derselben Liga wie die klassischen Risikofaktoren Rauchen, Bluthochdruck oder Diabetes. »Extremsitzer« mit mehr als acht Stunden am Tag haben ein um rund achtzig Prozent erhöhtes Sterberisiko. Als ich las, dass schon zehn Minuten einfaches Spazierengehen ausreichen, um unsere Gedächtnisleistung zu steigern, habe ich mir einen simplen »Life-Hack« ausgedacht, den Sie gern kopieren können. Ich habe mir in einem Anflug von Übermut und völliger Selbstverkennung einen neuen Schreibtisch mit integriertem Laufband gekauft. Dieser stellt mein Arbeitszimmer komplett zu und fördert insofern sehr wohl meine Bewegung, als ich jetzt einen größeren Bogen um das Gerät herum machen muss, um zu meinem alten Schreibtischstuhl zu gelangen.

Ich habe schlichtweg keine Zeit, mich zu bewegen, dachte ich, bis ich einmal mit Schrecken auf meiner Telefonrechnung sah, wie viel Zeit ich jeden Monat zum Telefonieren habe. Und mir wurde klar, dass Mobiltelefone ja deshalb so heißen, weil man sie mobil benutzen kann, sprich sie haben keine Schnur. Seit diesem Geistesblitz telefoniere ich täglich im Gehen, wenn ich weiß, dass es länger dauern wird und ich dabei keine Notizen machen oder lesen muss. So komme ich jeden Tag auf zehn Minuten, oft auf mehr als dreißig. Falls Sie das nachahmen wollen, ein kleiner Tipp: Wenn man ganz ungeübt damit anfängt, muss man vielleicht seinem Gegenüber erklären, warum man stöhnt, sonst könnte das schnell zu Missverständnissen führen.

Wenn es heißt, Sport sei gesund, denken viele an das Herz oder ihr Körpergewicht, andere an Kraft, definierte Muskeln und ihr Sixpack. Aber Sport erhält vor allem unsere Beweglichkeit. Und die beginnt im Kopf! Der Mensch hat ja nicht *ein* Hirn, sondern zwei halbe Hirnchen. Die rechte und die linke Hälfte. Dazwischen der Balken, auch *Corpus callosum* genannt, die Querverbindung. Und vereinfacht gesagt: je dicker der Balken *im* Kopf, desto dünner das Brett *vor* dem Kopf. Ein bisschen erinnert mich die Tischtennisplatte an die Anatomie unseres Denkorgans: zwei Hälften, dazwischen eine Trennlinie, und das Netz muss gut sein.

Professor Gerd Kempermann forscht zu »Adulter Neuroneogenese«, auf gut Deutsch: Unter welchen Umständen bilden Erwachsene neue Hirnzellen? Sein Geheimtipp: komplexe Bewegungen!»Die elementarste Koordinationsaufgabe ist die unserer Bewegungen in der Welt. Das Gehirn erhält nonstop Rückmeldungen aus dem ganzen Körper, wie die Knochen, Gelenke und Muskeln in diesem Moment gerade zueinander im Raum stehen. Das nehmen wir – anders als Sehen und Hören – kaum je bewusst wahr. Es sei denn, wir straucheln, was im Alter häufiger wird.« Unser Hirn ist also wie ein Muskel. Es will trainiert werden. Weshalb machen wir nur einen Schließmuskel daraus? Oder einen Sitzmuskel?»Das Gehirn braucht die Rückmeldung aus den Tiefen des Körpers genauso zum Leben wie den Zucker als Energielieferanten«, ergänzt Gerd Kempermann.»Deshalb sind wahrscheinlich so komplexe Bewegungsabläufe wie Tischtennis und Tanzen so gut für das Gehirn und seine Gesundheit. Sie verbinden alles!«

Viele Paare nehmen sich vor, einmal gemeinsam einen Tanzkurs zu machen, was allerdings oft weniger belebend für die Beziehung als stressig für uns Männer ist. Das liegt daran, dass in Tanzkursen typischerweise Frauenüberschuss herrscht. Wenn Männer eines hassen, dann in der Gegenwart anderer Männer nicht gut auszusehen. Uns ist das Risiko zu hoch, dass es da im Kurs so einen Pedro gibt, der schon alle Figuren kann. Zumal die Frauen auch noch so unsensibel sind, uns darauf hinzuweisen: »Du, der Pedro, der führt so gut. Bei dem weiß man immer, was als Nächstes kommt. Der kann sogar Figuren, die hatten wir noch gar nicht.« Da stellen sich dann schnell ab der dritten Stunde akute Knieprobleme oder andere Ausreden ein. Die Lösung: heimlicher Einzelunterricht. Wir Männer müssen aufholen, weil die Frauen meistens schon Erfahrung mit koordinativen Sportarten wie Ballett gemacht haben. Jungs, mein Tipp, nehmt Nachhilfe, aber verratet das nicht, bis ihr es richtig draufhabt. Und dann überrascht ihr eure Frauen mit dem Angebot, doch eine unverbindliche Probestunde im Tanzkurs zu nehmen – und schon seid ihr der Pedro!

Tanzen ist etwas anderes als »Sport machen«. Das klingt schon so anstrengend. Daher finde ich die Idee von *Stealth Health* spannend. Darunter versteht man in der Gesundheitspsychologie das »Tarnkappen«-Prinzip, das viele auch gerade ältere Menschen beherzigen, die lieber im Garten vor sich hinpusseln, als sich vorsätzlich in Sportklamotten zu zwängen. Es ist nämlich erwiesen, dass man sich auch beim Gärtnern ziemlich viel bewegt, Gewichte hebt, Kalorien verbrennt und fitter wird als die Fraktion, die nur in der ›Landlust‹ blättert. Und weil es nicht Sport als Selbstzweck ist, sondern mit Sinn, Genuss und Gemeinschaft verbunden wird, ist man umso motivierter.

Ein anderer Trend sind teure Rennräder, die aus Carbon und anderen futuristischen Weltraummaterialien bestehen müssen. Da wird beim Rahmen und den Anbauteilen auf jedes Gramm geachtet und für viele Tausend Euro tatsächlich ein Hauch von Nichts gekauft. Weil das Ding aber so teuer war, braucht es dazu ein Fahrradschloss, das alleine schon zwei Kilo wiegt. Und obendrauf sitzt noch einer im Sattel, dessen Knochen nicht aus Carbon sind, der sich aber in Erwartung eines enormen Gewichtsverlustes einen neonfarbenen Rennanzug eine Nummer kleiner geleistet hat. An der Puppe im Laden sah das noch schnittig aus, aber jetzt wirkt es wie Radfahrer-Presswurst im eigenen Darm.

Nichts gegen das Radfahren. Es gibt kaum ein besseres Beispiel für die Gesunde-Erde-Gesunde-Menschen-Idee, als sich aus eigener Kraft am Boden zu bewegen und dafür die fossilen Brennstoffe im Boden zu lassen. Körpereigenes Fett zu verbrennen statt fremdes Öl. Das tut einem selber gut und der Umgebung. Ich atme auch lieber die Abgase von zehn Radfahrern ein als die von einem SUV, aber viele Radfahrer fühlen sich in der Stadt bedroht von Lieferwagen und abbiegenden Lkw. Wie es geht, zeigen uns Nachbarländer wie die Niederlande oder Dänemark. Da sind Fahrradwege mindestens zwei Meter breit. In Deutschland dagegen ist das oft die Strecke, die man auf dem Radweg fahren kann, bevor man an ein Auto oder eine Laterne stößt.

Wie wichtig eine schnelle Verkehrswende für die Einhaltung der 1,5-Grad-Grenze ist, zeigt eine aktuelle Studie des Wuppertal Instituts für Klima, Umwelt, Energie. Demnach müsste der Autoverkehr bis 2035 halbiert und der Pkw-Bestand in Städten auf ein Drittel der heutigen Menge gesenkt werden. Dreißig Prozent des Güterverkehrs müssten auf die Schiene verlagert und die verbliebenen Lkw durch Batterie- und Oberleitungshybridfahrzeuge ersetzt werden.

Klar: Wenn auf dem Dorf nur zwei Mal am Tag ein Bus vorbeikommt, kommt man an einem eigenen Auto nicht vorbei. Aber wohin fährt man dann? In die Stadt. Ein großer Teil des Verkehrs, in dem die Städte und die Städter ersticken, stammt aus dem Umland. Was hier helfen könnte: eine Kombination aus flexiblen Rufbussen und Car-Sharing, kostenlose Park & Ride-Plätze rund um die Stadt, eine Citymaut wie in London und in den Innenstädten nur Kurzparkzonen. Dafür komfortable Parkhäuser für Fahrräder wie in den Niederlanden, wo man sich umziehen und duschen kann und wo auch Reparaturen möglich sind. Hans-Jochen Vogel hat schon in den 70er Jahren gesagt: »Wer Straßen sät, wird Verkehr ernten.« Menschen ändern anscheinend sofort ihr Verhalten, sobald eine neue oder breitere Straße zur Verfügung steht: Sie fahren mehr Auto. So lange, bis sie mit dem Auto nicht mehr schneller vorankommen.

Kennen Sie die Theorie des konstanten Reisezeitbudgets? Cesare Marchetti beschrieb 1994, dass Menschen in verschiedenen Ländern und Kulturen über Jahrzehnte hinweg betrachtet im Schnitt täglich die gleiche Zeit unterwegs sind. Obwohl die Verkehrsmittel schneller werden, kommen wir nicht früher an, sondern nur weiter rum. Und stehen länger im Stau. Das Reisezeitbudget gilt als eine der stabilsten Mobilitätskenngrößen. Es ist global und beträgt etwa eine bis anderthalb Stunden pro Tag. Diese »Marchetti-Konstante« sollte in jedem Verkehrsministerium und bei jedem Städteplaner über der Tür hängen.

Die lebenswertesten Städte der Welt, allen voran Kopenhagen, zeigen, wie man Menschen nicht mit moralischen Appellen zu mehr Bewegung animiert, sondern indem man das Radfahren einfach viel einfacher und attraktiver macht als alles andere. »Automobil« heißt ja »bewegt sich von allein«. Durch den Siegeszug des Automobils bewegt man sich mit ihm jedoch selten allein, vielmehr hat man meistens vor und hinter der Stoßstange noch Leute, die sich ebenfalls bewegen wollen. Und so leben wir in einer Kultur der parallelen Beschleunigung und des permanenten Stillstands, in der sich Menschen eigentlich nur noch im Stau auf Autobahnen so richtig nahekommen. Dafür werden die Wege für die einfachen Besorgungen immer länger. Statt in den kleinen Laden um die Ecke zu gehen, fährt man mit dem Auto einkaufen.

Zum Glück müssen wir das Rad nicht neu erfinden, es gibt es ja schon – und tolle Vorbilder wie in Kopenhagen. Wo ein Wille ist, ist auch ein Radweg.

Wobei der heiße Scheiß zurzeit ja Lastenräder sind. Die können tatsächlich viele Autofahrten ersetzen und machen richtig Spaß, besonders wenn man damit an allen Autos vorbeifährt, unterstützt von seinem kleinen Elektromotor.

Mir ist unverständlich, warum wir bei der Verkehrswende so viel über Elektroautos sprechen und so wenig über Elektrofahrräder. Wenn es eine feste Zeit im Hin und Her braucht, dann fahre ich nach der Arbeit doch lieber mit dem Rad nach Hause und hab mich bewegt, als erst mal mit dem Auto ins Fitnessstudio, wo ich mich dann auf ein Laufband stelle, das verhindert, dass ich von der Stelle komme.

Macht es die nächste Generation besser? Der Vierte Deutsche Kinder- und Jugendsportbericht belegt: Achtzig Prozent der Kinder erreichen nicht das empfohlene Maß an Bewegung. Ich erinnere mich, dass bereits vor fünfundzwanzig Jahren, als ich in der Kinderneurologie arbeitete, die Fähigkeit, auf einem Baumstamm zu balancieren oder Tip-Top-Schritte rückwärts mit geschlossenen Augen auszuführen, deutlich hinter der Fähigkeit lag, auf einem Monitor blitzschnell auf herabstürzende Flugobjekte aus dem Weltall zu reagieren. Die jetzt in Deutschland heranwachsende Generation könnte die erste sein, die eine niedrigere Lebenserwartung hat als ihre Eltern. Aber nicht nur das. Mit dem physischen Sport fehlen auch Lernerfahrungen wie Selbstwirksamkeit, Motivation und Vertrauen in das eigene Tun.

Wo bleiben die positiven Botschaften? Hier ist eine: Man kann seiner Depression davonlaufen. Und dafür muss man noch nicht einmal Ironman oder Eisenfrau sein. In einer großen prospektiven Studie, die herausfinden wollte, wie viel sportliche Betätigung gesunde Erwachsene davor schützt, depressiv zu werden, spielte Intensität nicht die große Rolle. Es muss keine Stunde am Tag sein. Wer durch kleine Einheiten, den Gang vom Sofa zur Küche jetzt nicht mitgerechnet, in der Woche auf sechzig Minuten kommt, bleibt mental besser drauf. Eine nicht ganz neue, aber immer noch sehr aktuelle Forderung von mir lautet: Ärzt:innen sollten, lange bevor sie zum Rezeptblock für Psychopharmaka greifen, einen Hund verordnen. Der ist bestens dazu geeignet, den inneren Schweinehund in Schach zu halten. Wenn du morgens im Bett rumhängst, macht dein Hund mit dir klare Verhaltenstherapie: Entweder du stehst auf oder er kackt dir den Teppich voll. Hundebesitzer:innen haben automatisch jeden Tag Bewegung, Licht und soziale Kontakte – alles nachweislich antidepressiv wirksam. Und noch mehr: Gassigehen schafft Struktur, einen Sinn und gibt Halt im Leben – und wenn es nur der an der Leine ist. Aber diese Leine zieht dich nach draußen, nach vorne und hält dich im Leben. Nein, liebe Frauen, Katzen gelten nicht.

Und ein letzter Punkt: Wenn wir uns zum Nutzen für Leib und Seele bewegen, ist es nicht egal, in welcher Umgebung wir das tun und in welcher Haltung. In den Innenstädten fehlen öffentliche Sportanlagen, Schwimmbäder bleiben oft unsaniert und geschlossen, und wenn es zu heiß ist, bekommen einen keine zehn Pferde vor die Tür. Also raus in die Natur! Da kann ein Spaziergang von dreißig Minuten eine ganz andere Wirkung haben als bei einmal um den Block. Gerade das Gefühl von Ehrfurcht in und vor der Natur beeinflusst das emotionale Wohlbefinden stark. Sich die Zeit zu nehmen, die Natur wertzuschätzen und sich von ihr inspirieren zu lassen, hat außerordentliche Vorteile für die psychische Gesundheit, weil wir uns auf die Umgebung konzentrieren und nicht auf uns selbst. Achten Sie mal auf die Gesichter der Menschen, die Ihnen entgegenkommen: Im Grünen wird mehr gelächelt als vor einer roten Ampel. Auch Einsamkeit wird nicht so negativ wahrgenommen, wenn wir uns mit etwas weitaus Größerem verbunden fühlen als dem eigenen Selbst.

Was ich sagen wollte, lässt sich in einem Satz von Jon Kabat Zinn zusammenfassen: »Whereever you go – there you are.« Wo immer du hingehst, da bist du dann auch. Was wir mit diesem Motto an Ressourcen sparen könnten! Die eigentliche Verkehrswende könnte darin liegen, sich zu bewegen, aber nicht weit fort, sondern auf sich selbst und andere zu.

Ausgaben für Fahrradwege in Europa
pro Kopf und Jahr

BERLIN — 4,70 €

AMSTERDAM — 11 €

Was braucht eine Stadt, um fahrradfreundlich zu sein? Geld und Platz. In den letzten Jahren haben deutsche Großstädte für den Radverkehr zwischen 2,30 (München) und fünf Euro (Stuttgart) jährlich pro Kopf ausgegeben. Berlin und Hamburg liegen mit 4,70 beziehungsweise 2,90 Euro im deutschen Mittelfeld.

Die Bundespolitik investiert nur geringfügig in den Radverkehr. Aus dem Haushalt des Bundesverkehrsministeriums von knapp 28 Milliarden Euro im Jahr 2018 flossen 130 Millionen Euro in den Fahrradbereich – das sind 1,57 Euro pro Einwohner. Die Niederlande investierten im selben Zeitraum 2,6-mal so viel in ihre Radinfrastruktur: 345 Millionen Euro.

KOPENHAGEN — 36 €

OSLO — 70 €

UTRECHT — 132 €

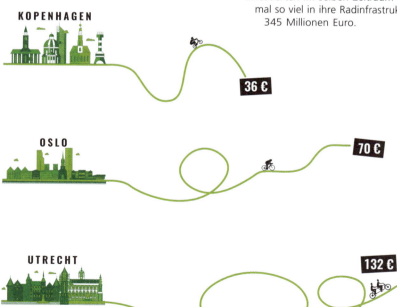

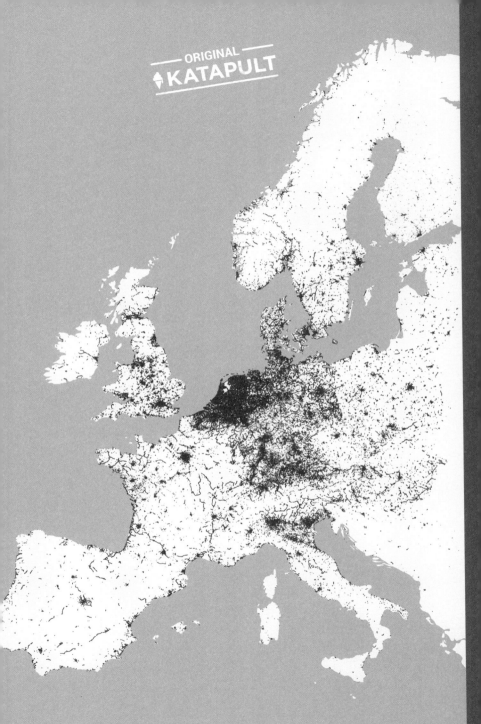

» MACH DICH MAL LOCKER! «

Ein rücksichtsloses Gespräch mit meinem Rücken – Meine Begegnung mit Quadratus Lumborum

Hätte Gott gewollt, dass wir aufrecht gehen, er hätte uns bessere Knie gegeben – und einen besseren Rücken. »Isch hab Rücken« sagt nicht nur Horst Schlämmer, sondern praktisch jeder dritte Deutsche. Gesunde Erde – gesunder Rücken? Nicht ganz, sofern man nicht versucht, die Welt auf seinen Schultern zu tragen. Aber gesunde Lebensweise – gesunder Rücken: Diese Gleichung trifft es schon eher. Zu den kostenintensivsten Folgeerkrankungen unserer seltsam bewegungslosen Lebensweise gehören sämtliche orthopädischen Leiden. Auch ich bin davon nicht verschont. Seit meiner Wachstumsphase zwickt es immer wieder, und dummerweise helfen auch wiederholte Röntgenbilder nicht, sich ein eindeutiges Bild von der Ursache der Schmerzen zu machen. Denn die kommen bei mir – wie bei der Mehrzahl der Betroffenen – nicht aus den in der Durchleuchtung sichtbaren Knochen, sondern aus der Tiefe der Muskulatur. Und deshalb, wahrscheinlich zum ersten Mal in seiner Existenz, darf sich der Muskel jetzt nicht nur zusammenziehen, sondern auch mal aus sich herausgehen – im ersten Interview seines Lebens. Er hat eine lange Geschichte, er war nämlich mal ein Bauchmuskel. Aber das soll er am besten selber erzählen. Trigger-Alarm: Kraftausdrücke gehören zum Vokabular von Muskeln nun mal dazu.

EvH: Schön, dass wir uns mal an einen Tisch setzen.
Quadratus Lumborum: Ein Gespräch im Gehen wäre mir lieber.

Bevor wir gleich anfangen zu streiten, machen wir vielleicht erst mal eine kleine Vorstellungsrunde?
Na gut. Mein Name ist Quadratus Lumborum, ich bin ein Muskel und arbeite an der Schnittstelle von unterer Wirbelsäule, Rippe

Damit es mit unserer Gesundheit aufwärtsgeht, öfter mal die Treppe benutzen (neben mir die Gesundheitspsychologin Jutta Mata).

und Beckenkamm im Lendenwirbelbereich. Weil ich eine für einen Muskel ungewöhnliche quadratische Form habe, heiße ich mit Vornamen Viereck.

Mein Name ist Eckart von Hirschhausen, und ich arbeite an der Schnittstelle von Medizin, Medien und Unterhaltung.
Von deinem Wissen bekomme ich aber wenig mit da unten, du benimmst dich, als hättest du keine Ahnung, was die Arbeitskräfte brauchen, damit sie hier ihren Job machen können – wir streiken schließlich nicht zum Spaß so oft!

Waren wir schon beim Du? Gerne, ich bin Eckart. Wir kennen uns ja auch schon wirklich lange. Schon aus dem ersten Semester Anatomie!
Naja, als Jugendlicher warst du doch auch schon beim Orthopäden. Ich wurde mit Röntgenstrahlen durchleuchtet, als du noch die Schulbank gedrückt hast!

Wobei sich Orthopäden bis heute wundern, dass man auf Röntgenbildern den Schmerz nicht sehen kann. Ich bekam damals Einlagen für die Schuhe, weil mein Becken angeblich schief stand. Damals hab ich auch noch Hockey gespielt, Bewegung soll ja gesund sein.
Hockey war ganz schön schräg, was die Körperhaltung betrifft. Und an das Aufwärmen und die Ausgleichsgymnastik hast du dich ja auch nie gehalten.

Warum bist du eigentlich so ungehalten? Um nicht zu sagen: Mach dich doch mal locker!
Wie denn? Ich habe mehr als einen Achtstundentag! Und wenn ich erst mal verspannt bin, dann bleibe ich das auch, dann werde ich sogar richtig sauer – durch die Milchsäure, die sich anhäuft, und wegen der Durchblutung, die schlechter wird, wenn ich nicht zwischen Zusammenziehen und Dehnen wechsle. Eines vorweg: Die Sache mit dem aufrechten Gang war nicht meine Idee. Viel entspannter wäre ich geblieben, wenn ich nicht ständig etwas halten müsste, was stehend kaum zu halten ist.

Ich hab mir das auch nicht ausgesucht, aber durch irgendwas muss man sich ja von den Affen unterscheiden.
Dann streng mal dein überzüchtetes Hirn an: Stell dir vor, deine Wirbelsäule ist der Mast, der als das zentrale tragende Element durch die langen Drähte nach vorne und an den Seiten stabilisiert wird. Ich ziehe einfach immer den Kürzeren, weil ich auf einer kurzen Strecke etwas richten und halten soll, was viel größer ist

als ich – die Wirbelsäule. Seit die in die Vertikale geht, geh ich in die Knie. Du könntest, wenn du schon so wenig für deine Rückenmuskeln tust, wenigstens was für deine Bauchmuskeln tun.

Okay, okay. Aber jetzt reden wir mal über dich! Warum tust du mir eigentlich immer weh?
Denkst du, das macht mir Spaß? Ich muss so reagieren. Viele kommen gar nicht drauf, dass ich die Ursache für die unterschiedlichsten Schmerzen bin, dabei biete ich ein regelrechtes Feuerwerk an Symptomen: mal Schmerzen im unteren Rücken, mal im Bereich des Gesäßes, des hinteren Oberschenkels und der Leiste.

Wenn der Körper um Hilfe ruft, ist immer was faul.
Der Einzige, der hier faul ist, bist du!

Was soll ich denn tun?
Dich und mich mehr bewegen. Merk dir: Lumborum will Lambada! Mehr Schwung in der Hüfte, nicht immer so steif! Nicht so viel sitzen, erst recht nicht ständig vor dem Computer.

Wie bewege ich denn *dich* am besten?
Alles, was mit Streckung zu tun hat, tut mir gut: Pilates, Yoga, Schwimmen. Aber du gehst ja lieber direkt nach dem Aufstehen an den Schreibtisch. Wenn du wenigstens mal kurz zum Gymnastikball gehen würdest!

Und was soll ich da?
Nicht sitzen – liegen! Aber auf der Seite! Und wenn du spürst, wie die obere Körperseite sich dehnt, hältst du die Position eine Weile. Dann ist die andere Seite dran – mich gibt es schließlich zweimal.

Ich glaube, unser Gespräch ist der Beginn einer wunderbaren Freundschaft.
Ich erinnere dich morgen nach dem Aufstehen nochmal daran.

IM SUFF

Idee: eine Bikergang gründen, die nur Fahrrad fährt und sich größtenteils von Salat und Obst ernährt – und diese dann »Healths Angels« nennen.

Vorneweg: Ja, ich habe ein Auto. Aber ich fahre nicht besonders gerne. Es gibt Leute, die können beim Autofahren alles um sich herum vergessen. Auch sich. Ich nicht. Was ich beim Autofahren am häufigsten vergesse, ist, wo ich geparkt habe. Darf ich mich trotzdem einmal kurz aufregen? Es dauert auch nur ein paar Buchseiten lang. Sie können ja weiterblättern, wenn ich zu persönlich werde, aber ich sag, wie es ist: Ich hasse diese übermotorisierten *Sport Utility Vehicles*. Ich habe sie nicht vermisst, bevor es sie gab. Und ich werde sie erst recht nicht vermissen, wenn sie sich hoffentlich in nicht allzu ferner Zukunft wieder in Luft aufgelöst haben werden, was sicher nicht ganz einfach sein wird, aber ich habe da schon eine Idee ...

Im Suff gilt verminderte Zurechnungsfähigkeit. Im SUV auch. Manche sagen auch Es-Ju-Wie. Wie auch immer. Ich kann sie nicht ernst nehmen, und doch gibt es sie. Millionenfach. Schwere Geschütze, die bei ihrem stolzen Preis eigentlich immer noch zu billig sind – im Vergleich zu den ausgelagerten Folgekosten. Auf gut Deutsch: Was die Dinger an Schaden anrichten, geht weit über ihre Stoßstange und ihren Auspuff hinaus. Ganz zu schweigen von der Ökobilanz in der Herstellung, der blanken Physik ihrer Erscheinung und ihrem subjektiven Sicherheitsversprechen, das objektiv so schwer nachvollziehbar ist. Deshalb sind sie für mich kein fahrbarer Untersatz, sondern der fahrbare Widerspruch in sich. SUV-Fahrer leiten die Existenzberechtigung ihrer Wagen daraus ab, dass so viele, die nicht Auto fahren können, es dennoch tun. Dagegen wollen sie sich in ihrem eigenen gepanzerten Fahrzeug schützen, blenden aber aus, wie sehr sie selber in dem Ding zur Gefahr für andere werden. Denn wenn zwei Ton-

Wigald Boning hat immer das richtige Outfit für Outdoor dabei. Beim Radfahren entdeckt man viele Dinge in der Umgebung und an seinem Gegenüber, die einem im Auto für immer verborgen bleiben.

nen auf etwas prallen, geht mehr kaputt, als wenn etwas Leichteres irgendwo aufprallt. Logisch. Erst recht, wenn diese Masse auch noch beschleunigt wird. Außerdem haben schwerere Autos einen längeren Bremsweg. Und der Kuhgrill vorne, der viel öfter Menschen trifft als Kühe, verhindert, dass sie nicht über die Kühlerhaube abrollen können wie bei jedem »normalen« Auto.

Was heißt eigentlich noch »normal«? Die Dinger verbreiten sich schneller als Viren. Lag der Marktanteil der Geländewagen 1997 noch unter zwei Prozent, so hat sich die Quote in den vergangenen Jahren mehr als verdreifacht und der Audi-Chef prophezeit sogar: »2025 werden etwa die Hälfte unserer verkauften

Fahrzeuge SUVs sein.« Praktisch alle Marken haben Modelle im Angebot, insgesamt über hundert verschiedene. Bei Fahrrädern wird unter den Freaks um jedes Gramm gekämpft, damit die Hightech-Geräte leichter werden. Suffs dagegen sind *heavy metal*, auch wenn darin einer Mozart hört. Wer im Suff sitzt, sollte nicht mit Steinen werfen. Muss er auch nicht, weil der Stahl um ihn herum als Waffe ausreicht. Jährlich sterben weltweit 1,3 Millionen Menschen durch Autounfälle, dreitausendfünfhundertsechzig jeden Tag. All dies im Namen der Freiheit und der heiligen Kuh auf Rädern.

Ich dachte immer, die Käufer dieser Autos seien primär Machos, die solche Panzer für ihr Ego brauchen. Nun sagen aber Psycholog:innen, auch eine Menge Frauen schätze sie – wegen der Sicherheit, die sie böten.»Cocooning« nennt sich der Trend. Wir schaffen uns einen Kokon: je gefährlicher die Welt, desto nötiger die Rückzugsmöglichkeit. Eine zweite große Zielgruppe sind – festhalten! – pensionierte Beamte! Die können sich die Dinger leisten und genießen den höheren Einstieg sowie den Überblick im Straßenverkehr. Wenn es nur um das Einsteigen ginge, wäre ein Yogakurs für Gleichgewicht und Beweglichkeit gesünder.

Ein Auto ist für die allermeisten der teuerste sichtbare Konsumgegenstand, den sie sich zulegen können. Man will sich nach außen präsentieren und ein Signal setzen. Und das wird halt immer schwieriger, weil die Karossen schneller wachsen als das Kreditvolumen. Wie Wolf Schneider in seinem Buch ›Denkt endlich an die Enkel!‹ schreibt, reichte in den 60ern ein Porsche mit (anfangs) 130 PS, um etwas »Besonderes« zu haben. Heute ist das überhaupt nichts Besonderes mehr, der Durchschnitt liegt bei 153 PS – quer durch alle Marken! Und auch die Autos fürs Volk wachsen mit. Der Polo, der mal das Einsteigermodell sein sollte, als die Generation Golf eine Gehaltsklasse höherrutschte, ist heute gewichtiger und stärker motorisiert, als es der Golf früher war. Ein Mini wiegt heute doppelt so viel wie vor fünfzig Jahren.

In Europa ist Deutschland das einzige Land ohne Tempolimit,

dabei wäre es gesund, darüber nachzudenken – aus mehreren Gründen: Bei Tempo 120 würden sich die Kohlendioxidemissionen auf den Autobahnen, auf denen vierzig Prozent der Verkehrsleistung stattfindet, um neun Prozent reduzieren, das entspricht drei Millionen Tonnen CO_2 pro Jahr. Um dieselbe Umweltentlastung in anderen Sektoren zu erreichen, müsste der Staat viele Milliarden investieren. Zudem wären Autos, die für eine geringere Maximalgeschwindigkeit ausgelegt sind, generell sparsamer. Und: Tempolimits führen zu weniger Staus, weil durch sie der Verkehrsfluss gleichmäßiger wird. Das gewichtigste Argument ist aber sicher, dass laut einer Schätzung der deutschen Versicherungswirtschaft ein Tempolimit auf deutschen Autobahnen rund achtzig Unfalltodesopfer pro Jahr weniger bedeuten würde.

Zurück zu den SUVs. Die Landwirte sind Spitzenreiter, das kann ich gut verstehen. Aber wer sind – neben den auf Sicherheit bedachten Frauen und den nicht mehr ganz so beweglichen Pensionisten – die anderen Käufer? Offenbar habe ich komplett unterschätzt, wie viele Menschen heute wegen der Mietpreise und anderer sozialer Ungerechtigkeiten gezwungen sind, in extrem unwegsamen Gegenden zu wohnen, die man überhaupt nur mit einem Geländewagen erreichen kann. Ich möchte mich deshalb hier an dieser Stelle gleich dafür entschuldigen, dass ich so ein billiges SUV-Bashing betrieben habe. Also, klar, jeder, der in einem Sumpfgebiet, hoch oben in den Bergen oder tief im Wald wohnt, soll sich bitte so einen SUV kaufen. Ich finde nur, wer meint, die PS und die Tonnen Stahl eines Traktors zum Fahren zu benötigen, sollte auf freier Strecke auch nicht schneller fahren dürfen als ein Traktor. Mein pragmatischer Vorschlag: 25 km/h Höchstgeschwindigkeit für alle Autos über 150 PS – Polizei, Feuerwehr und Rettungsfahrzeuge selbstverständlich ausgenommen. Mit einem einzigen kleinen Gesetz wäre das Problem sofort gelöst: Die Städte wären schlagartig wieder frei von diesen überdimensionierten Schüsseln. Und es hätten die Menschen einen SUV, die einen brauchen.

FLUGMODUS

Darf man Tomatensaft eigentlich auch in Zügen trinken?

Die Eröffnung des neuen Berliner Flughafens war eine Meldung unter »ferner liefen«. Und das historische erste Flugzeug, das landete, ein Billigflieger. Für Komiker brach an dem Tag eine Welt zusammen, gefühlt fünfzig Prozent des Kleinkunstrepertoires beruhte auf »Berlin bekommt seinen Flughafen nicht fertig«-Gags, was aber bei einem Ausfall von hundert Prozent der Auftritte in Coronazeiten nicht weiter ins Gewicht fiel. Dafür, dass da Milliarden in den Brandenburgischen Sand gesetzt wurden, wirken solch überteuerte Großprojekte heute mehr denn je wie aus der Zeit gefallen.

Was wird nach Corona aus dem Flugverkehr? Es steht zu hoffen, dass innerdeutsch doch viele gemerkt haben, dass es nicht jedes Treffen an drei verschiedenen Standorten an einem Tag braucht. Aber wie bei den Emissionen, die im ersten Lockdown um acht Prozent runtergingen, ist das eine Momentaufnahme, kein Trend. Trotz »Greta-Effekt« und »Flugscham« nimmt der weltweite Luftverkehr seit Jahrzehnten zu und verzeichnet fast jedes Jahr neue Rekorde. 2018 wurden mit 4,3 Milliarden Passagieren weltweit so viele Menschen befördert wie nie zuvor. Statistisch gesehen steigt also jeder zweite Weltenbürger heutzutage mindestens einmal im Jahr in einen Flieger. Trugschluss! Denn die allermeisten Menschen auf diesem Planeten sind noch nie in ihrem Leben geflogen, vielmehr verschmutzt ein sehr kleiner Teil der Weltbevölkerung sehr viel Himmel. Verdreckt wird die Atmosphäre aber für alle.

Ein Vergleich mit den Dimensionen der Flugbewegungen: Würden am Frankfurter Flughafen sämtliche Passagiere eines einzigen Tages (vor Corona) den Mindestabstand von 1,5 Metern einhalten, würde die Warteschlange von Frankfurt bis nach Düsseldorf reichen. Was schon mal zeigt, wie unnötig innerdeutsche Flüge sind, denn wenn ich in Frankfurt anstehe, um nach Düsseldorf zu fliegen, das Ende der Schlange aber schon in Düsseldorf ist, muss ich, wenn ich mich hinten anstelle, gar nicht mehr einsteigen, weil ich ja schon da bin.

Beim Verbrennen von Flugbenzin, sprich Kerosin, entstehen Kohlendioxid (CO_2) und in kleineren Mengen Methan und Lachgas. Erschwerend kommen hinzu: Feinstaubpartikel, Wasserdampf sowie Schwefel- und Stickoxide, die auf Reiseflughöhe die Kondensstreifen und Zirruswolken verursachen und unterm Strich eine aufheizende Wirkung haben. Deshalb wirken Treib-

Warum gibt es im Handy einen Flugmodus, aber keinen Zugmodus? Sekundenschlaf im Zug ist deutlich ungefährlicher für einen selbst und andere als im Auto.

hausgase in Flughöhe zwei- bis dreimal schädlicher als am Boden. Alle Bemühungen, effizientere Flugzeuge zu bauen, werden sofort von dem Mehr an Flugbewegungen konterkariert. In Indien und China, wo immer neue Billiganbieter zur Auswahl stehen, holt die Mittelschicht auf. Und auch in Deutschland hat sich die getankte Kerosinmenge zwischen 1990 und 2017 mehr als verdoppelt. Insgesamt steigt der Kerosinverbrauch kontinuierlich.

Schätzungen zufolge wird der Luftverkehr im Jahr 2050 sogar bis zu viermal so viel Kerosin verbrennen wie heute. Ist das schlimm? Man hört immer wieder, dass ja nur rund 2,5 Prozent der weltweiten CO_2-Emissionen auf den Luftverkehr entfallen. Hinsichtlich ihrer Auswirkung auf die Erderwärmung sind es aber fünf bis acht Prozent. Ein Schulkamerad von mir ist Pilot, er befördert am liebsten Cargo. »Fracht motzt nicht, Fracht kotzt nicht«, fasst er die Vorteile charmant zusammen. Wie auch immer: Auch der Luftverkehr für den Im- und Export von Gütern nimmt zu.

Und egal, ob Fracht oder Touristen drin sind, Flugzeuge machen Lärm, der direkt die Gesundheit von allen tangiert, die ihn wach oder im Schlaf ertragen müssen. Lärm erzeugt Stress und führt bei Menschen, die in der Nähe der Einflugschneisen wohnen, nachweislich zu höherem Blutdruck, Herzinfarkten und Schlaganfällen. Leisere, modernere Flugzeuge kommen nur langsam auf den Markt, da eine Maschine durchschnittlich rund zwanzig Jahre im Einsatz ist, bevor sie ausgemustert wird.

Mein kleines Aha-Erlebnis hatte ich, als ich auf einer Klimakonferenz zur Registrierung in der Schlange stand und die Teilnehmerin hinter mir, die Expertin für planetare Gesundheit, Sabine Gabrysch, an meinem Rucksack den Adressanhänger der Lufthansa-Miles-and-More-Karte hängen sah. Sie lachte und sagte nur: »Eckart, nicht dein Ernst, oder?« Ich war froh, sagen zu können, dass der da schon länger hängt. Und ich meinen Vielfliegerstatus bereits verloren habe.

SCHÜTZEN & VERNÄSSEN

Biom
Krefeld
Ökosystemleistung
Artenvielfalt
Schwebfliegen
Moor muss nass
Der Wert eines Vogels
Waldbaden
Hund oder Hamster

KAPITEL 9

SCHÜTZEN & VERNÄSSEN

Ein Kinderbuch erinnert mich an den Wert eines jeden einzelnen Vogels, und ich frage mich, was sein Gesang einem Ökonomen bedeutet. Ich begreife, dass der Artenschwund um uns herum auch in uns stattfindet – und wir eigentlich mit Darmbakterien in einer WG wohnen.

Michael Succow erklärt mir, dass Menschen gar nicht im Moor versinken können, wohl aber Tonnen CO_2, und er führt mich zu verwunschenen Kulturlandschaften der Ostsee. Ich bemühe mich, den internationalen Wildtierhandel nachzuvollziehen, und spreche mit einer Tierärztin über den Nutzen von Nutztieren. Ist Artensterben genauso schlimm wie Klimawandel? Und ist es perverser, Hunde zu essen oder Rindfleisch an Katzen zu verfüttern?

Mensch, Erde!
Wir könnten es so schön haben,
… wenn wir dich öfter in Ruhe ließen.

DER WERT EINES VOGELS

Es gibt mehr Hühner von der Stange als Vögel in freier Wildbahn.

An welche Bücher aus Ihrer Kindheit und Jugend können Sie sich noch erinnern? An ›Hui Buh, das Schlossgespenst‹? ›Die drei Fragezeichen‹? Oder eher an das apokalyptische ›Die grüne Wolke‹?

Mein Patenonkel schenkte mir ›Der Wert eines Vogels‹. Der Autor, Frederic Vester, Biochemiker, Systemforscher und Umweltexperte, hat mit Büchern wie ›Denken, Lernen, Vergessen‹, ›Phänomen Stress‹ oder ›Das kybernetische Zeitalter‹ als einer der Ersten verständlich über vernetztes Denken geschrieben.

›Der Wert eines Vogels‹ hat es in sich, was ich daran merke, dass ich mich fast vierzig Jahre, nachdem ich es das erste Mal gelesen habe, noch spontan daran erinnere, wie sehr es mir für die Zusammenhänge in der Natur die Augen geöffnet hat. Im Buchhandel ist es nicht mehr erhältlich, aber ich konnte zwei Exemplare antiquarisch ergattern.

Es ist ein »Fensterbilderbuch«, auf der ersten Seite sieht man durch ein kleines, aus dem Karton gestanztes Fenster einen Vogel auf einem Ast sitzen, links daneben eine Berechnung, was dieser Vogel wert sein könnte. Zunächst geht es um den reinen Materialwert, der im Phosphor und Kalzium des Skeletts, in den Federn und Mineralstoffen liegt und 3,1 Pfennig ausmacht. Nein, das war damals auch schon nicht viel Geld. Drei Brausetabletten hätte es dafür gegeben, wobei ich nicht wissen will, was deren eigentlicher Materialwert für Zucker, Zitronensäure und Farbstoff war. Für 3,1 Pfennig hätte man weder ein Brötchen kaufen noch ein Telefonat führen können, der Vogel wäre also nach dieser Rechnung praktisch umsonst gestorben.

Aber bereits auf dem zweiten Bild kann man einen »Blick über den Zaun« werfen. Zum Materialwert wird nun der Wert addiert, der sich aus der Funktion des Vogels ergibt – als Insektenfresser, als Symbiosepartner, als warnender Bioindikator, und, nicht zuletzt: als Garant seelischer Gesundheit.

Mit dem herrlich antiquierten Wort »Gemüt« beschreibt das Buch, wie die Schönheit des Gefieders, die Eleganz des Fluges und der vielstimmige Gesang dem Betrachter und Hörer guttun. Zack! ist man bei einem Gegenwert von 246,53 DM. Seite für Seite werden neue Vernetzungen benannt, eingepreist und zum Wert des Vogels hinzugerechnet. Mit der Artenvielfalt, den Erkenntnissen, die Ingenieure aus seinem Körperbau ableiten und für die Bionik nutzbar machen können, sowie weiteren Rückkopplungen, etwa im Hinblick auf bessere politische Entscheidungen, langfristige Lebensqualität und die Stabilisierung des Gesamtsystems Natur, landet man am Ende bei 1357,13 DM, kombiniert mit dem pädagogischen Hinweis: »Eigentlich dürfte man solche Rechnungen über den Wert eines Lebewesens gar nicht machen. In diesem Bilderbuch sollte jedoch einmal gezeigt werden, wie falsch selbst hartgesottene Materialisten innerhalb ihres eigenen Profitdenkens liegen, wenn sie die Erhaltung der Natur nicht ernst nehmen. Betrachtet man die Zusammenhänge, so wird man feststellen, dass auch die unscheinbarsten Geschöpfe unter der Sonne ihren Wert im Gesamtgefüge haben. Kein Lebewesen ist unwichtig oder entbehrlich im Kreis der Natur. Schaden wir ihm, so schaden wir letzten Endes uns selbst.«

Lieber Kösel-Verlag: Ist es nicht Zeit für eine Neuauflage?

Dieses Buch begleitet mich seit fast vierzig Jahren. Ein tolles Beispiel für vernetztes Denken.

FRÜHSTÜCK OHNE BIENEN

»Das massenhafte Auslöschen der Arten ist die Sünde, die uns zukünftige Generationen am wenigsten vergeben werden.«
E.O. Wilson

Dass Arten aussterben, ist normal. Die Geschwindigkeit, mit der Arten gegenwärtig für immer verschwinden, ist jedoch alles andere als normal. Sie ist abartig. Wir sind mittendrin im sechsten Massenaussterben, seit den Dinosauriern gab es keine so große Sauerei mehr, einen solchen Kahlschlag im Netz des Lebens. Arten sterben hundert- bis tausendmal schneller als im Schnitt der letzten zehn Millionen Jahre, schneller, als wir rote Listen der bedrohten Arten überhaupt schreiben können.

Als ich den Terra-X-Moderator Dirk Steffens zufällig auf einer der ersten »Fridays for Future«-Demos in Berlin traf, war das ja nicht zufällig. Seit Jahrzehnten brennt er für das Thema Artenschutz und beschreibt in seinen Postings in den sozialen Medien, in seinen Sendungen und seinem Buch ›Überleben‹ eindrücklich, wie ernst es um die Tierwelt steht. Dafür bin ich ihm dankbar, denn er setzte mir auf der Demo einen Floh ins Ohr: »Klima ist überbewertet, das Artensterben ist mindestens so bedrohlich.« Ich dachte im Stillen, dass natürlich jeder sein »Fachgebiet« für das wichtigste hält, Dirk die Tierwelt, ich die menschliche Gesundheit. Aber ich fragte mich doch, ob ich vielleicht die Dimension dieser Krise unterschätzte, und vor allem, inwieweit das eine Phänomen mit dem anderen zusammenhängt. Haben wir uns zu lange und zu Unrecht über Krötentunnel lustig gemacht?

Artenschutz hat ein Imageproblem, denn da wir viele Arten gar nicht kennen, ist es uns auch ein bisschen egal, wenn sie fehlen. Von den grob zwei Millionen bekannten Tierarten kommen nur die wenigsten in den nachmittäglichen Fernsehfilmen vor, und »bekannt« bedeutet oft auch nur, dass ein Lebewesen einen lateinischen Vor- und Nachnamen aufgedrückt bekommen hat. Damit ist man aber im »Circle of Life« noch nicht mal in der Vorstellungsrunde, in der jeder sagt, wie er heißt, was er vom Leben so erwartet und was er in die Gruppe einbringen kann. Schon von vielen bekannten Arten wissen wir nur wenig, von den unbekannten logischerweise gar nichts – zwischen zehn und hundert Millionen sollen es insgesamt sein, also ein riesiger blinder Fleck in unserem Sichtfeld.

Der zweite blinde Fleck ist unsere Betrachtung von oben herab, weil wir ja so schick aufrecht gehen können. Wir erwarten, dass die Natur uns »dient«. Daher leuchtet uns auch nicht ein, dass wir es sind, die Stress verursachen, wenn wir uns mit der Picknickdecke ausgerechnet auf einem Ameisenhaufen niederlassen, und nicht die Ameisen, die nun anfangen, überall herumzukrabbeln. Ebenso wenig verstehen wir, warum sich Mücken, Wespen, Ratten oder Tauben nie nennenswert dezimieren, sondern immer nur die »Guten« wie etwa die fleißigen Bienen. Oder die »Süßen« wie die Pandabären mit ihren fotogenen Augenringen. Bei ihnen gerät die Familienplanung gar zur Staatsaktion, wenn die Letzten ihrer Art mit großem Aufwand zusammengebracht werden, damit sie sich paaren. Ärgerlich, wenn sie sich dann doch nur wie Brüderchen und Schwesterchen verhalten und selbst durch praktisches Anschauungsmaterial nicht dazu zu bewegen sind, übereinander herzufallen. Kein Scherz. Wirksamer war wohl der Lockdown. In einem Hongkonger Freizeitpark paarten sich Pandas ganz überraschend nach zehn Jahren Enthaltsamkeit, vielleicht weil sie endlich mal Privatsphäre hatten.

Wenn wir als Kinder in den Urlaub nach Österreich fuhren, wurde grundsätzlich an jeder Tankstelle die Frontscheibe des Autos geputzt. Es hatten sich immer jede Menge Insekten darauf verewigt, die sich nicht so einfach mit dem Scheibenwischer von ihrer letzten Ruhestätte entfernen ließen, man musste mit dem Schwamm richtig rubbeln, bis wieder klare Sicht war. Ein

Blutfleck deutete auf ein sattes Mückenweibchen hin. Die Männchen stechen ja nicht, die chillen lieber, solange sie nicht von einem Radfahrer, der mit offenem Mund unterwegs ist, verschluckt werden.

Nimmt die Population der Insekten ab, empfindet das ja erst mal keiner als Verlust, schon gar nicht als Bedrohung. Man ist ja kein Frosch. Ich weiß, wie Jungs in meiner Grundschule für ihr Hobby, Molche, Käfer und Ameisen zu beobachten, zu bestimmen und zu sammeln, belächelt wurden. Andere sammelten Abziehbilder von Fußballern in Alben. Den größeren Erkenntnisgewinn haben uns die Nerds gebracht. Deshalb möchte ich mich für meine abschätzige Haltung rückwirkend bei all denen entschuldigen, die lieber im Grunewald als bei Hertha abhingen.

Es waren geistesverwandte Nerds, ehrenamtliche Forscher:innen des Entomologischen Vereins Krefeld, die in den Jahren 1989 und 2014 in einem Naturschutzgebiet im Bergischen Land spezielle Fallen aufstellten und vom Frühling bis in den Winter Hunderttausende Insekten aus Tausenden Gruppen bestimmten und auszählten – und ihr Erschrecken publik machten. Per »Citizen Science«, einem Konzept, das auf die Beteiligung von Bürger:innen an einem Forschungsprojekt setzt, fanden sie heraus, dass über alle Insektenfallen hinweg starke Verluste zu verzeichnen waren. Bevor eine Art ganz verschwunden ist, dezimiert sich nach und nach die Anzahl ihrer Individuen, doch das fällt sehr lange niemandem auf, wenn nicht akribisch nachgezählt und auch gewogen wird. Die Arbeit aus Krefeld ging um die Welt und alarmierte mit der Nachricht, dass die Insektenbiomasse an den untersuchten Standorten innerhalb von fünfundzwanzig Jahren um sechsundsiebzig Prozent abgenommen hatte. Das hatte vorher niemand groß bemerkt, es gibt schlicht zu wenige Spezialist:innen, die allein die vierhundertachtzig Schwebfliegenarten unterscheiden können.

Auf einer Veranstaltung zur Artenvielfalt des Landes NRW traf ich Martin Sorg, promovierter Biologe und stellvertretender

Vorsitzender des Entomologischen Vereins Krefeld. Er erklärte mir, dass vor allem diejenigen Artengruppen von dem Schwund betroffen sind, die mit Wasser in Berührung kommen. Viele toxische Substanzen aus den Pestiziden sind wasserlöslich, werden mit dem Oberflächenwasser ausgespült und können auch in niedrigen Konzentrationen die Wasserlebewesen und ihre Larven stören. Auch der Mangel an Wildkräutern und Brutmöglichkeiten setzt den Schwebfliegen zu. Sorgs Forderung ist daher eindeutig: weniger Pestizide, mehr Schutzgebiete.

Müssen wir uns aus Liebe zu den Tieren darauf einlassen? Nein, es reicht der blanke Egoismus, um Artenschutz auf die Agenda zu setzen. In einer sehr eindrücklichen Aktion gelang dem Bund für Umwelt und Naturschutz Deutschland e. V., dem BUND, deutlich zu machen, wie ein Frühstück ohne Bienen aussehen würde. Zuerst denkt man nur an den Honig, aber wie der Film ›More than Honey‹ zeigt, sind von der Bestäubung durch Insekten auch Äpfel, Birnen, Kirschen, Buchweizen, Gurken, Kürbisse, Auberginen, Avocados und Möhren abhängig. Es wären also alle sogenannten Frucht- und Gemüsesorten betroffen, ohne Bienen gäbe es nicht nur sehr viel weniger Lebensmittel, sie wären auch, dadurch bedingt, sehr viel teurer. In China, wo als Folge des massiven Pestizid-Einsatzes die Insekten in ganzen Landstrichen verschwunden sind, müssen Apfelbäume jetzt von Hand mit einem Pinsel »bestäubt« werden. Ich male mir aus, was jemand, der dafür zuständig ist, auf einer Party erzählt, wenn er nach seinem Beruf gefragt wird: »Also, ich klettere von Baum zu Baum und mache das so wie die Bienen, nur eben mit dem eigenen Pinsel.« Für wie bescheuert müssen einen die Gäste und vor allem die Bienen halten?

Nun wird für die Honigbienen in Deutschland einiges getan. Noch effektiver bei der Bestäubung sind aber die Wildbienen. Beide werden gebraucht und geliebt. Die Initiative für mehr Artenvielfalt, auch »Bienen-Volksbegehren« genannt, hat in Bayern 1,6 Millionen Menschen mobilisiert. Hätte man die Schwebfliege

MEHR ALS HONIG

Bei Bienen dachte ich erst mal nur an Honig. Dabei ist die Honigbiene gar nicht bedroht, sondern die Wildbiene und andere Insekten. Viele Elemente meines Frühstücks sind von einer intakten Insektenwelt abhängig: Obst, Marmelade, Saft und Kaffee. Sogar Milchprodukte und Wurst, denn Nutztiere fressen Pflanzen, die auf Bienen angewiesen sind. Und ich säße ohne Tischtuch und T-Shirt da, weil auch Baumwollpflanzen von Insekten bestäubt werden. Nicht alles fiele ohne Bienen komplett weg, aber vieles würde weniger und damit teurer.
Wenn sich die Bestäuber aus dem Staub machen, sehen wir alle ganz schön nackt aus.

FAZIT: Artenschutz ist Frühstücksschutz!

auf dem Plakat abgebildet, wären es wahrscheinlich nicht ganz so viele gewesen, aber dass es für eine große Anzahl von Menschen aus der Mitte der Gesellschaft inklusive der konservativen Parteien wichtig geworden ist, neben der Bauernlobby auch mal die Naturschützer anzuhören, ist unverkennbar.

Wer meint, zum Frühstück nichts zu brauchen außer Schokocreme: Kakaopflanzen werden ebenfalls von Insekten bestäubt, nicht von Bienen, sondern von einer speziellen Mücke. Auch Käfer, Schmetterlinge und Ameisen leisten einen wichtigen Beitrag bei der Fremdbestäubung, in den Tropen auch Kolibris und Blattnasenfledermäuse. Und jetzt kommt es noch härter: Gummibärchen sind mit Bienenwachs beschichtet. Was soll aus denen werden? Und zur ungeschminkten Wahrheit gehört auch, dass Wattepads aus Baumwolle ohne Insekten wegfallen.

Wovon gibt es im Gegenzug zu viel? Mais, Soja oder Weizen auf großen, öden Flächen, die für andere Pflanzen- und Tierarten verloren sind. Vieles davon wird gar nicht zur Versorgung von Menschen gebraucht, sondern als Kraftfutter für die Tiere in der Fleisch- und Milchproduktion.

Apropos: Die Unterteilung in »Nutztiere« und »Unnütz-Tiere« ist ein großer Quatsch. Vor allem, wenn wir noch gar nicht durchschaut haben, welche Aufgabe eine Art im ökologischen Gleichgewicht hat. Klar ist bislang nur, dass wir selten etwas Gutes anrichten, wenn wir Arten in Regionen verschleppen, in denen sie nicht zu Hause sind. So geschehen mit den Kaninchen und Ratten in Australien oder, weniger spektakulär, mit allen möglichen Muscheln, die sich mit den Tankern auf Weltreise begeben und heimische Arten überwuchern.

Die großen Killer der Artenvielfalt sind damit beschrieben: kein Lebensraum, Gifte, falsche Konkurrenz, viel zu viele einer Art sowie aktives Jagen, Handeln, Verzehren und Vernichten von bedrohten Arten wie etwa den Nashörnern und Elefanten.

Allzu weit muss man bei dem Thema aber gar nicht schauen: Die Artenvielfalt in der Ost- und Nordsee ist bereits zusammengebrochen, auch wenn wir das nicht wahrhaben wollen, wenn wir in einem romantischen Restaurant an einer Hafenmauer sitzen und aufs Meer schauen. Die Chance ist groß, dass der Fisch, der uns serviert wird, eben nicht aus dem Wasser stammt, das wir vor der Nase haben, sondern von weit her importiert werden musste. Und auch die Krabben auf dem Brötchen auf Sylt haben schon eine halbe Weltreise hinter sich, weil es so viel günstiger ist, wenn die woanders gepult werden. Fische können, wenn ihnen das Wasser zu warm wird, eine Weile nach Norden ins Kühlere ausweichen. Tiere dagegen, die auf den Landweg angewiesen sind, können bei zunehmender Hitze oft nicht schnell genug das Terrain wechseln – mit dem Ergebnis, dass sie auf der nächsten Straße plattgemacht werden und letztlich aussterben. Vielleicht waren Krötentunnel doch keine schlechte Idee. Einen guten Überblick über die derzeitige Lage gibt der »Living Planet Index« des WWF.

Aber was hat das alles mit der menschlichen Gesundheit zu tun? Der Artenschwund in der sichtbaren Welt hat zwei Entsprechungen in der unsichtbaren: die Bakterien im Boden und die Bakterien auf und in uns. Beide sind überlebenswichtig für uns, weil wir ohne lebendigen Boden nichts zu essen haben. Und ohne lebendige Symbiose in uns können wir das Essen nicht aufschlüsseln und verwerten. Auch wenn das auf den ersten Blick etwas eklig klingen mag: Unser Körper gehört uns nicht allein, wir sind besiedelt von jeder Menge anderer Arten. Aus Sicht der Natur sind wir nämlich nicht der Mittelpunkt des Universums, sondern haben eher eine Art Gastgeberrolle. Denn rein rechnerisch besteht ein Mensch zu einem größeren Anteil aus fremden Bakterien als aus körpereigenen Zellen. Wenn da mal der Krone der Schöpfung nicht ein Zacken aus der Krone fällt. Wir könnten das Motto der Fußball-WM 2006 wiederbeleben: »Die Welt zu Gast bei Freunden!«

Ich mag das Bild vom Netz des Lebens. Das *Web of life*, wie es auf Englisch genannt wird, ist fein gewebt, es besteht aus vielen Knotenpunkten, mit lauter Querverbindungen in jede Dimension, nach oben, nach unten, zur Seite. Auf Kinderspielplätzen gibt es Seilnetztürme oder Kletterpyramiden, bei denen man nie tief fallen kann, weil einen irgendeine Masche, durch die man gerade geklettert sein mag, hält und auffängt. So verstehe ich auch die Natur. Jede Art, die verloren geht, reißt ein Loch in dieses Netz des Lebens. Dann fallen wir selber ins Bodenlose. Seit wir im Garten Eden vom Baum der Erkenntnis genascht haben, hat sich unser Erkenntnisstand enorm erhöht. Wir sollten also wissen, dass wir in Zukunft nur dann Teil dieses irdischen Paradieses sein können, wenn wir weite Flächen schützen und der Natur überlassen, die nach ihren eigenen Regeln für Vielfalt und Resilienz sorgen wird. Das kann sie so viel besser als wir.

Zu meinem Geburtstag vor einem Jahr bekam ich von Kindern ein selbstgebasteltes Insektenhotel geschenkt, das ich in den Garten gestellt habe. Es ist leer, bis heute. Nicht weil das Hotel für die Insekten unbewohnbar wäre, sondern weil die Welt drumherum es ist. Das war für mich ein Warnsignal, sodass ich mich erkundigt habe, welche Wildblumenmischungen auch bei Leuten mit zwei linken grünen Daumen, zu denen ich gehöre, gedeihen. Ausstreuen und fertig. Es wird bunter um mich herum. Und hoffentlich sehen das nicht nur meine Augen so, sondern auch die vielen Facetten der Augen von Insekten, die jetzt neue Lande- und Futterplätze finden.

Auch hier braucht es beides, Bürgerinitiative und politische Rahmenbedingungen. Auf Instagram gibt es eine sehr kreative Community unter dem Hashtag »Gärten des Grauens«. Quer durch die Republik sind dort die schlimmsten Beispiele für Steinwüsten, Plattenversiegelung, Gartenzäune und Gartenzwerge satirisch dokumentiert. Mit großer Freude las ich, dass in Baden-Württemberg reine Steingärten verboten werden sollen. Die Begründung: »Bienen essen keine Steine!« So viel wissen wir schon mal.

Intakte Natur ist so heilsam. Schon lange ist nachgewiesen, dass Patienten schneller gesunden, wenn sie statt auf eine Betonwand ins Grüne schauen. Es reicht unser Selbsterhaltungstrieb, um mehr für den Erhalt auch anderer Spezies zu tun. Mit Mitgefühl geht es natürlich noch besser.

Dirk Steffens und Fritz Habekuss haben mich in ihrem preisgekrönten Buch ›Über Leben – Zukunftsfrage Artensterben: Wie wir die Ökokrise überwinden‹ mit einem originellen Vorschlag überrascht: Die Natur muss eigene Rechte bekommen. Für indigene Völker sind nicht nur die Tiere beseelt, auch der Mississippi hat ein Wesen, eine Persönlichkeit und braucht eine eigene Stimme. »Ein Unternehmen kann eine juristische Person sein, warum dann nicht auch ein Fluss? Für unser Überleben ist doch eine intakte Natur existenzieller als ein Aktienunternehmen.« Die beiden haben recht, automatisch würde sich einiges ändern, wenn uns allen klarer wäre, was wir mit der Natur ungestraft machen dürfen und was nicht. Wenn Schiffe nicht nur auf hoher See, sondern auch vor Gericht ein Subjekt sein können, sollten es doch der Fluss, das Meer, das Wesen, das ein Schiff trägt, erst recht sein dürfen.

Ein Hoffnungsschimmer: Die nächste Generation macht es anders. Nach einer Vorlesung über Klimawandel und Gesundheit an der Uni Witten/Herdecke erzählten mir Medizinstudent:innen eine wahre Geschichte aus ihrer WG. Sie hatten im Müsli Motten entdeckt und waren sich einig, dass diese im Essen nichts zu suchen haben. Weil sie aber, sozialisiert in einer ausgeprägten Feedbackkultur, auch die Sicht der Motten verstehen und würdigen wollten, beschlossen sie, ihnen ein Ersatzzuhause zu schaffen. Und so wurde außerhalb der Küche ein ausrangierter Wollpulli aufgehängt, an dem sie sich jetzt satt essen sollen. Und wenn es sich auch streng genommen um zwei verschiedene Arten von Motten handelt – bei so viel Mitgefühl ist klar: In Witten ist der Fortbestand der Motten gesichert! Sind wir nicht alle eine Wohngemeinschaft?

DIE ARTENVIELFALT IN UNS

»Ähnlich wie uns die große Welt beeinflusst,
in der wir leben, beeinflusst uns auch die kleine Welt,
die in uns lebt.«

Giulia Enders

Die Dinger sind Fluch und Segen zugleich, kaum eine Gruppe von Medikamenten ist so umstritten wie diese. In der Tat zählt die Entdeckung der Antibiotika zu den wichtigsten Meilensteinen in der Medizin des 20. Jahrhunderts, doch wenn wir sie falsch anwenden, können sie uns richtig gefährlich werden.

Auch wenn man »Anti-Biotika« streng genommen mit »gegen das Leben« übersetzen müsste, sind damit Medikamente gemeint, die gegen Bakterien wirken. Sie sind also durchaus für das Leben. Aber – und das ist die Krux: Sie helfen nicht gegen Viren. Dass viele Patienten das nicht wissen, ist erstaunlich, aber verzeihlich. Dass jedoch Ärzt:innen eine banale Atemwegserkrankung Jahrzehnte nach der Leitlinienentwicklung immer noch mit einem Antibiotikum behandeln, ist schlimm. Ihnen müsste bekannt sein, dass die Verursacher von Husten, Schnupfen, Heiserkeit nicht Bakterien, sondern zu neunzig Prozent Viren sind. Und da hat man nichts von der Wirkung des Medikamentes, nur von den Nebenwirkungen.

Haben Sie sich schon mal gefragt, woher die Kopfschmerztablette weiß, wo der Kopf ist? Wenn man sie schluckt, geht sie ja erst mal in die völlig falsche Richtung. Von Zäpfchen ganz zu schweigen. Die Antwort: Sie muss gar nicht wissen, wo der Kopf ist, weil sie die Schmerzbildung überall im Körper hemmt, und damit eben auch im Kopf. Das Gleiche gilt für Antibiotika. Wenn man die nicht lokal in Form von Salbe gebraucht, sondern systemisch als Tablette oder Infusion, gehen sie auch auf alle Bakterien los, inklusive der »guten«, die im Darm dafür sorgen, dass das Essen aufgeschlüsselt wird und die schädlichen Bakterien in

Schach gehalten werden. So führen Antibiotika zu Durchfall, was aber streng genommen keine Nebenwirkung, sondern nun mal ihre Hauptwirkung ist. Und auch, wenn der Durchfall wieder vorbei ist, bleibt ein Schaden an der Vielfalt unserer freundlich gestimmten Mitbewohner bestehen. Das Mikrobiom verändert sich, wird eintöniger, wir haben immer weniger und auch immer weniger verschiedene nützliche Mikroorganismen in unserem Körper.

Die Artenvielfalt, die wir in der Natur brauchen, brauchen wir auch in uns. Dass wir Antibiotika oft falsch und unnötig einnehmen und sie gesunden Tieren in der Massentierhaltung geben, statt sie für kranke Menschen aufzuheben, hat weltweit fatale Folgen: Bakterien werden resistent gegen die Medikamente. Von »multiresistenten Keimen« spricht man, wenn sie gegen mehrere Antibiotika unempfindlich sind. Bezeichnenderweise kennt man sie auch unter dem Namen »Krankenhauskeime«, denn europaweit gehen etwa drei Viertel der durch diese Keime provozierten Krankheitslast auf eine Ansteckung in Gesundheitseinrichtungen zurück. Ein Grund, warum wir in Deutschland so viele Krankenhauskeime haben, ist die banale Tatsache, dass bei uns auch viel mehr Menschen in Krankenhäusern behandelt werden als andernorts. »Eine Reduktion vermeidbarer Krankenhausaufenthalte sowie eine effektive Infektionskontrolle und -prävention sind daher wichtige Schritte, um die Krankheitslast zu verringern«, betont auch der Chef des Robert Koch-Instituts, Lothar Wieler.

Die Zahl der Krankenhausinfektionen in Deutschland liegt bei geschätzten vier- bis sechshunderttausend pro Jahr, die Zahl der Todesfälle bei zehn- bis zwanzigtausend. Wie sieht es außerhalb von Deutschland aus? Die Weltgesundheitsorganisation (WHO) bezeichnet multiresistente Erreger als eine massive globale Bedrohung. Schon jetzt sterben jedes Jahr weltweit siebenhunderttausend Menschen an Infektionen, bei denen Medikamente versagen. Nach Expertenmeinung wird sich die Mortalität in Asien und Afrika besonders dramatisch entwickeln, weil dort Antibiotika sehr häufig ohne ärztliche Indikation eingesetzt werden. Man rechnet sogar damit, dass Infekte mit resistenten Keimen zu einer der Haupttodesursachen werden – mit über vier Millionen prognostizierten Todesfällen im Jahr 2050.

Was hat das mit uns zu tun? Achtzig bis neunzig Prozent aller unserer Antibiotika werden in China und Indien hergestellt. Für eine ARD-Doku nahm der Infektionsmediziner Christoph Lübbert vom Universitätsklinikum Leipzig eine Reihe von Wasserproben in der Stadt Hyderabad. Die Antibiotika-Konzentrationen lagen teils hundert Mal, teils mehrere tausend Mal über den vorgeschlagenen Grenzwerten für die jeweiligen Substanzen, die aus Industrieabwässern stammen. Eine Zeitbombe, weil damit die Entwicklung von Resistenzen vorangetrieben wird.

Wie verhindert man das am besten? Durch einen sehr sparsamen und gezielten Einsatz der Antibiotika sowie durch stärkere Kontrollen und Nachverfolgung der Problemkeime. Deutschland kann auf diesem Gebiet wahrlich nicht glänzen. Infektionen mit multiresistenten Bakterien kommen bei uns zehnmal so häufig vor wie bei unseren niederländischen Nachbarn. Was machen die besser? Schon bei der Aufnahme in die Klinik wird systematischer als bei uns untersucht, ob die Patient:innen einen multiresistenten Keim mitbringen. Die Wahrscheinlichkeit steigt, wenn sie in der Landwirtschaft arbeiten, eine Fernreise gemacht haben – oder aber in einem deutschen Krankenhaus waren! Außerdem haben die niederländischen Krankenhäuser deutlich besser ausgestattete Labore, mehr ärztliche Spezialist:innen und mehr Isolationsmöglichkeiten.

Die Bundesregierung erklärt in ihrer aktuellen Deutschen Antibiotika-Resistenzstrategie DART 2020, den One-Health-Ansatz stärken zu wollen. Bei diesem Ansatz arbeiten die Akteure der verschiedenen Disziplinen – Humanmedizin, Veterinärmedizin, Umweltwissenschaften – fächerübergreifend zusammen. Resistenzen kennen keine Grenzen und können sich zwischen Mensch,

Tier und Umwelt rasch verbreiten. Dagegen getan wird viel zu wenig, obwohl man sich an Vorbildern und Erfolgen in anderen Ländern orientieren könnte. So werden in der deutschen Tierhaltung weiterhin massenhaft Antibiotika eingesetzt, pro Kilo Fleisch siebenmal mehr als in Schweden. Besonders bedenklich: dass Tiere auch die für Menschen so wichtigen Reserveantibiotika bekommen, die, wie der Name schon sagt, eigentlich für Fälle reserviert bleiben sollten, in denen andere Antibiotika nicht mehr wirken – und zwar in der Humanmedizin. Doch weiterhin ist es billiger, massenhaft Antibiotika einzusetzen, statt Zucht, Haltung und Futter zu verbessern und die Tiere auf diese Weise gesund zu erhalten. Warum haben wir nicht eine Kennzeichnungspflicht für Fleisch so wie für jedes Ei?

Eine im Auftrag der NGO »Germanwatch« durchgeführte Laboruntersuchung von Stichproben hat gezeigt, dass Billighähnchen vom Discounter zu sechsundfünfzig Prozent mit gegen Antibiotika resistenten Keimen kontaminiert waren. Jedes dritte Hähnchen war sogar mit Erregern belastet, die resistent gegen Reserveantibiotika waren. Das Problem für Menschen ist weniger, dass das Fleisch oder das Ei noch Reste von Antibiotika enthalten. Diese Mengen sind so gering, dass unsere Gesundheit durch den Verzehr wahrscheinlich nicht beeinträchtigt wird. Aber überall kaufen wir die Folgen des Antibiotika-Einsatzes mit ein und schleppen die Keime aus den Tierfabriken in unsere Küchen. Deswegen sollte man sich nach dem Berühren von rohem Fleisch immer die Hände waschen. Und, liebe Vegetarier: Auch an Gemüse hängen Keime, durch die Gülle zum Beispiel.

Apropos Gülle von Mensch und Tier: Ein besonderes Problem, das durch Wetterextreme wie Starkregen entsteht, ist die Überlastung der Kanalisation. Da wir so viele mit Beton und Asphalt versiegelte Flächen haben, die den Regen nicht aufnehmen können, kommt es immer häufiger zu der Situation, dass die Kanäle, die im Klartext die Scheiße in die Kläranlage leiten sollen, genau das nicht mehr leisten können. Das führt zum Mischwasserüberlauf, das heißt, das Regenwasser, das bereits von den Straßen verschmutzt ist, mischt sich mit den häuslichen und industriellen Abwässern, und diese Dreckbrühe wird zusammen mit Mikroplastik, Arzneimittelresten, Nährstoffen, Fäkalien und Krankheitserregern direkt in öffentliche Gewässer abgeleitet. Und da ist sie dann auch, die Verbindung von Klimawandel und Antibiotikaresistenz im Dreieck Tier, Mensch und Umwelt: die Tierhaltung, die ständig neue resistente Keime produziert plus massiv zu den Treibhausgasen beiträgt; der Mensch, der unter den Keimen leidet, sie im Krankenhaus und im Alltag durch zu viele Antibiotika heranzüchtet und ausscheidet; und der klimabedingte Starkregen, der die ganze Gemengelage großflächig in der Natur verteilt. Scheißspiel.

WILDTIERE SUCHEN EIN ZUHAUSE

»*Wir verbrennen das Buch des Lebens,
bevor wir es gelesen haben.*«

Hans Joachim Schellnhuber

Dr. Kim Grützmacher ist Tierärztin und internationale Expertin für Zoonosen, sprich für alle Krankheiten, die wie Corona vom Tier auf den Menschen übertragbar sind. Sie managte das Gesundheitsprogramm der Wildlife Conservation Society, forschte am Robert Koch-Institut und berät jetzt unter anderem das Bundesministerium für wirtschaftliche Zusammenarbeit und Entwicklung strategisch zum Thema »One Health«. Das One-Health-Konzept entstand aus der Einsicht, dass Probleme wie die Antibiotikaresistenz nicht von Vertreter:innen einer einzelnen Disziplin gelöst werden können, sondern nur gemeinsam.

Mehr als die Hälfte aller uns bisher bekannten Erreger, die Erkrankungen beim Menschen hervorrufen, sind sogenannte Zoonose-Erreger, das können Bakterien, Pilze, Viren oder auch Parasiten sein. Eine wachsende Bevölkerung, die steigende Mobilität, schwindende Lebensräume, die industrielle Landwirtschaft und die intensivierte Nutztierhaltung – all dies sind Faktoren, die das Risiko für eine schnelle weltweite Ausbreitung von Krankheitserregern erhöhen. Davon hatte ich während meines Studiums sehr wenig gehört, und ich dachte damals auch, das würde uns eh nie betreffen, doch durch Corona ist das Bewusstsein der Allgemeinheit für die verpassten Chancen in der Pandemieprävention geschärft worden.

Die Coronapandemie kam für die Fachwelt nicht überraschend, die »Vorwarnungen« hießen HIV, SARS, MERS, Ebola, Zika oder Vogelgrippe H5N1 – allesamt aus dem Tierreich übertragen. Und das ist erst der Anfang. Hochrechnungen zufolge sind noch etwa siebenhunderttausend Viren in Wildtieren zu finden, die auf den Menschen überspringen könnten. Und das tun sie immer leichter und öfter. Kim erklärte mir: »Es gibt einen direkten Zusammenhang zwischen der Häufigkeit, mit der Menschen und Wildtiere Kontakt haben, und der Wahrscheinlichkeit, dass Viren auf den Menschen überspringen. Es ist also wichtig, dass Wildtiere genug eigenen Lebensraum haben, um sich zurückziehen zu können.«

Ich erinnere mich gehört zu haben, dass man misstrauisch sein sollte, wenn ein Wildtier nicht misstrauisch ist, denn es liegt in seiner Natur, ein *social distancing* zum Menschen einzuhalten, sonst bräuchten wir ja auch keine Hochsitze, Fallen oder andere Tricks, um seine natürliche Scheu zu überlisten. Mir war aber überhaupt nicht klar, welche Rolle der Wildtierhandel bei der Verbreitung von Pandemien spielt. Warum lassen wir die Tiere nicht einfach in Ruhe?

Weil es um viel Geld geht. Wildtierhandel ist neben Waffen- und Drogenhandel einer der lukrativsten internationalen Märkte – kein Wunder, dass er sich nicht so einfach unterbinden lässt, das klappt ja bei Drogen und Waffen auch nicht. Die Initiative »End the trade«, für die ich mit Gerd Müller, Minister des Bundesamts für wirtschaftliche Zusammenarbeit und Entwicklung (BMZ), im Berliner Zoo eine Pressekonferenz gab, sieht drei wichtige Schritte vor: die öffentliche Aufklärung, um die Nachfrage nach Wildtieren zu reduzieren, die Schließung der *wet markets* weltweit und ein viel umfassenderes präventives Gesundheitsmonitoring der Tiere im Hinblick auf potenzielle Erreger. Zu Beginn der Pandemie wurden reflexartig China und Menschen aus Asien als »Sündenböcke« instrumentalisiert, mir sind aber auch Fotos von dänischen Nerzfarmen im Gedächtnis geblieben, auf denen zu sehen war, dass die Kadaver der Tiere, die notgeschlachtet werden mussten, weil sie höchstwahrscheinlich einen mutierten Erreger in sich trugen, millionenfach wie Untote in einem Massengrab unter der Erde vor sich hin gärten. Einfach nur ekelhaft. Das einzige Lebewesen, das ein Nerzfell braucht, ist ein Nerz.

So bildhaft mag man sich vieles gar nicht vorstellen, aber es interessiert mich natürlich schon, was Kim in Asien und Afrika alles erlebt hat. »Es ist hart«, erzählt sie. »Auf den Märkten kommen zum Teil unter sehr unhygienischen Bedingungen Tiere und ihre Exkremente und Körperflüssigkeiten zusammen, eine Kombination, die in der Natur nicht vorgesehen ist. Da werden Schleichkatzen und Pythons, Hunde und Nagetiere eng in aufeinandergestapelten Käfigen gehalten, was natürlich für die Tiere unglaublichen Stress bedeutet und dazu führt, dass sie noch mehr Erreger ausscheiden. Wenn bestimmte Viren die Möglichkeit bekommen, von einer Spezies auf eine andere zu springen, dann werden sie das früher oder später auch tun.«

Da will man mal in Ruhe in der Natur ein Foto machen und dann drängelt sich einfach ein Elefant mit ins Bild. Kim Grützmacher lässt sich als Tierärztin und One-Health-Expertin durch nichts aus der Ruhe bringen.

Wildtiere kommen jedoch nicht nur als Delikatesse auf den Markt, sondern werden auch aus purer Armut gegessen – von Menschen, denen sie als Eiweißquelle dienen und die auch Muskelfleisch, Eingeweide oder Lungengewebe verzehren, selbst wenn es offensichtlich verdorben oder krank ist. Wildtierprodukte wie Felle und Häute wiederum werden für Modeartikel und auch in der Traditionellen Chinesischen Medizin gebraucht. Wäre es nicht trotzdem günstiger gewesen, in die Pandemieprävention zu investieren? Kim ist sich sicher: »Absolut! Erste Analysen zeigen, dass uns der Schutz von Natur und Wildtieren für die Dauer von zehn Jahren nur etwa zwei Prozent dessen kosten würde, was uns voraussichtlich die COVID-19-Pandemie kostet.«

Deshalb geht die Frage, ob nun Fledermäuse, irgendwelche Gürteltiere oder sonst wer »schuld« an Corona ist, am Kern des Problems vorbei. Mit der weltweit wachsenden Nachfrage nach Wildtierprodukten steigt ja nicht nur der mit Gesundheitsrisiken verbundene Kontakt mit diesen Tieren. Gleichzeitig zerstören wir auch ihre Lebensräume und ihre genetische Vielfalt – unwiederbringlich. Sich des Ausmaßes dieser Zerstörung bewusst zu werden, macht betroffen und hilflos. Manche nehmen allerdings auch eine »Na, dann ist ja auch alles egal«-Haltung ein. Wie geht Kim damit um? »Wenn ich merke, dass Zynismus aufkommt, versuche ich ganz aktiv etwas dagegen zu unternehmen. Wir brauchen Zukunftsvisionen, in denen Artenvielfalt ihren Platz hat und wir uns als Teil davon begreifen!«

Langsam tut sich etwas, auch auf politischer Ebene. Als eines der ersten Ministerien hat sich das BMZ des Themas »One Health« angenommen, auf dieser Plattform kommen Vertreter:innen der internationalen Tiergesundheit mit Tropenmedizinern, Wissenschaftler:innen des Robert Koch-Instituts oder Pionieren wie Sabine Grabysch als erster Professorin für Klimawandel und Gesundheit zusammen. Auch andere Ministerien beschäftigen sich mit diesem Thema, schaffen Referate und Initiativen. Das Auswärtige Amt verknüpft den Klimawandel mit Sicherheitsfragen in der UN. Kim ist hoffnungsvoll: »One Health wird auf die politische Agenda gesetzt, das ist wirklich toll. Das hätte ich mir vor fünf Jahren niemals träumen lassen. Es ist natürlich tragisch, dass es dafür eine Pandemie brauchte. Aber vielleicht hilft uns das ja, die nächste zu verhindern.«

Kim hat mich auch auf den Wert der *nature based solutions* hingewiesen. Während manche Ingenieur:innen davon träumen, irgendwann einmal einen großen Staubsauger für Treibhausgase zu entwickeln und uns so mit einer technischen Lösung zu retten, wird oft übersehen, dass es in der Natur bereits geniale Lösungsansätze gibt, die erwiesenermaßen funktionieren und uns maßgebliche Lebensgrundlagen bieten, sofern wir aufhören, sie genau daran zu hindern. »Wir brauchen als Naturschutzfläche die halbe Erde als sogenanntes Planetares Sicherheitsnetz«, erläutert Kim. »Dazu gehören Flächen, auf denen bedrohte Arten leben, sowie Ökosysteme, die noch intakt sind, und insbesondere auch solche, die den Klimawandel bremsen können, wie zum Beispiel Mangrovenwälder, die besonders viel CO_2 binden.«

Als sie das sagt, fällt mir auf, dass ich in meinem Kopf immer verschiedene »Schubladen« hatte, in denen jeweils ein eigener Ansatz »verstaut« war. Da gab es die Aufforster und Bäume-Umarmer, die Panda- und Krötenfraktion und die Aktionisten, die mit Schlauchbooten gegen Walfänger vorgingen. Fast hatte ich das Gefühl, die jeweiligen Organisationen konkurrierten miteinander, dabei brauchen wir alle diese Ansätze – vernetzt. Kim ist zuversichtlich: »Bislang gehen nur rund zwei Prozent der Investitionen im Kampf gegen den Klimawandel in die natürlichen Klimalösungen, obwohl die das Potenzial haben, ein Drittel der Emissionen zu binden. Wir können hier gleichzeitig die Artenvielfalt erhalten, dem Klimawandel etwas entgegensetzen und das Risiko für Pandemien reduzieren. Ich hatte selten so viel Hoffnung wie heute, denn gerade in den letzten Jahren haben ganz viele Menschen verstanden, wie wichtig diese Fragen sind.«

One Health ist nicht nur Win-win. Es ist Win-win-win.

Die gefährlichsten Tiere der Welt

Tote pro Jahr, berechnet nach durchschnittlicher Opferzahl der Jahre 2000 bis 2010

Krokodil

1.000 Tote

Bandwurm

Nilpferd

500 Tote

Schlange

50.000 Tote

Hund

40.000 Tote
durch Tollwut

3.

Süßwasserschnecke

110.000 Tote
durch Übertragung von Schistosomiasis

2.

Mensch

475.000 Tote
nur Mordopfer

 10 Tote

 100 Tote

 10 Tote

 100 Tote

2.000 Tote   9.000 Tote
durch Übertragung
der Schlafkrankheit

  12.000 Tote
durch Übertragung
der Chagas-Krankheit

  60.000 Tote

1.  725.000 Tote
durch Übertragung von
Gelbfieber, Dengue-Fieber
und Malaria

SOLLEN WIR HUNDE HÜTEN ODER HÄUTEN?

Wie können wir etwas schützen, wenn wir es nicht zu schätzen wissen?

Man soll den Pferden das Denken überlassen, denn sie haben die größeren Köpfe. Diesen Spruch habe ich schon als Schüler gehasst. Ich weiß gar nicht, ob wir wirklich wissen wollen, was Pferde über uns Menschen denken, wenn wir regelmäßig auf ihrem Rücken rumturnen. Ob das für sie auch das Glück der Erde bedeutet? Worüber sich wahrscheinlich noch nie ein Pferd den großen Kopf zerbrochen hat, ist die eigene CO_2-Bilanz. Gut, die ist den meisten Menschen auch egal. Aber ich möchte jetzt doch mal Ross und Reiter nennen und die Frage aufwerfen, ob es sich nicht darüber nachzudenken lohnt, was für Umweltsäue all die Haus- und Hobbytiere sind.

Pferde weisen die mit Abstand schlechteste Umweltbilanz auf. Die Haltung eines Pferdes über ein Jahr hinweg entspricht einer 21.500 Kilometer langen Autofahrt. Das ist deutlich mehr als die gut 13.000 Kilometer, die ein durchschnittliches Fahrzeug in Deutschland pro Jahr zurücklegt. Außer für die berittene Polizei spielen Pferde arbeitstechnisch gesehen eine geringe Rolle. Sie sind Heu- und keine Kilometerfresser. Statt eines Pferdes könnte man auch fünfzehn Katzen halten, denn mit einer Katze käme man im Jahr auf 1400 Fahrkilometer. Oder mit der Kombi aus zwei Kaninchen, elf Ziervögeln und hundert Zierfischen. Unter Wasser sieht man den CO_2-Ausstoß auch viel besser!

Gerade weil sich die Herrchen, Frauchen und Reiter:innen tendenziell für besonders naturverbunden und im Einklang mit Schöpfung und Geschöpfen halten, habe ich den Titel provokativ gewählt, so wie ein Buch, das die Diskussion gestartet hat: ›Time to eat the dog?‹ Die beiden neuseeländischen Autoren Brenda und Robert Vale präsentieren darin Berechnungen, denen zufolge ein Hund schlimmere Auswirkungen auf die Umwelt hat als ein Pkw. Aber stimmt das auch in Deutschland? Etwa 8,2 Tonnen CO_2 stößt ein mittelgroßer, etwa fünfzehn Kilogramm schwerer Hund im Laufe von dreizehn Lebensjahren aus. Das ergab die Ökobilanz im Fachbereich *Sustainable Engineering* der TU Berlin. »Die 8,2 Tonnen CO_2 entsprechen dreizehn Hin- und Rückflügen von Berlin nach Barcelona oder fast der Menge, die bei der Produktion eines Luxusautos der Mittelklasse, wie zum Beispiel eines Mercedes C250, emittiert wird«, sagt Prof. Dr. Matthias Finkbeiner. Außerdem scheidet so ein Durchschnittshund über seine dreizehn Lebensjahre hinweg rund eine Tonne Kot und knapp zweitausend Liter Urin aus – mit signifikanten Folgen für die Umwelt. »Dieses Ausmaß hat uns überrascht«, so Finkbeiner. Na ja, wer schon einmal auf Berliner Straßen unterwegs war, weiß, wo ein guter Teil dieser Tonnen landet. Das Tierfutter und die Exkremente des Haustiers schlagen für die Umwelt tatsächlich am heftigsten zu Buche. »Die zusätzliche Belastung, die sich durch die Herstellung des Plastiksäckchens für den Kot ergibt, ist deutlich geringer als der Schaden, der entsteht, wenn der Kot direkt in die Umwelt eingetragen wird.«

In Deutschland hat sich die Anzahl der Hunde seit dem Jahr 2000 mehr als verdoppelt. Aktuell sind es über zehn Millionen, dazu kommen fünfzehn Millionen Katzen und vier Millionen Ziervögel. Während der Coronapandemie schnellte die Nachfrage nach Haustieren weiter nach oben, von »Wühltischwelpen« war die Rede, die Zoohandlungen wurden überrannt, Katzen, Kaninchen, Meerschweinchen – und selbst Ratten – wurden zur Mangelware. Die Tierheime waren so leer wie die Theater, die Tierethikerin Friederike Schmitz sieht eine Parallele: »Viel zu oft werden die Bedürfnisse der Tiere nicht berücksichtigt. Sie gelten als Unterhaltungsobjekt, das man auch leicht wieder loswerden kann.« Oder auch als Prestigeobjekt. Als die Katze von Cristiano Ronaldo verletzt wurde, war klar, dass sie mit dem Privatjet zum Tierarzt gebracht wurde, und Lady Gaga stellte für ihre gestohlenen Hunde 500.000 Dollar als Belohnung für Informationen über deren Verbleib in Aussicht.

Die Tierliebe und ihre Paradoxien sind in jedem Supermarkt zu beobachten. In dem einen Regal steht Futter für Kaninchen, in dem darunter Futter für Hunde – mit Kaninchen drin. Ich habe mich immer schon gefragt, warum es kein Katzenfutter mit Mäusegeschmack gibt. Wahrscheinlich, weil wir Menschen das geschmacklos fänden. Was als »artgerecht« für eine Art gilt, ist aus Sicht der anderen Arten selten gerecht, etwa wenn der Vierbeiner mit Rohware gefüttert wird (BARF). Bei BARF besteht das Futter zum Großteil aus hochwertigem Fleisch, wodurch sich die Umweltbelastung des so gefütterten Hundes beinahe verdreifachen kann – auf das Niveau eines Pkw. Da bekommt das Wort »Schlittenhund« eine ganz neue Bedeutung. Der Geograf Gregory S. Okin hat in einer Untersuchung herausgefunden, dass Hunde und Katzen in den USA jährlich so viele Kalorien verbrauchen wie zweiundsechzig Millionen Amerikaner, also rund ein Fünftel der Bevölkerung, oder, in Treibhausgase umgerechnet, dreizehn Millionen Autos. Die Chinesen holen auch hier auf. Dort werden inzwischen rund siebenundzwanzig Millionen Hunde und achtundfünfzig Millionen Katzen gefüttert statt gefuttert. Der Trend hin zu »Premiumprodukten« und zu einer »Humanisierung« der Ernährung von Haustieren bedeutet, dass in Tierfutter vermehrt Fleisch enthalten ist, das in direkter Konkurrenz zu menschlicher Nahrung steht. Nur mal so ein hinkender Vergleich: Deutsche spenden der Hilfsorganisation Welthungerhilfe ungefähr fünfzig Millionen Euro jährlich. Allein das Hundefutter war uns 2019 mehr als 1,5 Milliarden wert.

Geht es anders? Ja. Auch wenn das unter Hundebesitzern umstritten ist, kann man viele Rassen auch vegetarisch ernähren. Und wenn es tierische Eiweiße sein sollen: Ein Start-up aus Brandenburg züchtet Mehlwürmer und verarbeitet sie zu Hundesnacks.

Fairerweise muss man sagen: Haustiere sind nicht unser größtes Problem im Hinblick auf den CO_2-Ausstoß, das sind nach wie vor Mobilität, Konsum und Wohnen. Aber wie auch beim Auto gilt: Ein kleiner Hund ist für das Klima und die Umwelt besser als ein großer. Also lieber Dackel als Dogge. Eins der Lieblingssprichwörter meiner Mutter: »Kommt man übern Hund, kommt man auch übern Schwanz«, was bedeutet, dass man nach einer größeren Ausgabe bei den Folgekosten nicht kleinlich sein sollte.

Was man allerdings gar nicht in Zahlen fassen kann, das sind all die gesundheitlichen Vorteile, die ein Hund für Körper und Seele seiner Menschen bringt: Seine Halterin oder sein Halter bewegt sich regelmäßig an der frischen Luft und hat allein aufgrund der beruhigenden Wirkung, die von dem tierischen Lebensbegleiter ausgeht, bessere Blutdruckwerte. Ganz abgesehen davon, dass der spezielle Draht, die geradezu magische Beziehung, die viele Menschen mit ihren Hunden verbindet, oft bis hin zum Gedanken- und Gefühlelesen reicht, was im besten Fall für beide Seiten hilfreich ist. So beherrschen Hunde eindeutig die Grundregeln der Psychoanalyse: den andern reden lassen, ab und zu nicken, bestärken. CO_2 hin oder her. Vielleicht braucht es dafür ja nicht alle zehn Millionen Hunde in Deutschland. Wenn man sich die Ansprache in Absprache teilt, genügen vielleicht auch ein paar Exemplare weniger.

Therapeutische Qualitäten besitzen jedoch erwiesenermaßen auch andere Haustiere. Die Streicheleinheiten in beide Richtungen von der Kinderstube bis zur Demenz-WG lassen mich ja auch schon wieder weich werden. Meine Jahre mit Fipsi, unserem Meerschwein, möchte ich jedenfalls nicht missen, inklusive meiner ersten Auseinandersetzung mit dem Thema Tod. Voll im Trend sind übrigens gerade eigene (frei laufende) Hühner, für die es – halten Sie sich fest – inzwischen sogar Warnwesten gibt, falls sie vor dem Überqueren der Straße nicht sorgfältig genug nach rechts und links geschaut haben.

DER ALTE MANN UND DAS MOOR

*Ich habe mit der Pflanze ausgemacht, dass
ich sie nur noch einmal im Monat gießen werde.
Sie ist darauf eingegangen.*

Michael Succow ist einer der wichtigsten Moorforscher der Welt, doch während man sich mit ihm unterhält, schweift sein Blick erstaunlich oft nach oben. Jeder vorbeiziehende Vogel wird beobachtet, benannt und dem ornithologischen Laien in seiner Funktion in den Kreisläufen der Natur erklärt. Gut, dass ich viel Zeit mitgebracht habe. So lerne ich nicht nur, dass man Schwäne am Geräusch ihres Flügelschlags unterscheiden kann, sondern auch, dass trockene Moore für uns Menschen gefährlicher sind als nasse.

Getroffen habe ich Michael Succow zum ersten Mal beim Sommercamp 2019 von »Fridays for Future« in Dortmund, auf dem er von einem genialen Coup erzählte. In der Endphase der DDR war es ihm nach jahrelanger Vorarbeit in der Umweltbewegung gelungen, als stellvertretender Umweltminister in Windeseile ein umfassendes Nationalpark-Programm auf die Beine zu stellen. In der letzten Ministerratssitzung am 12. September 1990 verabschiedet, ging es in den Einigungsvertrag ein. Viele ehemalige Staatsjagdgebiete, Grenzsicherungsräume und militärische Sperrgebiete stehen seither dauerhaft unter Schutz: Mecklenburg-Vorpommern, eines der finanziell ärmsten Bundesländer, ist mit drei Nationalparks und drei Biosphärenreservaten reich an Natur. Auf die kommerzielle Nutzung großer Waldgebiete wird dort verzichtet.

Genau solche »Kulturlandschaften«, ein harmonisches Zusammenleben von Menschen, Tieren und Pflanzen zum gegenseitigen Nutzen und Wohlergehen, sind Succows Leidenschaft. Als er 1997 den »Alternativen Nobelpreis« erhielt, gründete er mit dem Preisgeld eine Stiftung, die sich etwa in den Weiten der ehemaligen Sowjetunion, in Osteuropa oder in Ostafrika für den Schutz von Lebensräumen und der darin verankerten alten Kulturen einsetzt. Mit seinem Team ringt Michael Succow darum, Millionen Hektar wilder Vulkanlandschaften, Tundren, Wälder, Steppen, Seenlandschaften und Wüsten zu Unesco-Biosphärenreservaten und Welterbe-Gebieten der Menschheit erklären zu lassen. In der Ferne wie in der Nähe.

Michael hat mich eingeladen, Landschaftsräume rund um seinen Wohnort nahe Greifswald zu erkunden. Seine Frau und er leben nicht etwa im Wald, sondern in einem Haus am Stadtrand. Ihr Garten aber sticht schon von Weitem heraus. Während die Nachbarn kurz geschnittene Rasenflächen pflegen, darf bei Succows alles blühen, wie es will: »Ich nenne es ›die Strategie der intelligenten Faulheit‹«, sagt der Hausherr lachend, und er zeigt mir ein Stückchen Erde voller Regenwürmer und mikroskopisch kleinen Lebens. »Ich muss auch nicht ständig gießen wie meine Nachbarn, denn wenn das Gras etwas höher steht, fängt es den Morgentau besser ein.«

Über verschlungene Wege und gesperrte Brücken gelangen wir an einen Strand. Weit und breit kein Mensch, nicht einmal ein Handtuch. Michael zeigt auf große Schiffe in der Ferne. Die Zerstörung der Küste schreitet mit den Erdgas-Pipelines aus Russland voran: »Das ist der Wahnsinn unseres Jahrhunderts: dass in Sibirien Kohlenstoff, den Mutter Natur in Jahrmillionen aus dem Kreislauf gezogen und in der Erde eingelagert hat, aus dem Boden herausgeholt und in riesigen Leitungen durch die Landschaft geführt wird, um daraus Energie zu gewinnen, die wir verschwenden, immer mehr und immer schneller.«

Findlinge liegen im Wasser, hier räumt keiner auf, dies ist eines der allerletzten ursprünglichen Ostseeufer. »Findlinge«, sagt Succow, »sind mythologisch Findelkinder, abgerissen von ihrem Muttergestein aus Skandinavien. Weit in die Ferne getragen, fanden sie ohne Verbindung zur Heimat ihren Platz.« Ein Gruß aus der Eiszeit also.

Der Bodenkundler und Umweltaktivist Michael Succow demonstriert: In diesem Moor braucht man auch keine Messlatte mehr, um zu erkennen: Hier hat einem jemand das Wasser abgegraben.

So wie der achtzigjährige Michael mit seinem weißen Rauschebart beim Erzählen immer ruhiger wird, hat er etwas von den Schamanen, die ihn bereits 1973 auf seiner ersten Reise in der Mongolei beeindruckt haben: »Tiefe Spiritualität findet man bei allen indigenen Völkern, egal, ob am Amazonas oder auf Kamtschatka. Natur ist diesen Menschen heilig, und was ihnen heilig ist, das würden sie niemals zerstören. Das verteidigen sie.«

Er vermittelt mir, wie uns intuitives Wissen jenseits der Wissenschaft verloren ging, das Wissen, dass wir vom Wohlergehen der Natur abhängig sind, und dass ein liebevoller, verantwortlicher Umgang mit den endlichen Ressourcen nur dann gelingt, wenn man diese Verbindung auch kennt und spürt. In nicht reglementierter, unverletzter, »heiler« Natur könnten wir zu geistigseelischem Wohlbefinden, zu künstlerischer Inspiration, zu Hoffnung, zu tiefer Religiosität und zu mehr Bescheidenheit finden. Die Natur wird in irgendeiner Form weiterexistieren, das Projekt Mensch aber hat einen unbestimmten Ausgang.

Michael nimmt mich mit ins Moor, vorbei an riesigen Feldern mit Monokulturen von Mais, der jahrelang als »Energiepflanze« subventioniert wurde, obwohl sich die Idee, über den Acker »Biotreibstoff« zu erzeugen, schon längst als brutaler ökologischer und ökonomischer Irrweg erwiesen hat. Er zeigt auf die staubige und tote Krume zwischen den Pflanzen. »Alle großen Zivilisationen dieser Erde waren am Ende, sobald sie diese dünne Schicht des Bodens, des Lebens, der Fruchtbarkeit missachteten und zerstörten. Und wir sind mit diesem Maisanbau auf dem besten Weg dahin. Das ist eine subtropische Art, die in unserem kurzen Sommer drei Meter hoch wachsen soll und wahnsinnig viel Dünger braucht, aber dem Boden nichts zurückgibt. Es ist ein Fluch.« Die industrielle Übernutzung des Bodens schädigt Klima und Natur – und hat massive soziale Folgen. Es braucht immer weniger Arbeitskräfte, die ländlichen, dörflichen Strukturen gehen kaputt, die Menschen wandern ab oder werden arbeitslos.

»Die AfD ist ein Produkt dieser Zerstörung der ländlichen

Räume«, sagt Succow. Mit ihr streitet er sich auch um den Erhalt der Moore. Doch als ich am Einstieg zu seinem Herzstück, dem Kieshofer Moor, stehe, bin ich maßlos enttäuscht: keine mystischen Nebelschwaden – okay, falsche Tageszeit. Aber auch kein Wasser! Ich hatte mich in Gedanken schon im Morast versinken sehen, aber dem Moor wurde in den letzten Jahren buchstäblich das Wasser abgegraben. Wenn Michael darüber spricht, spüre ich seine Wut, weil hier sein Lebenswerk vertrocknet. Das Moor ist Naturschutzgebiet, wurde unter seiner Ägide von der Universität Greifswald intensiv erforscht. 1994 war in einen Abflussgraben ein Stauwerk gebaut worden – mit Zustimmung der Kreisverwaltung, aber ohne den vorgeschriebenen Verfahrensweg. Daraufhin entspann sich ein jahrelanger Anwohnerstreit, man beklagte sich über feuchte Wiesen und Keller und vor allem über die lästigen Kriebelmücken. Dann ging im Ort Wackerow die CDU eine Allianz mit der AfD ein, das Gemeinwohl unterlag dem Gemeinderat und den Rechtsanwälten – ein echter Grabenkampf zwischen lokalen und globalen Interessen, der ignoriert, dass uns langfristig der Klimawandel und das CO_2 in der Atmosphäre mehr bedrohen als die Mücken vor Ort.

Trockene Moore sind viel gefährlicher als nasse, denn nur nass binden sie riesige Mengen Klimagase. Bloß sieht man ihnen diese Leistung nicht an. Ihr eigentliches Geheimnis sind nicht etwa Moorleichen, es sind die Pflanzenreste, die hier über Jahrtausende unter Verschluss gehalten werden. Unter der Wasseroberfläche findet in dem sauren Milieu keine bakterielle Zersetzung der organischen Substanz mehr statt. Was einmal im Moor eingelagert ist, bleibt im Moor. Moore sind also geniale natürliche »Endlagerstätten« für Kohlenstoff. Obwohl sie nur drei Prozent der Erdoberfläche bedecken, speichern sie rund dreißig Prozent des erdgebundenen Kohlenstoffs und doppelt so viel CO_2 wie alle Wälder zusammengenommen. Bäume binden zwar im Laufe ihrer Lebenszeit dank der Fotosynthese auch viel CO_2, sie geben es aber leider wieder zurück in die Atmosphäre, wenn sie zersetzt, verheizt oder in Brand gesetzt werden. Und zack! ist das ganze mühsam verstoffwechselte Kohlenstoffdioxid wieder in der Luft. Deshalb: »Moor muss nass!«

Deutschland besaß einst viele Moore, siebenundneunzig Prozent davon haben wir zerstört, weil wir Angst davor hatten, Agrarflächen wichtiger fanden und Gärtner Torf als Blumenerde so schätzen. Dabei wächst der als nachwachsender Rohstoff gepriesene Torf gerade mal einen Millimeter im Jahr. Die Schichten, die heute abgebaut werden, sind jahrtausendealt. Statt sie abzubauen, sollte man lieber alles daransetzen, die ehemaligen Moorflächen wieder zu »vernässen«.

Umso tragischer ist, was rund um Greifswald passiert. Die schwarz-gelb markierte Messlatte im Kieshofer Moor braucht es eigentlich nicht mehr. Wer will, der sieht: Das Wasser ist weg. Michael zeigt mir die letzten Flächen im Inneren des Moors, wo es noch sein geliebtes »horstig wachsendes Scheidiges Wollgras« gibt, die Moorfrösche und mehr als fünfzehn Libellenarten. Schon ein paar Meter weiter hängen die Wurzeln der Bäume buchstäblich in der Luft. Der Torfkörper schwindet, weil ihm das Wasser genommen wird, Flächen sacken ein, und im schlimmsten Fall kann der Torf zu brennen beginnen, wie es kürzlich in Meppen der Fall war und in Teilen Sibiriens noch ist.

Die Ironie in Succows Lebensgeschichte ist, dass er zu DDR-Zeiten in den sogenannten Meliorationsdienst versetzt wurde, wo er selbst Moore für die Landwirtschaft trockenlegen musste. So weiß er wie kaum ein anderer, was hier vor seiner Haustür, vor seinen Augen gerade passiert. Aber verzweifeln? Aufgeben? Das passt nicht zu Michael Succow, der überall auf der Welt, bei den letzten Nomaden der Mongolei, den Kaffeebauern in Äthiopien und den Kakaobauern in Nicaragua, studiert hat, wie sich Mensch und Natur auf gute Art ergänzen können. Bei aller Melancholie, die ihn umgibt, hat er sich auch eine ansteckende Begeisterung und jugendliche Neugier bewahrt. Seine älteste Tochter wird demnächst die Leitung der Stiftung übernehmen. Und große

Hoffnung setzt Michael auch auf die Enkelgeneration der »Fridays«: »Das ist eigentlich mein Vermächtnis. Die Kette darf nicht reißen, sie muss sich fortsetzen, und diese jungen Menschen sind für mich das schönste Geschenk. Was bin ich glücklich, dass ich das noch erlebe. Sie werden es besser machen, bei einer schweren Erbschaft, und wir müssen alles tun, um sie nicht auch noch resignieren zu lassen.«

SORGEN & ENTSORGEN

Seelische Gesundheit
brennen, ohne auszubrennen
Glück
Solastalgie
mehr nichts!
trübe Schwimmbrillen
Resilienz
Konstruktive Paranoia
lachen
Diven oder Malediven

KAPITEL 10

SORGEN & ENTSORGEN

Wie hängen die generelle Überhitzung des Erdsystems und ein persönlicher Burnout zusammen? Kann man für die Weltrettung brennen, ohne auszubrennen?

In diesem Kapitel suche ich die Seele und was sie schützt. Wie traumatisierend sind Ohnmachtsgefühle? Woran zerbrechen Menschen und warum sind die meisten nach überstandenen Herausforderungen stärker als zuvor?
Ich spüre, wie Schweres leichter wird, wenn man sich öfter auf und in den Arm nimmt. Ich treffe ein Universalgenie. Und begegne einem Gefühl, das bisher im Deutschen noch keinen Namen hat, das aber jeder kennt.

Mensch, Erde!
Wir könnten es so schön haben,
... wenn wir öfter spüren würden, was uns verbindet.

SOLASTALGIE – DIE TRAUER ÜBER DAS, WAS FÜR IMMER WEG IST

Sommer war mal was, auf das man sich freute.

Nein – es gibt noch kein gutes deutsches Wort. *Algie* ist auf Ärztelatein der Schmerz, man kennt ihn am ehesten von Neuralgie, dem Nervenschmerz. Oder als Nost-Algie, ein krank machendes Heimweh. Und etwas davon schwingt auch bei der Solast-Algie mit, *Sola* kommt von *solatium*, lateinisch »Trost«. In der bislang nur im Englischen geläufigen Wortschöpfung mischt sich in den Weltschmerz noch die Trostlosigkeit über den klimabedingten Verlust der Heimat. Wie bei der Nostalgie kommt zum Unbehagen an der Gegenwart und der unbestimmten Sehnsucht nach einer vergangenen, heileren Welt noch etwas: das Bewusstsein, dass es diese heile Welt in Zukunft nicht mehr geben wird, weder räumlich noch zeitlich. Unwiederbringlich dahin. Irreversibel.

Ein Beispiel für diesen Schmerz gab mir Michael Succow. Für ihn war die Vogelwelt immer etwas ganz Wesentliches in seinem Leben gewesen. »Es gab ja noch kein Fernsehen, keine Handys, ich war als Junge mitverantwortlich für die Schafherde meines Vaters und hatte viel Zeit.« Mit elf Jahren begann er in einem Schulheft aufzuschreiben, welche Vogelarten er beim Schafehüten sah. »Die Schulhefte mit meinen Naturbeobachtungen habe ich alle noch. Mehr als ein Drittel der Arten, die ich damals für selbstverständlich hielt, gibt es heute nicht mehr, etwa die Großtrappe und das Rebhuhn auf den Feldern, den Steinkauz, den Wendehals und den Wiedehopf in den alten Obstgärten. Die haben meine Enkelkinder hier nie gesehen. Wir haben nur noch ein Mäusebussardpaar gefunden.«

Im Gespräch mit Michael merkte ich, wie traurig mich sein »Augenzeugenbericht« machte. Einerseits schien mir diese paradiesische Vielfalt sehr weit weg, andererseits war es erschreckend zu hören, wie schnell es zu dem Wandel gekommen war. Flora und Fauna hatten sich innerhalb eines Menschenlebens so stark verändert wie zuvor über Hunderte von Jahren nicht. Und in mir keimte die naive, fast kindliche Hoffnung, dass es doch möglich sein müsste, die Großtrappe, den Wendehals und das Rebhuhn in derselben Zeitspanne wieder ins Leben zurückzuholen, in der man sie vertrieben hatte – auch wenn es »Käuze« wie Michael kaum mehr gibt.

Den Begriff »Solastalgie« prägte der australische Umweltwissenschaftler Glenn Albrecht, nachdem intakte Landschaften durch riesige Kohlebagger brutal zerstört worden waren und die Menschen der betreffenden Regionen einen Schmerz fühlten, für den es keine Worte gab. Vor ihren Augen ging etwas verloren, das ihnen seit Kindertagen ans Herz gewachsen war, der Trost, den die Natur zu spenden vermocht hatte, war ihnen genommen. So tief ging ihr Schmerz, dass sie mit dem Auto extra Umwege fuhren, um nicht jedes Mal aufs Neue all die Löcher in der Erde und den ganzen damit verbundenen Dreck sehen zu müssen.

Solche Regionen gibt es in Deutschland auch. Wer wissen will, warum sich am Hambacher Forst ein so hartnäckiger Widerstand gegen den weiteren Kohleabbau durch die RWE formierte, kann sich Luftaufnahmen des Gebiets anschauen – und wird erschrecken angesichts der Dimension. Fährt man mit dem Auto von Köln nach Aachen, nimmt man die Zerstörung aufgrund der dort hochgezogenen Wälle nicht wirklich wahr. Auch stehen an der A4 diverse Schilder, die die »Bäume des Jahres« präsentieren – die ironischerweise im Sommer 2019 zum Teil vertrocknet sind.

Eine andere traumatische Erfahrung sind von der Klimakrise verursachte Waldbrände unvorstellbaren Ausmaßes: Durch die Trockenheit, hohe Temperaturen und extreme Winde werden kleinere lokale Buschfeuer, die es immer schon gab, zu Naturkatastrophen, die nicht mehr unter Kontrolle zu bringen sind und uns Angst einjagen. Als in Australien 2019/2020 drei Milliarden Tiere verbrannten und auch Menschen in dem verheerenden

Auch ein Tagebau kann unterirdische Folgen haben.

Feuer ums Leben kamen, schickte Premier Scott Morrison den trauernden Familien »Gedanken und Gebete«. Damit ignorierte er jeden Zusammenhang zwischen den Bränden und dem Klimawandel. Während viele Menschen ihre Häuser verlassen und sich an die Strände retten mussten, wo das Feuer im Sand keine Nahrung mehr fand, hielt er in seiner Neujahrsansprache strikt an seiner Politik der desaströsen Förderung des Kohleabbaus und am Bau des größten Kohlekraftwerks fest.

Solche Ereignisse »brennen« sich ein, allen Generationen. Bislang werden diese psychologischen Faktoren nicht systematisch erfasst, dabei betreffen sie Millionen von Menschen. Der Schmerz der Solastalgie wird immer häufiger auch in Romanen thematisiert, in journalistischen Texten, in den sozialen Medien. Laut

Margaret Klein Salamon, Klimapsychologin und Gründerin der Interessenvertretung »Climate Mobilization«, ähnelt er der Trauer, die wir bei der Verarbeitung eines tatsächlichen Todes erleben.

Im Vorwort habe ich bereits ein eigenes Beispiel für dieses tiefe Erschrecken über den Zustand der Welt geschildert: als ich im Meer, in dem ich mich seit meinen Kindertagen pudelwohl fühle, nur noch Plastikteilchen und Fetzen von Plastiktüten vor den Augen hatte. In jeder Vorlesung, die ich halte, frage ich die nächste Generation nach ihren »Aha-Momenten«, ihrer Wut und ihrer Trauer. Wenn sie anfangen, darüber nachzudenken, fallen

Ja, ich hatte mal Locken. Das hat sich seit den Strandurlauben in Haffkrug geändert. Unverändert ist meine Liebe zum Meer, inklusive Wellentauchen und Sandburgenbauen. Heute ist die Ostsee voller toter Zonen, giftiger Blaualgen und Krankheitserreger. Ist das nicht zum Heulen?

den allermeisten solche Momente ein. Sehr emotional besetzt ist für viele der Wald. Wenn sie feststellen, dass dort, wo sie früher mit ihren Eltern, später dann auf eigene Faust alles erkundet haben, nichts mehr »für die Ewigkeit« steht, sondern die Bäume krank und im Sterben begriffen sind, überfällt sie Wehmut. Zu einer anderen Gruppe von verstörenden »Aha-Momenten« gehören Auslandsaufenthalte, Urlaube, Reiseerlebnisse mit verdreckten Stränden, schmelzenden Gletschern und Müllbergen. Aber auch Bilder, wie sie in den Nachrichten oder in guten Dokumentarfilmen gezeigt werden, können einen bleibenden Schreck der Erkenntnis auslösen: Ölkatastrophen, Reaktorunfälle wie in Tschernobyl und Fukushima, Überschwemmungen. Selbst ganz alltägliche Szenen: Eine befreundete Ärztin beschrieb mir ihren »Erleuchtungsmoment«, als ihr schlagartig klar wurde, dass ihre kleinen Kinder in ihrem Doppelbuggy die ganze Zeit auf Auspuffhöhe atmen mussten.

Kam Ihnen beim Lesen eine eigene »Solastalgie« in den Sinn? Ich erlebe sie zum Beispiel auch auf dem Weg zur Kirche am Weihnachtsfest, wenn ich merke, dass es für »mitten im kalten Winter« viel zu warm ist. Oder wenn ich ein Foto von meinem Vater betrachte, auf dessen Nase sich während einer Wanderung ein Schmetterling niederließ und ziemlich lange dort sitzen blieb. Solche flatterigen Begleiter vermisst man heute. Ein Wort dafür zu haben, macht die Lage nicht besser, aber greifbarer. Vielleicht hilft es auch zu wissen: Keiner von uns ist mit diesem Schmerz allein.

DIE ROTE LISTE
DER BEDROHTEN KINDERLIEDER

Alle Vögel sind schon da
Die Affen rasen durch den Wald
Ein Hase saß im tiefen Tal
Es lebt der Eisbär in Sibirien
Hörst du die Regenwürmer husten
Im Frühtau zu Berge
In einen Harung jung und schlank
Kein schöner Land in dieser Zeit
Leise rieselt der Schnee
Schön ist die Welt
Summ, summ, summ – Bienchen summ herum
Schneeflöckchen, Weißröckchen
O Tannenbaum

Was noch geht:

Der Hahn ist tot
Sag mir, wo die Blumen sind
Winter ade
Meine Oma fährt im Hühnerstall E-Bike

DER BLINDE FLECK
DER SEELISCHEN GESUNDHEIT

Wenn man die Notfallschokolade im Schreibtisch durch Notfallmöhren ersetzt, treten gar nicht mehr so viele Notfälle auf.

Denken, grübeln, tagträumen oder schlafen – das geht scheinbar nebenbei. Doch damit unser Gehirn funktioniert, muss es bei ausreichender Blutzufuhr mit genug Sauerstoff und Zucker versorgt sein. Erst wenn wir eine Verletzung oder einen Infarkt, sprich einen Schlaganfall erleiden, merken wir, dass wir diese stille Dienstleistung immer für selbstverständlich gehalten haben. Das ist sie aber nicht.

Mit den Dienstleistungen des Erdsystems ist es ähnlich. Auch sie sind nicht das, was auf Englisch so schön *taken for granted* heißt. Keiner hat uns eine Garantie für das Funktionieren all der Kreisläufe gegeben, ganz abgesehen davon, dass sie bei unsachgemäßem Gebrauch des Produktes erlöschen würde. Und unsachgemäß ist er ja. Wenn man einen nassen Hund in die Mikrowelle steckt, um ihn zu trocknen, haftet der Gerätehersteller ja auch nicht für die Dummheit der Anwender. Und was wir momentan mit der Erde anstellen, ist ähnlich dämlich.

Sowohl unser Erdsystem als auch unser Denksystem kippt, wenn es zu heiß wird. Sprichwörtlich ist der Fieberwahn, aber wie ich von Professor Hanns-Christian Gunga lernte, geht auch die Koordination unseres Gehirns viel früher in die Knie, als wir es uns eingestehen. Ich selbst bekomme bei Hitze regelrecht Beklemmungen, so unangenehm ist das Gefühl, nirgendwohin entfliehen zu können. Ich schlafe dann im Keller, nutze die Morgenstunden, um etwas zu Papier zu bringen, dusche mehrfach am Tag kalt, lege mir kalte Waschlappen in den Nacken und versuche möglichst wenig von meiner schlechten Laune an anderen auszulassen, was mir nicht immer gelingt.

Die Auswirkungen der Extremwetter auf die seelische Gesundheit sind ein großer blinder Fleck, in der Klimabewegung und als Argument für eine rasche Transformation haben sie bislang kaum eine Rolle gespielt. Das ändert sich langsam, aber dafür, dass es sich um eine der häufigsten »Nebenwirkungen« der Klimakrise handeln könnte, sind die wissenschaftlichen Erkenntnisse weder in Bezug auf Erwachsene noch auf Kinder befriedigend. Laut einer Studie des Sinus-Instituts aus dem Jahr 2019 haben zwei Drittel der Jugendlichen in Deutschland Angst vor dem Klimawandel. Aber ist das »nur« ein psychologisches Phänomen? Oder können Umweltfaktoren auch unser Fühlen verändern?

Erst seit wenigen Jahren wird untersucht, inwiefern Luftverschmutzung die Häufigkeit psychischer Erkrankungen beeinflusst. Atif Khan und Andrey Rzhetsky von der Universität Chicago stellten fest, dass das Risiko, an einer bipolaren Störung zu erkranken, in Regionen mit besonders schlechter Luftqualität um bis zu siebenundzwanzig Prozent höher war als anderswo. In die Auswertung waren die Daten von einhunderteinundfünfzig Millionen Menschen eingeflossen, die Krankenversicherungen den Wissenschaftlern zur Verfügung gestellt hatten.

Außerdem analysierten die Forscher ein dänisches Behandlungs- und Umweltregister mit mehr als 1,4 Millionen Menschen. Hier lag die Rate schwerer Depressionen in Gebieten mit der höchsten Luftbelastung um gut fünfzig Prozent höher als in besonders sauberen Gegenden. Auch wenn Kritik an der Methodik geäußert wurde, sollten zu dem Thema weitere Studien folgen, denn ganz offensichtlich birgt die Erkenntnis, dass Feinstaub nicht nur in Lunge und Gefäßen, sondern auch im Gehirn zu chronischer Entzündung führen und psychische Erkrankungen auslösen kann, Präventionspotenzial. »Ein gesunder Geist in einem gesunden Körper« hieß es bei den Römern. Heute müsste ergänzt werden: »… und in einer gesunden Umgebung«.

Besonders massiven Einfluss auf die Psyche haben natürlich Schicksalsschläge. Wenn Menschen aufgrund von Naturkatastrophen Verletzungen davontragen, Angehörige oder ihr Hab und Gut verlieren und sie vielleicht sogar fliehen müssen, leidet die Seele schwer. Angststörungen, Depressionen, vielleicht sogar Suizid sind die Folge. Nachdem in den USA der Hurrikan Katrina gewütet hatte, stieg die Zahl der Selbsttötungen in der betreffenden Region sprunghaft an. Extremwetterereignisse, die die Existenz bedrohen, kommen auch bei uns in Deutschland vor. Vielleicht erinnern Sie sich an die Flutwelle, von der die Gemeinde Braunsbach im Mai 2016 unter einer Lawine aus Schlamm und fünfzigtausend Tonnen Geröll begraben wurde. Oder an die Hochwasserkatastrophe im August 2002, bei der die Elbe und die Mulde zu reißenden Strömen anschwollen. Solche Ereignisse werden häufiger. Ganze Bergdörfer leben in der Angst, dass Teile des Bergs, die der Permafrost im Inneren des Felsens bislang zusammengehalten hat, abbrechen könnten.

Ein Blick über den Ärmelkanal: Dr. Patrick Kennedy-Williams, klinischer Psychologe aus Oxford, berichtete, mehr und mehr Klimawissenschaftler und Forscher bäten ihn um Hilfe. »Das sind Menschen, die bei ihrer Arbeit größtenteils mit negativen Informationen und Abwärtstrends konfrontiert werden. Je mehr sie sich mit dem Thema beschäftigen, desto klarer wird ihnen, dass sie das, was getan werden muss, nicht zu leisten imstande sind. Das führt zu Angstzuständen, Burnout und einer Art beruflicher Lähmung.« Die Furcht, dass das gegenwärtige System die ökologischen Grenzen der Erde sprengen könnte, begünstigt auch die Entstehung von Traumata. Noch herrscht keine Einigung darüber, ab wann man von einer handfesten Erkrankung spricht. Die Fachwelt fängt erst langsam an, sich dem Thema zu nähern und professionelle Behandlungswege zu evaluieren.

In England haben mehr als tausend klinische Psychologen einen offenen Brief unterzeichnet, in dem sie auf die Auswirkungen der Krise auf das Wohlbefinden der Menschen hinweisen und »akute Traumata auf globaler Ebene als Reaktion auf extreme Wetterereignisse, erzwungene Migration und Konflikte« vorhersagen. Kennedy-Williams gibt zu, dass auch er und seine Kollegen nicht immun sind gegen diese Auswirkungen: »Das ist eine so universelle Sache, dass wir alle unsere eigene klimabedingte Trauer und Verzweiflung durchlebt haben. Wir reiten ebenso auf der Welle von Hoffnung und Verzweiflung wie alle anderen auch.« Dennoch sieht er die Notwendigkeit, bestimmte Gruppen besonders im Blick zu behalten: »Es besteht zum Beispiel ein enormer Bedarf bei Eltern, die wissen möchten, wie sie mit ihren Kindern über diese ganz speziellen Ängste sprechen können. Was mich am meisten überrascht hat, ist, wie früh die Ängste beginnen. Meine

Seelische Gesundheit entsteht nicht nur in uns selbst, sondern auch im Miteinander: Von Geburt an sind wir Beziehungswesen, brauchen Berührung, Nähe und stabile Bindungen, um gesund zu wachsen. Das gilt für beide Menschen im Bild.

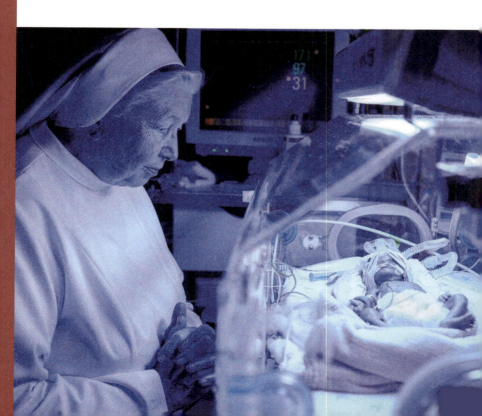

eigene Tochter war gerade sechs Jahre alt, als sie zu mir kam und fragte: ›Daddy, gewinnen wir den Krieg gegen den Klimawandel?‹«

Da es keine Möglichkeit gibt, Kinder vollständig von der Realität der Klimakrise abzuschirmen, rät er Eltern, mit ihren Kindern über deren Sorgen zu sprechen und ihnen dabei zu vermitteln, dass sie ganz konkret selbst etwas unternehmen können – wie klein ihr Beitrag auch sein mag. Ein Schlüsselmoment für Kennedy-Williams war die Erkenntnis, dass die Bekämpfung der »Klimaangst« und die Bewältigung der Klimakrise untrennbar miteinander verbunden sind. »Selbstwirksamkeit« ist daher das Zauberwort der Therapeut:innen, was nichts anderes heißt, als dass alles besser ist, als nichts zu tun. Das bedeutet: Ängste nicht verharmlosen, das, was von Kindern als Problem empfunden wird, nicht herunterspielen, sondern Maßnahmen vorschlagen, die umsetzbar sind.

Als Elternteil muss man kein Klimaexperte sein und auch nicht so tun, als wäre man einer. Kinder haben ein gutes Gespür dafür, ob man ihnen etwas vorspielt. Besser ist es, sich gemeinsam schlauzumachen. Inzwischen sind für die verschiedenen Altersgruppen eine Menge guter Bücher zu Umweltthemen auf dem Markt, und auch die öffentlich-rechtlichen Angebote im Kinderkanal wie ›Logo‹, ›Wissen macht Ah!‹ oder ›Checker Tobi‹ bereiten sie anschaulich und verdaulich auf.

Da negative Informationen besonders stark im Gedächtnis haften bleiben, lohnt es sich, gezielt positive Gegenbeispiele anzusprechen, erfolgreiche Naturschutzprojekte in der Umgebung etwa. Aktiv werden kann man dann bei Müllsammelaktionen und Schulveranstaltungen oder – wenn die Kinder schon älter sind – indem man sich Gruppen anschließt, in denen über Maßnahmen der Politik diskutiert wird. Wenn man sich als Familie praktische Ziele setzt, jeder seine Themen und Stärken einbringt und die Klimaerfolge gemeinsam feiert, fördert das die Resilienz und das Gefühl, etwas zum großen Ganzen beitragen zu können.

Bücher, Dokumentarfilme, Apps und Internetseiten unterstützen einen auf diesem Weg. In dem Buch ›Vier fürs Klima‹ von Petra Pinzler und Günther Wessel etwa ist dokumentiert, wie eine Familie versucht, CO_2-neutral zu leben.

Meine erste Stelle als Arzt hatte ich in einer städtischen Klinik für Kinderneurologie und -psychiatrie. Dort regierte die ersten Jahre noch ein stark psychoanalytisch orientierter Chefarzt, der an die Aussagekraft der Rorschach'schen Tintenkleckse glaubte. Aber ihm war aufgefallen, dass an den heißesten Sommertagen eine Zunahme von Selbsttötungen und Ausrastern zu beobachten war, auch mehr Aggressivität. Die Tintenkleckse sind überholt, aber seine Beobachtung ist inzwischen durch viele internationale Studien bestätigt worden: Hitze geht aufs Gemüt. Auch unsere seelische Gesundheit hat materielle Voraussetzungen, und ein »Hitzkopf« weiß nun mal nichts Gescheites mit sich anzufangen.

Als mich ein befreundeter Kinderpsychiater zu einem Kongress in der Schweiz einlud, bereitete ich einen Vortrag vor, in dem es darum ging, wie stark Kinder körperlich und seelisch von der Klimakrise betroffen sind. Ich fand zwar Literatur zu dem Thema, aber angesichts der Größe des Problems überraschend wenig. Auf dem Kongress traf ich dann Jörg Fegert wieder, der damals in Berlin an der Uniklinik arbeitete und heute als einer der maßgeblichen Sachverständigen auf dem Gebiet des Kindeswohls gilt. Er war selber erstaunt über den »blinden Fleck« und nahm sich des Themas Klimawandel und Traumatisierung an. Wer an wissenschaftlicher Literatur interessiert ist, findet unsere gemeinsame Publikation frei zugänglich in »PubMed«. Hier ein kurzer Ausschnitt:

»Hunger, Dürre, mangelnde Wasserversorgung und auch die physische Belastung durch Hitze und andere Extremwetterereignisse sowie die Begünstigung von Infektionskrankheiten durch Klimaveränderungen greifen massiv in das Wohl von Kindern und ihren Familien ein. Staatliche Politik kann deshalb auch durch Handlungen oder durch die Unterlassung hinreichender Regelungen dazu beitragen, dass eine kollektive Kindeswohlgefährdung entsteht.

[…] Kontinuierliche Temperatursteigerungen werden zu verstärkten Konzentrationsproblemen und Lern- und Leistungsproblemen in Schulen führen, auch hierzu gibt es zahlreiche medizinische Befunde. Wir appellieren an die politisch Verantwortlichen, die beschlossene Einführung von Kinderrechten in die Verfassung umzusetzen. Die Dringlichkeit ist mit einer breiteren Perspektive auf die Entwicklung von Kindern, gerade angesichts der Coronakrise und mit Blick auf die drohenden irreversiblen Veränderungen durch den Klimawandel immens.

Ganz persönlich wünschen wir allen Kindern, die jetzt schon leben, und denen, die noch geboren werden, dass sie so viel Zukunft vor sich haben, wie wir sie schon hatten. Denn das ist ein Menschenrecht: willkommen zu sein, sicher zu sein, lernen und wachsen zu dürfen.«

WIR BRAUCHEN DRINGEND ...

Das Radikalste, was Sie gegen den Klimawandel tun können, ist NICHTS! Aber davon ganz viel. NICHTS tun, NICHTS wollen, NICHTS nutzen. Wovor genau gruselt es uns, wenn wir vor NICHTS Angst haben? Sogar oft vor NICHTS weglaufen. Geht Sie das NICHTS an? Oh doch.

Wir kommen aus Staub, wir werden zu Staub, deshalb meinen die meisten, man müsse in der Zeit dazwischen möglichst viel Staub aufwirbeln. NICHTS tun als Hobby sei dabei wärmstens empfohlen, es ist eines der wenigen Hobbys, die man garantiert auch nach dem Tod noch praktizieren kann. Und das vorher eine extrem gute CO_2-Bilanz aufweist.

Eigentlich müssten wir dem Tod dankbar sein, dafür, dass es ihn gibt. Ohne ihn wäre das Leben sterbenslangweilig. Es käme auf NICHTS an. Alles wäre gleich gültig. Wir können auch NICHTS mitnehmen. Wenn man mit NICHTS auskommt, ist ALLES umsonst?

Ist Stille wirklich NICHTS sagend? In Deutschland ist »Da kann man NICHTS machen« Ausdruck von Resignation. Für den Zen-Meister ist »Da kann man NICHTS machen« eine Umschreibung für das höchste Bewusstsein. Da sträubt sich der westliche Verstand und murrt: Ja, woran merke ich denn, dass ich genug NICHTS getan habe? Und wann habe ich dann Feierabend? Für alle Freunde der reinen Leere:

Weniger Mehr, mehr NICHTS!

Sie wissen nicht, was diese Seite sollte? Macht NICHTS! Oder wie der Berliner sagt: NÜSCHT für ungut.

Die theoretische Seite

... MEHR NICHTS

Sie können, wenn Sie lustig sind, den kleinen Kreis aus der Seite ausschneiden. Wenn Sie nicht lustig sind, auch. Schneiden Sie so lange aus, bis da NICHTS ist. Und wenn Sie durch dieses NICHTS durchschauen, durchschauen Sie vielleicht was. Und wenn Sie dabei das Buch entsprechend heben, sehen Sie vielleicht ein Stück Himmel auf Erden.

Die praktische Seite

WIE KANN MAN FÜR ETWAS BRENNEN, OHNE AUSZUBRENNEN?

Ich wäre abends gerne mal so müde wie morgens.

Aus der griechischen Mythologie kennen wir Sisyphos, der zur Strafe jeden Tag von Neuem einen Felsblock den Berg hinaufwälzen muss, der ihm jedoch, beinahe oben angekommen, immer wieder entgleitet und nach unten rollt. Hätten die Jugendlichen von »Fridays for Future« nicht so oft die Schule geschwänzt, würden sie die Geschichte kennen. Scherz.

Es ist die antike Variante von ›Und täglich grüßt das Murmeltier‹. Da ich einige der Aktivist:innen seit mehreren Jahren kenne, konnte ich auch die verschiedenen Phasen miterleben, die sie durchlaufen haben: von anfänglicher Euphorie über erste Erfolge bis hin zu Umarmungsversuchen von Politik und Medien. Und ebenso die klassischen zersetzenden Kräfte jeder sozialen Bewegung: die Konflikte um Deutung und öffentliche Präsenz sowie die Zeichen der Erschöpfung.

Die erlebe ich allerdings auch an mir. Ermüdend ist nicht nur die Uferlosigkeit des Themas, sondern auch die Apathie selbst im engeren Bekanntenkreis. Martin Luther King schrieb einst: »Am Ende werden wir uns nicht an die Worte unserer Feinde erinnern, sondern an das Schweigen unserer Freunde.«

Wobei sich meine Freunde wahrscheinlich öfter wünschen, ich würde zu dem Thema schweigen … Als Untergangsprophet im eigenen Lande oder in der eigenen Küche macht man sich eben kaum beliebt. Zudem wird mir wie jedem, der sich intensiver mit Themen der Nachhaltigkeit beschäftigt, täglich auch die eigene Widersprüchlichkeit bewusst. Und an schlechten Tagen verliere ich dann auch noch den Humor, die Freude am Dazulernen und meinen Grundoptimismus, der mich bisher im Leben eigentlich immer getragen hat.

Wie machen das denn die Profis – also die Aktivist:innenprofis? Geht das: brennen, ohne auszubrennen? In der Klinik gab es zu meiner Zeit »Selbsterfahrung«, Balint-Gruppen und Supervision, also fest etablierte Methoden und Rituale, um sich mit den eigenen Gefühlen auseinanderzusetzen, wenn man es zum Beispiel mit einem besonders schwierigen Patienten zu tun gehabt oder jemand Suizid begangen hatte und man diese Belastung mit anderen teilen wollte.

Aber welche Rituale und Schutzmaßnahmen haben junge Menschen, Klimawissenschaftler:innen oder Kommunikator:innen, wenn sie dem kollektiven Selbstmord der Menschheit ständig ins Auge sehen? Seit mir klar geworden ist, dass hier ein De-

Meine Stiftung HUMOR HILFT HEILEN unterstützt Pflegefachkräfte in der Ausbildung mit Workshops zur seelischen Gesundheit. Hier besuche ich einen Kurs am evangelischen Klinikum Bethel.

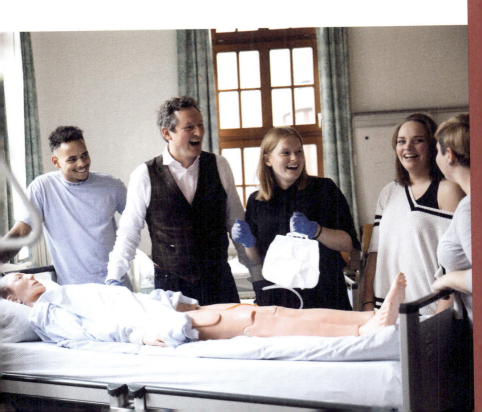

fizit besteht, frage ich bei Interviews oder Hintergrundgesprächen gezielt danach: »Was tun Sie für die seelische Gesundheit Ihrer Mitarbeiter:innen?« Und erhalte nicht allzu oft eine zufriedenstellende Antwort.

2019 gründeten sich die »Psychologists and Psychotherapists for Future«, eine Gruppe von Psycholog:innen und Psychotherapeut:innen, die sich ehrenamtlich dafür starkmachen, dass wir uns angesichts der Klimakrise unsere seelische Gesundheit erhalten. Dazu gehören auch Beratungsangebote in Strategie und Kommunikation für Klimaaktivist:innen.

Ich treffe die Pressesprecherin Katharina van Bronswjik. Katharina ist selbst seit über zehn Jahren Umweltaktivistin, mit Protagonist:innen der Szene eng befreundet und hauptberuflich Verhaltenstherapeutin. Auf meine Frage, wie sie selbst mit dem Druck umgeht und was sie den Klimaaktivist:innen in ihren Workshops empfiehlt, erklärt sie mir: »Eines der hilfreichsten Dinge ist das Engagement an sich. Die Krux an der Klimakrise ist, dass leicht das Gefühl entstehen kann, als Einzelperson das Problem nicht lösen zu können. Wenn ich mich engagiere und mich als Teil einer größeren Bewegung fühle, hilft das gegen dieses Ohnmachtsgefühl. Es ist eine unglaublich kraftvolle Erkenntnis, wenn man versteht, dass man selbst – auch auf der gesellschaftlichen Ebene – etwas bewegen kann. Das bedeutet Selbstwirksamkeit.« Auch die Selbstfürsorge, zu der gehört, dass man seine eigenen Grenzen kennt und respektiert, ist ihrer Erfahrung nach ein ganz wichtiger Aspekt. Denn auch wenn die Klimakrise nicht pausiert, braucht trotzdem jede und jeder regelmäßig ausreichenden Schlaf, ausgewogene Mahlzeiten und einfach mal Freizeit, in der die Krise die Klappe hält, man mit Freund:innen lachen kann und nicht in Alarmbereitschaft sein muss. Typischerweise erkennt man die Notwendigkeit dieser Maßnahmen erst, wenn es schon (fast) zu spät ist. Umso wichtiger ist es, ein Netzwerk von Menschen um sich zu haben, die merken, wenn man nicht mehr der oder die »Alte« ist.

Die »Psychologists and Psychotherapists for Future« haben auf ihren Internetseiten neben kostenloser Beratung auch praktische Hinweise für »Digitale Achtsamkeit«, »Tipps für mehr Gelassenheit und Freundlichkeit« und »14 Strategien zum emotionalen Umgang mit der Klimakrise«. Was mir davon unmittelbar einleuchtet, ist die Empfehlung, öfter mal in den »Flugmodus« zu schalten. Natürlich nicht, während man real im Flugzeug sitzt, sondern im übertragenen Sinn, denn permanent aufscheinende Nachrichten lenken ab, stressen und können einen richtig runterziehen. (Oft ertappe ich mich morgens nach dem Aufwachen dabei, dass ich diese kostbare und für assoziative »Kurzschlüsse« sehr ertragreiche Dämmerphase sofort kille, indem ich auf das Handy schaue, um festzustellen, was ich durch Schlaf an Nachrichten, E-Mails, Katastrophen und anderem Weltbewegenden verpasst haben könnte.) Ebenso kann es für den gesunden Menschenverstand und die Träume nicht förderlich sein, sich bis kurz vor dem Einschlafen mit Regierungskrisen, brennendem Urwald und steigenden Infektionszahlen zu beschäftigen. Aber das gilt eigentlich für jeden, nicht nur für Klimaaktivist:innen.

Deshalb möchte ich allen, die sich weiter mit dem Thema der positiven Psychologie, Resilienz und Achtsamkeit beschäftigen wollen, mein Buch ›Glück kommt selten allein‹ ans Herz legen, sowie alles empfehlen, was die Tools und Skills der »Acceptance and Commitance Therapy« (ACT), der Dialektisch-Behavioralen Therapie und die moderne Seelentrickkiste an erprobten Werkzeugen bereithalten. Ein letzter Hinweis von meiner Seite: Selbsthilfebücher helfen nicht von selbst.

Und noch ein Tipp von Katharina: Salzstangen. Ist aber sehr persönlich: »Das haben wir, als wir klein waren, immer gegessen, wenn wir mit den Eltern zusammensaßen. Das ist meine früheste Erinnerung an einen Snack. Deswegen sind Salzstangen für mich so eine Seelennahrung.«

Notfalls tut es auch Schokolade. Oder Marzipan. Oder ein Apfel – aber nur im äußersten Notfall.

Eckart von Hirschhausen
Grade eben

Was ist das Unsinnigste, das du jemals mit deiner Zeit angefangen hast?

 Die Zeit, die wir am meisten unnötig verplempert haben, war die Zeit bevor mein erster Mann unheilbar an Krebs erkrankt war. Wir hätten nicht immer sagen sollen: „Wenn die Kinder mal groß sind dann …." Als sie nämlich groß waren, war es zu spät. Er hatte noch so viele Träume. Aber die Zeit war abgelaufen. In meiner 2. Ehe versuche ich die Zeit zu nutzen und nicht mit Dingen zu verbringen, die mir nicht gut tun. Die Zeit läuft unaufhörlich weiter und man sollte sie füllen mit Träumen, Lachen und Leben.

 Als Student mit einem Studienkollegen in Portugal zu trampen, um Geld zu sparen (von Norddeutschland bis zur portugiesischen Grenze klappte das recht gut 😉). Dabei waren damals die öffentlichen Verkehrsmittel für uns als Deutsche spottbillig und 2 Männer mitnehmen machte dort kaum jemand. Und so haben wir so einige Stunden mit dem Daumen raus gestanden … bis wir dann doch den nächsten Bus genommen haben.

 An der Vergangenheit festzuhalten. Leben und positive Änderungen herbei führen kann man nur in der Gegenwart und Zukunft.

 Stundenlanges Handydaddeln ohne Ziel.

 Zeit an Ignoranten zu verschwenden, in der Hoffnung, mit ihnen sachlich und faktenbasierend diskutieren zu können.

 Alle Angebote auf Ebay Kleinanzeigen in meiner Umgebung angeschaut, obwohl ich nie bei Ebay Kleinanzeigen kaufe 🙈♀

 Laut meiner Kinder ist es total sinnlos, morgens die Betten zu machen, man legt sich ja abends eh wieder rein …

 Das Unsinnigste ist für mich, mir Geschichten wie Dorftratsch anzuhören. Über Menschen, die ich nicht kenne und über die ich nicht urteilen kann und möchte. Weil's mich nicht tangiert, geschweige denn weiterbringt in irgendeiner Form.

Das sind Original-Postings meiner kreativen Social-Media-Community.

Eckart von Hirschhausen
Grade eben

Wenn du 5 Minuten pro Tag geschenkt bekommst, was würdest du damit anfangen?

 Ich schenke mir oft selbst 5 Minuten. Dann halte ich kurz inne und genieße den Moment, der gerade passiert. Sei es auf der Arbeit ein strahlendes Kinderlachen (bin Erzieherin) oder in der Freizeit eine Libelle, die vorbei schwebt oder ein Reh, das plötzlich beim Joggen über den Waldweg huscht oder eine Nachricht von einem wichtigen Menschen. Mein letzter Glücksmoment war vorgestern, als mein Sohn sagte „eigentlich habt ihr mich ganz gut erzogen." Er ist 16, da sind Eltern standardmäßig peinlich.

 Ich würde meine Mama drücken, die weit weg wohnt und ihr sagen, dass ich sie lieb hab und sie einen tollen Job als Mutter macht und gemacht hat.

 Meiner 2007 verstorbenen Schwester Zeit zu verbringen, einen Song von Pur singen und dabei auf's Meer sehen.

 Nochmal schnell meinem Mann sagen, wie wunderschön es ist, mit ihm durchs Leben zu gehen. Ich glaube, ich sag's ihm heute noch.

 Ich würde sie jemandem schenken, der gerade 5 Minuten mehr im Leben dringend braucht. Denn was gibt es Schöneres, als jemandem Zeit zu schenken?

 Als junge Mutter, ganz situativ und impulsiv: in Ruhe und alleine aufs Klo gehen.

 Wenn das möglich wäre, würde ich zu dem Zeitpunkt reisen an dem das Virus begonnen hat und versuchen das zu verhindern!

 Seit ich als Kind Momo gelesen habe, wünsche ich mir eine Stundenblume – alternativ zur ganzen Stunde würde ich natürlich auch deine geschenkten fünf Minuten nehmen: die ganze Welt einschließlich aller Menschen steht still, nur ich allein kann mich bewegen und mal fünf Minuten in vollkommener Stille die Welt betrachten, ohne dass sie sich währenddessen weiterdreht.

Danke für Eure tolle Unterstützung!

» HILFT UNS KONSTRUKTIVE PARANOIA? «

Meine Begegnung mit Jared Diamond

Für den Wissenschaftler Jared Diamond, Anthropologe, Evolutionsbiologe, Professor für Geografie an der Universität von Kalifornien, Los Angeles, kommt weder das Coronavirus überraschend, noch wundert er sich über das irrationale Verhalten der Menschen. Er, den viele als Universalgenie bezeichnen, rechnet stets mit dem Schlimmsten, bleibt aber Optimist. Für seine Arbeit wurde er vielfach ausgezeichnet, unter anderem mit dem Pulitzer-Preis. In seinen Büchern nimmt er sich großer Themen an, etwa der Frage, was Gesellschaften erfolgreich macht oder kollabieren lässt, welche Rolle die Geografie für die Geschichte spielt und wie Nationen mit den gegenwärtigen Krisen umgehen können.

Ich treffe ihn im Frankfurter Senckenberg Museum vor der eindrucksvollen Kulisse ausgestorbener Arten. Er besteht darauf, das Gespräch auf Deutsch zu führen, eine der zwölf Sprachen, die er spricht, und schwärmt von deutschem Bier, deutschem Wein, Beethoven, Brahms, dem Klettern in den Alpen und Deutschen, mit denen er seit sechzig Jahren befreundet ist. Selten habe ich einen so leisen und bescheidenen Menschen getroffen, auf den das Wort »Gelehrter« so sehr zutrifft. Sein großes Interesse gilt der Vogelwelt und den Menschen in Papua-Neuguinea.

EvH: Von Ihnen, Professor Diamond, habe ich einen neuen Begriff gelernt: »konstruktive Paranoia«. Ich soll also mit dem Schlimmsten rechnen, aber nicht daran verzweifeln. Das passt gut in unsere Zeit, im Großen wie im Kleinen!
Jared Diamond: Ich habe es im Kleinen gelernt, durch einen Bootsunfall in Neuguinea. Er hätte mich mein Leben kosten können. Am Tag nach dem Unfall traf ich einen Amerikaner, der sich nach einer gründlichen Prüfung ebendieses Boots entschieden

Universalgenies wie Jared Diamond gehören auch zu den gefährdeten Arten! Wir sitzen hier vor einem Tyrannosaurus im Frankfurter Senckenberg Museum.

hatte, es nicht zu nehmen. Daraus habe ich gelernt, und ich beherzige das Prinzip. Meine Frau und meine Kinder machen sich darüber lustig, weil ich seitdem ständig überlege, was alles schiefgehen könnte.

Sie sind über achtzig Jahre alt und wirken sehr fit. Offensichtlich hat die konstruktive Paranoia gut funktioniert. Ihr jüngstes Buch handelt von Krisen. Ist die Krise, die das neue Coronavirus über die Menschheit gebracht hat, etwas ganz Besonderes?
Nein, für eine gesundheitlich bedingte Krise ist beinahe alles daran typisch! Diese neue Erkrankung kommt über Tiere zu uns,

so wie auch alle früheren Seuchenausbrüche auf Tiere zurückgingen. Neu ist, dass die Erdbevölkerung heute so groß ist wie nie zuvor und dass uns die Globalisierung extrem eng vernetzt hat, denken Sie nur an den weltweiten Flugverkehr. Beides sorgt dafür, dass wir mit hoher Wahrscheinlichkeit einen historischen Rekord bei den Opferzahlen zu befürchten haben.

Das Risiko, dass wir mit dem 21. Jahrhundert das letzte für die Menschheit gute erleben, haben Sie mit 50:50 beziffert. Sind wir als Spezies zu schlecht in konstruktiver Paranoia, scheitern wir daran, Risiken zu verstehen und zu minimieren?
Durch eine kurzfristige Krise werden die langfristigen Gefahren nur überlagert, aber sie sind nicht fort. Welche Risiken fürchte ich? Erstens nach wie vor einen Atomkrieg, etwa zwischen Indien und Pakistan. Die zweite große Bedrohung ist der Klimawandel. Drittens: die Gefahr, dass wir die natürlichen Ressourcen der Erde aufbrauchen, das Süßwasser, die Fischbestände und den fruchtbaren Boden. Viertens: die große Ungleichheit zwischen den Menschen. Es gab Zeiten, in denen die armen Länder den reichen nichts entgegenzusetzen hatten, heute können sie beispielsweise international agierende Terroristen unterstützen. Und schließlich, fünftens, die Gefahr durch Krankheitserreger aus Ländern, in denen es kein leistungsfähiges öffentliches Gesundheitswesen gibt.

Kurz vor der Pandemie hatten wir das West-Nil-Virus in Deutschland. Der Klimawandel erlaubt es einigen Erregern, sich weiter in unsere Breiten vorzuarbeiten, warum berührt uns das so wenig?
Der Klimawandel ist ein eindrucksvolles Beispiel für eine schleichende Anpassung an eine Bedrohung: Gäbe es plötzlich in einem Jahr einen Temperaturanstieg um 10 Grad, würde niemand mehr daran zweifeln. Tatsache ist aber, dass die Temperatur sehr langsam steigt. Seit dreißig Jahren schon belegen die Wissenschaftler

den Anstieg. Wenn wir die Wahrheit nicht verstehen, dann ist es aus mit uns. 1987, als unsere Zwillinge geboren wurden, begann ich, über die Zukunft nachzudenken. Wie würde die Welt 2050 aussehen, bei steigendem Meeresspiegel und schwindendem Regenwald?

Ein Kind, das heute geboren wird, hat theoretisch gute Chancen, hundert Jahre alt zu werden. Doch wenn dieser Mensch siebzig ist, könnte es 4 oder 5 Grad wärmer sein, mit allen Konsequenzen – Naturkatastrophen, Hunger und Seuchen, Massenmigration und Bürgerkriegen. Und mir geht es wie Ihnen: Sobald man an konkrete Menschen denkt, statt an Statistiken, beginnt man, sich sehr ernsthaft mit diesen Fragen auseinanderzusetzen.
Viele schlechte Dinge beschleunigen sich exponentiell. Aber auch viele gute Dinge tun es. Siebzig Prozent der Amerikaner glauben an den Klimawandel, sie wissen, dass er kein natürliches Phänomen ist. Ich sehe daher auch Grund zum Optimismus. Und vergleiche es gern mit einem Pferderennen: Das Pferd der Vernichtung beschleunigt eine Zeit lang und führt das Rennen an. Aber auch das Pferd der Hoffnung kann das. Wir wissen nicht, welches das Rennen macht.

Sie haben viele Kulturen erforscht: wie sie entstanden, aufstiegen und untergingen. Der »Kollaps«, so auch der Titel eines Ihrer Bücher, betraf immer nur einzelne Regionen. Jetzt ist die ganze Welt betroffen. Noch können wir Weizen importieren, wenn eine Ernte ausfällt. Doch wenn überall gleichzeitig Hitze und Dürre herrschen, fehlt uns die Basis zum Leben. Macht Sie die Lage der Welt traurig?
Traurig bin ich nicht. Ich habe Ihnen erzählt, wie es mir nach dem Bootsunfall erging, was ich lernte und wie ich die konstruktive Paranoia für mich entdeckte. Ich muss Optimismus bewahren, wenn ich andere Menschen überzeugen möchte mitzuhelfen.

Dennoch berichten Sie uns auch von Katastrophen, zu denen es aufgrund purer Unvernunft kam. Menschen, die abhängig von Bäumen sind, bemerken ihr fatales Problem erst, wenn alle Bäume abgeholzt sind. Tun wir nicht das Gleiche mit dem Öl, dem Wasser, den fruchtbaren Böden, mit der Atmosphäre?
Warten Sie noch einen Sommer ab oder zwei. Meine Heimat ist Kalifornien. Sie wissen um die vielen Waldbrände bei uns. Bis auf drei Kilometer ist ein solcher Brand zuletzt an unser Haus herangekommen. Für immer mehr Menschen wird klar, was geschieht. Bekanntlich verdienen viele Menschen Millionen oder gar Milliarden durch den Verkauf von Öl. Natürlich haben sie Eigeninteressen. Aber auch die Chefs von Ölgesellschaften haben Kinder!

Wie können wir von dem Glauben abrücken, ein erfülltes Leben sei nur durch Konsum möglich? Durch die Kunst?
Ein kluger Wirtschaftswissenschaftler hat einmal geschrieben: »In einer Welt mit begrenzten Ressourcen sind die Einzigen, die an die Möglichkeit ewigen Wachstums glauben, die Verrückten und die Ökonomen.« Ich vertraue auf die Einsicht. Ich mute es nicht der Kunst zu, uns vor dem Klimawandel zu retten. Für mich ist sie wichtig, sie gibt den Dingen Bedeutung. Und ich liebe es, Klavier zu spielen. Wenn ich einmal aufhöre, Bücher zu schreiben, werde ich mehr Bach hören.

Und die Stimmen der Vögel? Sie beginnen jeden Tag mit einem *bird walk*, habe ich gehört.
Hier in Deutschland traf ich schon auf Bachstelzen, verschiedene Entenarten, Gänse, Krähen, Dohlen und Elstern. Ich habe mich mit sieben Jahren in die Vögel verliebt. Sie nehmen die Welt ähnlich wahr wie wir Menschen, durch Sehen und Hören. Die meisten Säugetiere orientieren sich dagegen am Geruch. Und schließlich: Vögel können fliegen. Die Problemlösungsstrategie des Vogels ist, sich in die Luft zu erheben. Er fliegt einfach davon. Das können wir nicht.

IST DAS KUNST ODER KANN DAS WEG?

»Gar nichts erlebt. Auch schön.«
Tagebucheintrag von Wolfgang A. Mozart im Alter von vierzehn Jahren

»Veranstaltungen, die der Unterhaltung dienen, sind untersagt.« Die Art, wie die Kanzlerin beim Lockdown die Unterhaltungsbranche, die Konzerte, Theater und Kabarettkultur als irrelevant abkanzelte, hatte etwas von der herablassenden Haltung von Herrschern, die ihre Hofnarren zur Belustigung mit einer Handbewegung auf- oder abtreten und bei Nichtgefallen ganz fallen lassen. Vom wirtschaftlichen Aspekt einmal abgesehen: Wissen wir nicht, wie wichtig für die geistige Auseinandersetzung Orte sind, an denen frei gedacht, gelacht, gelauscht und gesponnen werden darf? Wie wichtig Musik, Kunst, Kultur für die »Seelenhygiene« sind, genauso wie Kneipen, Festivals und Clubs?

Gesundheit geht vor. Klar. Gesundheit ist aber nicht nur die Abwesenheit von Viren und Krankheit. Es ist auch seelische Gesundheit, und die beruht vor allem auf sozialem Austausch mit anderen, auf geistiger und räumlicher Nähe und auf gemeinsamen Erlebnissen. Wir können uns nicht selber kitzeln und auch nicht selber auf oder in den Arm nehmen. Dass es etwas »Show« braucht, um heilende Kräfte zu entfalten, weiß ich aus eigener Erfahrung als Zauberkünstler. Dabei denkt man oft, es ginge um »Ablenkung«. Gute Kunst lenkt aber nicht ab, sondern hin. Sie bündelt unsere Aufmerksamkeit und bringt damit etwas in uns in Schwingung, in Resonanz.

Deshalb habe ich vor zwölf Jahren meine erste Stiftung gegründet, HUMOR HILFT HEILEN – um das Humane in der Humanmedizin zu stärken, um Begegnungen zu ermöglichen, die es ohne unser Zutun nicht mehr gäbe. Was einmal mit Clowns auf Kinderstationen begonnen hat, ist inzwischen ein großer Erfolg auf vielen Ebenen: in wissenschaftsbasierten Workshops für Pflegekräfte, in einer App für seelische Gesundheit und Resilienz in der Pflegeausbildung und im Hintergrund auch auf gesundheitspolitischer Ebene. Der Kerngedanke dabei ist immer: Das Leichte nimmt das Schwere nicht weg – macht es aber erträglicher.

Außerdem hat Kunst einen enormen Vorteil: Sie ist beinahe klimaneutral! In einem längeren Gespräch mit Harald Lesch elektrisierte mich sein Gedanke, der einfachste Weg, Emissionen zu reduzieren, sei einfach einen Tag weniger zu arbeiten und in der gewonnenen Zeit ein gutes Buch zu lesen. Auch beim Singen und Lachen stößt man nicht mehr Treibhausgase aus, als eh aus dem Körper rausmüssen. Zugegeben: Große Tourneen sind nicht besonders umweltfreundlich, wenn da mit vielen Trucks und viel Strom jede Bühnenshow noch größer sein muss als die letzte. Aber wenn ich zum Beispiel an Reinhard Mey denke – wie er mit einer Gitarre, zwei Mikrofonen und einer Handvoll Liedern viele Tausend Menschen gleichzeitig glücklich macht, die im besten Fall auch noch mit den Öffentlichen oder mit dem Rad angereist sind: Das ist höchst zukunftstauglich.

Das wichtigste Gefühl für unseren Seelenfrieden ist, gebraucht zu werden. Wenn wir aber im 21. Jahrhundert in vielen Bereichen produktionstechnisch so effizient geworden sind, dass gar nicht mehr alle Leute gebraucht werden, um bestimmte Dinge herzustellen und die Grundlagen zu sichern, dann ist doch die spannendste Frage: Was machen wir Sinnvolles mit der gewonnenen Zeit? Wie könnte ein gutes Leben auf einer anderen Basis aussehen? Angenommen, es gäbe ein gerechtes System, um den vorhandenen Reichtum so zu verteilen, dass keiner hungern und sich in drei schlecht bezahlten Jobs gleichzeitig krummmachen muss, dann hätten immer mehr Menschen immer mehr Zeit. Diese Zeit können wir totschlagen und uns die Köpfe einschlagen – oder wir können sie mit Leben und Kultur füllen, ebenso wie die Köpfe.

Eine der unsinnigsten Coronaaktionen war der Flug mit einer Boeing 787, der in Sydney startete, um ohne Zwischenlandung sieben Stunden später wieder in Sydney zu landen. Er war blitz-

Wir können uns nicht selber kitzeln, aber wunderbar gegenseitig mit Lachen anstecken.

schnell ausverkauft. Der französische Philosoph Blaise Pascal beobachtete schon vor knapp vier Jahrhunderten: »Das ganze Unglück der Menschen rührt allein daher, dass sie unfähig sind, in Ruhe in ihrem Zimmer zu bleiben.« Rastlosigkeit war Mitte des 17. Jahrhunderts mit sehr viel weniger Treibhausgasen verbunden, trotzdem erlebte Pascal sie als psychisch unzuträglich und empfahl, sich der menschlichen Situation, der *Conditio humana*, zu stellen. Erst wenn wir uns unserer eigenen Verlorenheit bewusst geworden seien, könne ein Leben in Würde gelingen. Keine Ahnung, ob ich das jetzt richtig wiedergegeben habe, dazu müsste ich das erst mal in Ruhe lesen. Aber dazu fehlt mir die Zeit!

Kant ist nie aus Königsberg hinausgekommen und eröffnet

uns heute immer noch mehr Horizonte als jeder Rundflug. Geistige Beweglichkeit zeigt sich nicht am Meilenkonto oder Tacho. Mit einem Konzert, einer Kabarettshow oder einem Klinikclown, mit einem Film, einem Theaterabend oder einem Podcast, mit einem guten Witz oder mit einem Buch, das uns nicht loslässt und das wir nicht loslassen, können wir eins: im Hier und Jetzt einfach hin und weg sein. Corona ist ansteckend. Lachen auch.

REDEN & ZUHÖREN

Bremser
Narrativ
Apokalypse
Kollaps-Porno
no pain – no gain
bessere Geschichten erzählen
Verschwörungen
Nudging
falsche Balance im Farbfernsehen
zu Tode amüsieren
Humor

KAPITEL 11

REDEN & ZUHÖREN

Das Fleisch ist billig, doch der Geist ist schwach! Warum tun wir so häufig nicht das, was uns und unserer Mitwelt guttäte? Wer oder was bremst uns eigentlich, in unserem Hirn, in unserem Miteinander und in der Politik?
Offenbar ist es einfacher, den Menschen etwas einzureden als wieder aus. Welche Geschichten erzählen wir uns selbst und welchen glauben wir?

Ich möchte herausfinden, warum wir uns als Menschen derart im Wege stehen. Ich erfahre auf einer Zugfahrt, warum nicht alle alten weißen Männer für den Naturschutz sind, obwohl ihnen doch der Wald, die Heimat und die Gesundheit der Familie »heilig« sind. Und was sind die besten Killer für Killerargumente?

Mensch, Erde!
Wir könnten es so schön haben,
… wenn wir so viel Ahnung hätten wie Meinung.

WO TUT ES DENN WEH?

*»Wir sind nicht nur verantwortlich für das,
was wir tun, sondern auch für das, was wir nicht tun.«*
Jean-Baptiste Poquelin, genannt Molière

Die klassische Frage des Arztes bei der Anamnese lautet: »Wo tut es denn weh?« Die Frage, die sich viele stellen, denen unser Planet nicht egal ist, lautet: Warum tut uns Klimawandel offenbar nicht besonders weh? Und warum führt das Wissen um die drohende Katastrophe nicht zu einer Änderung unseres Verhaltens?

Der Harvard-Psychologe Daniel Gilbert hat sich viel damit beschäftigt, auf welche Art von Reizen der Mensch aufgrund seiner Hirn- und Denkstrukturen anspringt. Das Wort, mit dem er seine PAIN-Theorie benannt hat, bedeutet einerseits Schmerz, fasst aber gleichzeitig die Theorie einprägsam zusammen, weil es die Anfangsbuchstaben der vier zentralen Begriffe aufgreift – auf Englisch zumindest:

1. Persönlich – Wenn ein Mensch einem anderen Menschen Schmerzen zufügt, wird das als schlimmer empfunden, als wenn der gleiche Schmerz durch einen Gegenstand verursacht wird. Einem Stein, der uns auf den Fuß fällt, unterstellen wir keine Absicht. Einem Menschen, der uns mit Schmackes gegen das Schienbein tritt, sehr wohl. Einer Naturkatastrophe fehlt das menschliche Gesicht. Das Auge des Orkans kann uns eben nicht auf Augenhöhe begegnen.

2. Abrupt – Menschen bemerken schnelle Veränderungen, nicht aber die langsamen, die sich nach und nach vollziehen. Ein Haus, das brennt, löst sofortige Reaktionen aus. Eine Region, die sich langsam erwärmt, wodurch vielen Menschen ihr Zuhause genommen wird, deutlich weniger.

3. Unmoralisch (*immoral*) – Menschen reagieren auf menschliche Grausamkeiten, die Ekel hervorrufen, am heftigsten. Enthauptungen, Sexsklaverei und Massenmorde prägen sich ein. Am liebsten regen wir uns über andere auf, die sich schlechter benehmen als wir, das erhöht unser Selbstwertgefühl. Von diesem Sinn für »Moral« leben die ganze Klatschpresse und das halbe Internet. Aber das funktioniert eben nur mäßig, wenn wir uns alle gemeinsam ressourcentechnisch danebenbenehmen.

4. Jetzt (*now*) – Menschen reagieren stärker auf unmittelbare Bedrohungen als auf langfristige. Wird mich der Klimawandel morgen umbringen? Wird ein Terrorist morgen früh meine Buslinie bombardieren? Wir haben eine schlechte Risikowahrnehmung und verschätzen uns immer wieder in der Größenordnung von Dingen, vor denen wir Angst haben sollten. Und das sind die Zeitbomben mit langer Zündschnur.

Es gibt eine sehr anschauliche Geschichte von einem Frosch in einem Topf mit heißem Wasser. Kommt der Frosch unmittelbar mit heißem Wasser in Berührung, macht er einen beherzten Sprung und befreit sich dadurch aus der misslichen Lage. Schwimmt er in einem Topf mit kühlem Wasser, das langsam erhitzt wird, verpasst er den richtigen Moment für den Absprung. Und genau dann, wenn er denkt: *Jetzt sollte ich mich wohl besser davonmachen*, sind seine Schenkel schon gargekocht.

Keine Ahnung, ob das stimmt. Es soll auch niemand ausprobieren. Noch nicht mal im Dienste der Wissenschaft. Jedenfalls scheint auch der Frosch als wechselwarmes Tier auf heftige Reize stärker zu reagieren als auf maßvolle Veränderung.

Warum zucken wir nicht, wenn wir uns selber in die Pfanne hauen? Momentan sind wir die Frösche in der »Hothouse Earth«, dem Treibhaus unserer Atmosphäre, das auf dem Weg ist, ein Druckkochtopf zu werden. Aber wer ist eigentlich der Versuchsleiter, der das Ganze abbrechen könnte? Wann setzen wir uns selber auf die Liste der bedrohten Arten? Und ist es uns dann genauso egal, wenn unser Aussterben keinen interessiert? Noch nicht mal uns selbst?

Mein Motto: Sei kein Frosch! Denn du bist keiner. Wir haben mehr Hirn, können in die Zukunft schauen und neue Optionen entwickeln. Also beweg dich, bevor es zu spät ist. Passivität ist keine Option. Dauerschmerz auch nicht.

Für kein Geld der Welt kann man sich seine eigene Außentemperatur kaufen.

DIE GROSSE BESCHLEUNIGUNG GEHT STEIL

»Auf einem Dampfer, der in die falsche Richtung fährt, kann man nicht sehr weit in die richtige Richtung gehen.«
Michael Ende

Ja, in diesem Zusammenhang schreibt man Große groß. Es ist ein stehender Begriff, auf Englisch, *The Great Acceleration*. Und die ist wirklich so groß, dass sie bei aller Dynamik kaum in unser Hirn geht. Aber es ist wichtig zu begreifen, was exponentielles Wachstum bedeutet. Und warum wir uns damit so schwertun.

Wir Menschen sind nicht besonders gut darin, unseren eigenen Anteil an einer Entwicklung zu erkennen, geschweige denn über einen längeren Zeitraum. Die meisten von uns sind doch schon damit überfordert, ihr Gefühl beim Aufwachen am Morgen mit ihrem Verhalten am Abend davor in Beziehung zu setzen.

Worum es geht, kann Christian Stöcker erklären. Die Kernthese in seinem Buch ›Das Experiment sind wir‹ lautet: »Unsere Welt verändert sich so atemberaubend schnell, dass wir von Krise zu Krise taumeln. Wir müssen lernen, diese enorme Beschleunigung zu lenken.« Stöcker ist Kognitionspsychologe und scheut sich nicht, mit seiner sonntäglichen Kolumne auf ›Spiegel online‹ die dicken Bretter zu bohren. Was also hat diese seltsame Exponentialfunktion in unserem Leben für eine Funktion? Im Zusammenhang mit Corona hat sie es bereits in viele Pressekonferenzen geschafft, was wenig daran geändert hat, dass wir sie offenbar immer noch nicht verstehen.

Ein gutes Beispiel ist die Denksportaufgabe mit den Seerosen: Die Seerosen in einem Teich verdoppeln jeden Tag ihre Fläche. Wenn der See nach achtundvierzig Tagen komplett mit Seerosen bedeckt ist, wie lange hat es dann gedauert, bis er zur Hälfte bedeckt war? Intuitiv denkt man, dass es die Hälfte der Zeit braucht, um die Hälfte des Sees zu bedecken, also so um die vierundzwanzig Tage. Weit gefehlt. Wenn sich etwas verdoppelt, heißt das: Am vorletzten Tag war der See noch zur Hälfte leer – und dann zack! – über Nacht – alles zugewachsen. So wie auch Intensivstationen lange halb leer sein können und – zack! – mit einer Infektionswelle am nächsten Tag übervoll. Und obwohl die Exponentialfunktion sich bestens dazu eignet, um Entwicklungen vorauszuberechnen, sträubt sich unser Verstand dagegen und findet sie irgendwie sprunghaft.

Ein Beispiel ist die Menge CO_2, die wir in die Atmosphäre blasen. Sie wächst, trotz aller Klimaabkommen, immer noch exponentiell. Vor Beginn der Industrialisierung, um 1800 – und etwa eine weitere Million Jahre davor –, lag der Anteil von CO_2 in der Atmosphäre bei etwa 280 ppm (parts per million). Danach ging es exponentiell nach oben. 2019 waren wir schon bei 415 ppm. So viel wie noch nie in der Geschichte der Menschheit. Dann kam Corona, und alle wundern sich, wenn die Menge an Dreck über uns durch den Lockdown nicht schlagartig wieder sinkt. Eine Badewanne wird ja auch nicht leer, wenn wir den Zufluss ein wenig verlangsamen. Wenn wir so weitermachen, haben wir die CO_2-Konzentration in der Atmosphäre in etwa zweihundertfünfzig Jahren verdoppelt.

Aber das ist nicht alles, was sich besorgniserregend schnell beschleunigt. Auch die städtische Bevölkerung, der Primärenergieverbrauch, die Mobilität und die Durchdringung der Gesellschaften mit Telekommunikationstechnologie, Transport, Tourismus wachsen exponentiell. Stöcker sagt: »Wir haben versehentlich eine Versuchsanordnung geschaffen, in der wir selbst die Versuchspersonen sind: Können wir mit diesem immer weiter steigenden Tempo umgehen?«

So wie man in einem Auto mit einem Blick alle wesentlichen Funktionen auf dem Armaturenbrett zu erfassen versucht, so birgt die Zusammenschau von vierundzwanzig Kurven eine klare Botschaft: Menschen werfen das Erdsystem aus der Kurve. Und wir, die Menschheit, sind die großen Beschleuniger. Es wachsen die Plastik- und Müllberge, aber ja auch das Weltbruttosozialprodukt. Haben wir den Begriff »Wachstum« zu wenig in Frage gestellt?

»Viele Menschen wissen nicht, dass ein konstantes prozentuales Wachstum eine Exponentialfunktion ergibt, also eben eine von diesen Kurven, die nach rechts immer steiler werden, bis sie fast senkrecht dastehen. Das ist aber so. Ein konstantes Wirtschaftswachstum von zwei Prozent pro Jahr zum Beispiel sorgt dafür, dass sich die Größe einer Volkswirtschaft in etwa fünfunddreißig Jahren verdoppelt. Wir machen das mit Absicht. Ja, wir streben es sogar an«, erklärt mir Christian Stöcker.

Das hat etwas Unheimliches an sich. Übertragen auf den menschlichen Körper bedeutet das: Wenn in ihm etwas ohne Rücksicht auf die Umgebung exponentiell wächst – wie Krebs etwa –, ist das auf Dauer mit dem menschlichen Leben nicht vereinbar. Betrachtet man nun die Erde als einen lebenden Organismus, ist eigentlich klar, dass es ein unendliches Wachstum auf einem endlichen Planeten nicht geben kann. »Die zerstörerische Macht des Menschen ist immer schneller gewachsen als die wissenschaftliche Erkenntnis, dass wir selbst die Zerstörer sind – bis heute«, bestätigt Christian Stöcker.

Immerhin wissen wir heute mehr als früher, aber was bringt uns dieses Wissen um die dicken Bretter vor unserem Kopf? Mein Gesprächspartner ist überzeugt: »Eine Menge! Wir lernen immer mehr über Methoden, sich diesen Schwächen zu widersetzen. Wenn wir uns jetzt falsch verhalten, dann nicht mehr aus Ignoranz, sondern aus Schwäche und Rücksichtslosigkeit gegenüber zukünftigen Generationen. Der Mensch ist heute endlich in der Lage, die Konsequenzen seines eigenen Handelns zu begreifen – und sogar zu verstehen, warum es ihm so schwerfällt, sein Verhalten zu ändern.«

Das Problem der Allmende, international *The Tragedy of the Commons*, bedeutet: Beim Gemeinschaftseigentum bleibt oft gemeinerweise unklar, wer sich um den Erhalt kümmert. Das war in meiner Studenten-WG auch nicht anders. Im Wohnzimmer und in der Küche sah es immer schlimmer aus als in den Zimmern der jeweiligen Bewohner:innen. Generell zeigen wir lieber mit dem Finger auf andere als auf uns selber.

Dabei sind dem Klima Staatsgrenzen gleichgültig, das Erdsystem nimmt auf die willkürlichen Unterteilungen, die wir Menschlein vorgenommen haben, keine Rücksicht. Die Atmosphäre gehört der ganzen Menschheit gemeinsam. Wir können uns nur als Menschheit retten, nicht als Nationen. Lässt sich jemand wie Stöcker auf eine Wette ein, ob wir 2100 überleben? Er überlegt und sagt: »Wenn es eine kleinere Summe sicher zu gewinnen gibt, eine größere nur mit einer gewissen Wahrscheinlichkeit, wählen die meisten Versuchspersonen den sicheren Gewinn. Das ändert sich, wenn es um die Wahl zwischen einem sicheren Verlust und einem nicht völlig sicheren, noch größeren Verlust geht: Dann sind die meisten bereit zu zocken. Das ist ungünstig, wenn der Einsatz die Zukunft der Menschheit ist.«

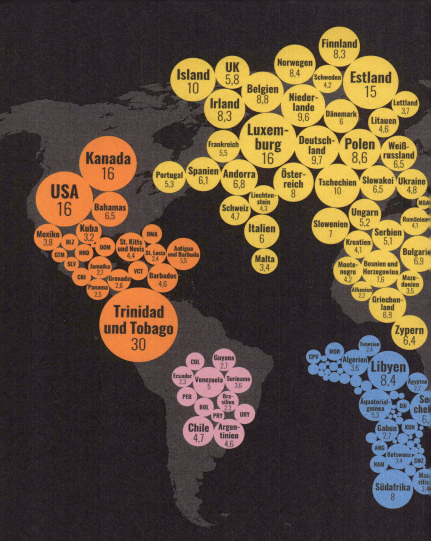

Jährlicher CO$_2$-Ausstoß nach Ländern
in Tonnen pro Kopf

Das chinesische Gegenargument lautet, die Industrieländer, also Europa, Nordamerika, Japan und Australien, seien heute nur deshalb so wohlhabend, weil sie sich in der Vergangenheit ungestört und ohne Emissionsbeschränkungen

ORIGINAL KATAPULT

Türkei 5,5
Georgien 2,8
ARM
Aserbaidschan 3,9
anon 3,2
SYR
Jordanien 2,2
Israel 8
Kasachstan 16
Usbekistan 3,1
Turkmenistan 13
Russland 12
Mongolei 9,9
Nordkorea 2,3
Südkorea 12
Japan 9,5
PAK
IND
BTN
LKA
China 7
Taiwan 12
Hongkong 5,8
Thailand 4,8
Vietnam 2,1
PHL
Malediven 3,6
Kuwait 25
Irak 5,1
Iran 8,3
Brunei 24
Singapur 11
Saudi-Arabien 19
Katar 49
Bahrain 23
Malaysia 8,1
Indonesien
Oman 14
VAE 25
PNG
Australien 17
Palau 14
FSM
Marshallinseln
WSM
FJI
Nauru 4,9
TON
TUV
Neuseeland 7,7

entwickeln durften. Dieses Recht auf freie Entfaltung fordern die Entwicklungsländer ebenfalls. Sie wollen selbst entscheiden, welche Energieträger für ihre wirtschaftliche Entwicklung am vorteilhaftesten sind – eine nachvollziehbare Position. In vielen Staaten sind Kohlekraftwerke ein entscheidender Faktor für Wirtschaftswachstum.

Derzeit stoßen Deutschland und Österreich noch immer mehr CO_2 pro Kopf aus als China. Die USA sowieso. Solange das so ist, bleibt die Forderung an China unangebracht. Bei der Schweiz sieht die Sache anders aus. Für eine klimaneutrale Welt dürfte jeder Mensch übrigens nur eine Tonne CO_2 pro Jahr emittieren.

WER WANDELT SICH EIGENTLICH IM KLIMAWANDEL?

»Wenn es einen Konflikt zwischen den Fakten und den Wertvorstellungen eines Menschen gibt, werden die Fakten verlieren.«

Per Espen Stoknes

Was passt denn Ihrer Meinung nach am besten zu Klima: »Krise«, »Wandel« oder »Katastrophe«? Krise ist ursprünglich ein Begriff aus der Medizin, der den Wendepunkt einer Krankheit beschreibt, den Moment, in dem sich entscheidet, ob eine Besserung eintritt oder der Tod. Dagegen bezeichnet Wandel einen Prozess, und die reflexive Form »sich wandeln« bringt zum Ausdruck, dass dies quasi ohne Anstoß, Zutun oder gar Eingriff eines anderen geschieht. An einem Wandel ist keiner schuld, keiner kann oder muss etwas dagegen tun. Sowohl »Klimawandel« als auch »Klimaschutz« blenden uns Menschen als die Verursacher dessen, was als Katastrophe auf uns zurollt, komplett aus. Wir treten, wenn überhaupt, als Retter auf. Ein sehr bequemer sprachlicher Rahmen (»Frame«), den wir uns da über Jahrzehnte gegeben haben.

Aber wenn es schon schwierig ist, ein richtiges Wort zu finden, wie wird daraus eine Geschichte, die hängenbleibt, wie tief geht ein »Narrativ«?

Menschen lieben Geschichten, wir bestehen daraus. Wir suchen nach Sinn, nach Zusammenhang, nach tieferen Verbindungen, manchmal auch dort, wo keine sind. Das macht uns anfällig für Verschwörungstheorien, für Leute, die uns das Blaue vom Himmel erzählen. Wenn wir einzelne Bilder sehen, können wir gar nicht anders, als uns zu fragen, was sie uns erzählen wollen, egal ob auf Instagram, in Film und Fernsehen oder im Kopfkino.

Der älteste Bestseller, die Bibel, ist voll von Geschichten und starken Bildern, allen voran die Apokalypse, der Weltuntergang. Seit meiner Schulzeit geht immer irgendetwas um mich herum unter: der Wald, der Weltfrieden, Chemieunfälle und Feuersbrünste töten Menschen, Atomkraftwerke explodieren, Geflüchtete ertrinken im Mittelmeer. Werden wir durch die drohende Apokalypse, durch drastische Bilder zu besseren Menschen? Wie viel lähmt uns, wie viel Erschrecken braucht es, um aus dem Entsetzen ins Umdenken und Handeln zu kommen? Nicht alles regelt der Markt durch Angebot und Nachfrage. Dafür, dass es nur eine Welt gibt, ist das Angebot an Weltuntergängen erheblich zu groß.

Das Waldsterben war kein Fehlalarm, die politische Diskussion führte zu konkreten Verbesserungen: Die Schornsteine und Autos wurden sauberer. Ebenso wie Vater Rhein sauberer wurde durch den Chemieunfall an der Schweizer Grenze, nicht durch die Chemikalien, aber infolge der Maßnahmen, die nach der Katastrophe konsequenter ergriffen wurden. Jeder Erziehungsberechtigte kennt das Gefühl, das die Freude über die Ergebnisse trübt: »Dass man immer erst schimpfen muss …«

Neu am Weltuntergang ist, dass er nicht irgendwann stattfindet, sondern jetzt. Dabei ist das Schmoren bei höllischen Temperaturen als »Hölle« seit Jahrtausenden tief in unserer westlichen christlichen Kultur verankert. Aufgrund ihrer starken kollektiven Bilder von der Endzeit diente die Offenbarung des Johannes sogar als Vorlage für viele Hollywood-Spielfilme: die Reiter, die Seuchen, der Krieg und der Hass, Heuschrecken, Feuersbrünste – und das alles in dem Buch mit den sieben Siegeln. Wenn Johannes schreibt: »Der dritte Teil der Erde verbrannte, und der dritte Teil der Bäume verbrannte, und alles Gras verbrannte«, dann fragt man sich schon, woher er die Szenarien des Weltklimarates kannte. Offenbar doch ein echter Prophet. Der ewige Kampf von Gut gegen Böse, von David gegen Goliath, von Gott und Satan, Licht und Dunkel, Leben und Tod hat in der christlichen Version ein Happy End – aber in der weltlichen? Sind die Umweltkatastrophen eine Form der Bestrafung für Sünde und Verfall und müssen wir deshalb alle bald in der irdischen Hölle schmoren? Hilft uns diese Art, die Klimakrise darzustellen, kreative Lösungen dafür zu finden?

Die eigentliche Tragik der Endzeitstimmung besteht darin, dass sie ihre Kraft verloren hat, gerade jetzt, wo wir sie wirklich brauchen. Was jahrzehntelang vorhergesagt wurde, ist jetzt da, ist sichtbar und spürbar. Aber das Ende der Welt ließ die letzten Jahrzehnte zu lange auf sich warten, um noch ernst genommen zu werden. Schlechtes Timing, würde der Komiker sagen. Der norwegische Ökonom und Psychologe Per Espen Stoknes nennt das in einem großartigen TED-Talk »Kollaps-Porno« und vergleicht das überdrastische Ausmalen des Weltuntergangs mit der überstimulierenden Wirkung von Pornografie. Vor lauter Bilderflut bleibt die Erotik auf der Strecke. Tote Hose statt Aktion.

»Die unbewohnbare Erde«, einer der weltweit am meisten gelesenen Artikel von David Wallace-Wells im ›New York Magazine‹, argumentiert dagegen mit vielen Studien, Quellen und Links, wie rasch die schlimmsten Szenarien des Weltklimarates Wirklichkeit werden können und wie eine Welt dann konkret aussähe. Wallace sagt selber: »Wenn es um die Herausforderung des Klimawandels geht, ist die Selbstgefälligkeit der Öffentlichkeit ein weit, weit größeres Problem als der Fatalismus. Viele Menschen haben eher nicht genug Angst als bereits zu viel Angst.«

Eine weitere wichtige Stimme in der Klimakommunikation ist George Marshall von »Climate Outreach«, der erklärt hat, warum unser Gehirn darauf programmiert ist, den Klimawandel zu ignorieren, und welche Wirkung eine bewusstere Auswahl von Worten und Bildern hat. So empfahl er etwa der Zeitung ›The Guardian‹, den Begriff *climate change* durch *climate emergency*, *climate crisis* oder *climate breakdown* zu ersetzen, ebenso trifft seiner Meinung nach *global heating* die Faktenlage und die dahinterliegenden Emotionen besser als *global warming*. Daraufhin waren in der Zeitung nicht länger hilflose Eisbären zu sehen, sondern Menschen, die aktiv gegen die Ursachen und Folgen der Klimakrise angingen. Mehr dazu auf climatevisuals.org.

Ausdrücklich empfehlen möchte ich das Online-Handbuch ›Über Klima sprechen‹, das der Wissenschaftsjournalist Christopher Schrader im Auftrag von Klimafakten.de erstellte. Darin räumt er beispielsweise mit dem Trugschluss auf, die Menschen würden ganz anders handeln, wenn sie nur besser informiert wären. An Wissen mangelt es definitiv nicht, vielmehr an der Motivation, dem Wissen Taten folgen zu lassen. Dazu kommt: »Über den Klimawandel zu reden, mit der Familie, den Freunden, Kolleginnen oder Nachbarn, macht oft schlechte Laune. Man ahnt, dass es zum Konflikt führen könnte. Und eigentlich mag man ja auch nicht anderen vorschreiben, was sie zu tun und zu lassen haben. Da hält man oft lieber gleich den Mund.«

Ich kenne das auch, dass ich Angst habe, jemand könnte mit

Der direkteste Beweis für die Erderwärmung. Gibt es noch Hoffnung?

einem Argument kommen, auf das ich dann nichts Passendes zu entgegnen habe. Oder lieber das Thema wechsle, bevor mich jemand wegen meines zu großen CO_2-Fußabdrucks angreift. In den Details ist das ja auch alles mühselig.

Eins ist klar: Bessere Kommunikation zum Klimaschutz braucht neue Worte, neue Denkmuster – und nicht zuletzt bessere Storys. Eine Grundregel guter Klimakommunikation ist, möglichst bejahend statt ermahnend zu klingen, durch Vorwürfe und Schuldzuweisungen verhärten sich die Fronten nur noch mehr. Würde der Klimawandel durch das Abschlachten niedlicher Hundewelpen verursacht, wären sofort Millionen auf der Straße. George Marshall setzt daher auf Werte, auf die tiefen inneren Überzeugungen von Menschen, auf die Dinge, die ihnen »heilig« sind. Die Umwelt ist dazu denkbar ungeeignet, denn sie bleibt oft abstrakt, weit weg, ist wenig greifbar und nicht emotional besetzt.

Was dagegen unsere Herzen höherschlagen lässt, sind gemeinsame Werte wie Gesundheit, Familie, Heimat, Sicherheit und Gerechtigkeit. Jeder wünscht sich, dass es Kindern und Enkeln gutgeht, dass sie in einer friedlichen und schönen Welt leben können. Darauf können wir uns mit sehr vielen Menschen verständigen, und daher sollten wir auch dies betonen. Wir haben nicht die Zeit, neue große Netzwerke und Gruppen zu bilden, viel effektiver ist es, die Werte bereits existierender Gruppen herauszufinden und dann zu prüfen, welche Schnittmengen mit gemeinsamen Zielen sich daraus ergeben, gerade auch bei Gruppen, die bislang nicht Teil der »Öko-Blase« sind. Wenn in der Gartenkolonie zum wiederholten Male nichts recht gedeihen will, weil man mit dem Gießen gar nicht mehr hinterherkommt, gibt es vielleicht bald auch »Schrebergärtner-for-Future«. Wenn konservative Waldbesitzer entdecken, dass über viele Generationen gehütete Werte binnen weniger Jahrzehnte für immer verloren gehen, erhält das Wort »konservieren« im Sinne von »bewahren« eine konkrete Dimension. Und auch die Kirchen und Glaubensgemeinschaften spielen eine Rolle beim Projekt »Bewahrung der Schöpfung«.

Wie also wird der *big change* Smalltalk-tauglich? Das Erfolgsrezept: die Werte der Zielgruppe kennen, die Bedrohung beim Namen nennen, eine Geschichte des Gelingens erzählen, einen Weg aufzeigen, der zum Nachahmen motiviert, und den Pioniergeist in der Community wecken. Vor Ort Erfolge zu erzielen und damit andere anzustecken, ist auch für Utopisten realistisch. Ein Radwegenetz durch die Stadt etwa ist noch kein globaler Erfolg, aber ein Anfang. Darüber kann man sprechen. *Think globally – act and talk locally* fördert die Selbstwirksamkeit. Es will nur eingeübt werden.

Gegen das Dauerargument »das geht alles nicht« hilft am besten ein konkretes faktisches Gegenbeispiel. Der Soziologe Harald Welzer handhabt das schon lange so. Er mischt sich ein mit Büchern wie ›Alles könnte anders sein‹, und zusammen mit Peter Unfried von der Tageszeitung ›die taz‹ betont er in Texten der Reihe »Futur zwei« immer wieder, dass Dinge, die von Menschen gemacht wurden, auch von Menschen geändert werden können. Als ich ihn traf, wollte ich wissen: Machen wir als Menschheit und als Zivilisation Fortschritte oder Rückschritte?

»Es gibt unglaubliche Fortschritte wie den Rückgang von Gewalt oder die Steigerung von Schulbildung im globalen Maßstab«, erklärt Welzer seine Sicht. »Da müssen wir doch denken: Verdammt noch mal, wenn das alles möglich gewesen ist, was geht da noch? Aber wir kommunizieren nicht über das Mögliche. Psychologisch betrachtet hat es sogar einen fiesen Sinn. Je länger wir über das Unmögliche kommunizieren desto weniger brauchen wir etwas zu tun. Wir müssen uns trauen, Bilder einer besseren Welt zu malen.« Und er empfiehlt mir Bücher wie ›Utopien für Realisten‹ von Rutger Bregmann, der sagt: »Das wahre Problem unserer Zeit ist nicht, dass es uns nicht gut ginge oder dass es uns in Zukunft schlechter gehen könnte. Das wahre Problem ist, dass wir uns nichts Besseres vorstellen können.«

Dank Corona haben ja viele wiederentdeckt, wie viel Platz Fahrräder in einer Stadt haben können. Madrid, Paris, Amsterdam, lauter große europäische Hauptstädte, haben angefangen, eigene Radspuren auszuweisen. Harald Welzer zieht Parallelen: »Ich war wirklich fasziniert, wie sie in New York schon vor über zehn Jahren von einem Tag auf den anderen den Broadway autofrei gemacht haben, indem sie ein paar Blumentöpfe hingestellt und Spuren verklebt haben. So einfach geht das. Wenn ich nach Pontevedra an die spanische Küste in Galizien fahre, dann bin ich dort seit zwanzig Jahren in einer autofreien Stadt, die nicht nur funktioniert, sondern auch eine viel höhere Lebensqualität hat.«

Psychologisch wirken also starke Kräfte gegen eine Veränderung, das heißt, wir haben sehr viel mehr Angst vor dem Verlust von Dingen, die wir vor der Nase haben, als Vorfreude auf das, was wir gewinnen können. Das nennt sich »Reaktanz«. Aber sind die Hindernisse nur in unserer Psyche vorhanden oder spielen da noch andere Kräfte eine Rolle? Dazu Harald Welzer: »Die Welt, in der wir leben, ist sehr strukturiert durch Interessen, durch Macht, durch deutlich unterschiedliche Möglichkeiten, Dinge durchzusetzen. Das ist der Grund, warum wir klimatechnisch bislang so wenig Relevantes umgesetzt haben. Das liegt an einer sehr machtvollen Autoindustrie und den Energieerzeugern. Wenn jemand sein Geschäftsmodell aufgrund klimapolitischer Notwendigkeiten ruiniert sieht, dann wird er versuchen, gegen diese Notwendigkeiten anzugehen.« Ich bohre nach: »Selbst wenn er Kinder hat?« Harald Welzer sieht das ganz realistisch: »Ja, wir sind sehr gut darin, Dinge voneinander zu trennen. Die eigene Rolle, die eigene Position, von den objektiven Notwendigkeiten. Wir sind ja keine idealen Menschen. Wir sind auch nicht altruistisch in einem überbordenden Sinne, sondern allerhöchstens, was den sozialen Nahbereich angeht. Man kommt in der Debatte nur weiter, wenn man die Machtfragen auch als solche benennt.«

Erst seit ich mich stärker für die politische Dimension der Klimafragen interessiere, fällt mir auf, wie unklar es ist, welche Politiker dafür zu welchem Anteil verantwortlich sind. Beim Thema »Hitze« landet man schnell im Niemandsland. Viele haben ein bisschen damit zu tun, aber es »gehört« keinem so richtig. Das Umweltministerium? Wie denn, wenn die großen Budgets für Landwirtschaft, Verkehr oder Energiewende, die sich maßgeblich auf die Emissionen auswirken, ganz woanders verteilt werden? Im Klimakabinett war das Gesundheitsministerium aber gar nicht vertreten, das heißt, auch auf Kabinettsebene scheint noch nicht angekommen zu sein, dass unsere Gesundheit durch die Entscheidungen in den anderen Ressorts massiv bedroht wird. Das erinnert an den alten Witz von dem Beamtengebet: »Herr, lass mich bitte nicht zuständig sein!«

Für eine Weltgesellschaft, wie wir sie haben, in der die ökologischen Ressourcen schrumpfen und Konzerne global agieren, passt weder das Konzept des 19. und 20. Jahrhunderts mit seinen nationalstaatlichen Grenzen noch die politische Aufsplitterung in einzelne Ressorts. Aber ausgerechnet in einer Zeit, in der wir eigentlich viel stärkere grenzüberschreitende und globale Lösungen bräuchten, schwächeln EU, UN, WHO und andere internationale Institutionen, weil in der Krise jeder erst mal wieder auf sich schaut.

Das geht bei der Impfstoffbeschaffung los. In welchen Bereichen sind wir in der Lage, gemeinsame Zukunftsvisionen zu entwickeln, eine globalisierte Welt ohne Grenzen zu denken? Was hat die alternde europäische Demokratie für Ideen, Zuwanderung zivilisierter und angstfreier zu handhaben? Und was ist unser Gegengewicht gegen das Erstarken von autoritären und totalitären Regimen? Harald Welzer ist überzeugt: »Die Problemlösungskompetenz in Demokratien ist die größte überhaupt. Und zwar deswegen, weil sie Differenz in Anspruch nehmen, um Probleme zu lösen. In Ungarn, Polen, Tschechien und so weiter sieht man ja, was passiert, wenn populistische Gedanken politisch machtvoll werden. Es ist mir egal, welches Parteibuch jemand hat. Wir kommen nur weiter, wenn wir aufhören, in diesen Sitzgruppen zu denken. Zwischen den Stühlen ist der willkommene Ort!«

DIE DUNKLE SEITE
DES FARBFERNSEHENS

Recherchen haben ergeben, dass manche Leute gar keine Laktose brauchen, um intolerant zu sein.

Es gibt einen Sketch des amerikanischen Fernsehmoderators John Oliver über die Misere der medialen »Ausgewogenheit«. Darin interviewt er zunächst zwei Experten: einen, der den menschengemachten Klimawandel erklärt, und einen, der ihn bestreitet – eine scheinbar ausgewogene Runde. Dann aber erklärt der Gastgeber, hinter den Statements des einen stehe die überwältigende Mehrheit der Wissenschaft, daher müsse eine ausbalancierte Sendung anders aussehen: und zack! kommen siebenundneunzig Wissenschaftler:innen in weißen Kitteln und stellen sich demonstrativ auf die Seite des *Science Guys*, während der »Klimaleugner« allein im Regen steht. Sehr erhellend und entlarvend.

Wie wir auch bei den endlosen Coronadebatten erleben mussten, hängt die Auswahl von Expert:innen für Talkshows nicht zwangsläufig mit deren Qualifikation zusammen. Wenn jemand telegen ist, Zoff in die Bude bringt und Zeit hat, wird er weiter eingeladen, egal wie oft sich seine Vorhersagen als gefährlicher Quatsch erwiesen haben. Der Unterhaltungswert ist wichtiger als der wissenschaftliche Gehalt der Aussagen. Das erinnert mich an ein Buch, das mich in den 80er Jahren, als ich Student war, sehr beeindruckt hat und das mit vielen seiner Prognosen zur Gefährdung der Demokratie durch das Fernsehen leider recht behielt: ›Wir amüsieren uns zu Tode‹ von Neil Postman. Der amerikanische Soziologe analysierte darin die sehr eigene Logik, der Debatten im Fernsehen folgen und nach deren Verständnis es unsexy ist, vor laufender Kamera zu überlegen oder Argumente abzuwägen. Es zählen Schlagfertigkeit, Aussehen und der Entertainmentfaktor. Trump wäre nicht Präsident geworden, wäre er nicht aus einer banalen TV-Show vielen Wählern bereits über Jahre »vertraut« gewesen. Trump hat mit seiner antiwissenschaftlichen Haltung zur Erderwärmung oder auch zum Umgang mit dem Coronavirus enormen Schaden angerichtet. Um wie viel größer ist der Schaden, wenn sogenannte Experten nicht nur durch eine Mischung von Selbstüberschätzung und Verfügbarkeit viel Öffentlichkeit bekommen, sondern von langer Hand gezielt eingesetzt werden, um Zweifel an wissenschaftlichen Erkenntnissen zu streuen und Vertrauen zu zerstören?

Professor Dieter Köhler, ein »Lungenarzt mit Rechenschwäche« (›taz‹), dominierte hierzulande 2019 wochenlang die Debatte über Grenzwerte für Feinstaub und Stickoxid – mit völlig falschen Zahlen und Argumenten. Ich erinnere mich noch, wie ich vor dem Fernseher verzweifelte, als ein sichtlich überforderter echter Experte ausführlich das Vorgehen der Weltgesundheitsorganisation und die Belastbarkeit von Studien erklärte, bis ihn Anne Will mit dem diagnostischen Satz unterbrechen musste: »Wir haben hier ein anderes Tempo als in Ihrer Wissenschaft.« Und was blieb beim Zuschauer hängen? Dass sich die »Experten« nicht einig sind und unterschiedliche Einschätzungen einander gleichberechtigt gegenüberstehen.

Heute, als ehemaliger Gastgeber einer Talkshow und als häufiger und hoffentlich auch weiterhin gern gesehener Gast, weiß ich: Die Psychologie der Talkshow ist und bleibt eine Wissenschaft für sich. Ein Teil der Dynamik im Miteinander ist nicht vorhersagbar, aber die größte Verzerrung besteht bereits in der Einladungsliste, ob jemand »gesichtsbekannt« ist oder nicht, ob jemand medial »funktioniert« und dabei noch unterhält.

Die Geschwindigkeiten, mit denen Unsinn verzapft wird, die Welle der Aufmerksamkeit, und die Zeit, die seriöse Institutionen und Institute brauchen, um ihre Gegenpositionen zu behaupten, passen einfach überhaupt nicht mehr zusammen. Dazu kommt der »Dunning-Kruger-Effekt«, der besagt: Je beschränkter die eigene Erkenntnisfähigkeit, desto vehementer und überzeugter kann man – von allen Selbstzweifeln befreit – in der Öffentlichkeit auftreten. Ein echtes mediales Problem mit weitreichenden Folgen gerade für die Klimadebatte.

Der Film ›Merchants of Doubt‹ ist wie ein Krimi und jedem zu empfehlen, der sich fragt, warum sich viele Erkenntnisse nicht in politisches Handeln übersetzt haben. Spoiler: weil es Leute mit sehr viel Geld gab und gibt, die massiv dazwischengrätschen. Das klingt wie eine Verschwörungstheorie, aber Film und Buch wurden makellos recherchiert. Das Erschreckende daran: Mit derselben Methode wurden wieder und wieder Meinungen erfolgreich manipuliert, egal ob gekaufte Experten drei Jahrzehnte lang behaupteten, Nikotin mache nicht abhängig, oder der saure Regen und das Ozonloch verharmlost wurden. Das größte Pfund der Wissenschaft ist ihre Vertrauenswürdigkeit. Wissenschaftler:innen arbeiten hart dafür, betreiben großen methodischen Aufwand und gehen viele Umwege, um sich der Wahrheit zu nähern, ob sie ihnen nun passt oder nicht, ob sich damit Geld verdienen lässt oder nicht. Das war bei meiner Doktorarbeit auch so: ein Mordsaufwand für sehr wenig Ergebnis. Nun ist Wissenschaft komplex, und viele Forscher:innen sind nicht die besten Vermittler:innen ihrer Ideen. Reputation ist sehr mühsam aufgebaut und sehr schnell zerstört. Ein Beispiel ist der fiktive Virologen-Streit in Deutschland, bei dem in der komplexen Gemengelage der Pandemie von der Boulevardpresse so getan wurde, als sei das alles nur eine Frage persönlicher Eitelkeiten.

Ein internationales Beispiel ist der vorsätzlich erzeugte »Skandal« um E-Mails von Wissenschaftler:innen. Der Kampfbegriff »Climate-Gate« sollte an »Watergate«, einen historischen Politskandal, erinnern, dabei war der eigentliche Skandal, dass es keinen Skandal gab. Nichts in den gestohlenen E-Mails deutete auf eine Manipulation der Daten hin. Aber das Timing kurz vor dem Kopenhagener UN-Klimagipfel 2009 war perfekt, der Schaden immens, die Strategie ist voll aufgegangen: die Wissenschaft diskreditieren, falsche Informationen verbreiten, Verwirrung stiften und Zweifel fördern. Und wer sind die Geldgeber? Das deutsche

Investigativnetzwerk »Correctiv« recherchierte, welch unrühmliche Rolle dabei das amerikanische »Heartland Institute« spielt, finanziert sowohl von dem Ölkonzern ExxonMobil als auch von den »Koch Brothers«, die mit klimaschädlichen Produkten wie Erdöl, Kohle und Plastik zu Milliardären wurden. Wer mehr über die deutschen Bremser-Buddys wissen will, dem empfehle ich das Buch ›Die Klimaschmutzlobby – Wie Politiker und Wirtschaftslenker die Zukunft unseres Planeten verkaufen‹ von Susanne Götze und Annika Joeres.

Es gibt noch eine weitere Dimension: Die Berliner Politikberatung adelphi hat die Positionen von einundzwanzig Rechtsaußen-Parteien in Europa untersucht. Die meisten von ihnen lehnen Klimaschutz ab, doch beim Umgang mit wissenschaftlichen Fakten und beim Abstimmungsverhalten zu klimapolitischen Gesetzesvorhaben im EU-Parlament nimmt die AfD eine besonders extreme Position ein. Wer die »wahren Interessen der einfachen Bürger« vertritt, müsste doch als Erstes zeigen, wie viel gerade die »einfachen Bürger« durch die Folgen der Erderhitzung zu verlieren haben. Harald Lesch und Stefan Rahmstorf machen sich immer wieder die Mühe, Falschbehauptungen, Flugblätter mit irreführendem Inhalt und Videos der Klimaleugner von »Eike« oder das Parteiprogramm der AfD mit wissenschaftlichen Mitteln geradezurücken. Mein höchster Respekt für diese Sisyphos-Arbeit!

Die Wissenschaftshistorikerin Naomi Oreskes schreibt: »Kleine Gruppen von Menschen können große negative Auswirkungen haben, insbesondere wenn sie organisiert, entschlossen und machtbereit sind.« Und wer es nicht ins Fernsehen schafft, stänkert in den Social Media umso lauter. Bleibt für mich die Frage: Warum ist die dunkle Seite der Macht oft so viel schneller und so viel besser finanziert und organisiert als die helle? Muss ja nicht für immer so bleiben.

MUND AUF – NICHT NUR BEIM ZAHNARZT

»Für den Triumph der Dummheit reicht es, dass die Klugen die Klappe halten.«

Frei nach Edmund Burke

Woher rührt die vehemente Verteidigung des Ist-Zustandes, wenn uns doch klar ist, dass eh nichts bleibt, wie es ist? Und warum ist es so viel leichter, Greta zu hassen, als das eigene Verhalten in Frage zu stellen? Das wollte ich von der Psychologin Cornelia Betsch wissen. Sie lehrt an der Universität Erfurt, unterstützt die »Scientists« und die »Psychologists for Future« und ist international eine der besten Kenner:innen der Gesundheitspsychologie. Während wir miteinander sprachen, saßen wir in einem übervollen ICE auf dem Boden vor der Tür, und ich werde nie den Moment vergessen, als Cornelia mit einem Whiteboard-Marker die Dreiecksbeziehung zwischen dem alten weißen Mann, Greta und dem Umweltschutz an das Fenster malte. »Jeder der drei hat andere Werte. Dem alten weißen Mann ist beispielsweise freie Marktwirtschaft ganz wichtig. Er will sich von keiner Regierung vorschreiben lassen, wie er zu leben hat. Er lehnt also eine starke Umweltbewegung ab, da diese dazu führen könnte, dass staatliche Regulierung seine Freiheit einschränkt. Greta ist stark positiv mit der Umweltbewegung verknüpft. Damit das Dreieck ausbalanciert ist, kann der alte weiße Mann seine Einstellung zum Umweltschutz ändern – eher unwahrscheinlich – oder er muss Greta angreifen. Er hackt dann lieber auf Gretas jugendlichem Alter oder ihrer psychischen Einschränkung als Autistin herum, als vor sich selber einzugestehen, dass er eventuell jahrelang an etwas Falsches geglaubt hat.«

Von Conny habe ich gelernt: Unser Selbstbild ist uns langfristig wichtiger als die Wahrheit. Wenn es sachlich nicht weitergeht, beleidigt man eben persönlich. Was ich aber auch gelernt habe: Wir stellen uns das Verzichten meistens schlimmer vor, als es dann tatsächlich ist. Denn oft wäre es am allerbesten für die Umwelt, Dinge einfach gar nicht zu tun. Conny erzählt mir, sie probiere gerade aus, ein Jahr lang nichts zu kaufen. »In meinem Schrank hängt ein Zettel, auf dem steht: Nix kaufen! Ich lerne alte Teile wieder schätzen – man braucht gar nicht so viel, wie wir in unserer Konsumwelt glauben.«

Wenn uns unbewusst dämmert, dass wir uns falsch verhalten und mit dem, was wir tun, sprich Auto fahren, fliegen, Rindfleisch essen, selber zur globalen Erwärmung beitragen, empfinden wir

Zwischen Greta mit dem Schild, der Umwelt und dem alten weißen Mann gibt es eine Dreiecksbeziehung.
Das erklärt mir die Gesundheitspsychologin Cornelia Betsch am Boden vor einem ICE-Fenster. Der reservierte Zug war ausgefallen.

dies als inneres Unbehagen. Damit wir vor uns selbst aber nicht als Heuchler dastehen, fängt unser Gehirn an, sich Rechtfertigungen auszudenken und Vergleiche anzustellen: »Mein Nachbar hat ein viel größeres Auto als ich.« Oder: »Es bringt nichts, meine Ernährung umzustellen, wenn ich der Einzige bin, der das tut.« Und man einigt sich stillschweigend mit seinem Umfeld, sei es Partner, Familie, Freunde oder Firma, diese heiklen Zukunftsthemen in Zukunft auszuklammern, und redet lieber weiter über das Wetter statt übers Klima.

Aber: Soziale Normen wandeln sich. Engagiert sein ist nicht mehr die Ausnahme, sondern das neue Normal. Vor dreißig Jahren war es exotisch, wenn eine Frau Yoga gemacht hat. Heute ist es exotisch, wenn sie kein Yoga macht. Wenn es nicht mit einem Extraaufwand verbunden ist, seine »Grundeinstellung« zu ändern, fällt es viel leichter, die richtigen Dinge zu tun. Aus der Psychologie kennt man die Wirksamkeit von kleinen Anstupsern, die eine gesunde Entscheidung nicht erzwingen, aber erleichtern, das *Nudging*. Beispiel Flugkompensation. Wenn ich einen Flug buche, komme ich dabei kaum umhin, gleichzeitig auch einen Mietwagen, eine Versicherung und ein Bahnticket zum Flughafen zu kaufen. Das wird mir alles automatisch angeboten, ich muss es aktiv wegklicken, wenn ich es nicht will. Wenn ich dagegen bei einem Flug dessen Emissionen kompensieren möchte, passiert das nicht automatisch. Warum nicht? Die Kosten könnten doch direkt im Preis mit drin sein, und wer das explizit anders haben möchte, müsste sie sich ganz kompliziert rückerstatten lassen. Mehr Leute würden automatisch zustimmen. So wie sich inzwischen keiner auf jeder Internetseite die Cookies-Freigaben im Kleingedruckten durchliest, sondern alles abnickt, um seine Ruhe zu haben.

Anderer Bereich, aber gleiches Prinzip: In Österreich ist man Organspender, sofern man nicht ausdrücklich widerspricht. In Deutschland muss man sich aktiv dafür entscheiden, was dazu führt, dass viele eine Organspende theoretisch für eine super

Sache halten, aber leider zu faul sind, um sich dazu zu äußern. Dass Menschen Gewohnheitstiere sind, werden wir nicht ändern. Also müssen wir die Gewohnheiten ändern. Wenn wir uns als soziale Wesen in unserem Verhalten am liebsten an anderen orientieren, braucht es, wie Michael Kopatz vom Wuppertal Institut es nennt, weniger »Ökomoral« und mehr Routinen. Beim Zähneputzen fragen wir uns ja auch nicht jeden Morgen neu, ob das jetzt richtig ist.

Oft werden scheinbar unüberbrückbare Gegensätze aufgebaut, Freiheit versus Ökodiktatur beispielsweise. Dabei gerät leicht ein Gedanke unter die Räder, der mir sehr wichtig ist: Von wessen Freiheiten reden wir da eigentlich? Und welche Konsequenzen ergeben sich aus den Freiheiten von heute für die Freiheiten von morgen? Im konservativen Wertespektrum gehören Freiheit und Verantwortung eng zusammen, aber bitte nur, wenn die Verantwortung auch freiwillig übernommen wird, nicht in Form einer Verpflichtung, sonst würde sie ja die individuellen Freiheiten beeinträchtigen. Deshalb sprechen Realpolitiker auch nicht von »Verboten«, sondern von »Ordnungspolitik«. Eine Partei, die höhere verbindliche Zielvorgaben für Schadstoffe aus dem Auspuff oder Schornstein fordert, gilt als »Verbotspartei«, auch wenn die Maßnahmen sinnvoll und die Absicht dahinter nachvollziehbar sind. Faktisch hat aber heute niemand mehr was gegen das Rauchverbot in Kneipen, die Pflicht, sich im Auto anzuschnallen oder auf FCKWs im Haarspray zu verzichten – der Aufschrei verstummt erfahrungsgemäß sehr schnell durch neue soziale Normen und vor allem durch vorgelebte Praxis.

Wenn ich sehe, dass meine Freunde oder Nachbarn etwas tun, dann werde ich das mit einer gewissen Wahrscheinlichkeit auch tun, zum Beispiel Sonnenkollektoren auf dem Dach montieren oder meine Einkäufe mit dem Lastenrad erledigen statt mit dem Auto. Einer fängt an, die anderen ziehen nach – das ist »soziale Ansteckung«.

Das Gegenteil ist das »Beamtenmikado«: Wer sich zuerst bewegt, verliert. Wenn keiner anfängt, wirkt fatalerweise ein Phänomen, das in der Psychologie einen wahnsinnig schlauen Namen hat: die »pluralistische Ignoranz« – das Gegenteil von »Schwarmintelligenz«. Gemeinsam ist man eben nicht automatisch schlauer, man kann sich auch gegenseitig lähmen. Gut belegt ist das hinsichtlich des Verhaltens mehrerer Personen in einer Notsituation. Bei einem Unfall etwa oder einem Hilfeschrei. Jeder wartet erst mal ab. Und denkt: »Wenn es wirklich schlimm wäre, würde jemand was tun, weil aber keiner was tut, wird es auch nicht so schlimm sein.« Und weil das alle denken, passiert lange nichts. Auch beim planetaren Notfall gilt, dass viele latent alarmiert und auch bereit sind zu helfen, aber dennoch erst mal abwarten. Wir sind die Gaffer bei unserem eigenen Crash. Und weil der Crash in Zeitlupe abläuft, schauen wir zwar fasziniert hin, aber zu wenige von uns ziehen die Notbremse.

Deshalb ist das Wichtigste, was Sie und ich tun können, um etwas zu bewegen: eine neue Konversation starten! Das Gespräch gehört mitten rein in jede Familie, an den Küchentisch, an den Stammtisch, an runde und eckige Tische, hohe und niedrige. Quer durch alle Berufe, Gruppen und Altersgruppen. Jede Generation wünscht sich, der nächsten möge es besser gehen. Das hat in Deutschland seit 1945 ganz gut hingehauen. Aber die Beweislast wächst, dass es die heute noch jungen und erst recht die zukünftigen Generationen auf einer in Teilen unbewohnbar überhitzten Erde schwerer haben werden. Und das wissen die Jungen verrückterweise besser als die Alten. Auf wen also sollten die Alten besser hören? Offenbar auf ihre Kinder und Enkel. In einer Studie zu gelingender Klimakommunikation bewirkten Mädchen bei ihren konservativen Vätern den größten Sinneswandel. Was Hänschen nicht lernt, lernt Hans nimmermehr? Quatsch, hört auf die Henriettes, Hannahs und Hatices dieser Welt, wenn sie recht haben. Da bekommt das Wort »Erwachsenenbildung« gleich eine ganz neue Bedeutung.

Viele trauen sich nicht, bei den komplexen Themen Nachhal-

In einer Demokratie hat jeder das Recht auf eine eigene Meinung, aber nicht auf eigene Fakten.

tigkeit oder Umwelt- und Klimaschutz den Mund aufzumachen, weil sie Angst haben, nicht genug zu wissen. Diese Spirale des Schweigens öffnet leider vielen, die mehr Meinung als Ahnung haben, Tür und Tor. Und die Tatsache, dass ihnen keiner widerspricht, nehmen sie auch noch als Bestätigung ihrer Position. So schwer es ist, Menschen, die eine sehr starre ideologische Haltung einnehmen, zu überzeugen, so wichtig ist es, den Unentschiedenen am Tisch zu signalisieren, dass man diese Position nicht teilt.

Auch ohne Fachmann zu sein, kann man ein Gespräch über den Klimawandel, seine Ursachen und Folgen führen. Entscheidend ist erst mal nur, dass wir darüber sprechen. Unser Ziel muss nicht gleich sein, Andersdenkende vollends auf unsere Seite zu ziehen. Viel wirksamer als Vorwürfe und lange Vorträge sind Gegenfragen, die Interesse am Gegenüber zeigen. Auf eine pauschale Aussage kann zum Beispiel die Frage folgen: »Wen genau meinst du damit? Woher hast du diese Information? Aus einer vertrauenswürdigen wissenschaftlichen Quelle? Die Materie ist schließlich komplex.«

Häufig geht es aber gar nicht um Fakten, sondern um Emotionen und Werte. Sie anzusprechen, schafft Vertrauen und Verständnis: »Was ist dir im Leben/für die Zukunft/für deine Kinder/für dein Land besonders wichtig?« Wenn man weiß, dass jemand die Natur liebt, seinen Hund, seinen Schrebergarten, seine Kinder und Enkel, seine Gesundheit und seine Heimat, dann kann man sich erst mal über die Gemeinsamkeiten austauschen, anstatt sich gleich über die Unterschiede zu zoffen. Das bewirkt, dass nicht automatisch die Scheuklappen zugehen oder reflexartig die »Wer nicht für mich ist, ist gegen mich«-Rhetorik zum Einsatz kommt. Hilfreich kann auch sein, statt sich auf fremde Autoritäten zu berufen, den eigenen Erkenntnisprozess offenzulegen: »Früher fand ich die Ökofraktion oft nervig und hatte das Gefühl, dass sie die Gefahren übertrieben darstellt. Aber als ich merkte, wie sehr mir selber die heißen Sommer zusetzen, wuchs in mir die Überzeugung, dass es sich lohnt, das Problem ernst zu nehmen, denn es wird von Jahr zu Jahr größer, wenn wir nicht handeln.«

Mehr zum Thema Psychologie des Überzeugens, zur Mechanik von Desinformation und Verschwörungspsychologie sowie hilfreiche Tipps gibt es unter anderem auf diesen Webseiten: spektrum.de, klimafakten.de, volksverpetzer.de, correctiv.org und skepticalscience.com. Und jetzt gleich noch ein paar »Merkzettel«, womit Sie sich für die nächste Begegnung mit einem Killerargument wappnen können.

Merkzettel
(Gute Argumente in jeder Lebenslage)

Killerargument 1:

„Wissenschaftler sind sich doch gar nicht einig, dass der Klimawandel menschengemacht ist."

1) 100 Prozent Einigkeit gibt es in der Wissenschaft sehr selten, aber kaum etwas ist so gut untersucht und verstanden wie die Ursachen der Erderwärmung. Der Geologe James Powell analysierte die Veröffentlichungen von vierunddreißigtausend wissenschaftlichen Autor:innen: Nur eine:r von Tausend vertrat eine andere Meinung. Das würde ich nicht »umstritten« nennen — sondern 99,9 Prozent Konsens!

2) Ich habe mich auch lange gefragt, wie man den menschlichen Beitrag von anderen Einflüssen unterscheiden kann. Doch das geht, weil Kohlenstoff-Atome so eine Art Zeitstempel haben, sogenannte Isotope. Damit kann man zeigen, dass der Anstieg des Kohlendioxids seit der Industrialisierung eindeutig menschengemacht ist, weil wir die fossilen Brennstoffe aus der Erde holen.

3) Der Treiber der Erderwärmung ist ja die CO_2-Konzentration in der Atmosphäre. Und die ist heute so hoch wie zuletzt vor drei bis fünf Millionen Jahren. Forscher:innen konnten das durch Messungen von uralten Luftblasen in Eis belegen, als der Meeresspiegel noch bis zu zwanzig Meter höher lag. Das hat damals auch keinen Menschen gestört — denn uns gab es ja noch gar nicht. Heute leben 7,7 Milliarden Menschen auf der Erde. 1,4 Milliarden davon in Küstennähe. Keine gute Idee, da nicht gegenzusteuern. Ehrlich gesagt, bin ich sehr froh darüber, dass es eindeutig der Mensch ist, der die Erwärmung verursacht, und nicht die Sonne oder die Vulkane — so können wir Menschen auch etwas daran ändern!

Das wappnet mich für meine nächste Diskussion!

Merkzettel

Killerargument 11:
„Früher war es auch schon mal viel wärmer."

1) In dem Punkt hast du recht, Grönland heißt ja auch Grönland, weil es dort während einer Warmperiode mal grün war. Aber der zentrale Unterschied ist, ob es in einzelnen Regionen mal wärmer und kälter ist oder ob gleichzeitig und weltweit eine Erwärmung eintritt, wie jetzt gerade. Es ist ja auch ein Unterschied, ob eine von vier Herdplatten heiß ist oder die ganze Küche brennt!

2) Stimmt, aber diese natürlichen Schwankungen hatten eine völlig andere Geschwindigkeit, die Veränderungen zogen sich über Jahrtausende. Was den Klimawissenschaftlern und inzwischen auch mir, seit ich mich damit beschäftige, wirklich große Sorgen bereitet, ist das Tempo der Veränderung, das es historisch so noch nie gab. Diese Beschleunigung überfordert Mensch und Natur in ihren Anpassungsmöglichkeiten und geht noch schneller voran, als wir vor wenigen Jahren dachten.

3) In welcher Zeit lebst du? Ich interessiere mich nicht groß dafür, wie es irgendwann in der Erdgeschichte ohne Menschen schon mal gewesen sein mag. Wir haben Verantwortung für die Welt, wie sie jetzt ist. Dass wir überhaupt in so einer Blütezeit der menschlichen Zivilisation mit Landwirtschaft, Städten und Kultur leben dürfen, beruht darauf, dass wir die letzten zehntausend Jahre sehr stabile Temperaturen hatten. Und die haben wir eindeutig heute nicht mehr. Das spürst du doch auch, oder?

Das merk ich mir für meine übernächste Diskussion

Merkzettel

Killerargument III:

„Sollen die Chinesen doch anfangen, was zu tun. Die sind doch viel schlimmer als wir."

1) Stimmt, als Land haben sie heute in der Summe einen großen Anteil an den Emissionen. Aber findest du es nicht umso erstaunlicher, dass ein so kleines Land wie Deutschland trotzdem zu den Top Ten der größten CO_2-Verschmutzer weltweit gehört? Ich bin darauf nicht besonders stolz. Wie siehst du das?

2) Na ja, das kommt sehr darauf an, wie man das betrachten möchte. Vieles, was in China produziert wird, landet ja bei uns, da ist es sehr einfach zu sagen: Die Emissionen gehören aber bitte alle auf deren Konto. Pro Kopf stoßen wir in Deutschland fast zwei Tonnen mehr CO_2 aus als ein:e Chines:in, aber dort sind es einfach sehr viel mehr Köpfe. Weltweit verursachen wir Deutschen mit zehn Tonnen CO_2 pro Kopf doppelt so viel wie der Durchschnitt. Und auch historisch betrachtet, haben wir deutlich früher mit der Verschmutzung angefangen. Deshalb haben wir für den Dreck, der bereits in der Atmosphäre ist, auch die größere Verantwortung und sollten auch als Erste aufhören. Wenn wir viel tun und eine Vorbildfunktion einnehmen, sind wir glaubwürdiger und können andere eher dazu bringen, sich selber mehr einzusetzen.

3) Stimmt, wir Deutschen sind nur für zwei Prozent der CO_2-Emissionen verantwortlich. Da kann man sagen, das ist sehr wenig. Aber mal angenommen, es gäbe fünfzig Länder auf der Welt, die für jeweils zwei Prozent der gesamten hundert Prozent Dreckluft verantwortlich sind: Folgt daraus, dass keines dieser Länder irgendwas tun soll?

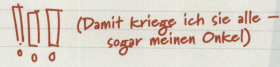

(Damit kriege ich sie alle – sogar meinen Onkel)

VORREITEN & MACHEN

Lösungen für einen Dollar
True Crime
Heldinnen
Project Drawdown
Global ist hier
Justizskandal
Germanwatch
wie im Himmel

KAPITEL 12

VORREITEN & MACHEN

Wo aber Gefahr ist, wächst das Rettende auch. Meinte Hölderlin. Der hatte auch gut reden bei unter 300 ppm CO_2 in der Atmosphäre. Wir sind jetzt bei 420 ppm. Womit er recht hatte: Es wächst gerade etwas. Wie eilig ist es denn nun mit der Weltrettung? Wie viele Ideen gibt es schon? Was müssen wir noch erfinden? Wenn die Diagnose klar ist, lasst uns über Therapiemöglichkeiten reden!

In diesem Kapitel möchte ich fünf Ideen beleuchten, die seltener genannt werden: die globale Gesundheitsperspektive, die Rolle der Ärzteschaft, die Rolle der Finanzen, juristische Wege und die große Frage: Retten Frauen die Welt?

Mensch, Erde!
Wir könnten es so schön haben,
… wenn wir unseren Grips dafür einsetzen würden,
FÜR etwas zu sein.

EINE WELT VOLLER LÖSUNGEN

*»Der Lösung ist es egal,
warum ein Problem entstanden ist.«*
Ludwig Wittgenstein

Klar ist: es gibt nicht DIE eine Lösung – aber ganz viele. Wir brauchen sie alle. Und zwar jetzt. Das »Project Drawdown« hat sich die Mühe gemacht, die hundert weltweit wirkungsvollsten Pack-Ans in einer Art Hitparade zu sortieren und jeweils mit einem »Preisschild« zu versehen: Was kostet uns das, und was bringt es, wenn wir diese Maßnahme global im großen Stil umsetzen?

Das Ziel ist klar: Im ersten Schritt müssen wir massiv Treibhausgasemissionen vermeiden und im nächsten Schritt rasch CO_2 aus der Atmosphäre entfernen, »herunterziehen«, *draw down* eben. Ein paar gute Ideen gefällig? Warum Wärme aus fossiler Energie erzeugen, anstatt die Geothermie nutzen? Schließlich gibt es doch ein paar Meter unter uns jede Menge Wärme. Warum sollten wir für Wasserkraft den natürlichen Verlauf von Gebirgsbächen und Flüssen aufstauen, wenn uns doch alle sechs Stunden durch Ebbe und Flut genug Wassermassen zur Verfügung stehen, die sich von ganz allein für ein Gezeitenkraftwerk anbieten? Wir können Fensterscheiben einbauen, die statt die Hitze hereinzulassen direkt Strom daraus erzeugen, und auch in Dingen, die mit unserem Essen zu tun haben, steckt Lösungspotenzial. Die überraschende Nummer eins im Wirksamkeitsranking sind nämlich Kühlschränke!

Jeder Kühlschrank und jede Klimaanlage enthält chemische Kältemittel, insbesondere die berüchtigten FCKW waren einst die Verursacher des Ozonabbaus. Dank des Montrealer Protokolls von 1987 wurden sie schrittweise aus dem Verkehr gezogen, aber auch ihre Nachfolger, die HFC, haben ihre Tücken: ein tausendfach höheres Treibhauspotenzial als CO_2. Diese Kältemittel können wir intelligent wiederverwenden und umwandeln, statt zu

■ **ABANDONED FARMLAND RESTORATION** 	■ **ALTERNATIVE CEMENT**	■ ■ **ALTERNATIVE REFRIGERANTS** 
■ **BAMBOO PRODUCTION** 	■ **BICYCLE INFRASTRUCTURE**	■ **BIOCHAR PRODUCTION**
■ **BIOGAS FOR COOKING**	■ **BIOMASS POWER** 	■ **BIOPLASTICS** 
■ ■ **BUILDING AUTOMATION SYSTEMS**	■ ■ **BUILDING RETROFITTING** 	■ **CARPOOLING** 
■ ■ **COASTAL WETLAND PROTECTION**	■ **COASTAL WETLAND RESTORATION**	■ **COMPOSTING** 

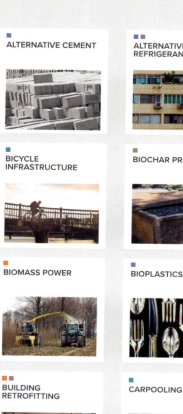

Das ABC der 100 besten bereits existierenden Lösungen, um Treibhausgase gar nicht erst entstehen zu lassen. D bis Z sind auch nicht schlecht.
Quelle: Project Drawdown.

zulassen, dass ausgerechnet Kühlschrank-Chemikalien uns überhitzen.

Das ist nur ein Beispiel von vielen, das zeigt, dass manche der wirksamsten und heute schon technisch machbaren Klimalösungen vergleichsweise wenig Aufmerksamkeit bekommen. Weitere »Augenöffner« für mich waren der hohe Nutzen von Windenergieparks, der enorme Hebel, der in der Reduzierung der Lebensmittelvernichtung liegt und der Umstieg auf eine pflanzenbasierte Ernährung, also weg vom Fleisch. China hat Werbespots mit Arnold Schwarzenegger und ›Titanic‹-Regisseur James Cameron gedreht, die die Verbraucher dazu animieren sollen, bis 2030 ihren Fleischkonsum zu halbieren und eine Milliarde Tonnen CO_2 einzusparen.

Klar gehören zu den weiteren großen Hebeln auch die Wiederaufforstung der Wälder in den gemäßigten und tropischen Zonen. Die sogenannten *nature based solutions* werden in ihrer enormen Wirkung oft übersehen. Insbesondere Mangroven, Salzsümpfe und Seegräser binden große Mengen an Kohlenstoff. Darüber hinaus bilden Böden einen enormen Kohlenstoffspeicher für derzeit sechsundzwanzig Prozent der von uns Menschen verursachten Emissionen. Ein intakter Boden kommt aber nicht so spektakulär daher wie die großen Pilotprojekte der »Carbon Removal«-Industrie, die Maschinen bauen will, die für viel Geld das tun sollen, was ein Baum von alleine macht. Die Ingenieure verschweigen in ihrer Euphorie allerdings oft, woher sie die für dieses astronomische Unterfangen benötigte Energie nehmen wollen. Zum Größenvergleich: Pro Jahr verbraucht die Welt etwa 4,5 Milliarden Tonnen Öl. Mindestens so groß wie die gesamte Erdölbranche, wenn nicht viel größer, müsste so eine Kohlendioxid-Beseitigungsindustrie werden. Es ist völlig utopisch, dass es solche Wundergeräte in absehbarer Zeit gibt, ebenso dass sie in ausreichender Zahl die Atmosphäre »staubsaugen«. Viel schlauer ist es, Emissionen zu senken und vor allem die natürlichen Senken der Treibhausgase nicht weiter zu zerstören. Und wenn man es schon technisch mag: Der Regenwald im Amazonas ist nicht unsere »Lunge« – er ist unser Beatmungsgerät! Keinesfalls dürfen wir nach der einen »Wunderwaffe« schielen, geschweige denn uns in der Hoffnung darauf zurücklehnen und glauben: Die Ingenieure werden das schon machen. Die Dinge sind miteinander verwoben und haben viele zusätzliche Effekte weit über die Vermeidung von Treibhausgasen hinaus. Machen wir uns auf, hin zu Lebensqualität und Resilienz, hin zu einem stabileren Erdsystem, einer intakten Tierwelt und einem Mehr an menschlicher Gesundheit!

Das dickste Brett ist und bleibt das schnelle Ende der Nutzung fossiler Brennstoffe. Die Vorräte, die noch in der Erde schlummern, müssen genau das weiterhin tun dürfen – schlummern. Das zu gewährleisten, wird eine echte Menschheitsaufgabe. In den 70er Jahren dachte man ja, die Erdölvorkommen seien im 20. Jahrhundert aufgebraucht. Heute wissen wir, dass es noch genug Öl gibt, um einige wenige Menschen kurzfristig noch reicher, dafür aber uns alle endgültig bitterarm zu machen. Denn wenn wir als Weltgemeinschaft das in der Erde gespeicherte Energiepotenzial in die Luft gehen lassen, können wir unsere Lebensgrundlagen mit keinem Geld der Welt mehr zurückkaufen – dann sind wir definitiv jenseits der Kipppunkte und die fatalen Kettenreaktionen lassen sich nicht mehr aufhalten.

Der beste Weg, die ölproduzierenden Länder zum Umlenken zu bewegen, ist theoretisch sehr einfach: ihnen nichts mehr abkaufen und unabhängig von dem schwarzen Gift werden. Weiterhin teure Pipelines für russisches Erdgas zu bauen, kommt mir so vor, als lege man bei einem Junkie einen Infusionsschlauch direkt vom Dealer in die Vene und man wundere sich gleichzeitig, warum man von dem Zeug nicht wegkommt. Der Mythos vom Erdgas als einer »sauberen« fossilen Energie spukt weiter in den Köpfen herum, dabei haben die Atmosphärenforscher die Schädlichkeit von Methan, dem Hauptbestandteil von Erdgas, hochgestuft: Die Wirkung von Methan als Treibhausgas ist nicht, wie bislang angenommen, 25-mal so hoch wie die von CO_2, sondern beträgt das 100-Fache.

Wir können den historischen Wendepunkt der Klimaneutralität bis Mitte des Jahrhunderts erreichen, wenn wir die bereits vorhandenen Klimalösungen weiterverfolgen. Aber wo stehen wir realistisch? Auf dem »Climate Change Performance Index« der deutschen NGO »Germanwatch« rutscht Deutschland jedes Jahr weiter ab – und steht inzwischen auf Platz 27 von sechzig Ländern. So viel zu unserem Vorreiterimage. Größtes Manko: Bislang hat es kaum ein Land geschafft, seinen Energieverbrauch zu senken. Für Deutschland erarbeitet die NGO »German Zero« einen konkreten Gesetzesentwurf, wie eine solche Wende auf allen Gebieten gelingen kann – damit eine neue Regierung nur noch loslegen muss.

Bislang ist Deutschland eines der vier Länder in Europa, die den meisten Müll pro Kopf produzieren; nur siebzehn Prozent davon werden recycelt. In Schweden werden neunundneunzig Prozent der Abfälle recycelt – dafür hat dann jeder Haushalt noch mehr verschiedene Tonnen – aber es geht!

Der größte Abfallvermeider aber ist die Insel Vanuatu im Südpazifik: Dort sind Plastiktüten, Plastikbecher, Styroporbehälter und konventionelle Windeln schon lange verboten.

Verzweifeln Menschen, wenn es keinen Plastikschrott mehr gibt? Nein, Vanuatu steht auf dem »Happy Planet Index« ganz oben – es ist eines der glücklichsten Fleckchen der Erde. Happy planet – happy people!

WELT RETTEN AM COMPUTER

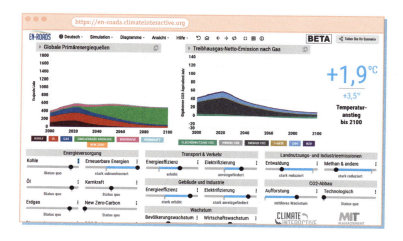

Zu welchen Maßnahmen können wir greifen, um die Erderwärmung bis zum Ende des Jahrhunderts auf unter 2 Grad Celsius zu begrenzen? Mit dem Klima-Simulationsmodell En-ROADS können Sie es ausprobieren. Machen Sie selbst einmal Weltpolitik, seien Sie ganz alleiniger »Bestimmer« und sehen Sie, was dabei herauskommt. Kommen Sie auf bessere Lösungen als die realen Weltherrscher:innen? Was wir aber direkt erkennen: Die Energiewende ist von zentraler Bedeutung, daher raus aus der Kohle, rein in die Erneuerbaren, ehrliche Preise für die Verschmutzung der Atmosphäre. Dazu energieeffiziente Autos und Gebäude, weniger Fleischkonsum, mehr biologische Landwirtschaft und mehr Wald! Sollte doch gehen, oder?

Hier selbst ausprobieren!

WIR SEHEN UNS VOR GERICHT

»Eine Kultur, die glaubt, mit dem Klimasystem verhandeln zu können, ist zweifellos irre.«
Harald Welzer

Unterlassene Hilfeleistung ist ein Straftatbestand. Genauso wie fahrlässige Tötung. Wer an einem Unfall vorbeifährt und nicht hilft, kann dafür belangt werden. Aber wen kann man belangen, wenn die Erde vor einem Crash steht, viele Menschen in Gefahr sind, die meisten Verursacher jedoch weiterfahren wie bisher?

Nachdem die NGO »Urgenda« mehr als fünf Jahre nicht lockergelassen und die Regierung der Niederlande schließlich juristisch dazu gezwungen hatte, die Verpflichtungen aus dem Paris-Abkommen von 2015 umzusetzen, verhängte diese endlich unter anderem ein strengeres Tempolimit. Dieser Sieg wurde weltweit als ein Durchbruch gefeiert. Nach dem Urteil übernahm die niederländische Regierung dann sehr rasch weitere der vierundfünfzig von »Urgenda« vorgeschlagenen Umweltmaßnahmen.

Juristen waren für mich lange Zeit die natürlichen Feinde der Humanmediziner, aber seitdem ich mich dafür interessiere, auf welchen Wegen die Sicherung unserer Lebensgrundlagen zur politischen Priorität gemacht werden kann, sind mir die Staats- und Rechtswissenschaftler ein wenig sympathischer geworden – einzelne jedenfalls.

Im Frühjahr 2021 zum Beispiel kam es in unserem Nachbarland Frankreich zu einem Aufsehen erregenden Urteil – nach einer Klage von Greenpeace, Oxfam und der Stiftung von Nicolas Hulot, der 2018 als Umweltminister zurückgetreten war, weil er in der Regierung nicht genug erreichen konnte. Die genannten Organisationen gehören zu dem Bündnis »L'Affaire du siècle«, das von zahlreichen Prominenten unterstützt wird. Und bei dieser Affäre ging es mal nicht um Parteispenden oder Seitensprünge, sondern um einen großen Sprung nach vorn.

Jugendliche aus Portugal wiederum zogen gleich gegen dreiunddreißig Staaten vor den Europäischen Gerichtshof für Menschenrechte. Die wohl berühmteste Klimakämpferin, Greta Thunberg, reichte zusammen mit vielen anderen eine Individualbeschwerde beim UN-Kinderrechtsausschuss ein, und in den USA schlug der Fall »Juliana vs. United States« hohe Wellen. Er ist einer von mehr als zwei Dutzend Fällen, bei denen sich die Kläger darauf berufen, dass das Grundrecht auf Leben untrennbar mit einer gesunden Umwelt verbunden ist – diese sei ein *national trust*, also den Bewohnern der Erde nur treuhänderisch anvertraut. Aktuell verklagen mehrere Personen und Kommunen den Ölkonzern ExxonMobil und andere Unternehmen, weil diese nachweislich die Verbraucher über die Risiken der Nutzung fossiler Brennstoffe getäuscht haben.

Und in Deutschland? Bei meiner Recherche stoße ich auf einen kuriosen Fall: Der peruanische Bauer Saúl Luciano Lliuya klagt gegen den Energieversorger RWE, weil seine Existenz durch eine Gletscherschmelze bedroht ist, die auf den Klimawandel beziehungsweise die Emissionen weltweit, aber eben auch die aus Deutschland, zurückzuführen ist. Seine Anwältin sitzt in Hamburg.

Ich bin neugierig, die Frau kennenzulernen, die sich seit Jahren mit dem Fossil-Riesen RWE und seiner maximal ausgestatteten Rechtsabteilung anlegt: Dr. Roda Verheyen mit dem Spezialgebiet Umwelt- und Völkerrecht. Es ist ein heißer Sommertag, selbst in den schönen hohen Altbauzimmern der Kanzlei ist es kaum auszuhalten, wir verlegen das Gespräch daher kurzerhand in ein italienisches Eiscafé gegenüber: »Meine Aufgabe besteht darin, auch Fälle zu übernehmen, die andere als unmöglich bezeichnen würden. Entscheidend ist sicher, dass ich tief von der Richtigkeit der Ansicht meiner Mandanten in den Klimaklagen überzeugt bin. Das Oberlandesgericht hat meine rechtliche Einschätzung ja schon geteilt. Ich bin aber auch wirklich dankbar dafür, dass ich in einem Land leben und praktizieren darf, in dem der Rechtsstaat auch ein solcher ist. Als Umweltrechtlerin lebe ich hier gewissermaßen auf einer Insel der Glückseligen. In Ecuador, Indien und vielen anderen Staaten bräuchte ich schon längst einen Bodyguard.«

Solche Prozesse dauern Jahre, werden abgewiesen, vertagt, wieder aufgenommen, ein zähes Geschäft. Viel Geld wird nur auf der anderen Seite verdient, was hält einen da aufrecht? Roda hat da eine ganz klare Position: »Mein Motor sind das Allgemeinwohl und der grundsätzliche Erhalt von Natur und Umwelt. Mir ist schlicht unbegreiflich, warum Politiker nicht verstehen, dass unser Planet endlich ist und wir nur noch so wenig Zeit haben, um ihn zu retten. Da spreche ich auch als Mutter von drei Kindern. Ich weiß schon, wie Politik funktioniert. Aber ich weiß nicht, wie Politiker damit innerlich umgehen.«

Das Eis in unserem Eiskaffeebecher ist während unseres Gesprächs geschmolzen. Die Gesetze der Physik gelten im Großen wie im Kleinen. Aber wie weit gelten Menschenrechte?

Es gibt immer mehr Klagen, quer durch Institutionen und Parteien, vom Bund für Umwelt und Naturschutz e. V. (BUND) bis zu Einzelklägern wie Josef Göppel (CSU) oder Hannes Jaenicke (ZDF). Roda Verheyen: »Das ist ja das Tragische: Die Tragweite der Klimakrise ist extrem, so extrem, dass viele das nicht mehr hören wollen. Ich hoffe, das ist jetzt beim Bundesverfassungsgericht anders.«

WOHIN MIT DEM GELD?

»Wenn du wirklich glaubst, dass die Umwelt weniger wichtig ist als die Wirtschaft, dann versuch mal die Luft anzuhalten, während du dein Geld zählst.«
Guy McPherson

Wenn BlackRock grün werden will, ist das ein ernstes Zeichen. BlackRock ist der mächtigste Investmentfonds der Welt, hat Milliarden zu verteilen und ist bisher dabei nicht durch Altruismus aufgefallen. Das für Kunden aus aller Welt verwaltete Vermögen stieg trotz der Coronakrise Ende 2020 auf 7,8 Billionen Dollar. BlackRock ist der größte Einzelaktionär an der Deutschen Börse und hält Anteile an siebenundzwanzig der dreißig im DAX gelisteten Unternehmen. Sein Nettogewinn stieg um siebenundzwanzig Prozent.

BlackRock: Auf diesem »schwarzen Felsen« hockt Larry Fink, der CEO, und zwitschert in seinem jährlichen Brief an seine Aktionäre ein neues Lied. Fink fordert die Konzernchefs dieser Welt auf, den Klimawandel ernst zu nehmen und ihre Firmen entsprechend umzustrukturieren. Zwar nähmen die Märkte das Risiko von Klimaveränderungen in Bezug auf Wirtschaftswachstum und Wohlstand nur zögerlich zur Kenntnis, »aber das Bewusstsein der Bürger ändert sich rasant, und ich bin überzeugt, dass wir vor einer fundamentalen Umgestaltung der Finanzwelt stehen.« Und er kündigt an, BlackRock wolle sich in seinen aktiv gemanagten Fonds zeitnah von allen Kohleinvestitionen trennen.

Eine Heuschrecke sagt, sie möchte nicht mehr Teil der Plage, sondern Teil der Transformation sein? Keine Kohle mehr für die Kohle?

Fraglich, ob das auch passiert wäre, wenn Greta einfach weiter zur Schule gegangen wäre, statt auf dem Weltwirtschaftsforum den mächtigsten Wirtschaftsbossen ein zorniges: »I want you to panic!« entgegenzuschleudern, »Ich will, dass ihr in Panik geratet, denn das gemeinsame Haus steht in Flammen!« Da war sie sechzehn. Der Gründer des Weltwirtschaftsforums sagte dazu: »Es geht nicht um Greta allein, es geht um die Sorge einer ganzen Generation, dass wir nicht genug tun, um unsere Umwelt so zu erhalten, dass sie uns auch weiterhin Freude machen wird.«

Die Munich Re, eine der größten Versicherungen für Versicherer, erstellt bereits seit dreißig Jahren detaillierte Analysen, wie die ökonomischen Schäden von Naturkatastrophen zu beziffern sind. Mit Ernst Rauch, dem obersten Geophysiker der Münchner Rück, sprach ich über die Tatsache, dass Extremwetterereignisse wie Hurrikane dazu führen werden, dass sich bald viele Klienten die Versicherungsprämien gar nicht mehr leisten können. Es geht um viel Geld. Und es wird immer mehr kühlen Rechnern klar: Wir haben gerade viel mehr zu verlieren als zu gewinnen.

Den Schuss hätten die Wirtschaftsbosse auch schon früher hören können. Dort, wo die schlauesten Leute der Welt sitzen, in der Harvard University, sitzt auch unfassbar viel Geld. Das Stiftungsvermögen dieser reichsten Privatuniversität beträgt dreiunddreißig Milliarden US-Dollar und wurde bislang wenig transparent angelegt, auch in der Ölindustrie. Seit zehn Jahren fordert die »Divest-Bewegung«, man dürfe nicht weiter finanziell von der Zerstörung des Planeten profitieren, sondern müsse ein klares Zeichen setzen und sämtliches Geld aus den fossilen Brennstoffen abziehen. Die Arbeit von Hunderten engagierter Aktivist:innen beginnt inzwischen weltweit Früchte zu tragen.

Wo wird noch viel Geld angelegt? In den Versorgungswerken der Ärzteschaft, dem Pendant zur Rentenkasse. Ein Vorreiter der Idee, diese vielen Milliarden zum Vorteil unserer Umwelt zu nutzen, ist der ehemalige Präsident der Berliner Ärztekammer, Dr. Günther Jonitz: »Als Ärztinnen und Ärzte üben wir einen Beruf mit hoher sozialer Verantwortung aus, da erwarten wir von der Geldanlage für unsere Renten das Gleiche.«

Wenn sich alle – von BlackRock bis zu den Halbgöttern in Weiß, von den Unis bis zu den Kirchen – auf den Weg machen,

Geld als gestaltendes Element einzusetzen, klingt das so, als wäre es schon beschlossene Sache, dass die Ölindustrie in die Röhre guckt. Ein Moment in der Coronakrise war so absurd, dass er in die Geschichtsbücher eingehen müsste. Weil in der ersten Lockdownphase weltweit so viel weniger Autos, Flugzeuge und Schiffe unterwegs waren als sonst, wurde auch viel weniger Treibstoff verkauft, sodass die Ölhändler auf ihrem bereits geförderten »schwarzen Gold« buchstäblich sitzen blieben. Und weil schon allein das Lagern von Öl sehr teuer ist, rutschte der Ölpreis nicht nur in den Keller, er wurde negativ. Das hatte es bisher noch nie gegeben: Im April 2020 kostete US-Rohöl erstmals weniger als null Dollar. Im Klartext: Die Ölhändler mussten dafür bezahlen, dass ihnen überhaupt noch jemand ihr Öl abnahm.

Der Mythos ist widerlegt, dass man mit ökologischen Geldanlagen immer nur draufzahlt. Jobst v. Hoyningen-Huene und Michael Schneider, die nach dem Steuerbetrug der Deutschen Bank beim CO_2-Zertifikatehandel aus sehr gut bezahlten Jobs ausstiegen, um ihre eigene Holding zu gründen, nannten mir ein Beispiel: Bei der Schokoladenproduktion fallen jede Menge Kakaoschalen an, die, als Biomasse unter wenig Sauerstoffzugabe erhitzt, sowohl nutzbares Biogas als auch edle Pflanzenkohle abgeben. Wenn man kleine Mengen davon ins Futter von Kühen mixt, reduziert sich die Methanmenge, die beim Wiederkäuen und Rülpsen freigesetzt wird. Und wenn die Kohle die Kuh dann wieder verlässt, lockert sie auch noch den Boden auf. *For Planet – for People – for Profit.* Win-win-win. Man kann also mit grünen Ideen schwarze Zahlen schreiben. Und ab sofort mit noch besserem Gewissen Schokolade essen. Familienunternehmen wie Mohn, Siemens und Brenninkmeijer gehören zu den ersten Investoren. In Generationen zu denken, ist ihnen geläufig. Und die nachfolgenden Generationen werden uns nicht nach dem Kontostand beurteilen, den wir ihnen hinterlassen, sondern nach dem Zustand der Welt.

Die Finanzmärkte sind ein entscheidender *Tipping Point*, um das Erdsystem bis 2050 zu stabilisieren, und noch dazu einer derjenigen, die sich am schnellsten verändern lassen. Genossenschaften sind im Kommen. Oder Modelle wie »Social Business«, bei denen die Gewinne in die sozialen Rahmenbedingungen der Mitarbeiter investiert werden. Muhammad Yunus aus Bangladesch hat für seine Idee der Mikrokredite den Friedensnobelpreis erhalten und ist auch mit achtzig Jahren immer noch eifrig unterwegs, um zu zeigen, dass Armut nicht mit Almosen am besten bekämpft wird, sondern mit der Bereitstellung von Möglichkeiten und der Übernahme von Verantwortung.

Viele der Fonds für eine nachhaltige Wirtschaft hielten sich in der Coronakrise sogar besser als die konventionellen. Die Pioniere der »Gemeinwohlökonomie«, wie Christian Felber, haben inzwischen eine eigene Bank gegründet.

Wenn ich die Gelegenheit habe, mit Menschen zu sprechen, die viel Geld bewegen, bin ich oft erstaunt, wie viele von ihnen die Nachhaltigkeit noch immer nicht als zentrales Kriterium für ihre Anlagestrategien definieren. Dabei handelt es sich bei ihnen nicht selten um Mäzene, die mit einem Teil ihres Reichtums Gutes bewirken wollen. Auch Stiftungen erkennen allmählich, dass etliche ihrer hehren Stiftungszwecke in einer komplett destabilisierten Welt keinen Sinn mehr machen. Ein sehr guter Leitfaden, wie Stiftungen Teil der Lösung werden können, findet sich auf der Webseite von »Active Philanthropy«.

Wenn man sich von den Amerikanern etwas Positives abschauen möchte, ist es die Selbstverständlichkeit, mit der – wie beim *Giving Pledge* – etliche darüber sprechen, dass sie auch von der Hälfte ihres Vermögens noch gut leben können. Gleichzeitig kommt mit Plattformen wie »Phineo« auch mehr Wirksamkeitsorientierung in die Branche.

Wenn es um Solidarität geht, geht es auch um Solvenz. So wie wir auf jeder Party irgendwann fragen: »Was arbeitest du?«, sollten wir als zweite Frage anschließen: »Und wo arbeitet dein Geld?« Kurioserweise ist das bis heute noch intimer, als über die bevorzugte Sexualpraktik zu plaudern. Aber es lohnt sich. Wenn uns Banken abziehen und dem Gemeinwohl schaden – ziehen Sie ihnen das Geld ab! Das Sparbuch, das die Oma zu mickrigen Zinsen für ihre Enkel angelegt hat, soll ja etwas abwerfen und hinterlassen. Warum legt sie dann keine Streuobstwiese damit an? Die wirft mehr ab als 0,5 Prozent Zinsen. Und der aus den verstreuten Äpfeln selbst gebrannte Obstler hat sogar über vierzig Prozent!

Das Geldvermögen der privaten Haushalte in Deutschland belief sich zum Ende des ersten Quartals 2020 auf rund 6337,2 Milliarden Euro. Ja, es ist sehr schief und ungerecht verteilt. Aber dennoch – irgendwo muss das Geld ja sein! Und irgendwer in Ihrer Umgebung könnte da Bewegung reinbringen, bevor wir uns alle verspekulieren.

»Vermögen« bedeutet vom Wort her: Ich vermag etwas zu bewegen. Das kann jeder von uns, sei es mit Ideen, mit Aufmerksamkeit oder mit nachhaltigen Anlagen. Bertolt Brecht hat noch gefragt: »Was ist ein Einbruch in eine Bank gegen die Gründung einer Bank?« Heute frage ich mich: Wenn schon gute nachhaltige Banken gegründet wurden, brauchen wir keinen Einbruch, sondern einen Aufbruch. Also: Arsch hoch – Konto wechseln. Ist ein Anfang. Und kostet nichts. Nichtstun können wir uns nicht mehr leisten.

RETTEN FRAUEN DIE WELT?

»Es gibt nur einen Weg, wie man in einem Kampf gegen Leute siegen kann, die viel zu verlieren haben – indem man eine Massenbewegung startet mit all den Menschen, die viel zu gewinnen haben.«

Naomi Klein

Die erste Frau an der Regierungsspitze von Irland, Mary Robinson, überrascht mit einer Formulierung, die mehr ist als ein Wortspiel: *Climate change is a manmade problem with a feminist solution*, »Der Klimawandel ist ein Problem, das Männer verursacht haben und Frauen lösen können.« Wobei *manmade* sowohl »von einem Mann gemacht« als auch »menschengemacht« bedeuten kann. »Feminist« bedeutet ja in der modernen Lesart auch, dass jemandem Gleichberechtigung wichtig ist, unabhängig vom Geschlecht.

Bildung für Frauen ist eine, wenn nicht *die* effektivste Maßnahme, um die Erde bewohnbar zu erhalten. Und das ist nicht eine dahingesagte private Meinung eines alten weißen Mannes, der sich bei den Leser:innen beliebt machen will. Bei der Verleihung des Deutschen Nachhaltigkeitspreises erklärte mir Katharine Wilkinson, dass Frauen die wichtigsten Landwirte der Welt seien und in armen Regionen sechzig bis achtzig Prozent der Nahrungsmittel produzierten. »Frauen sind deutlich effizienter als Männer. Würde man Frauen in Sachen Geld, Kredite, Ausbildung, Geräte und Technologie auf das männliche Niveau heben, könnte man eine Steigerung der landwirtschaftlichen Produktivität von zwanzig bis dreißig Prozent erwarten, und weniger Menschen müssten hungern.« Auch hätte nach ihrer Berechnung mehr Gleichberechtigung in der Landwirtschaft zur Folge, dass zwischen heute und 2050 zwei Milliarden Tonnen Abgase verhindert werden könnten, so viel wie durch weltweites konsequentes Recycling.

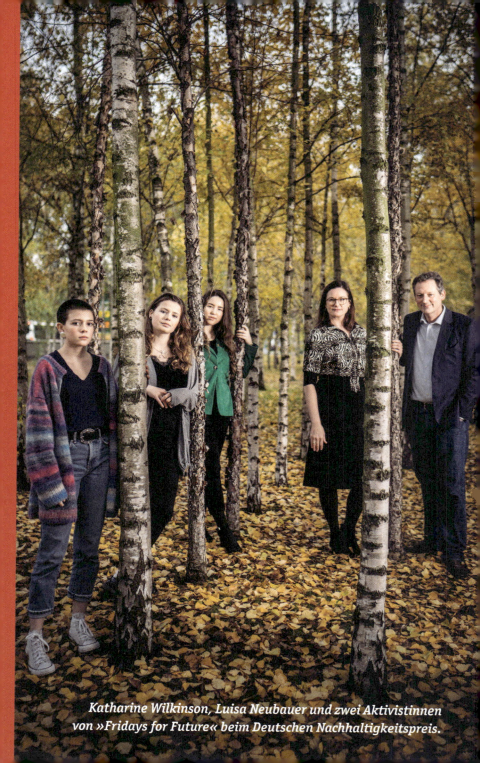

Katharine Wilkinson, Luisa Neubauer und zwei Aktivistinnen von »Fridays for Future« beim Deutschen Nachhaltigkeitspreis.

Laut der UNESCO könnte eine fundierte Ausbildung von Mädchen bis 2050 zu einer Verringerung der Treibhausgasemissionen um über fünfzig Gigatonnen führen. Warum? Katharine erklärt: »Gut gebildete Frauen sind Garantinnen für ein höheres Einkommen und weniger Not. Sie sind nicht mehr allein von ihren Männern abhängig. Das ist entscheidend, denn diese Frauen heiraten später und haben weniger Kinder. Mit wenigen Millionen könnten wir Frauen weltweit Zugang zu Verhütungsmitteln ermöglichen.«

Aber immer noch leben sechshundertfünfzig Millionen Mädchen und junge Frauen in Ehen, in die sie vor ihrem 18. Geburtstag gedrängt wurden – ein Umstand, der auch ihre Bildungs- und Berufschancen zerstört. Ein weiterer Grund für die abgebrochenen Bildungsbiografien: die Menstruation. In Indien fallen dadurch etwa zwanzig Prozent der Mädchen aus dem Schulsystem, in Malawi verpassen siebzig Prozent der Schülerinnen jeden Monat viele Unterrichtstage. Mit einer einfachen Lösung ließe sich das vermeiden – mit dem *Ruby Cup* zum Beispiel, einer wiederverwendbaren, aus medizinischem Silikon bestehenden und zehn Jahre haltbaren Menstruationstasse. Dabei würden nebenbei auch noch Tonnen von Müll gespart. Wer hierzulande einen *Ruby Cup* kauft, spendet einen zweiten, damit ein Mädchen in einem anderen Land jeden Tag zur Schule gehen kann.

Momentan wächst der CO_2-Ausstoß pro Mensch noch schneller als die Weltbevölkerung. Mir ist bewusst, wie ungeheuer komplex das Thema Weltbevölkerung, Ressourcenverbrauch und Geburtenkontrolle ist. Wer von der »Über-bevölkerung« ist denn bitte »über«? Wer sollte besser nicht leben, und wer bestimmt das? Wenn Frauen verhüten könnten, wie sie wollen, und medizinisch wie sozial gut versorgt wären, würde sich die Müttersterblichkeit auf der Welt um dreiundsiebzig Prozent und die Säuglingssterblichkeit um achtzig Prozent verringern. In Mali haben Frauen mit Sekundarschulbildung durchschnittlich drei Kinder, Frauen ohne Bildung dagegen sieben. Die Gesundheit und die

Kinderzahl folgen also der Bildung. So gehen viele Fachleute davon aus, dass um 2060 herum die Weltbevölkerung beginnen könnte zu schrumpfen. Grund zu Optimismus.

Statt auf technische Innovationen zu hoffen, sollten wir, die wir in reichen Ländern leben, viel größeres Interesse daran haben, dass überall dort, wo ein Mangel daran herrscht, Schulen gebaut werden und der Geschlechtergerechtigkeit der Stellenwert eingeräumt wird, der ihr zusteht. Bildung ist der menschlichste Weg, die Anzahl von Menschen auf der Erde langfristig auf eine nachhaltige Menge zu bringen. Menschlicher als Kriege, Verhungern und Verdursten. Es klingt erst mal paradox, aber je mehr Kinder wir kurzfristig sterben lassen, desto mehr Kinder gibt es langfristig. Sind die Entwicklungsländer zu langsam in ihrer Entwicklung? Kurzer Faktencheck: Was in unseren Breiten mehr als hundert Jahre gebraucht hat, vollzog Bangladesch in weniger als der Hälfte der Zeit, in fünfundvierzig Jahren.

Die Klimakrise ist auch eine Führungskrise. Frauen gehen weniger unkalkulierbare Risiken ein. In Parlamenten, in denen mehr Frauen vertreten sind, wird Umweltschutz nachweislich ernster genommen. Nach heutigem Stand sind Demokratien mit Frauen an der Spitze, wie Deutschland, Finnland oder Neuseeland, auch mit Corona besser umgegangen als von Machos regierte Länder, wie England, die USA, Russland, Brasilien oder die Türkei. Und auch in der Umweltbewegung, international wie national, kommen mir viele starke Frauen über drei Generationen in den Sinn: Greta Thunberg, Luisa Neubauer, Christiana Figueres, Mary Robinson, Jane Goodall, von zwanzig bis achtzig. Die derzeit größte Klimabewegung »Fridays for Future« wird hauptsächlich von Frauen angeführt, Zufall?

Mir ist inzwischen klarer geworden, wie unterrepräsentiert Frauen nicht nur in den Führungsetagen von Krankenhäusern sind, sondern auch in Regierungen, der Wirtschaft, bei UN-Verhandlungen und so weiter – und wie sehr wir alle darunter zu leiden haben. Die Klimakrise ist nicht nur ein physikalisches Problem. Frauen haben eher im Blick, dass Menschenrechte, Fürsorge, Familienplanung und Machtfragen untrennbar miteinander verbunden sind. Auf der Webseite »Women Lead Climate« haben mehr als tausend Unterzeichner:innen einen Aufruf unterschrieben, unter anderen Jane Fonda, Noemi Klein, Christiana Figueres, Gro Harlem Brundtland, Kumi Naidoo sowie die bildende Künstlerin Sibylle Szaggars-Redford.

Eine Zeile darunter auch ihr Mann Robert.

GLOBAL IST HIER.
UND GESUNDHEIT IST ANSTECKEND.

»Unsere Probleme sind von Menschen gemacht und können von Menschen gelöst werden. Denn letzten Endes ist unsere tiefe Gemeinsamkeit, dass wir alle diesen Planeten bewohnen. Wir alle atmen dieselbe Luft, wir alle hoffen für die Zukunft unserer Kinder und wir alle sind sterblich.«
John F. Kennedy

Ein Einzelner kann nichts ändern? Martin Aufmuth hat die »EinDollarBrille« im Keller seines Hauses in Erlangen erfunden und mit seiner einfachen Biegemaschine ermöglicht, dass bereits über zweihundertsechzigtausend Menschen weltweit lokal mit Brillen versorgt werden konnten. Seit ich selber zum Lesen eine Brille brauche, weiß ich, was für einen Unterschied es macht, ob man scharf sehen kann oder nicht. Und ich weiß auch, was eine gute Brille hierzulande kostet – inklusive der Nerven, die passende zu finden. Laut WHO bräuchten neunhundertfünfzig Millionen Menschen eine Brille, können sich aber keine leisten. Millionen von Kindern lernen deshalb nicht richtig lesen, für unzählige Erwachsene gilt: keine Sehkraft, keine Kaufkraft. Ein gesamtwirtschaftlicher Schaden von rund zweihundertneunundsechzig Milliarden Dollar. Jetzt kommt der Hammer: Das benötigte Material, um dieses Problem zu beheben, kostet pro Mensch nur einen Dollar! Wo bleiben da die Investoren? Ein stark kurzsichtiges Mädchen in Äthiopien erzählte Martin: »In der Pause gehe ich immer schnell vor an die Tafel und lerne alles auswendig. Dann setze ich mich wieder hin.« Was kann aus diesem Mädchen werden, wenn es jetzt auf lange Sicht klare Sicht bekommt?

Als Student habe ich in meinem praktischen Jahr in Südafrika immer wieder die Erfahrung gemacht, dass mit relativ wenig Geld vielen Menschen ungemein geholfen werden kann, und dass wir in Bezug auf den afrikanischen Kontinent oft nur die Probleme sehen, nicht aber die Chancen. Dabei sollten wir die enormen Potenziale in den Blick nehmen, die im Thema »Globale Gesundheit« stecken. Eigentlich gibt es genug zu essen, genug Wissen um die Zusammenhänge von Armut und Gesundheit, genug Medikamente und Mittel – es ist alles nur extrem »ungesund« verteilt. Momentan geben wir in Deutschland für unser eigenes Gesundheitssystem über eine Milliarde Euro aus – pro Tag! Aber rechnet man zusammen, was wir als Geberland für die Gesundheit pro Erdenbürger in Entwicklungsländern ausgeben, landet man Pi mal Daumen bei siebzehn Cent – pro Jahr. Das ist weder fair noch schlau.

Mit einer vor Ort hergestellten Brille kann man diesem Kind in Malawi für einen Dollar eine völlig neue Sicht auf die Welt schenken. Eine scharfe.

Globale Gesundheit – das klang, inklusive bestimmter Krankheitserreger, immer nach »ganz weit weg«, man kam damit höchstens als Abenteuerreisender in Berührung, dann musste man ins »Tropeninstitut« und sich gegen Gelbfieber impfen lassen oder gegen Malaria bevorraten. Gegen »Montezumas Rache« nahm man für die lange Fahrt im Bus Imodium, in der Hoffnung, der überaktiven Darmtätigkeit bis zum nächsten Halt ohne Bremsspuren Einhalt gebieten zu können. Wir wollten uns erholen, ohne uns etwas zu holen, und nur ab und zu passierte es, dass jemand nicht nur mit Erinnerungen, sondern auch mit einer üblen Erkrankung zurückkehrte.

Seit Corona ist uns klar, dass sich etwas fundamental gedreht hat. Wir reisen nicht mehr dorthin, wo die Krankheiten sind – die Krankheiten reisen zu uns. So wie man in jedem Dorf in Afrika oder Asien eine Coca-Cola erwerben kann, kann man auch Keime aus Afrika, Asien oder jedem anderen Kontinent bei uns erwerben. Das ist der Preis der Globalisierung – und auch die Chance, Krankheitsbekämpfung und Prävention jenseits der bangen Frage »Zahlt das die Kasse?« als Herkulesaufgabe für die internationale Gemeinschaft zu begreifen. Nachdem es sich als machbar herausgestellt hatte, in weniger als einem Jahr einen Impfstoff gegen SARS-CoV-2 zu entwickeln, fragten sich viele, ob das nicht auch gegen die großen Killer HIV, Malaria und Tuberkulose wirksamer möglich sein sollte. Oft fehlt einfach der ökonomische Anreiz, weil sich die Bekämpfung für die Forscherinnen und Forscher und auch für die Hersteller nicht »auszahlt«. Weltweit sind über eine Milliarde Menschen von Krankheiten betroffen, denen man keine große Beachtung schenkt und die neben allem Leid, das sie verursachen, auch einen großen Teil der Weltbevölkerung daran hindern, sich selbst aus ihrer Armut zu befreien.

In Nepal und Brasilien habe ich Kinder und Erwachsene getroffen, die Lepra hatten. In Afrika sah ich erkrankte Menschen mit fiesen Würmern, die durch die Haut und die Füße eindringen – was sich zum Teil verhindern durch ganz simple Turnschuhe für einen Dollar verhindern lässt.

Aber was hat das alles mit uns zu tun? Viele Viruserkrankungen wie das Dengue-Fieber oder das Chikungunya-Virus werden durch Mücken übertragen, unter anderem durch die Asiatische Tigermücke, die sich inzwischen auch mitten in Baden-Württemberg ausbreitet, wo sie so wenig hingehört wie das West-Nil-Virus nach Ostdeutschland. Früher starben die Mücken, wenn sie sich mit dem Flugzeug oder Schiff hierher verirrt hatten. Jetzt überleben sie. Wir schaffen gerade die Basis für neue tropenmedizinische Probleme vor unserer Haustür. »Frühsommer-Meningoenzephalitis« (FSME) bereits ab Januar? Ja, auch die Zecken, die Viren übertragen, profitieren von der Wärme. Durch die letzten drei Hitzesommer und den Lockdown, der die Städter in die nahen Wälder trieb, gab es in Deutschland mit über siebenhundert schwer an FSME erkrankten Patienten so viele wie noch nie. Immerhin kann man sich – im Gegensatz zur Borreliose – gegen FSME impfen lassen, das mach ich nach dieser Recherche jetzt auch.

Zuständig für den Infektionsschutz ist das Robert Koch-Institut. Im Organigramm sucht man eine Weile nach der Schnittstelle zwischen Klimawandel und Gesundheit. Ganz unten rechts in der Ecke, gleich unter dem Datenschutzbeauftragten, findet man dann aber Dr. Luzie Verbeek, die One-Health-Koordinatorin. Lothar Wieler hat als Veterinär den One-Health-Gedanken schon lange auf dem Schirm: die Gesundheit von Mensch, Tier und Natur gemeinsam zu fördern. Aber behördliche Strukturen verändern sich nicht so schnell wie die Welt drumherum.

Eigentlich waren wir global gesehen zu Beginn dieses Jahrhunderts auf einem sehr guten Weg: Die Menschen lebten grundsätzlich länger und gesünder, bei der Geburt starben weniger Kinder und Mütter, und zahlreiche ansteckende Krankheiten waren zurückgedrängt. Insbesondere die Anstrengungen von multilateralen Organisationen haben erreicht, dass beispielsweise Polio-Erkrankungen um 99,9 Prozent gesunken sind. 2019 wurden fünfundachtzig Prozent aller Kinder weltweit geimpft, das trägt dazu bei, dass jährlich zwei bis drei Millionen Todesfälle verhindert werden. HIV ist heutzutage eine kontrollierbare chronische Erkrankung. Viele Erfolgstorys.

Dann kam die Coronakrise, und sie belastet weltweit etliche der Gesundheitssysteme noch viel stärker als unseres. Und das wird nicht die letzte Pandemie gewesen sein. Wie der Weltbiodiversitätsrat (IPBES) im November 2020 deutlich machte, führen die menschlichen Aktivitäten zu einem ständig steigenden Risiko, mit neuen Erregern konfrontiert zu werden. Es gibt einfach immer mehr unkontrollierte Kontakte zwischen Wildtieren, Nutztieren, Krankheitserregern und Menschen. Zwar haben sich die Gesundheit und die Lebenserwartung des durchschnittlichen Erdenbürgers im letzten Jahrhundert enorm verbessert, dennoch drohen die Klimakatastrophe, das Artensterben und die Pandemie, die drei Gesichter der globalen Krisen, gerade all diese historischen Errungenschaften wieder zunichtezumachen. Allein sechs der zehn größten globalen Gesundheitsgefahren – von Luftverschmutzung, weiteren Pandemien bis zu nicht übertragbaren Krankheiten wie Übergewicht und Herzinfarkten – hängen eng mit dem Klimawandel, der Art der Tierhaltung und der Ernährung sowie den Lebensraumverlusten zusammen.

Wie geht es weiter mit Corona? Je mehr Menschen weltweit infiziert sind, desto wahrscheinlicher entstehen auch fiesere Varianten, die gefürchteten Mutanten. Die Pandemie ist erst vorbei, wenn drei Viertel der Weltbevölkerung geimpft sind. Deshalb sollte es nicht nur aus Nächstenliebe und Humanität geboten sein, sondern liegt ganz eigennützig im Interesse der reichen Länder, dass es möglichst vielen Menschen auf der Welt möglichst gut geht. Das meine ich mit dem Slogan »Gesundheit ist ansteckend« und »Global ist hier«. Wir könnten Vorreiter darin sein, niemanden zurückzulassen.

Zu Beginn der Pandemie, als noch kein Impfstoff in Sicht war, wurde schon feierlich verabredet: Sobald es einen gibt, teilen wir ihn weltweit gerecht auf und impfen in jedem Land erst mal eine bestimmte Prozentzahl von Menschen. Als dann aber die ersten Produkte auf den Markt kamen, brach das große nationale Preispokern aus, und hundertdreißig Staaten blieben fürs Erste ohne eine einzige Dosis. Daher entbrennt auch immer wieder ein Streit an der Frage, ob es nicht ethisch geboten und sogar ökonomisch sinnvoll wäre, Impfstoffe und andere entscheidende Medikamente nach anderen Kriterien zu verteilen als nach der aktuellen Kaufkraft. Vor allem erscheint es unfair, dass die Profite und Patente allein bei den Herstellern bleiben, wenn in der Entwicklung sehr viel deutsche Grundlagenforschung und auch massive Fördergelder aus Steuermitteln drinstecken. Organisationen wie »Ärzte ohne Grenzen« fordern schon lange, dass bei Pandemien und anderen globalen Katastrophen der Patentschutz die Herstellung von lebenswichtigen Medikamenten nicht einschränken sollte.

Die Bundesregierung bekennt sich im neu entwickelten Konzeptpapier »Verantwortung – Innovation – Partnerschaft: Globale Gesundheit gemeinsam gestalten« zu einem menschenrechtsbasierten Ansatz. Aber die Herausforderungen sind immens, von der Zunahme an Antibiotikaresistenzen bis zur Frage, wie ein flächendeckender, umfassender und bezahlbarer Zugang zu Gesundheitsversorgung weltweit aufgebaut werden kann (*universal health coverage*). Die WHO hat die Empfehlung ausgesprochen, mindestens 0,1 Prozent des Bruttonationaleinkommens für gesundheitsbezogene Entwicklungszusammenarbeit zur Verfügung zu stellen. Derzeit verfehlt die Bundesregierung diese Empfehlung. Zur Erinnerung: 0,1 Prozent ist ein Tausendstel dessen, was man hat. Zum Vergleich: Für Rüstung sollen wir das Zwanzigfache ausgeben. Macht es uns arm, Armut ernsthaft zu bekämpfen und Keime im Keim zu ersticken? Nein. Im Gegenteil. Wir könnten es echt schöner haben. Alle.

GESUNDE ERDE – GESUNDE MENSCHEN

»Mister Morrison, Sie werden am Ende eines Feuerwehrschlauchs keinen Klimaleugner finden.«
Australischer Feuerwehrmann zum kohleverliebten Premierminister

Bis heute weiß man nicht, vom wem der hippokratische Eid eigentlich verfasst wurde, klar ist nur: Der griechische Arzt Hippokrates war da schon lange tot. Und entgegen der verbreiteten Vorstellung, jede Ärztin und jeder Arzt spräche feierlich diese Worte, bevor sie oder er die schriftliche Erlaubnis zur Ausübung der Heilkunde überreicht bekommt, wurde mir die Urkunde kommentarlos zugeschickt. Dabei verpflichtet einen der Eid zu wichtigen Dingen, etwa die Schweigepflicht einzuhalten, der Leitidee, mehr zu nutzen als zu schaden, und das Operieren von Blasensteinen »den Männern zu überlassen, die dies Gewerbe versehen«. Als die angehende deutsche Ärztin Katharina Wabnitz in England erlebte, wie dort in einer würdigen Zeremonie tatsächlich die gemeinsame Ethik beschworen wurde, hatte sie eine Idee. Sie erweiterte das Gelöbnis für das 21. Jahrhundert: »Ich gelobe feierlich, mein Leben dem Dienst an der Menschheit zu widmen und dem Schutz der natürlichen Systeme, von denen die menschliche Gesundheit abhängt.«

Stark. Und ein ganz schön hoher Anspruch. Aber was nutzen einem die besten Beatmungsgeräte, wenn ein Patient nach langer Intensivbehandlung aus dem Krankenhaus entlassen wird und vor der Tür gleich wieder Dreck einatmet? Was nutzt es, wenn man mit den richtigen Medikamenten Bluthochdruck und Fieber senken kann, aber keine Außentemperaturen, unter denen Menschen unweigerlich zusammenklappen? Welche Aufgabe und Verantwortung haben die Gesundheitsberufe, denen immer noch höchstes Vertrauen entgegengebracht wird?

Traditionell halten sich Ärzte in der Öffentlichkeit ziemlich aus der Politik heraus, gelegentlich geht es um Sterbehilfe oder

Organspende, meist aber um Abrechnungsziffern. Das ändert sich gerade. Das internationale Forschungsprojekt »The Lancet Countdown on Health and Climate Change« wird inzwischen von der Bundesärztekammer, der Charité – Universitätsmedizin Berlin, dem Helmholtz Zentrum München und dem Potsdam-Institut für Klimafolgenforschung unterstützt. In den jährlich veröffentlichten Berichten wird detailliert aufgelistet, worin die Gefährdungen liegen und welche politischen Maßnahmen die Gesundheit schützen müssen. »Der Bericht belegt eindrücklich, dass die gesundheitlichen Auswirkungen des Klimawandels nicht irgendwann in weit entfernten Weltgegenden spürbar werden, sondern hier und heute«, erläutert Bundesärztekammer-Präsident Dr. Klaus Reinhardt. »Neben einem nationalen Hitzeschutzplan sind konkrete Maßnahmenpläne für Kliniken, Not- und Rettungsdienste sowie Pflegeeinrichtungen zur Vorbereitung auf Hitzeereignisse notwendig.«

In den letzten drei Jahren hat sich in Deutschland zum Thema Klimawandel und Gesundheit mehr bewegt als in den drei Jahrzehnten davor. Sabine Gabrysch ist seit 2018 deutschlandweit die erste und bislang einzige Professorin für Klimawandel und Gesundheit. Wir brauchen dringend mehr Expertinnen und Experten, die über den Tellerrand schauen und die neuen Trends überblicken. »Deutschland ist ein Nachzügler, was die globale Gesundheit betrifft«, konstatiert sie. »Wir sind stark in der biomedizinischen Grundlagenforschung. Aber die Verhütung von Krankheiten, die gesellschaftlichen und umweltmedizinischen Probleme für weite Teile der Bevölkerung, die haben wir hierzulande vernachlässigt.« Engagierte Arbeitsgruppen von Medizinstudierenden wie »GandHI«, »Health for Future« oder die interdisziplinäre »Deutsche Allianz Klima und Gesundheit« (KLUG) haben mit der »Planetary Health Academy« eine sehr gute Plattform mit aktuellen Vorträgen und Diskussionen geschaffen, aber bis das Thema in die Lehrpläne aufgenommen und prüfungsrelevant sein wird, dauert es noch.

Haben Sie sich als Patient:in im Krankenhaus schon einmal darüber gewundert, wie viel Müll um Sie herum anfiel? Ein weiterer blinder Fleck im Gesundheitswesen ist nämlich sein eigener Energiehunger. Ein einzelnes Krankenhausbett erzeugt unterm Strich so viele Emissionen wie ein Einfamilienhaus. Das liegt nicht am Bett, sondern an all den Dingen, die drumherum verwendet und oft auch verschwendet werden: viel Plastikmüll, viele Einweggegenstände, viel, was erhitzt, gekühlt und transportiert wird. Die Initiative »KLIK green« qualifiziert in Krankenhäusern Klimamanager:innen und reduziert an unterschiedlichen Stellen den Ressourcenverbrauch: im Einkauf, beim Strom, beim Heizen, mit Umbaumaßnahmen wie Dachbegrünung oder Dämmung oder auch, indem von den Mitarbeiter:innen diejenigen belohnt werden, die mit dem Rad oder mit den Öffentlichen zur Arbeit kommen. In der Summe wird oft vergessen, dass der Gesundheitssektor eine enorme Industrie ist, auf deren Konto rund fünf Prozent der in Deutschland verursachten Emissionen gehen. Mehr und mehr Fachverbände positionieren sich. Sehr weit vorne ist gerade eine Gruppe von Narkoseärzt:innen, die darauf drängen, besonders klimaschädliche flüchtige Substanzen aus dem OP zu verbannen.

Für die Belange der Pflege, von Erste-Hilfe-Maßnahmen über Impfungen und Organspenden bis hin zu verständlicher Kommunikation und Patientenrechten, engagiere ich mich schon seit Jahren. Doch vor einem Ärztetag in Münster mit Aktivist:innen von KLUG und anderen Organisationen im weißen Kittel zu demonstrieren und darauf zu drängen, dass der Klimawandel ein offizielles Thema wird, kostete mich anfangs einige Überwindung. Umso mehr freute es mich, dass dort auch aufgrund des pressewirksamen Protests beschlossen wurde, das Thema auf dem nächsten Ärztetag zum Schwerpunkt zu erklären. Für mich ist es immer noch ungewohnt, neben der Arbeit im Fernsehen und meinem Liveprogramm auch diese neue politische »Bühne« öffentlich zu bespielen, aber nicht nur die Leber wächst mit ihren Aufgaben.

Wenn Sie mich in diesem subjektiven Sachbuch auf meiner Lernreise bis hierhin begleitet haben, können Sie vielleicht erahnen, wie sehr mich das Thema überwältigt, vereinnahmt und verändert hat. Seit meinem Treffen mit Jane Goodall ist viel passiert. Fast fünf Jahrzehnte lang haben wir alle die Erkenntnis des »Club of Rome« verdrängt, aber in nur drei Jahren ist aus einem Schülerstreik eine internationale Bewegung entstanden, die sich nicht mehr wegdenken lässt. Ein einschneidendes Erlebnis war der globale Klimastreik am 20. September 2019, dem Tag, an dem auch das Klimapaket der Bundesregierung verkündet wurde. Mit einem kleinen Team mobilisierten wir Mitarbeiter:innen aus den verschiedensten Gesundheitsberufen, um vor dem Brandenburger Tor in Berlin und vor der Charité ein Zeichen zu setzen. Unser Motto: »42 Grad gleich 112 – die Klimakrise ist ein medizinischer Notfall.« Unsere Angst, dass keiner kommen könnte, war unbegründet. Selbst der alte und der neue Chef der Charité, Vertreter:innen der Ärztekammer, des Marburger Bundes und viele andere kamen und zeigten friedlich: Klimaschutz ist Gesundheitsschutz.

Noch jetzt bekomme ich Gänsehaut bei dem Gedanken, wie wir mit drei Generationen von Ärzt:innen auf der Bühne standen, ein großes Thermometer ausrollten und ich live vor 260.000 Menschen sprechen durfte. Dort, wo sonst nur Feiernde an Silvester oder die Fanmeile bei der Fußball-WM die Straße des 17. Juni füllen, waren bis zur Siegessäule Fans der Erde zusammengekommen. 1,4 Millionen Menschen waren an dem Tag deutschlandweit auf der Straße, Unzählige weltweit in Paris, London, Brüssel, Barcelona, Athen, Johannesburg, Kapstadt und Delhi. Allein in Australien folgten 300.000 Menschen dem Protestaufruf. Wenn man ein wenig hinter die Kulissen schaut und sieht, mit wie viel Herzblut, nächtelangem Einsatz, wenig Geld, aber viel Mut alles entstanden ist, kann man ermessen, was für ein sensationeller Erfolg dieser Tag war. Ich erlebte aber auch die Schattenseiten der agilen Organisationsformen: schwer greifbare Ansprechpartner:innen,

UNSER VERTRAUEN IN BERUFSGRUPPEN

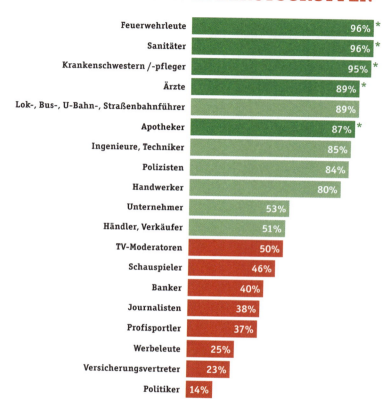

Berufsgruppe	Vertrauen
Feuerwehrleute	96% *
Sanitäter	96% *
Krankenschwestern /-pfleger	95% *
Ärzte	89% *
Lok-, Bus-, U-Bahn-, Straßenbahnführer	89%
Apotheker	87% *
Ingenieure, Techniker	85%
Polizisten	84%
Handwerker	80%
Unternehmer	53%
Händler, Verkäufer	51%
TV-Moderatoren	50%
Schauspieler	46%
Banker	40%
Journalisten	38%
Profisportler	37%
Werbeleute	25%
Versicherungsvertreter	23%
Politiker	14%

Die in Gesundheitsberufen Tätigen genießen in der Bevölkerung ein großes Vertrauen, weil sie nah dran sind an den Menschen, Leben schützen und retten und uns auf Gesundheitsgefahren hinweisen. Und wenn sie mal schlechte Nachrichten überbringen müssen, wollen sie trotzdem nur unser Bestes.
Da bin ich mal wieder froh, dass ich auch Arzt bin, denn als TV-Moderator und Journalist allein würde mich ja keiner ernst nehmen. Und Politiker will ich jetzt auch nicht mehr werden. Noch besser, ich wäre meinem ursprünglichen Berufswunsch aus der Kindergartenzeit gefolgt: Feuerwehrmann!

unklare Strukturen, die Sorge der Vereinnahmung und das ganze menschliche Chaos, das zwangsläufig entsteht, wenn so viele Leute aus den unterschiedlichsten Welten in Hunderten von WhatsApp-Gruppen gemeinsam etwas stemmen.

In mir wuchs der Wunsch, das Engagement nicht als öffentliche Privatperson weiterzuführen, sondern mit einem festen Team, um so effektiv wie möglich zu sein und den Wandel institutionell und mit meinem Netzwerk voranzubringen. Mir war klar geworden, wie schnell einer Bewegung und auch den begabtesten Aktivist:innen die Luft ausgehen kann, wenn es keinen Rahmen gibt und keine Vollzeitkräfte, die mithelfen. Deshalb gründete ich die Stiftung »Gesunde Erde – Gesunde Menschen«. Und diese Reise geht erst richtig los.

Ich erlebe gerade ein »Aufwachen« und eine Zusammenarbeit auf internationaler Ebene, quer durch die NGOs, Ministerien und Verbände, die es so noch nicht gab. So unterschrieben erstmalig vierzig Millionen in Gesundheitsberufen tätige Menschen weltweit den *Healthy Recovery Letter*, um darauf zu drängen, dass in den milliardenschweren Konjunkturpaketen die Investitionen in eine nachhaltige und gesunde Zukunft oberste Priorität haben sollten. Tatsächlich floss der Impuls, die Innenräume der Gesundheitseinrichtungen so zu gestalten, dass dort auch bei Hitze erträgliche Temperaturen herrschen, in das deutsche Paket mit ein. Man musste nicht lange vor den Türen protestieren, im Gegenteil: Man rannte oft offene Türen ein, weil viele plötzlich ihren Nachholbedarf erkannten und froh waren, über ein kompetentes Netzwerk die relevanten Ideen und Akteure kennenzulernen. Ich erlebte politische Institutionen von innen, vom Petitionsausschuss über die Ministerien von Gesundheit, Umwelt, wirtschaftliche Zusammenarbeit bis hin zum Auswärtigen Amt. Und allmählich greift auch die Stiftungswelt, unterstützt von der Robert Bosch Stiftung und dem Stifterzentrum, das Thema Klimawandel auf. Lange galt: Tue Gutes und rede nicht darüber. Falsch. Je mehr Menschen sich öffentlich engagieren, desto mehr wird das zur sozialen Norm. Stiftungen sind für die Ewigkeit gedacht. Das Problem: Wenn wir alle so weitermachen wie bisher, wird das nix mit der Ewigkeit von uns Menschen auf Erden.

Das Bewusstsein für das Thema wächst auch gerade in der nächsten Generation der Medizinstudierenden. Ich habe oft erlebt, dass sich, nachdem ich eine Vorlesung an der Uni gehalten hatte, spontan Ortsgruppen bildeten oder bereits bestehende Gruppen weiteren Zulauf erhielten. Das gibt mir Hoffnung. Wenn uns tatsächlich nur noch wenige Jahre zum Umsteuern bleiben, müssen wir uns Gedanken darüber machen, wo wir unsere Prioritäten setzen sollten. Jede Berufsgruppe kann sich fragen: Was ist mein Beitrag? Und die großen Forschungseinrichtungen mit den Milliardenetats wie BMBF, DFG und die Helmholtz-Zentren: Warum investieren wir nicht viel mehr von unserem gemeinschaftlich finanzierten Geld in DAS Thema?

Es braucht eine andere Kommunikation, Vermittler an den Schnittstellen, eine Vernetzung über die »Blasen« und »Silos« hinweg, denn Gesundheit ist nicht teilbar. Viren müssen kein Visum beantragen. Ihnen ist auch egal, ob wir Menschen sind oder Tiere, schwarz oder weiß, Privat- oder Kassenpatient:in oder gar nicht versichert. Gesundheit ist so wenig teilbar wie der Himmel und die Außentemperatur. Einem CO_2-Molekül ist es ja auch wurscht, aus welchem Land es kam und aus welchem Grund es emittiert wurde. Es tut, was es tut. Naturgesetze sind nicht verhandelbar. *One Health* – »Die-Große-Eine-Gesundheit« klingt komisch, wenig greifbar, so ein bisschen wie Weltfrieden, gegen den auch keiner was hat, bei dem aber auch niemand weiß, wie er herzustellen sein könnte. Das ist bei *One Health* zum Glück schon ausgereifter: Schluss mit dem Wildtierhandel, wie *The Legacy Landscapes Fund* große Schutzgebiete schaffen, den Menschen vor Ort Aufklärung und alternative Arbeits- und Verdienstmöglichkeiten anbieten, Impfungen für alle, Verzicht auf Antibiotika in der Massentierhaltung, am besten wäre der grundsätzliche Verzicht auf die Massentierhaltung. Die Ideen sind da. Jetzt müssen sie angegangen werden. Wie bei jeder Katastrophe gilt: Rumstehen und gaffen geht nicht. Anpacken ist angesagt. Das Schlimmste, was man tun kann, ist nichts zu tun.

Auch Humor ist hilfreich. Es ist großartig, dass Zeichner wie Ralph Ruthe sich engagieren, dass die ›heute-show‹ das Thema aufgreift, dass Harald Lesch in der ›Anstalt‹ auftritt oder die amerikanische Comicserie ›Crancy Uncle‹ sich über Klimaleugner gepflegt lustig macht. Auch die »Friday for Future«-Demos bieten auf den Plakaten bei aller Ernsthaftigkeit immer wieder auch Kreatives zum Schmunzeln: »Das war die letzte Kugel«, »Wenn die Erde eine Bank wäre – hättet ihr sie längst gerettet« oder (mein Lieblingsspruch): »Ich bin so sauer – ich habe sogar ein Schild gebastelt!«

IST KLIMA EINE GLAUBENSFRAGE?

*Wenn du eine innere Erleuchtung suchst,
guck' doch mal im Kühlschrank.*

Was trägt einen im Leben, fühlt man sich eher verloren oder aufgehoben? Solche Themen sind ein großes Tabu, selten frage ich jemanden geradeheraus: Woran glaubst du eigentlich? Worauf hoffst du? Was gibt deinem Leben einen tieferen oder höheren Sinn? Das Wort »Religion« bedeutet sinngemäß: »Kontakt aufnehmen, verbunden sein«. Auch wenn immer mehr Menschen mit den Strukturen der Kirche und ihrem »Bodenpersonal« hadern und sich aktiv distanzieren, bleibt bei vielen doch die Sehnsucht nach Verbundenheit und die Suche nach Sinn bestehen. Man kann die Religion als Machtinstrument betrachten, als »Opium fürs Volk«. Aber hat sie vielleicht auch etwas zur Rettung der Menschheit bereits im Diesseits beizutragen?

In allen Weltreligionen wird das Leben als kostbares Geschenk betrachtet. Die Aufforderung, es zu bewahren und zu schützen und damit für zukünftige Generationen Sorge zu tragen, findet sich aber auch in Naturreligionen sowie bei vielen, die ganz ohne irgendeine Gottesidee auskommen. Trotz Wissenschaft und Aufklärung kann man an etwas glauben, ja man kann Wissenschaft und Aufklärung auch mit dem Glauben verbinden und als Ansporn verstehen, sich zu engagieren – wie die kanadische Klimawissenschaftlerin und Christin Katharine Hayhoe. Keine Ahnung, wie Sie das sehen, ich jedenfalls empfinde die Welt als »beseelt«. Ich bin als evangelischer Christ aufgewachsen und fühle mich der Kirche bis heute verbunden.

Der YouTuber Rezo, Sohn eines Pfarrers, fragte in seiner ZEIT-Kolumne: »Über die Hälfte der Deutschen sind bis heute Mitglieder der großen Kirchen. Die positionieren sich glasklar zum Klimawandel. Warum zur Hölle zeigt das so wenig Wirkung?« Gute Frage. Zwar gibt es Initiativen wie die Klimakollekte und den »Grünen Hahn«. Aber da geht noch was. Schließlich haben Christen eine positive Vision zu bieten, ein nicht-materialistisches Weltbild und ein globales Netzwerk. Der Weltkirchenrat, die Deutsche Bischofskonferenz, der Papst in seiner Enzyklika »Laudato sì« und die evangelischen Kirchen teilen die »Sorge um das gemeinsame Haus« mit einem enormen Standortvorteil! Kirchen gibt es nicht nur in jedem Dorf. Caritas und Diakonie gehören zu den größten Arbeitgebern im Gesundheitswesen und könnten deutlicher zeigen, für welches Menschenbild sie stehen. Der Kern des Christentums ist die Nächstenliebe – und die schließt auch die nächsten Generationen mit ein! Vielleicht braucht es ein eigenes Wort dafür: Übernächstenliebe?

Bei der Kirche im Reschensee hilft auch kein Tag der offenen Tür mehr, damit mehr Leute kommen.

Während der Zeithorizont von Politikern oft nicht ausreicht, um unpopuläre Entscheidungen zu treffen und voranzubringen, können die Kirchen und Religionen viele hundert Jahre zurück- und gleichzeitig nach vorne blicken: als das Salz der Erde, als Licht aus einer »erneuerbaren« Quelle und als diejenigen, die eine spirituelle Dimension des Lebens anerkennen. Vielleicht verbrauchen wir so viel, weil wir nicht mehr spüren, was wir wirklich brauchen. Konzepte, die sich dem Hamsterrad der Konsumwelt entgegenstellen, findet man in allen Weisheitsreligionen, und Kamele kommen nicht besser durchs Nadelöhr, wenn sie auf ständiges Wachstum setzen. Das ist schon seit zweitausend Jahren klar. Sogar der Treibhauseffekt steht in seiner Wirkung bereits bei Matthäus 6,10 geschrieben: »Wie im Himmel, so auf Erden«!

WAS JETZT?

Gesunde Erde – Gesunde Menschen
Pinguingeschichte 2.0
Herman van Veen
Gänsehaut
Wunderkerze
Film des Lebens
Traum im Jahr 2050

EPILOG

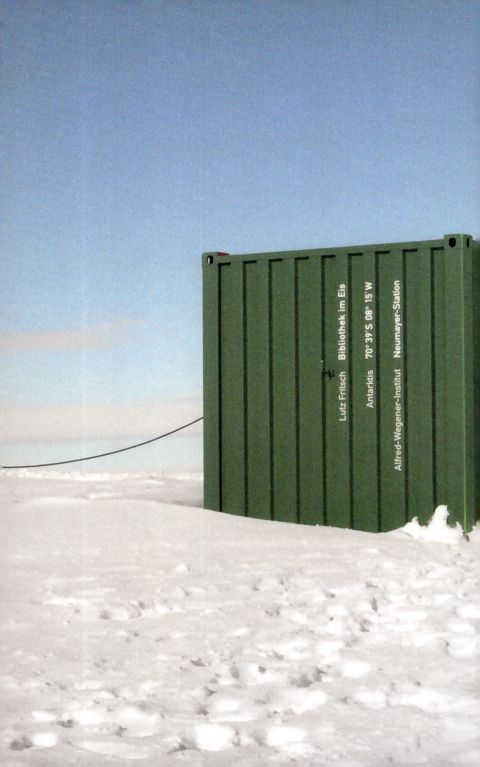

PINGUIN RELOADED

Pinguine sind meine Lieblingstiere. Sie sind bedroht, weil ihre Lebenswelt, ihre Jagdgründe, ihre Rückzugsorte bedroht sind. Auf dem Foto sieht man einen von ihnen vor einem grünen Container stehen, neugierig, was da drin passiert. Die »Bibliothek im Eis« ist ein Projekt des Kölner Künstlers Lutz Fritsch vor der Forschungsstation des Alfred-Wegener-Instituts in der Antarktis, der für die Menschen, die dort arbeiten, einen Rückzugsort geschaffen hat, an dem sie in Bücher und Geschichten abtauchen können. Dieses Buch wird mit der nächsten Expedition auch dorthin gelangen. Das freut mich sehr. Und die Forscher:innen und den Pinguin vielleicht auch.

Die »Geschichte vom Pinguin« ist mir genau so passiert, und weil sie meine Sicht auf mein Leben stark verändert hat, ist es schön mitzuerleben, dass sie Wellen schlägt und Kreise zieht, bei YouTube geschaut und geteilt wird. Denn dieses einfache, aber klare Bild von »in seinem Element sein« kann auch vielen anderen Menschen helfen, Bewegung in ihr Leben zu bringen, sich aus einer unguten Umgebung zu lösen, neue Wege zu gehen, ins kalte Wasser zu springen und zu schwimmen. Begonnen hat die Pinguingeschichte in meinem Programm ›Glücksbringer‹, bei ›Liebesbeweise‹ ging sie weiter, und jetzt merke ich: Sie ist noch lange nicht zu Ende. Und wie alle Geschichten freut sich auch die Pinguingeschichte 2.0, wenn sie weitererzählt wird und damit weiterlebt! Danke!

Vor Jahren wurde ich als Moderator für eine Kreuzfahrt engagiert. Tolle Sache, dachte ich, bis ich auf dem Schiff war. Ich merkte zwei Dinge: Was das Publikum anging, war ich im wahrsten Sinn des Wortes auf dem falschen Dampfer. Und: Seekrankheit hat keinen Respekt vor meiner Approbation. Es war übel. Endlich kamen wir an die Küste. An einem freien Tag in der norwegischen Stadt Bergen ging ich in den Zoo – und sah dort einen Pinguin auf dem Felsen stehen. Mein erster Gedanke: armes Würstchen, kann nicht fliegen, »tappelt« da so ungelenk durch die Gegend. Kein Hals, keine Knie und ein dicker Bauch. Voll die Fehlkonstruktion. Da sprang der Pinguin vor meinen Augen ins Wasser und schwamm. Er tauchte an den Beckenrand, warf mir einen Blick zu, und ich vermute: Jetzt hatte er Mitleid mit mir. Wer jemals einen Pinguin hat schwimmen sehen, weiß: Er kann fliegen – im Wasser! Ein Pinguin geht mit seiner Energie effizienter um als jeder Mensch und alles, was Menschen je gebaut haben. Von wegen Fehlkonstruktion!

In dem Moment wurde mir klar, wie schnell ich andere beurteile. Und wie sehr ich mit meinem Urteil danebenliegen kann, gerade, wenn es nur auf einer einzigen Beobachtung beruht. Gleichzeitig wurde mir klar, wie wichtig die richtige Umgebung ist, damit zum Vorschein und zum Tragen kommen kann, was in einem angelegt ist. Menschen ändern sich nicht grundsätzlich. Und auch wer als Pinguin geboren wurde, wird in diesem Leben nicht spontan zur Giraffe. Es ist gut, wenn man das weiß. Dann ist es auch müßig darüber nachzudenken, ob man nicht besser einen langen Hals hätte. Oder ob die Eltern daran schuld sind, die Gene oder die Gesellschaft.

Hilfreicher sind Fragen wie: »Was kannst du, was willst du, woran hast du Freude, wann haben andere mit dir Freude und wie kannst du jeden Tag ein bisschen mehr davon tun?« Sobald ich meine Stärken kenne, prüfe ich, ob die Umgebung dazu passt. Sollte es mich als Pinguin in die Wüste verschlagen, liegt es nicht allein an mir, wenn es nicht flutscht. Dann ist die entscheidende Frage auch nicht: »Wie bin ich hierher gekommen?« Viel wichtiger ist: »Wie komme ich von hier weg?« Mit vielen kleinen Schritten, dann folgt ein Sprung ins kalte Wasser – und man weiß wieder, wie es sich anfühlt, in seinem Element zu sein.

Ich bin ein kreativer Chaot. Eine meiner Schwächen: Mir liegen Routineaufgaben nicht. Das ist in einem Krankenhaus ungünstig.

Eine meiner Stärken: Ich komme beim freien Reden auf neue Ideen. Das ist beim Diktieren von Arztbriefen auch ungünstig. Heute nutze ich viel mehr von meinen Stärken, dadurch fallen meine Schwächen weniger ins Gewicht. Und das ist nur meine Geschichte, die jedem Mut machen soll, seinem eigenen Wesen zu folgen.

Der erste Schritt ist immer zu lieben, was ist. Das ist schon schwer genug. Und die Idee ist uralt. »Liebe deinen Nächsten wie dich selbst« heißt genau genommen: »Liebe deinen Nächsten, denn er ist wie du.« Oder salopp ausgedrückt: »Liebe dich selbst, dann können die anderen dich gernhaben.« Wenn man mit sich selbst glücklich sein kann, kann man auch mit anderen glücklich sein. Und wenn da jemand ist, der in dieselbe Richtung möchte wie man selbst, kann man ein Stück des Weges gemeinsam schwimmen. Und sich wieder trennen. Oder vielleicht ein Paar werden. Oder sogar eine Kolonie gründen, sich gegenseitig das Leben schön machen und die Freuden und die Arbeit miteinander teilen. Bei den Pinguinen gehen die Weibchen jagen, und die Männer hüten das Nest. Die Weibchen legen die Eier, die Männer packen sie sich auf die Füße und schützen sie so vor der Bodenkälte. Und dann ziehen sie ihren Bauch hoch, stülpen ihn über das Ei und halten es so warm. Ist das nicht poetisch? Dieser leichte Ansatz zur Wampe, den wir Männer ab vierzig haben, dient eigentlich einem tiefen biologischen Sinn: Schutz für die nächste Generation. Aber, Jungs, die Menge macht's. Wenn der Bauch beginnt, die eigenen Eier warmzuhalten, dann geht mal wieder schwimmen.

Die Pinguine stehen in Gruppen zusammen und schützen sich gegenseitig vor der Kälte. Das brauchen wir Menschen auch. Vater, Mutter, Kind im Reihenhaus – das war nie der große Plan. Wir brauchen größere Netze, Mehrgenerationenhäuser mit Tanten, Omas, Opas und vielen Kindern. Ein afrikanisches Sprichwort sagt: Es braucht ein ganzes Dorf, um ein Kind großzuziehen.

Liebe ist die Summe aller unserer Beziehungen, nicht nur von einer. Man kann jeden Tag mit sich, dem anderen und der Erde liebevoll umgehen. Weil wir eh miteinander verbunden sind. Vielleicht ist die höchste Aufgabe der Liebe die Selbstaufgabe. Wenn man sich mit dem Gedanken seiner eigenen Endlichkeit sowie der Endlichkeit der Ressourcen und der Erde anfreundet, konzentriert man sich auf die Dinge, die ihren Wert behalten. Auf alles, was wir in Liebe bekommen und weitergeben. Was wir jemandem gezeigt und erklärt, was wir gesät und gepflanzt, was wir gezeugt und bezeugt haben, bleibt. Wenn du dein bester Pinguin bist, reicht ein Flügelschlag, um irgendwo im großen Ozean des Bewusstseins eine Welle auszulösen, die es ohne dich nie gegeben hätte.

Die Pinguine und wir Menschen haben die Chance, auf der Erde weiterhin eine gute Zeit zu haben, wenn wir gegenseitig das Beste aus uns herauskitzeln, wenn wir uns verbinden und verbünden, wenn wir uns trauen und vertrauen, wenn wir gemeinsam Wellen schlagen und auf Wellen surfen, alle unsere Stärken einbringen, unser Wissen, unser Können, unsere Begeisterung und unseren Mut der Verzweiflung. Das ewige Eis hält nicht mehr ewig. Deshalb kann es nicht mehr ewig so weitergehen, dass jeder nur vor sich hin tappelt. Es ist alles da, was wir brauchen. Jetzt braucht es nur noch einen beherzten Sprung, und die Veränderung geschieht. Und wenn du Angst hast, schau, wer schon alles vorausgeschwommen ist und auf dich wartet, und schau, wer nachkommt und jetzt auf dich schaut. Gib dein Bestes. Gib dich ganz. Und irgendwann bist du nur noch Welle und Meer und vielleicht ein bisschen mehr. Wir sind dran!

ALLES WAS ICH HAB'

Dank an Herman van Veen

Alles, was ich weiß, weiß ich von einem andern,
Und alles, was ich lass', lass' ich für einen andern,
Alles, was ich hab', ist ein Name nur,
Den hab' ich von einem andern.

Herman, ruft ein Mann, und ich lauf' fort.
Herman, ruft eine Frau, und ich zögere.
Herman, ruft ein Kind, und ich fühl' mich alt.
Herman, ruft der Wind, und mir wird kalt.

Alles was ich sag', sag' ich einem andern,
Und alles, was ich geb', geb' ich einem andern,
Alles was ich hab', ist ein Name nur,
Den hab' ich von einem andern.

Die Hand, die ich geb', geb' ich einem andern,
Und die Tränen, die ich lass',
Wein' ich um einen andern.
Den Sinn, den ich hab', hab' ich in einem andern,
Und die Liebe, die ich fühl', ist für einen andern.

Nur meine Gänsehaut ist von mir selbst!

... noch mehr Gänsehaut beim Hören im Original!

DIE CHALLENGE: WEN BEWEGST DU!

Was kann einer schon erreichen?
Das fragt sich die halbe Menschheit.

Dinge, die Menschen geschaffen haben, können Menschen auch ändern. Aber wer, bitte, hat die Macht dazu, Weltprobleme zu lösen? Jeder von uns ist doch nur ein kleines Rädchen, einer von acht Milliarden, ein ohnmächtiges Nichts. – Denkste!

Ich schlage allen, die das hier lesen, eine »Challenge« vor. Nein, Sie müssen keinen Eimer Eiswasser über sich ausgießen, nur einmal mit kühlem Kopf überlegen und in Ihr Adressbuch schauen. Denn: Jeder kennt jemanden, der jemanden kennt. Nach der Idee der *small world* sind wir über nur sechs Zwischenstationen mit jedem anderen Menschen auf der Erde verbunden, und seit es E-Mail und Social Media gibt, kommt man »über Ecken« an überraschend viele Menschen heran.

Sosehr ich verstehen kann, dass man sich immer wieder machtlos fühlt – irgendwo muss die Macht ja sein. Deshalb die konkrete Frage an Sie: An wen kommen Sie heran, der ein bisschen mehr Möglichkeiten hat, etwas zu ändern, als Sie selbst es sich gerade zutrauen? Alle großen Dinge fangen mal klein an, jemand stellt eine Frage, einen Antrag, verknüpft zwei Leute, die an demselben Thema dran sind, sich aber nicht kennen. Jeder Bundestagsabgeordnete hat einen Wahlkreis, jeder Landtags- und Kommunalpolitiker wohnt irgendwo, hält dort Sprechstunden ab, hat vielleicht Kinder, die in dieselbe Schule gehen wie Ihre. Oder Sie lassen alte Kontakte wiederaufleben. Oder gehen selber in die Politik. Menschen sind vielseitig unterwegs, sie sind privat in Vereinen, in Freundeskreisen, in WhatsApp-Gruppen, in Kirchengemeinden, in Nachbarschaftscliquen. Sie sind in Berufsgruppen, Verbänden, bei LinkedIn oder Xing. Wir sind alle Mitglieder einer Krankenkasse, die unsere Beiträge und unsere Gesundheitsinteressen verwalten soll. Vielleicht sind Sie auch in einer Selbsthilfegruppe.

Fängt es in Ihrem Kopf schon an zu schwirren? Genau das wollte ich. Irgendwo ist IHR Anknüpfungspunkt zu einem Netzwerk, das sich in Schwung und in Schwingung bringen lässt. Und das eigentlich nur darauf wartet, dass das passiert, denn laut aktuellen Umfragen sind Umwelt und Klima die Themen, die die Deutschen am allermeisten bewegen, wahrscheinlich treffen Sie also auf viel guten Willen!

Es geht in dieser Challenge überhaupt nicht um große politische Forderungen oder Parteien – es geht um das Grundrauschen, den Resonanzboden, die Selbstverständlichkeit, mit der man wichtigen Themen auch Priorität im Gespräch, im Denken einräumt – und, wo man kann, auch öffentliches Gewicht und Budgets.

Der erste Schritt kann sein, einfach jemandem zu sagen: Ich mache mir Sorgen, wie es mit uns, mit der Welt, für die nächste Generation weitergeht. Ich habe das und das gesehen, erlebt, gelesen – wie denkst du darüber? Dann gilt es nur noch zuzuhören und offen zu sein für das, was kommt, und zu erspüren, bei welchem Thema ein gemeinsames Interesse aufblitzt.

»Macht« hat einen unangenehmen Beigeschmack, lassen Sie uns deshalb ein positives Macht-Spiel daraus machen. Wer hat Meinungs-Macht? Wer macht Schlagzeilen? Wer macht den Einkauf – für ein Unternehmen oder die Familie? Wer entscheidet über den Speiseplan in der Kantine, wer über die Heizungsanlage der Siedlung und wer über Gesetze, Vorlagen, Grenzwerte und Gipfeltreffen? Wer flüstert Macht-Träger:innen etwas ein? Wer hört auf wen, wer wird gehört und was bleibt unerhört? Und welche Macht-Träger:innen könnten etwas weniger träge sein und mehr machen?

Internationale Forscher:innen rund um Ilona Otto vom Potsdam-Institut für Klimafolgenforschung haben *Social Tipping Points* beschrieben, die bis 2050 das Erdklima stabilisieren könnten. Große Trigger mit Sofortwirkung: Finanzströme ändern sowie Subventionen für Kohle und anderen fossilen Dreck stoppen. Und mit dem Geld die Förderung der erneuerbaren Energien erneuern! Dafür braucht es aber auch drei soziale Kipppunkte: Bewusstseinsbildung und Grundwissen voranbringen, den Menschen die moralischen Konsequenzen ihres Handelns klarmachen und Städte so umbauen, dass sich darin besser leben lässt als jetzt. So vernetzt wie die Welt heute ist, verbreiten sich auch Verhaltensänderungen, Meinungen, Wissen und soziale Normen »viral«, wenn sie ansteckend genug sind. Deshalb sind »Anstecker« so wichtig, die ihre eigenen Follower zu Vorreitern machen: Wissenschaftler:innen und Künstler:innen, digitale Influencer und analoge Spirituelle, Veganer und Fashionistas, Volksmusiker und Heavy-Metal-Fans, Weise und Narren.

Statt wie gelähmt vor einem viel zu großen ökologischen Fußabdruck zu stehen, können wir uns auf den Handabdruck konzentrieren, wenn wir handeln und gestalten. Wissen wird nicht weniger, wenn man es teilt. Und die Hoffnung auf ein Kippen in die richtige Richtung ist eine erneuerbare Energie!

Wir brauchen mehr Leben in der Bude! Geschichten von Firmen, die auf grünes Wachstum setzen, Biografien von Menschen, die glücklicher wurden mit weniger statt mehr. Und wenn wir oft genug von diesen außergewöhnlichen Menschen und Momenten erzählen, werden sie »gewöhnlich«, zu einem neuen Normal. Aus dem »Das gibt es doch gar nicht« wird ein »Doch!«. Dann hat man auch Lust mitzumachen.

Stockt Ihnen gerade der Atem? Keiner von uns lebt »im luftleeren Raum«. Die Atmosphäre über uns ist höchst lebendig und veränderbar und auch die politische Atmosphäre, in der Entscheidungen getroffen werden, ist nicht in Steinkohle gemeißelt. Wir sind mit jedem Atemzug tiefer verbunden mit allen Wesen, die da sind, und sogar mit längst vergangenen Welten. Wenn Sie jetzt einen bewussten Atemzug aus dieser Hülle des Lebens, aus der Atmosphäre, nehmen, sind darin über den Daumen gepeilt 400.000 der identischen Argonatome, die Mahatma Gandhi während seines Lebens eingeatmet hat. Und wenn Sie dann bewusst auch wieder ausatmen und vor dem nächsten Atemzug eine kleine Pause machen, spüren Sie einen Hauch von Gandhis Geist, dessen Ideen ja auch bis heute in der Welt sind und Menschen inspirieren. »Inspirieren« heißt übrigens »einatmen«, fällt mir gerade auf. Also weiteratmen und Adressbücher raus! Wir schreiben Geschichte!

Was wird Ihre beste Geschichte sein, was könnte sie noch werden, worauf wollen Sie voller Freude und Herzenswärme zurückblicken, wenn Sie gefragt werden: »Die wilden zwanziger Jahre, die hast du doch erlebt. Was hast du da gemacht? Erzähl doch mal …«

VOM KLEINEN INS GROSSE UND WIEDER ZURÜCK

Manchmal dreht sich einem der Kopf. Was ist der nächste Schritt? Ist die ökologische Krise ein Teufelskreis oder ein Befreiungsschlag? Das Private ist politisch, und neue politische Rahmen verändern unseren Alltag. Wenn alles miteinander zusammenhängt, ist es vielleicht gar nicht so entscheidend, wo man anfängt – Hauptsache, man fängt an. Denn jeder Schritt in die richtige Richtung zieht andere hinterher.

Als ich anfing, regionales Gemüse über eine Genossenschaft zu beziehen, war es mit irgendwann peinlich, einzukaufen und bauten ihr eigenes Gemüse auf, ihre Freigewordenen Parkhausdächern an. Als 2021 eine neue Bundesregierung Klimaschutz und Gesundheitsschutz zur obersten Priorität machte, einen vernünftigen CO$_2$-Preis einführte, Kohlekraftwerke abschaltete und statt Autos E-Bikes subventionierte, merkten viele erst, wie sauber unsere Luft sein kann, und trauten sich wieder, mit dem Rad zu fahren, klimaresiliente Forstwirtschaft als kommunalen Standard zu setzen. Hatte gar niemand was dagegen ... und gemeinsam eine Initiative, entlang der Straße jemanden beim Gartenbauamt kannte und mit fiel auf, wie schlecht es den Bäumen ging. Meine Nachbarin kaufte ein Lastenrad mit Akku und mobilem Solarladegerät. Zur Arbeit fuhr ich jetzt durch den Park und nicht mehr an vorzuziehen, mit dem Diesel

GOOD NEWS – WAS SICH SCHON ALLES TUT ...

… 2020 wurde in Deutschland so wenig Fleisch gegessen wie seit über dreißig Jahren nicht mehr. utopia.de

… 2020 wurde in Deutschland erstmals mehr Strom aus Windkraft als aus Kohle erzeugt. utopia.de

… wenn Kühe eine bestimmte Alge zu fressen bekommen, reduziert sich ihr klimaschädigender Methanausstoß um bis zu zweiundachtzig Prozent. deutschlandfunk.de

… ein Drittel von Ruanda ist wieder mit Wald bedeckt. bonnchallenge.org

… die USA sind wieder Teil des Pariser Klimaabkommens. tagesschau.de

… ab Juli 2021 müssen bestimmte Produkte aus Einwegplastik einen Warnhinweis tragen, der auf die Umweltschäden hinweist. bum.de

… seit 2021 müssen in Frankreich bestimmte Elektrogeräte mit einem Reparaturfähigkeitsindex ausgewiesen werden. netzpolitik.org

… die Spieler von TSG Hoffenheim und FC St. Pauli laufen und schwitzen schon in Shirts aus recyceltem Plastik. goodnews-magazin.de

… eine niederländisch-britische Firma stellt Futtermittel aus gefiltertem CO_2 aus Industrieanlagen her. techandnature.com

… innerhalb von zwei Jahren haben fünfzig deutsche Gesundheitseinrichtungen im Rahmen des KLIK-Green-Programms mehr als 34.000 Tonnen CO_2 und neun Millionen Euro Betriebskosten eingespart. klik-krankenhaus.de

… über zwanzig Länder arbeiten mit an dem Projekt »Große Grüne Mauer« der Afrikanischen Union: Ein achttausend Kilometer langes und fünfzehn Kilometer breites Waldband soll den Kontinent von West nach Ost durchziehen. globalcitizen.org/de

… Gemüseanbau to go: Mobile Gewächshäuser können in Krisengebieten den lokalen Anbau von gesundem Essen ermöglichen. reset.org

… Homeoffice verhilft durch den Wegfall der Wegezeiten zu mehr Schlaf und dank der Videokonferenzen zu weniger Verkehrsemissionen. riffreporter.de

… die Deutsche Bahn will 2021 neue Nachtzug-Verbindungen zwischen Deutschland, Frankreich, Österreich, Spanien und der Schweiz anbieten, die Kurzstreckenflüge ersetzen können. Ziel ist der sogenannte Trans-Europ-Express, der das Reisen innerhalb Europas umweltfreundlicher machen soll. spiegel.de

… 2021: Deutschland erreicht seine Klimaziele!

Viele Dinge sind die letzten Jahre und Jahrzehnte kontinuierlich besser geworden, aber nie von alleine. Und auch nicht durch Willenserklärungen, sondern durch zivilgesellschaftliches und politisches Handeln. Das Montreal-Abkommen ist so ein motivierendes Beispiel: Die Ozonschichten haben sich erholt, nachdem die Abschaffung von FCKW seit 1987 weltweit beschlossen und umgesetzt wurde.

Der Rhein war Anfang der 80er Jahre eine überhitzte Giftkloake und biologisch tot. Eine Welle an Protesten durch Bürgerinitiativen und Greenpeace sorgte langfristig dafür, dass die Wasserqualität heute viel besser ist, Fischbestände sich erholen und man sogar am Ufer wieder gefahrlos planschen kann.

In den 1980er Jahren konnte man zudem Schwefeloxide als die Hauptursache für sauren Regen identifizieren. Benzin wurde daraufhin entschwefelt, Erdöl-Raffinerien bekamen Katalysatoren und auch die Stickstoffoxide wurden wenigstens zum Teil aus den Abgasen entfernt.

Drei Beispiele, die zeigen: Es lohnt sich zu kämpfen. Und wenn Sie zwischendurch weitere Motivation brauchen und lösungsorientierte Internetseiten, empfehle ich beispielsweise Utopia.de, Perspective-daily.de oder goodnews-magazin.de.

DIE BEIDEN WÖLFE

Ein alter Häuptling erzählt eines Abends in der Prärie den Heranwachsenden eine Geschichte:

»In euren Herzen leben zwei Wölfe. Einer will immer nur gewinnen, und dazu ist ihm jedes Mittel recht: Lüge, Gier, Kampf. Der andere Wolf sucht die Liebe, das Verbindende, das Miteinander. Er möchte gemeinsam mit anderen eine schöne Zeit haben.«

Ein Junge wird ungeduldig und will wissen: »Häuptling, verrate doch endlich: Welcher Wolf gewinnt?«

»Der Wolf, den du fütterst!«

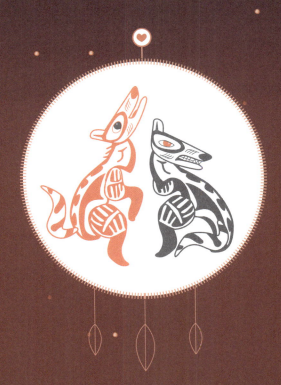

MEIN TRAUM 2050

1.1.2050, klarer Himmel. Und noch viel besser: keine Reste von verballerten Raketen auf den Straßen. Als Kind liebte ich den Geruch von Schwarzpulver, und auch später noch habe ich an Silvester gerne kräftig mitgeböllert. Aber jetzt mit zweiundachtzig bin ich froh, wenn ich nicht den ganzen Feinstaub in die Lunge bekomme, und genieße den Jahreswechsel im Kreise meiner Liebsten. Wir haben Zeit füreinander und reden von früher, als das Jahr 2021 zu einem historischen Wendepunkt für die Menschheit wurde.

2021 war ein Schicksalsjahr, damals machte sich das Coronavirus breit, das Leben stand von einem auf den nächsten Tag still. Und als klar wurde, dass selbst ein Lockdown nicht reicht, um die Emissionen so zu senken, dass wir uns nicht selber die Luft abdrücken, gab es neue Mehrheiten. Aus heutiger Sicht muss man der Coronapandemie ja dankbar sein. Zwar war sie psychisch lähmend und für einzelne Wirtschaftszweige katastrophal. Aber ohne diese Vollbremsung unseres Hamsterrads, ohne diesen Impuls hätten wir die Kurve nicht mehr bekommen, vor Erreichen der Kipppunkte im Erdsystem gemeinsam umzusteuern.

Kipppunkte – ich weiß noch, wie neu dieses Wort damals für alle war. Heute weiß jeder, was das ist. Klar, heißer als damals ist es geworden, aber die Städte sind nicht mehr so überhitzt. Auf jedem Dach sind Solaranlagen auf zwei Meter hohen Stelzen montiert, darunter sind Wiesen und Regenwassersammler. So gibt es immer Schatten, natürliche Kühlung und auch ein grünes Plätzchen, um sich in der Mittagszeit auszuruhen. Das habe ich ja schon immer geliebt. Statt nach Mallorca zu fliegen, haben wir Deutsche den Spanier in uns entdeckt und uns ein paar Vorzüge der mediterranen Lebensweise angeeignet. Siesta – das ist herrlich! Oft kommen jetzt Spanier nach Deutschland, um sich hier zu erholen, gerade die großen Naturschutzgebiete rund um die zusammenhängenden Waldflächen vom Schwarzwald bis Mecklenburg-Vorpommern und all die renaturierten Moore sind echte Publikumsmagnete. Wenn wir mit unserer kleinen Wandergruppe »Rentner for Future« durch die Wälder streifen, ist es beeindruckend zu sehen, wie sich der Wald wieder erholt hat. Die neuen Baumarten kommen mit den veränderten klimatischen Bedingungen besser zurecht als die Fichten und Kiefern, die früher dominierten und aus deren Holz man dann Häuser baute. Dadurch riecht es jetzt in der Stadt auch immer sehr angenehm und ein bisschen nach Harz.

2025 wurden alle Verbrennungsmotoren verboten. Der Kohleausstieg gelang im selben Jahr, die Zeit für fossile Brennstoffe war schlicht vorbei. Von A nach B zu kommen, ist einfach geworden. Wenn ich meinen Enkeln erzähle, dass früher jeder in seiner eigenen Blechschüssel Auto fuhr, statt wie heute von einem autonomen Fahrzeug aufgesammelt und an sein Ziel gebracht zu werden, dorthin, wo man mit dem kostenfreien Nahverkehr nicht hinkommt, schauen sie mich ungläubig an, als würde ich mir das ausdenken. Ebenso, wenn ich ihnen von Städten erzähle, die zugeparkt waren und stanken. Es ist wirklich schon lange her.

Überall kann man heute auch E-Bikes leihen, und was meine Boomergeneration besonders freut: Auch E-Rollatoren sind dabei. Das Zugfahren ist mehr als bequem, das neue Schnellnetz der Hit. Von Berlin nach Köln kommt man in zwei Stunden, und der Bahnhof in Hamm, wo ich unfreiwillig Stunden meines Lebens verbracht habe, um auf Anschlüsse zu warten, ist zu einem Eisenbahnmuseum geworden.

Die Flughäfen für innerdeutsche Strecken, die schon lange keiner mehr brauchte, sind zu Naturschutzgebieten erklärt worden, und von den alten Aussichtsplattformen und den Beobachtungstürmen aus kann man sehen, wie sich die Natur, die Pflanzen, Vögel und Wildtiere ihre Lebensräume zurückerobert haben. Herrlich. Am Münchner Flughafen, der in einer Moorgegend gebaut worden war, konnten die Flugzeuge wegen Nebel oft nicht landen. Jetzt ist dort wieder echtes Moor und die vielen Vögel landen mit Leichtigkeit. Frankfurt ist als internationaler Flughafen geblieben, schließlich ist nichts gefährlicher als die Weltanschauung von Menschen, die die Welt nie angeschaut haben. Das wusste schon Alexander von Humboldt. Aber seit die Flugzeuge auf Solarantrieb umgestellt wurden, sind sie zumindest nicht mehr so laut. Das war damals ein harter Schlag für die Verschwörungstheoretiker, weil ja die Chemtrails wegfielen und keiner mehr an ihren Quatsch glauben wollte.

Überhaupt bin ich stolz, wie kritisch die übernächste Generation ist. Die argumentiert ganz anders als wir damals, kennt die naturwissenschaftlichen Fakten und hat von klein auf gelernt, sich in ihr Gegenüber hineinzuversetzen. Dadurch, dass sich die Leute aussuchen können, wo und wie sie arbeiten, entsteht von vornherein nicht dieses ständige Konkurrenzdenken, das meine Millionenjahrgänge so angetrieben und auch dezimiert hat. Viele aus meiner Altersgruppe haben das Jahr 2050 nicht erreicht, weil sie einen Herzinfarkt oder Schlaganfall hatten, das ganze Zeug. Klar ist die Medizin besser geworden im Vergleich zu dem, was seinerzeit bei mir noch Standard war. Aber an der Tatsache, dass unser Körper seine biologischen Grenzen hat, kann man noch immer nicht vorbei. Muss man auch nicht. Ich weiß noch, wie ab 2025 alle Kantinen auf Fleisch- und Milchprodukte verzichteten. Das gab tierischen Ärger, aber wie wir schon in der Coronakrise beobachten konnten: Menschen gewöhnen sich erstaunlich schnell an Veränderungen, wenn sie für alle gelten und Sinn machen. Und nach ein paar Monaten war das so selbstverständlich wie die allgegenwärtigen Wasserspender, die all den Plastikflaschen den Hahn abgedreht haben.

Auch wenn ich mich für mein Alter noch halbwegs fit fühle, bin ich doch froh, dass es wieder genug Pflegekräfte in Deutschland gibt. Nachdem Ende der 20er Jahre erkannt worden war, dass es so nicht weitergehen konnte, wurde beschlossen, dass Pflegekräfte, Erzieher:innen und alle, die in einem therapeutischen Beruf arbeiten, genauso viel verdienen sollen wie ihre Kol-

Als ich an einem unberührten Stück Ostseestrand diesen Knochen fand, verblüffte mich seine Leichtigkeit. Es ist das Brustbein eines Schwans und kann der Fantasie Flügel verleihen.

leg:innen im Nachbarland Schweiz. Und tatsächlich kamen Hunderttausende aus dem Ausland zurück, denn eigentlich wollten sie ja gerne in Deutschland arbeiten. Endlich stimmten die Rahmenbedingungen, die Bezahlung, die Karrieremöglichkeiten und die Wertschätzung. Auch viele, die sich notgedrungen einen anderen Beruf gesucht hatten, kamen so wieder zurück. Gut zu wissen, dass nun wieder genügend Fachkräfte vor Ort sind, wenn meine Kräfte nachlassen. Zum Glück existieren auch diese furchtbaren Altenheime nicht mehr, deren Bewohner:innen mehr oder minder einsam ihrem Tod entgegenwarteten.

Die Quartiere in den Städten wurden neu gemischt. Nach dem

Vorbild von Paris und Kopenhagen strukturierten sich auch die großen Städte in Deutschland um, sodass man heute mit dem Rad oder einer Rikscha bequem und sicher überall hinkommt. Die Parkhäuser brauchen auch viel weniger Platz, und so kombinierte man einfach Rad-Parkhäuser mit Parkanlagen, öffentlichen beschatteten Sportplätzen, Schwimmbädern zur Abkühlung und Naherholung. Viele der teuren Büroimmobilien wurden überflüssig, denn in den Zeiten von Corona entdeckte man die Vorteile des Homeoffice, und so gab es wieder Wohnraum und sogar bezahlbare Mieten. Heute bleiben viel mehr Menschen in ihren Kiezen wohnen und organisieren sich Unterstützung in der Nachbarschaft. Dabei hilft, dass es am Ende der Schulzeit und auch am Ende des Berufslebens ein verpflichtendes soziales Jahr gibt. So sind die medizinischen Grundlagen inzwischen allen bekannt, keiner hat mehr Berührungsängste gegenüber Menschen, die krank sind oder Hilfe benötigen. Überhaupt haben die Menschen mehr Zeit füreinander, für Kultur, für Kreativität, für die Natur. Weil die Städte lebensfreundlicher wurden, hörte die Zersiedelung ebenso auf wie die Versiegelung der Flächen. Menschen fanden Gefallen an »kompakten« Städten, und die Natur drumherum erholte sich und dient nun der Erholung. Wie schnell bewährten sich neue Spielregeln im Miteinander! Viel von dem, was einmal jeder selber haben wollte, wurde plötzlich kollektiv genutzt: Autos, Räder, Werkzeug. Alles, was man eh nur selten brauchte, konnte man sich jetzt bei Bedarf smart leihen.

Seit es das Grundeinkommen für alle gibt, ist es auch sehr viel üblicher geworden, sich nicht mehr nur über die Arbeit zu definieren. So können viele ihre Stärken gemeinwohlorientiert einbringen, statt sie meistbietend oder zu Dumpingpreisen auf dem Arbeitsmarkt zu verkaufen. In die Politik zu gehen, ist selbstverständlicher geworden, und über neue Wege der Mitbestimmung haben sich auch viele Konflikte der alten Parteien und Polarisierungen aufgelöst.

Europa ist zusammengewachsen, jeder Schüler und jeder, der

aus dem Arbeitsleben ausscheidet, bekommt als Dankeschön für sein soziales Jahr ein Interrailticket geschenkt, einen Freifahrtschein quer durch alle Länder der EU, inklusive der Schnellstrecke durch den Tunnel nach England. Die Briten sind ja 2026 nach ihrem missratenen Brexit ganz reumütig wieder europäisch geworden. Das hatte sich die Queen zu ihrem 100. Geburtstag gewünscht, und dieses Ergebnis wurde noch feierlicher begangen als die Hochzeit von Kate und William!

Eigentlich haben wir doch sehr viel mehr gemeinsam mit anderen Menschen, als dass uns Dinge trennen. Ich bin so glücklich darüber, dass ich im Gegensatz zu meinen Eltern und Großeltern keinen Krieg erleben musste, und erst recht keinen, der von Deutschland ausging. Und auch keinen Reaktorunfall.

Was mich am meisten freut: dass ich wieder in jeden See und in jedes Meer springen kann, ohne darüber nachzudenken, ob das Wasser jetzt Blaualgen oder andere gefährliche Schadstoffe enthält. Und auch wenn ich irgendwann wohl für immer abtauche, blicke ich dankbar zurück, dass wir diese entscheidenden letzten Jahrzehnte so gut nutzen konnten. So behalten uns hoffentlich auch zukünftige Generationen in guter Erinnerung.

Mensch, Erde, denke ich oft in meinem Schaukelstuhl, was haben wir es schön.

DAS GANZE LEBEN IST WIE EINE WUNDERKERZE

Es brennt ab. So oder so. Wundern müssen wir uns selber. Wovor haben wir eigentlich Angst? Vor der **Dunkelheit**? Oder vor dem **Licht**? Jesus hat Wasser in Wein verwandelt – aber hey – unser Körper kann aus dem ganzen Wein wieder Wasser machen – ist das kein Wunder? Wir **staunen** viel zu wenig. Wir werden mit dem biologischen Imperativ geboren: Vermehr dich und verzieh dich. Und dazwischen gilt: brennbar oder nicht brennbar? Und: Wer loslässt, hat **zwei Hände frei.**

Angeblich zieht das ganze **Leben** ja nochmal als Film an uns vorbei, wenn wir sterben. Du siehst alles, was du erlebt hast, dein Leben im **Director's Cut** – ungeschnitten! Alle *outtakes* sind drin! Der Titel und darunter: Basiert auf einer wahren Geschichte. Das ist ein guter Grund, ein interessantes Leben zu führen. Stell dir vor, du stirbst, der Film kommt – und du langweilst dich ein zweites Mal. War mein Leben **Drama**, **Komödie** oder beides? Hatte ich Angst vor den Kritikern? Oder bin ich meiner eigenen Stimme gefolgt? Hoffentlich wird es ein Independent-Movie, mit **Überlänge.** Ich möchte bewusst bleiben, bis zum Abspann. Ich möchte verdammt noch mal wissen: Wer schrieb das **Drehbuch**? Wer hat die Crew ausgesucht? Wer war der **Regisseur**, wer der Cutter und gibt es eine Postproduktion? Und wenn der **Abspann** dann auf Sanskrit, Arabisch oder Latein kommt – gibt es hoffentlich **Untertitel.** Und ich wünsche mir: Dass noch mal jemand reinkommt und sagt: Langnese gibt's auch hier im Kino! Und dann mach ich das, was ich mir noch nie gegönnt habe: Ich nehme zwei Magnums! Mandel UND noch das mit doppelt **Schokolade!** Und dann lecke ich dieses eine Mal in Stereo.

Wir bekommen einen Funken geschenkt, und es ist klar, wir können ihn nicht auf Dauer behalten. Was ist das Beste, das wir mit unserem Funken machen können? **Für etwas brennen.** Ohne auszubrennen. Indem wir unser eigenes Licht scheinen lassen, geben wir anderen **Menschen** die Erlaubnis, das Gleiche zu tun: unser Licht nicht unter den Scheffel zu stellen, sondern zu funkeln, zu **strahlen**, sodass in anderen ein Licht angezündet wird. Ich brenne für **Gesunde Menschen auf einer Gesunden Erde.** Zukunftsfähig, enkeltauglich.

Wir könnten es so schön haben hier. Wenn wir akzeptieren, dass Dinge endlich sind, fangen wir **endlich** an zu leben. Wenn wir wissen, was wir wirklich brauchen, verbrauchen wir weniger und haben plötzlich **Zeit.** Jeder Mensch hat **zwei Leben.** Und das zweite beginnt, wenn du kapierst, du hast nur eins. Ab dem Moment bist du mehr als dein Funke. Du trägst zu etwas bei, das größer ist als du. Und das geht weiter. Und diese **Energie** kann gar nicht verloren gehen. Und auch wenn mein Licht erlischt – wenn ich Asche bin, bleibt etwas von dieser **Glut.**

Darauf hoffe ich. Darauf vertraue ich. So möge es sein.

DANK

Allen, die schon seit Jahren und Jahrzehnten Pionierarbeit geleistet und für diejenigen, die jetzt kommen, den Boden bereitet haben.

Allen, die mir für dieses Buch als Gesprächspartner:innen geholfen haben, einen groben Überblick über die Komplexität zu bekommen, auch wenn davon nicht alles im Buch landen konnte.

Allen, die in vielen Arbeitsschritten an den Texten mit gefeilt, redigiert und korrigiert haben: Susanne Herbert, Rosemie Mailänder, Barbara Laugwitz, Kristian Wachinger, Andreas v. Bubnoff, Fernanda Gräfin Wolff Metternich, Amanda Mock, Claudia Fritzsche, Manuela Kahle und aus dem Team von Hirschhausen Stern Gesund Leben Catrin Boldebuck, Christoph Koch und Florian Gless. Für die Reportage »Hirschhausen im Hospiz« danke an das tolle Team von Bilderfest und den WDR.

Allen, die an der grafischen und fotografischen Gestaltung mit viel Herzblut und Feinarbeit beteiligt waren: Dani Muno, Dirk v. Manteuffel, Sarah Schneider, Maria Mandelkow und Dominik Butzmann. Und KATAPULT aus Greifswald!

Allen, die im Verlag die Herstellung verantwortet und die Fäden zusammengehalten haben: Charlotte Dölker, Sonja Storz und Ellen Venzmer.

Allen, die gemeinnützigen Journalismus und Faktenchecking hochhalten und mir in der Recherche geholfen haben: Rolf Degen, Carel Mohn und Toralf Staud sowie Christoph Schrader von Klimafakten.de, Christian Schwägerl von RiffReporter sowie Katja Trippel / Claudia Traidl-Hoffmann (›Überhitzt‹) und natürlich meine Supercrew von »Gesunde Erde – Gesunde Menschen«: Kerstin Blum, Donald Sandmann, Daniela Horstmann und Partnern wie Sergius Seebohm.

Allen, die mir in der Zeit den Rücken freigehalten und meine Launen ertragen haben *(ihr wisst, dass ihr gemeint seid, war nicht so gemeint ;-))* Und allen – die da nachkommen mögen.

Der dtv-Verlag unter der Leitung von Barbara Laugwitz hat weder Mühen noch Kosten gescheut, alle Ebenen der Nachhaltigkeit in der Buchherstellung zu berücksichtigen. Auf Basis der Beratung von CPI books wurde beim Druck zugunsten von Umwelt und Gesundheit der Mitarbeiter:innen auf Isopropylalkohol verzichtet. Kein Schutzumschlag, keine Einschweißfolie. Kein Mineralöl in den Farben. Kurzum: kein Scheiß.

Das Papier aus FSC®-Wäldern und aus anderen verantwortungsvollen Quellen ist zudem Cradle to Cradle Certified™, ein weltweit anerkannter Standard für kreislauffähige Produkte. Und weil trotzdem Emissionen unvermeidbar sind, wurde diese Menge durch zertifizierte Klimaschutzprojekte ausgeglichen, die nicht nur CO_2 einsparen, sondern auch den Menschen vor Ort neue Erwerbsmöglichkeiten bieten. Umweltfreundlicher ist nur gar kein Buch. Aber das ist ja auch nicht Sinn der Sache, da sind wir uns hoffentlich einig.

BILD- UND ZITATNACHWEIS

S. 10, 24/25, 67, 85, 88/89, 127, 132/133, 136, 145, 174/175, 202/203, 250/251, 255, 290/291, 307, 326/327, 352/353, 384, 390/391, 424/425, 453, 460/461, 478, 519: Dominik Butzmann
S. 29, 341: Thomas Rabsch
S. 34: Wilma Leskowitsch
S. 38/39, 142/143, 184/185, 212/213, 268, 272/273, 284/285, 300/301, 338/339, 376/377, 434/435: Katapult-Magazin gGmbH
S. 41: shutterstock.com
S. 45, 396: WDR / Bilderfest
S. 72: Thomas Langens
S. 74, 75: Lisa Schwegler + Stefan Kraiss
S. 77: UNICEF / UN032913 / Mukwazhi
S. 81: Dennis/stock.adobe.com
S. 82: United Nations (UN)
S. 83: Azote for Stockholm Resilience Centre, Stockholm University
S. 85: Warner Chappell / Concord Music GmbH / Trio Quartet Edition über bmg Rights Management GmbH; Originaltext: George David Weiss und Bob Thiele
S. 95: Population.io
S. 98, 402: Fabian Fichter
S. 106: RTL / Willi Weber
S. 151, 356: Montage durch zweiband.media unter Verwendung von Grafikmaterial von freepik.com
S. 153: Jonas Wresch
S. 167: Molly Katzen / Eat Forum
S. 169: Alex Cio, Filmemacher & Onlineaktivist
S. 181: Alfred-Wegener-Institut / Esther Horvath
S. 189: Dr. Thomas Roth
S. 199: Justin Hofman / Greenpeace
S. 208: Ramon Haindl
S. 229: Pius Utomi Ekpei / Getty Images
S. 240: WDR / Max Kohr
S. 253: Andreas Gärtner
S. 264/265: Camillo Wiz
S. 281: Thanakit Jitkasem / shutterstock
S. 303: eBay GmbH
S. 317: picture alliance / REUTERS | CARLOS BARRIA-CHINA STRINGER NET
S. 323: Archiv Café Landtmann
S. 335: Pel_1971/iStock
S. 345: WDR / Ben Knabe
S. 349, 409: Marina Weigl
S. 373: Roger Brogan
S. 395: Oilhillpitter
S. 407: Eva Abermann
S. 412, 413: Pexels
S. 415: STUDIO LÊMRICH
S. 421: Maike Helbig
S. 429: taz Verlags- und Vertriebs GmbH
S. 439: HardyS/Pixabay, bearbeitet
S. 449: Christian Werner
S. 464: Project Drawdown (drawdown.org/solutions)
S. 468: en-roads.climateinteractive.org
S. 483: Martin Aufmuth, EinDollarBrille
S. 497: franke 182/stock.adobe.com
S. 500/501: Lutz Fritsch, ©VG Bild-Kunst, Bonn 2020
S. 506: Photo & Art Helge Boele
S. 506: Herman van Veen
S. 523: RTL / Willi Weber

Lesen Sie mich durch, ich bin Arzt!

Alle 2 Monate NEU!

Kostenloses Probeheft*

unter
www.stern.de/hirschhausen-lesen
oder
040 / 55 55 78 00
(Aktionsnummer: 1936305)

LESEN SIE SICH GESUND.

* Sie erhalten eine Ausgabe HIRSCHHAUSENS STERN GESUND LEBEN kostenlos zum Testen. Wenn Sie sich danach nicht beim Kundenservice melden, lesen Sie nach Ablauf der Testphase HIRSCHHAUSENS STERN GESUND LEBEN für zzt. nur 6,30 € pro Ausgabe bzw. für 37,80 € für 6 Ausgaben (ggf. inkl. eines Sonderheftes für zzt. 6,30 €) weiter.

NOCH MEHR WISSEN:
stiftung-gegm.de

Sind Sie neugierig geworden? Oder hoffentlich geblieben? Suchen Sie jetzt die Literaturangaben? Weitere Quellen, Bücher und gute Webseiten?

In einem derartig dynamischen Feld wären diese schon veraltet, bevor das Buch erscheint. Deshalb haben wir uns entschieden, Sie über die Webseite meiner Stiftung Gesund Erde – Gesunde Menschen auf dem Laufenden zu halten. Denn dort können wir ständig aktualisieren und Sie mit neuen Erkenntnissen, Studien und interessanten Veranstaltungen weiter inspirieren. Es tut sich wirklich viel. Und es gibt noch viel zu tun.

Wenn dieses Buch Sie überzeugt hat, können Sie die Verbindung von Klimaschutz und Gesundheitsschutz auf drei Arten weiterbringen und stärken. Sie können dieses Buch verschenken. Über die Themen reden. Oder uns auch mit einer Spende ermöglichen, unsere Arbeit zu verstetigen: mit guter Kommunikationsarbeit, mit tatkräftigen Expert:innen im Hintergrund und der dringend nötigen Vernetzung zwischen Politik, Gesundheitswesen und Zivilgesellschaft.

Und weil ich selbst auch immer noch viele Fragen habe, werde ich kontinuierlich weiter Menschen treffen, von ihnen lernen, mich inspirieren lassen und alles auf meinen Kanälen mit Ihnen teilen. Sie können auch auf YouTube, Instagram oder Facebook zusätzliche »ungeschriebene Kapitel« nachverfolgen und weiterspinnen.

So hoffe ich, wir bleiben in Kontakt!
Ihr

Eckart v. Hirschhausen

Stiftung Gesunde Erde Gesunde Menschen gGmbH
GLS Bank | IBAN: DE48 4306 0967 1059 8237 00 | BIC: GENODEM1GLS

Ausführliche Informationen über
unsere Autorinnen und Autoren und ihre Bücher
finden Sie unter www.dtv.de

Dieses Buch ist auch als eBook erhältlich.

Originalausgabe 2021
2. Auflage 2021
© 2021 dtv Verlagsgesellschaft mbH und Co. KG, München
Das Werk ist urheberrechtlich geschützt. Jede Verwertung ist nur mit Zustimmung
des Verlags zulässig. Das gilt insbesondere für Vervielfältigungen, Übersetzungen
und die Einspeicherung und Verarbeitung in elektronischen Systemen. Für Inhalte
von Webseiten Dritter, auf die in diesem Werk verwiesen wird, ist stets der jeweilige
Anbieter oder Betreiber verantwortlich, wir übernehmen dafür keine Gewähr.
Rechtswidrige Inhalte waren zum Zeitpunkt der Verlinkungen nicht erkennbar.
Agentur: HERBERT Management
Redaktion: Susanne Herbert, Fernanda Gräfin Wolff Metternich,
Rosemie Mailänder
Umschlaggestaltung: Dani Muno & Dirk von Manteuffel,
unter Verwendung eines Fotos von Dominik Butzmann
Layout, Gestaltung und Illustrationen: Dani Muno & Dirk von Manteuffel
Satz: www.zweiband.de
Gesetzt aus der Minion
Druck und Bindung: CPI books GmbH, Leck
Printed in Germany · ISBN 978-3-423-28276-5